Hochschultext

Martin Aigner

Kombinatorik

II. Matroide und Transversaltheorie

Springer-Verlag
Berlin Heidelberg New York 1976

Martin Aigner
o. Professor am Institut für Mathematik II
Freie Universität Berlin

AMS Subject Classification (1970): 05 XX, 05-01, 05 A 05, 05 A 20,
05 B 20, 05 B 25, 05 B 35, 05 B 40, 05 C 05, 05 C 10, 05 C 15,
05 C 20, 06 A 10, 06 A 15, 06 A 30, 06 A 35, 06 A 40, 15 A 03,
50 D 30

ISBN-13: 978-3-540-07949-1   e-ISBN-13: 978-3-642-66235-5
DOI: 10.1007/978-3-642-66235-5

Library of Congress Cataloging in Publication Data. Aigner, Martin, 1942. Kombinatorik. (Hochschultext). Includes bibliographies and index. Contents: 1. Grundlagen und Zähltheorie. 2. Matroide und
Transversaltheorie. 1. Combinatorial analysis. I. Title. QA164.A37   511'.6   75-29067

Gesamtherstellung: Beltz, Offsetdruck, 6944 Hemsbach

Für C.

Vorwort

Idee und Organisation dieser beiden Bände über Kombinatorik wurden
schon am Beginn von Band I ausgeführt. Anstelle der üblichen Auftei-
lung des Stoffes in Anzahl- und Existenzsätze, wie sie etwa in Riordan,
An Introduction to Combinatorial Analysis, oder Ryser, Combinatorial
Mathematics, durchgeführt ist, wurde hier versucht, eine möglichst
einheitliche Begriffsbildung und durchgehende theoretische Entwicklung
zugrundezulegen, aus der ein Großteil der klassischen Sätze wie auch
viele neuere Resultate in natürlicher Weise abgeleitet werden können.
Abgesehen von einer straffen Gliederung des Materials und einer klaren
Übersicht über weiterführende Fragen wird damit auch der aktuellen Forschung Rechnung getragen. Gerade das Grundlagenstudium in der Kombinatorik hat in den letzten Jahren eine bemerkenswerte Aktivität erlebt,
wobei vor allem die beiden Hauptthemen dieses Buches, die Theorie der
Matroide und die Transversaltheorie, besondere Beachtung fanden.

Was sind Matroide? Im Zuge der sich allmählich durchsetzenden abstrak-
ten Betrachtungsweise in der Algebra wurde um 1930 von mehreren Autoren
(vorrangig Van der Waerden, Whitney, MacLane, Birkhoff) eine Axiomatisierung der linearen Abhängigkeit in Vektorräumen erarbeitet, in welcher der Satz von der Gleichmächtigkeit der Basen als zentrales Postu-
lat vorgeschlagen wird. Die wohl erste Fassung ist im Buch Moderne
Algebra von Van der Waerden nachzulesen. In heutiger Terminologie ist
ein Matroid eine Menge mit Abschlußoperator, welcher den Steinitz'schen
Austauschsatz für Basen erfüllt. Parallel dazu hat Birkhoff auch die
ordnungstheoretische Kennzeichnung der Verbände der abgeschlossenen
Mengen eines Matroides erstellt - heute geometrische Verbände genannt -
und in einem berühmten Satz die Vektorraumverbände innerhalb der Klasse
der geometrischen Verbände charakterisiert. Die große Bedeutung dieser
neuen Struktur für kombinatorische Fragen zeigte sich dann durch Arbeiten vor allem von Whitney, Dilworth, Rado und Tutte, als es gelang,
weite Bereiche der Graphentheorie, der Theorie der Netzwerke, der synthetischen Geometrie und der Transversaltheorie als Teilgebiete der
Theorie der Matroide auszuweisen und sie damit einer algebraischen Be-

trachtungsweise und Methodik zugänglich zu machen. Diesem Umstand verdanken wir wohl die bis heute andauernde äußerst fruchtbare und vielfältige Forschung in diesem Gebiet. Eine Zusammenstellung der grundlegenden Resultate, der Querverbindungen und Anwendungen auf andere kombinatorische Bereiche ist die Zielsetzung des vorliegenden Buches.

Bei der Organisation des Materials wurden zwei Grundsätze befolgt: 1. Da eine geschlossene Abhandlung der Theorie der Matroide bisher nicht existiert, werden zunächst Matroide als abstrakte Struktur eingeführt und äquivalente Axiomensysteme sowie die grundlegenden Struktursätze diskutiert, so daß dieser einleitende Teil (etwa im Umfang von Kapitel VI) als Einführung in die Theorie oder als Referenz benützt werden kann. 2. Um den kombinatorischen und geometrischen Hintergrund genau zu erkennen, werden von Anfang an die fundamentalen Beispiele: Vektorräume, Graphen, Transversalsysteme und Inzidenzstrukturen detailliert behandelt, welche - in jedem Abschnitt wiederkehrend - neue Sätze und Methoden motivieren wie auch illustrieren sollen. Aus diesen beiden Gesichtspunkten ergibt sich als Hauptziel dieses Buches, dem Leser, aufbauend auf einer soliden Grundkenntnis der Theorie, Zusammenhänge zwischen der algebraischen und der rein kombinatorischen Interpretation diskreter Probleme klarzumachen. Interessante Beispiele hierfür sind der Zusammenhang von Einbettung und Färbung von Graphen zu Matroidbegriffen auf der Kantenmenge des Graphen oder von Maximum-Minimum Sätzen aus der Transversaltheorie zu korrespondierenden Rangformeln. Gleichzeitig ist damit auch der Standort dieses Buches im Vergleich zu anderen Lehrbüchern über diese Themen festgelegt, insofern als fast alle Standardsätze wie auch neuere Resultate aus diesen Gebieten von Obersätzen aus der Matroidtheorie abgeleitet werden.

Wie schon Band I ist auch dieses Buch als Lehrbuch, beginnend etwa mit dem 4. Semester, gedacht. Anders als in der ursprünglichen Konzeption wurde der Stoff völlig unabhängig von Band I in sich abgeschlossen dargestellt, um so auch Leser mit Grundkenntnissen in Kombinatorik oder solche, welche sich speziell für das in diesem Buch behandelte Material interessieren, anzusprechen. Als Konsequenz wurde der mengentheoretische Aufbau der Matroide gewählt, da die äquivalente ordnungstheoretische Formulierung, basierend auf dem Begriff der geometrischen Verbände, wesentliche Teile aus Band I, Kapitel II hätte voraussetzen müssen. Für den ordnungstheoretisch-geometrischen Aufbau sei der Leser daher auf dieses Kapitel sowie auf Crapo-Rota, Combinatorial Geometries, verwiesen. Die wenigen Begriffe und Sätze aus Band I, welche übernommen

werden mußten, werden im Text neuerlich behandelt. Ansonsten gleicht
die Organisation des Buches dem vorangegangenen Band. Benötigte Vor-
kenntnisse werden in den einleitenden Präliminarien zusammengestellt,
jeder Abschnitt beginnt mit einem kurzen Leitfaden durch die folgenden Themen und endet mit Übungen verschiedener Schwierigkeitsgrade
bzw. einer knappen Literaturauswahl. Mehr noch als in Band I (vor allem
wegen der relativen Neuheit des Materials) reichen fast alle Abschnitte
bis an die aktuelle Forschung heran, wobei einige wichtige ungelöste
Probleme im Text angeführt werden, eine Zusammenstellung jedoch aus
Platzgründen ausgespart werden mußte.

Für den Dozenten sei angemerkt, daß der Stoff mit den unten angeführten Kürzungen in mehreren Varianten für einen 4-stündigen Semesterkurs
verwendet wurde, wobei Kapitel VI für sich als eine kurze Einführung
in das Thema konzipiert werden kann. Für den Leser seien folgende Rat-
schläge angeführt: Kapitel VI ist grundlegend und sollte zur Gänze
studiert werden, ohne Schaden für das spätere Verständnis können even-
tuell die Abschnitte 2.D und 3.C ausgelassen werden. Kapitel VII besteht aus dem algebraisch-geometrischen Teil (Abschnitte 1,2), der Behandlung von Graphen (Abschnitt 3) und einer Diskussion arithmetischer
Invarianten (Abschnitt 4). Jeder Teil kann für sich studiert werden,
wobei Abschnitt 4 vom eiligen Leser zur Gänze übersprungen werden kann.
Besonders empfohlen sei der Abschnitt über graphische Matroide, in dem
wohl am schönsten die Anwendbarkeit der Begriffe und Methoden der Theorie der Matroide in einem beinahe schon klassischen Gebiet der Kombinatorik demonstriert wird. Da dieser Teil mit Absicht unabhängig von den
anderen Abschnitten aus Kapitel VII bzw. Kapitel VIII verfaßt wurde,
kann daher die Folge VI.1.A,B, VI.2.A,B, VI.3.A, VI.4 und VII.3 als
Einführung in die algebraische Graphentheorie gelesen werden. In Kapitel VIII wurden die grundlegenden Maximum-Minimum Sätze in den Abschnitten 1 und 2 zusammengestellt. Abschnitt 3 wurde der Sperner-
Theorie, einem bisher in Lehrbüchern vernachlässigten Teil der kombinatorischen Ordnungstheorie gewidmet und kann für sich studiert werden.
Abschnitt 4 ist als Zusammenfassung des vorangegangenen Materials konzipiert. Die Übungen wurden wieder so ausgewählt, daß unmarkierte Übungen ohne großen Zeitaufwand (bis zu 30 Minuten) zu lösen sind, während
schwerere mit einem * ausgezeichnet wurden. Außerdem weist das Symbol
→ auf Übungen hin, deren Ausarbeitung besonders empfohlen wird.

Der Verfasser hatte Gelegenheit, als Research Associate am Statistischen
Institut der University of North Carolina während der Jahre 1968-70 im

Combinatorial Year Programm mit einer großen Zahl der führenden Kombinatoriker Kontakt aufzunehmen. Aus diesen Diskussionen, Vorlesungen und Seminaren in Tübingen und Berlin, sowie aus Gesprächen während eines weiteren US-Aufenthaltes 1974, entstand das vorliegende Buch. Gedankt sei im besonderen: R.C. Bose und T.A. Dowling für viele wertvolle Anregungen; G.C. Rota, durch dessen Beharren auf der Priorität der Theorie vor dem Einzelproblem die Organisation und Auswahl des Materials gewinnbringend beeinflußt wurden; R. Baer, H. Salzmann und H. Wielandt für ihr stetes Interesse; W. Mader und R.H. Schulz, die sich der Mühe des Korrekturlesens unterzogen; Frau Barrett vom II. Mathematischen Institut der Freien Universität Berlin und Frau Rossbach vom Springer-Verlag für das Tippen des Manuskriptes.

Wie schon im Vorwort zu Band I erwähnt, hoffe ich, auch bei den Themen des vorliegenden Buches einer modernen Darstellung der Kombinatorik nahegekommen zu sein.

Berlin, im August 1976   Martin Aigner

Inhaltsverzeichnis

Präliminarien 1

VI. Matroide: Grundbegriffe 15

   1. Axiomatik 16
     A. Definition 16
     B. Abhängigkeit und Erzeugnis 22
     C. Rangfunktion und submodulare Funktionen 29
     D. Geometrische Verbände 37
     Übungen 42

   2. Fundamentale Beispiele 43
     A. Lineare Matroide und Funktionenräume 45
     B. Graphen 49
     C. Transversalsysteme 52
     D. Inzidenzgeometrien 58
     Übungen 65

   3. Konstruktion von Matroiden 67
     A. Reduktion und Kontraktion 67
     B. Produkt und Summe 74
     C. Erweiterung von Matroiden 80
     Übungen 89

   4. Orthogonalität und Zusammenhang 91
     A. Orthogonalität 91
     B. Beispiele 96
     C. Zusammenhang 107
     Übungen 114

VII. Matroide: Koordinatisierung und Invarianten 119

   1. Lineare Matroide 119
     A. Koordinatisierungssätze 121

B. Geometrische Konfigurationen 128

C. Das kritische Problem 132

Übungen 139

2. Binäre Matroide 142

A. Charakterisierungen binärer Matroide 143

B. Reguläre Matroide 151

Übungen 159

3. Graphische Matroide 161

A. Zusammenhang und Einbettung 162

B. Homologie und Netzwerke 170

C. Färbungen 181

Übungen 188

4. Invarianten 192

A. Tutte-Grothendieck Ring 194

B. Chromatische Invarianten 201

C. Tutte Polynom 210

Übungen 213

VIII. Transversaltheorie 218

1. Maximum-Minimum Sätze 219

A. Graphensätze 219

B. Korrespondenzsätze 226

C. Kodierungssätze 234

Übungen 242

2. Korrespondenzen 244

A. Transversalen von Mengenfamilien 245

B. Rado's Auswahlprinzip 252

C. Anwendungen 258

Übungen 263

3. Sperner Theorie 265

A. Sperner Sätze 268

B. Korrespondenz und Unimodalität 274

C. Symmetrische Zerlegbarkeit 283

Übungen 290

4. Transversalmatroide 294

   A. Charakterisierungen 294

   B. Korrelationsmatroide 299

   C. Verallgemeinerte Transversaltheorie 305

   Übungen 310

Symbolverzeichnis 315

Sachverzeichnis 319

Inhaltsverzeichnis
zu Kombinatorik. I. Grundlagen und Zähltheorie

Präliminarien 1

I. Morphismen 18
   1. Der Begriff 18
      A. Kategorielle Voraussetzungen 19
      B. Ordnungsvoraussetzungen 21
      C. Algebraische Voraussetzungen 22
      D. Belegungen und Wörter 23
      Übungen 25

   2. Die fundamentalen Ordnungen 26
      A. Inklusion 26
      B. Verfeinerung 31
      C. Anwendung auf monotone Klassen 36
      D. Monotonie 39
      Übungen 42

   3. Permutationen 44
      A. Permutationsgruppen 45
      B. Permutationsverbände 49
      Übungen 56

   4. Schemata 58
      Übungen 63

II. Ordnungen 65
   1. Distributivität 67
      A. Mengenringe 67
      B. Rangfunktion und Bewertung 71
      C. Kodierungen 77
      Übungen 79

2. Modularität und Halbmodularität 81

   A. Modularität 82

   B. Halbmodularität und Rang 85

   C. Abhängigkeit und Abschluß 92

   Übungen 97

3. Geometrische Verbände 99

   A. Kombinatorische Geometrien 101

   B. Komplementierung 108

   C. Unzerlegbare geometrische Verbände 116

   Übungen 123

4. Die fundamentalen Beispiele 125

   A. Kette 126

   B. Boolesche Algebra 127

   C. Teilerverband 127

   D. Lineare Verbände 128

   E. Partitionsverband 129

   Übungen 130

III. Zählfunktionen 134

   1. Die fundamentalen Formeln 134

      A. Die Anzahl aller Abbildungen $f:N \to R$ 134

      B. Die Anzahl der injektiven Abbildungen $f:N \to R$ 135

      C. Die Anzahl der n-Multimengen von R 136

      D. Die Anzahl der n-Untermengen von R 138

      E. Die Anzahl der k-Unterräume eines n-dimensionalen Vektorraumes $V(n,q)$ 140

      F. Die Anzahl der r-Partitionen von N und die Anzahl der surjektiven Abbildungen 141

      G. Die Anzahl der geordneten r-Partitionen von n ... 142

      H. Die Anzahl der r-Partitionen von n 143

      I. Die Anzahl der Distributionen 144

      J. Zusammenfassung 146

      Übungen 147

   2. Rekursion und Inversion 150

      A. Die elementaren Zählfunktionen 151

      B. Rekursionen 155

    C. Inversion von Folgen 164
    Übungen 166

  3. Binomiale Folgen 170
    A. Normierte Folgen und Differentialoperatoren 171
    B. Binomiale Folgen und Delta-Operatoren 176
    C. Translationsinvarianz 179
    D. Die Zusammenhangskoeffizienten 185
    Übungen 191

  4. Ordnungsfunktionen 193
    A. Ordnungspolynom 194
    B. Standardtableaux 205
    Übungen 215

IV. Inzidenz Funktionen 219
  1. Inzidenzalgebra 221
    A. Struktur und Eindeutigkeit 221
    B. Spezielle Funktionen 228
    C. Multiplikative Funktionen 233
    Übungen 238

  2. Möbius Inversion 241
    A. Differenzenoperatoren 242
    B. Siebformeln 249
    C. Einige Anwendungen 255
    Übungen 261

  3. Möbiusfunktion 264
    A. Abschluß 265
    B. Galois Verbindung 273
    C. Charakteristisches Polynom 281
    Übungen 285

  4. Bewertungen 288
    A. Möbius Algebra 289
    B. Bewertungsring 298
    C. Charakteristik 304
    Übungen 308

V. Erzeugende Funktionen 312

   1. Geordnete Strukturen 314

      A. Reduzierte Algebren 315

      B. Die fundamentalen Reihen 318

      C. Partitionsverband 325

      Übungen 332

   2. Ungeordnete Strukturen 335

      A. Gewicht und Enumerator 337

      B. Kompositionsstrukturen 338

      C. Anwendung auf Graphen 344

      Übungen 347

   3. G-Schemata 350

      A. Eine Galoisverbindung 350

      B. Der Hauptsatz 353

      C. Spezielle Klassen 358

      Übungen 367

   4. G-H-Schemata 369

      A. Zyklenindikator 370

      B. Hauptsatz 377

      C. Anwendungen 384

      Übungen 394

Symbolverzeichnis 398

Sachverzeichnis 403

Präliminarien

Da das vorliegende Buch aus Band I bis auf einige fundamentale Begriffe
und Sätze nichts voraussetzt, erscheint es zweckmäßig, diese grundlegenden Tatsachen vorweg zusammenzufassen, um die beiden Bände in
sich abgeschlossen darzustellen. Um diesen einleitenden Abschnitt
nicht übermäßig lang werden zu lassen, wird dabei auf Erläuterungen
oder Motivation verzichtet, sondern das Material ohne Kommentar zusammengestellt.

Die meisten der folgenden Definitionen und Bezeichnungen werden dem
Leser wohlvertraut sein, und er kann direkt Kapitel VI beginnen und
später einen der ihm weniger geläufigen Begriffe nachholen. Jedenfalls wurden diese Begriffe ohne Ausnahme in Band I behandelt, so daß
die nachfolgende Zusammenstellung für den Leser von Band I als kurze
Rekapitulation konzipiert wurde. Wie dort wurde das Prinzip befolgt,
daß mit Ausnahme einiger Standardbegriffe betreffend Mengen, Abbildungen und Relationen alle Definitionen und Sätze durch eine logische
Kette bis in die Einführung zurückverfolgt werden können.

A. Mengen, Abbildungen, Relationen

Um die Definition einer Menge oder eines Begriffes hervorzuheben,
setzen wir einen Doppelpunkt vor das Gleichheitszeichen = oder vor
das Äquivalenzsymbol $\Leftrightarrow$. $\mathbb{N} := \{1,2,3,\ldots\}$ ist die Menge der <u>natürlichen</u>
<u>Zahlen</u>, $\mathbb{N}_0 := \{0,1,2,3,\ldots\}$. $\mathbb{Z}, \mathbb{Q}, \mathbb{R}$ und $\mathbb{C}$ bezeichnen die <u>ganzen</u>, <u>ratio-</u>
<u>nalen</u>, <u>reellen</u> und <u>komplexen Zahlen</u>. Ferner ist $\mathbb{N}_n := \{1,2,\ldots,n\}$ für
$n \in \mathbb{N}$, $\emptyset$ die leere Menge. Das
<u>Kronecker Deltasymbol</u> δ_{ij} ist definiert durch $\delta_{ij} := \begin{cases} 1 & \text{falls } i=j \\ 0 & \text{sonst} \end{cases}$.

Die Mächtigkeit einer Menge M wird mit $|M|$ bezeichnet, und wir setzen
$|M| = \infty$ ohne weitere Spezifizierung, falls M unendlich ist. Ist
$|M| = n < \infty$, so heißt M eine <u>n-Menge</u>. 2^M bezeichnet die Potenzmenge

von M. Die Abbildungsbegriffe folgen den üblichen Konventionen. Wir
sprechen von <u>injektiven</u>, <u>surjektiven</u> und <u>bijektiven</u> Abbildungen von
N nach R. Eine Bijektion einer Menge M auf sich heißt auch <u>Permutation</u>
von M. Für die identische Abbildung von M auf sich setzen wir Id_M.

Wir werden oft Gelegenheit haben, Äquivalenzrelationen zu betrachten.
Es sei daher auf die Bijektion zwischen der Menge der <u>Äquivalenzrela-</u>
<u>tionen</u> auf M und der Menge $P(M)$ der <u>Partitionen</u> von M hingewiesen.
Besteht $\pi \in P(M)$ aus $k < \infty$ Blöcken, so heißt π eine <u>k-Partition</u>, und
wir setzen $b(\pi) = k$.

<u>B. Graphen</u>

Ein <u>ungerichteter</u> <u>Graph</u> $G(E,K)$ ist eine Menge E zusammen mit einer
Multimenge K von <u>ungeordneten</u> <u>Paaren</u> aus E. (Das heißt, es können
Paare mehrfach auftreten.) Anschaulich sprechen wir von der Menge E
als den <u>Ecken</u> oder <u>Punkten</u> des Graphen und der Menge K als den <u>Kanten</u>
oder <u>Linien</u>, und sagen, die Kante $k = \{a,b\}$ <u>verbindet</u> die Ecken a und
b bzw. a und b sind <u>benachbart</u>, falls $\{a,b\} \in K$. $G(E,K)$ heißt <u>endlich</u>,
falls E und K endlich sind.

<u>Beispiel</u>

$$E = \mathbb{N}_6, \quad K = \Big\{\{1,1\},\ \{1,2\},\ \{1,4\},\ \{2,3\},\ \{2,4\},\ \{3,4\},$$
$$\{3,4\},\ \{4,5\},\ \{5,6\},\ \{5,6\}\Big\}$$

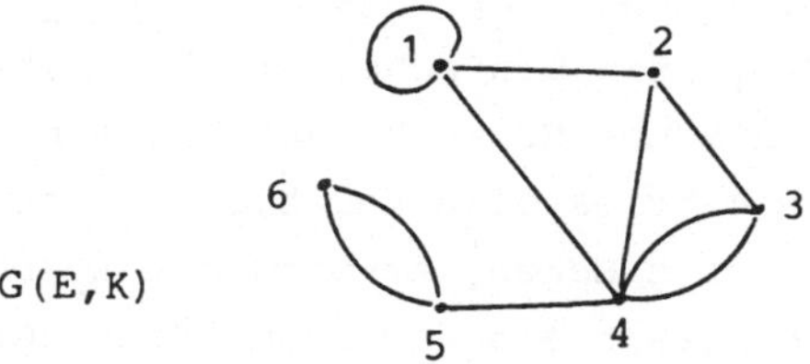

Wir sprechen von einem <u>gerichteten</u> <u>Graphen</u> $\vec{G}(E,K)$, falls K eine Multimenge von <u>geordneten</u> Paaren ist. Anschaulich erteilen wir der Kante
$(a,b) \in K$ die <u>Richtung</u> oder <u>Orientierung</u> $a \to b$.

<u>Beispiel</u>

$$E = \mathbb{N}_6, \quad K = \Big\{(1,2),\ (2,1),\ (3,2),\ (3,4),\ (5,1),\ (5,3),\ (5,6),\ (6,5)\Big\}$$

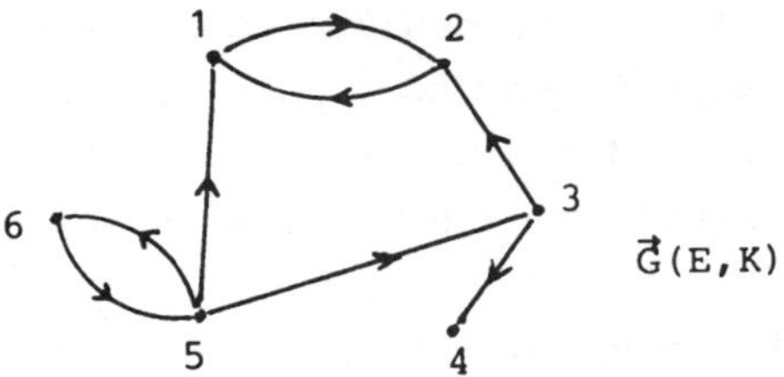

Die folgenden Definitionen geben wir für ungerichtete Graphen, die
entsprechenden Begriffe für gerichtete Graphen sind meist unmittelbar
einsichtig.

G(E,K) ist Untergraph von G'(E',K'), falls $E \subseteq E'$, $K \subseteq K'$. G(E,K) heißt
ein voller Untergraph oder der von $E \subseteq E'$ induzierte Untergraph, falls
K alle Kanten von G' zwischen Ecken aus E enthält. G(E,K) und G'(E',K')
sind isomorph, falls eine Bijektion $\phi: E \rightarrow E'$ existiert, so daß {a,b},
{ϕa,ϕb} gleich oft in K bzw. K' auftreten. Der Grad γ(a) einer Ecke a
ist die Anzahl der Kanten, welche a als Eckpunkt besitzen (wobei Kanten {a,a} doppelt gerechnet werden). Z.B. haben in obigem Graphen die
Ecken 1,2,...,6 die Grade 4,3,3,5,3,2. Ecken vom Grad 0 heißen iso-
liert, solche vom Grad 1 Endecken. G(E,K) ist k-regulär, falls γ(a) = k,
für alle $a \in E$.

Eine Kante {a,a} heißt Schlinge, Kanten {a,b}, {a,b} heißen parallel.
Besitzt G(E,K) weder Schlingen noch parallele Kanten, so nennen wir
G einen einfachen Graphen. Zum Unterschied vom kartesischen Produkt
E^2 bezeichnen wir mit $E^{(2)}$ die Menge der ungeordneten Paare von E,
also $E^{(2)} := \left\{ \{a,b\} : a \neq b \in E \right\}$. Ein einfacher Graph G(E,K) heißt vollständig, falls je zwei verschiedene Ecken benachbart sind, d.h. falls
$K = E^{(2)}$ ist. Für jedes $n \in \mathbb{N}$ gibt es offenbar bis auf Isomorphie nur
einen vollständigen Graphen auf n Ecken, er wird mit K_n bezeichnet.
Jeder einfache Graph ist Untergraph eines vollständigen Graphen mit
derselben Eckenzahl. Ein einfacher Graph heißt bipartit, falls
$E = S \cup U$ mit $S \cap U = \emptyset$, $S \neq \emptyset$, $U \neq \emptyset$, und jede Kante einen Eckpunkt
in S, den anderen in U hat. S,U heißen dabei die definierenden Ecken-
mengen. Ein bipartiter Graph heißt vollständig bipartit, wenn K alle
solchen Paare {a,b}, $a \in S$, $b \in U$ enthält. Offenbar gibt es bis auf
Isomorphie nur einen vollständig bipartiten Graphen auf definierenden
Eckenmengen der Mächtigkeit m bzw. n, $m,n \in \mathbb{N}$, er wird mit $K_{m,n}$ bezeichnet. Die Kanten eines beliebigen bipartiten Graphen können auch
als geordnete Paare (a,b), $a \in S$, $b \in U$ interpretiert werden. Wir er-

halten daraus eine fundamentale Abzählregel:

*Ist G(E,K) ein endlicher bipartiter Graph auf den definierenden Ecken-
mengen S und U, so gilt:*

$$\sum_{a \in S} \gamma(a) = \sum_{b \in U} \gamma(b) \qquad (=|K|).$$

Bipartite Graphen sind also nichts anderes als Relationen R zwischen
den Mengen S und U. Um dies zu verdeutlichen, verwenden wir deshalb
oft den Buchstaben R für die Kantenmenge und setzen $R(a):=\{y \in U : (a,y) \in R\}$
für $a \in S$ bzw. $R^{-1}(b) := \{x \in S : (x,b) \in R\}$ für $b \in U$. Bipartite Graphen
haben zwei wichtige äquivalente kombinatorische Interpretationen:

a. Ein <u>Mengensystem</u> $(S,\mathfrak{A})$ ist eine Menge S zusammen mit einer Familie
$\mathfrak{A} \subseteq 2^S$ von Untermengen von S. Der <u>Inzidenzgraph</u> von $(S,\mathfrak{A})$ ist der bipartite Graph G(E,R) mit definierenden Eckenmengen S und $\mathfrak{A}$, wobei
$(p,B) \in R :\Leftrightarrow p \in B$ für $p \in S$, $B \in \mathfrak{A}$. Ist umgekehrt G(E,R) ein beliebiger
bipartiter Graph mit definierenden Eckenmengen S und U, und identifi-
zieren wir $b \in U$ mit $R^{-1}(b) \subseteq 2^S$, so erhalten wir ein Mengensystem
$(S,\mathfrak{A})$, dessen Inzidenzgraph gerade G(E,R) ist.

b. Angenommen, in $(S,\mathfrak{A})$ sind die Elemente aus S wie auch die Mengen
aus $\mathfrak{A}$ indiziert. Die Inzidenzmatrix $M = (m_{ij})$ von $(S,\mathfrak{A})$ ist eine
0,1-Matrix, deren Zeilen zu S und Spalten zu $\mathfrak{A}$ korrespondieren,

$$\text{mit } m_{ij} = \begin{cases} 1 \text{ falls } p_i \in B_j, \\ 0 \text{ sonst.} \end{cases}$$

Umgekehrt ist klar, daß jede Inzidenzmatrix als Mengensystem bzw. als
bipartiter Graph interpretiert werden kann.

<u>Beispiel</u>

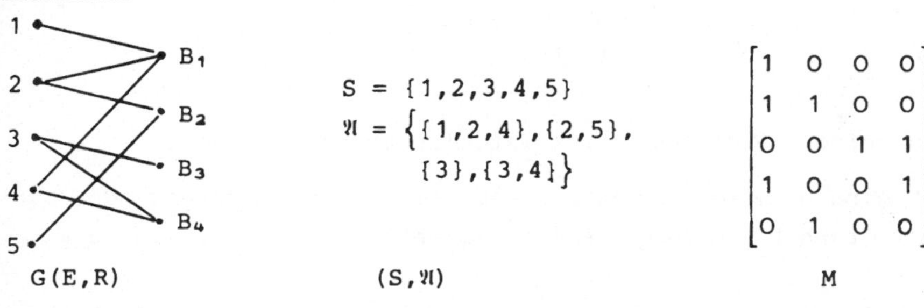

$$S = \{1,2,3,4,5\}$$
$$\mathfrak{A} = \Big\{\{1,2,4\},\{2,5\},$$
$$\{3\},\{3,4\}\Big\}$$

$$M = \begin{bmatrix} 1 & 0 & 0 & 0 \\ 1 & 1 & 0 & 0 \\ 0 & 0 & 1 & 1 \\ 1 & 0 & 0 & 1 \\ 0 & 1 & 0 & 0 \end{bmatrix}$$

G(E,R)	$(S,\mathfrak{A})$	M
Bipartiter Graph	Mengensystem	Inzidenzmatrix

Ein wichtiges Beispiel ist die Inzidenzmatrix $M = [m_{ij}]$ eines beliebigen ungerichteten Graphen $G(E,K)$. Wir indizieren die Ecken und Kanten von G und setzen

$$m_{ij} = \begin{cases} 1 & \text{falls } v_i \in k_j, \text{ und } k_j \text{ nicht Schlinge ist,} \\ 0 & \text{sonst.} \end{cases}$$

Für einen gerichteten Graphen wird entsprechend ± 1 für Inzidenz (je
nachdem ob v_i Anfangs- oder Endpunkt der Kante k_j ist) und O sonst
gesetzt.

Eine Folge $a = v_0, v_1, \ldots, v_t = b$, $v_i \in E$, mit $\{v_{i-1}, v_i\} \in K$, $1 \le i \le t$,
heißt ein <u>Kantenzug der Länge</u> t in $G(E,K)$, oder ein a,b-Kantenzug.
Sind alle Kanten $\{v_{i-1}, v_i\}$ verschieden, so sprechen wir von einem
<u>einfachen Kantenzug</u>, und sind alle Ecken v_i verschieden, von einem
<u>Weg</u> (der Länge t). Falls $a = b$, nennen wir $a = v_0, v_1, \ldots, v_t = a$ einen
<u>geschlossenen Kantenzug</u> bzw. <u>geschlossenen einfachen Kantenzug</u> bzw.
<u>Kreis</u>. Das heißt, in einem Kreis sind alle Ecken v_i, $0 \le i \le t-1$, ver-
schieden und $v_t = v_0$. Die Kantenmenge eines Kreises heißt ein <u>Polygon</u>.
Die analogen Begriffe in gerichteten Graphen sind <u>gerichtete</u> a,b-Kan-
<u>tenzüge</u> etc., falls alle Kanten von a nach b orientiert sind. <u>Triviale</u>
<u>Wege</u> bzw. <u>Kreise</u> sind solche der Länge O, d.h. einzelne Ecken. Wir sa-
gen, die Ecke b ist <u>erreichbar</u> von der Ecke a, falls es einen Weg von
a nach b gibt. Erreichbarkeit ist eine Äquivalenzrelation auf E,
deren Äquivalenzklassen die <u>zusammenhängenden Komponenten</u> des Graphen
sind. Wir sprechen auch kurz von den <u>Komponenten</u>. Die Kante k ist eine
<u>Brücke</u>, falls G nach Entfernung von k mehr Komponenten als G enthält.

<u>Beispiel</u>

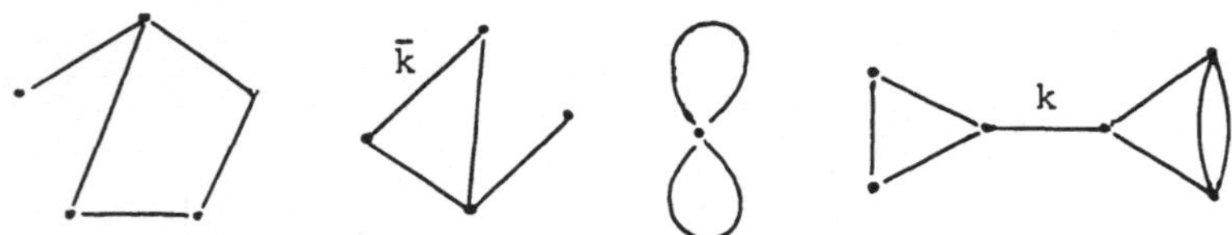

Ein Graph und seine 4 Komponenten, k ist eine Brücke, k̄ nicht.

Besitzt G nur eine einzige Komponente, so heißt G <u>zusammenhängend</u>.
Ein kreisloser Graph heißt <u>Wald</u>, ein zusammenhängender Wald ein <u>Baum</u>.

Es sei $G(E,K)$ ein nichtleerer Graph, dann heißt eine Funktion $f: E \to F$

eine (Ecken-) <u>Färbung</u> mit der "Farbmenge" F, falls $\{u,v\} \in K \rightarrow f(u) \neq f(v)$.
Die Minimalzahl von Farben, die nötig sind, um G zu färben, heißt die
<u>chromatische</u> <u>Zahl</u> chrom(G) von G. Es gilt somit:

> *a.*   *G besitzt Färbung* $\leftrightarrow$ *G ist schlingenlos.*
>
> *b.*   chrom G = 1 $\leftrightarrow$ K = $\emptyset$.
>
> *c.*   chrom G = 2 $\leftrightarrow$ *K* $\neq \emptyset$ *und G ist bipartit.*

<u>Übungen</u>

1. Zeige: Für endliche Graphen G(E,K) gilt $\sum_{v \in E} \gamma(v) = 2|K|$. Was bedeutet

   dies für die Inzidenzmatrix? Wie lautet die entsprechende Formel
   für gerichtete Graphen?

$\rightarrow$ 2. Es sei G(E,K) endlich mit $K \neq \emptyset$ und $\gamma(v) \neq 1$ für alle $v \in E$. Zeige,
   daß G einen nichttrivialen Kreis enthält.

$\rightarrow$ 3. Zeige: Ein endlicher Graph G ist bipartit $\leftrightarrow$ alle Kreise in G haben
   gerade Länge.

$\rightarrow$ 4. Zeige: Ein endlicher Graph G(E,K) ist Baum $\leftrightarrow$ G ist zusammenhängend
   und $|K| = |E| - 1$ $\leftrightarrow$ je zwei Ecken in G sind durch genau einen Weg
   verbunden $\leftrightarrow$ G ist zusammenhängend und jede Kante ist Brücke.

5. Zeige, daß die chromatische Zahl eines Kreises G mit mindestens
   zwei Ecken 2 oder 3 ist, je nachdem ob G gerade oder ungerade Länge
   hat.

C. Ordnungen

Eine reflexive, transitive und antisymmetrische Relation R auf M
heißt <u>Ordnung</u> auf M. (In manchen Büchern wird auch der Ausdruck Halb-
ordnung verwendet.) Die übliche Schreibweise für $(a,b) \in R$ ist dann
$a \underset{R}{\leq} b$ oder einfach $a \leq b$. Unter $b \geq a$ verstehen wir $a \leq b$. Wir setzen
$a < b$, falls $a \leq b$ und $a \neq b$. M zusammen mit der Ordnung $\leq$ bezeichnen
wir oft mit $M_<$ oder $(M,<)$. <u>Unterordnungen</u> (oder <u>Teilordnungen</u>) sind
Untermengen $N \subseteq M$ mit der von $M_<$ induzierten Ordnung. $\phi : M_< \rightarrow N_<$ ist
ein (Ordnungs-) <u>Isomorphismus</u>, falls ϕ bijektiv ist und

$a \leq b \leftrightarrow \phi(a) \leq \phi(b)$ für alle $a,b \in M$. Die zu R <u>inverse</u> <u>Ordnung</u> wird mit R* bezeichnet, also $a \leq_{R*} b \leftrightarrow b \leq_{R} a$.

Gilt $a \leq b$ oder $b \leq a$, so sagen wir, a und b sind <u>vergleichbar</u>, ansonsten <u>unvergleichbar</u>. Sind je zwei Elemente aus M vergleichbar, so nennen wir $M_{\leq}$ eine <u>totale</u> Ordnung oder <u>lineare</u> Ordnung oder <u>Kette</u>. Sind je zwei verschiedene Elemente aus M unvergleichbar, so sprechen wir von einer <u>Antikette</u>.

Die Begriffe <u>untere</u> (<u>obere</u>) <u>Schranke</u>, <u>minimales</u> (<u>maximales</u>) <u>Element</u> einer Ordnung sind klar. Besitzt $M_{\leq}$ ein eindeutiges minimales Element O, so nennen wir O das <u>Nullelement</u>, analog ein eindeutiges maximales Element das <u>Einselement</u> 1 von $M_{\leq}$. Existiert eine größte untere Schranke b von $N \subseteq M$, so heißt b das <u>Infimum</u> von N, und wir schreiben b = inf N, analog sup N für die kleinste obere Schranke, das <u>Supremum</u> von N.

Ist $a \leq b$ in $M_{\leq}$, so nennen wir die Unterordnung der Menge $\{x \in M : a \leq x \leq b\}$ das <u>Intervall</u> [a,b] von M. Eine Teilordnung $N_{\leq} \subseteq M_{\leq}$ heißt <u>Ideal</u>, falls $a \in N$, $x \leq a \rightarrow x \in N$. N heißt <u>Filter</u>, falls $a \in N$, $y \geq a \rightarrow y \in N$. $I(a) := \{x \in M : x \leq a\}$ heißt das von a <u>erzeugte</u> <u>Hauptideal</u>, $F(a) := \{y \in M : y \geq a\}$ heißt der von a erzeugte <u>Hauptfilter</u>. Die Intervalle [a,a], $a \in M$, heißen <u>trivial</u>. Gilt für $a \leq b$, daß $|[a,b]| = 2$, d.h. folgt aus $a \leq x \leq b$, daß x = a oder x = b ist, so sagen wir, b <u>bedeckt</u> a und schreiben a < b. Elemente, die das Nullelement bedecken (falls es existiert), heißen <u>Atome</u> oder <u>Punkte</u>, Elemente, die vom Einselement bedeckt werden, heißen <u>Coatome</u> oder <u>Copunkte</u>.

Eine endliche Ordnung $M_{\leq}$ wird anschaulich durch einen gerichteten Graphen $H(M_{\leq})$ repräsentiert. $H(M_{\leq})$ heißt das <u>Hasse</u> <u>Diagramm</u> von $M_{\leq}$ oder kurz <u>Diagramm</u>. Die Eckenmenge von $H(M_{\leq})$ ist M, und wir setzen eine gerichtete Kante $a \rightarrow b$, wenn a < b in M ist. Es gilt somit $a \leq b$ genau dann, wenn ein gerichteter Weg von a nach b existiert. Ordnung und Diagramm determinieren einander also eindeutig. Zur Vereinfachung der Zeichnung repräsentieren wir die Richtung $a \rightarrow b$ im Diagramm wenn möglich von unten nach oben und lassen dann die Richtungspfeile weg.

<u>Beispiel</u>

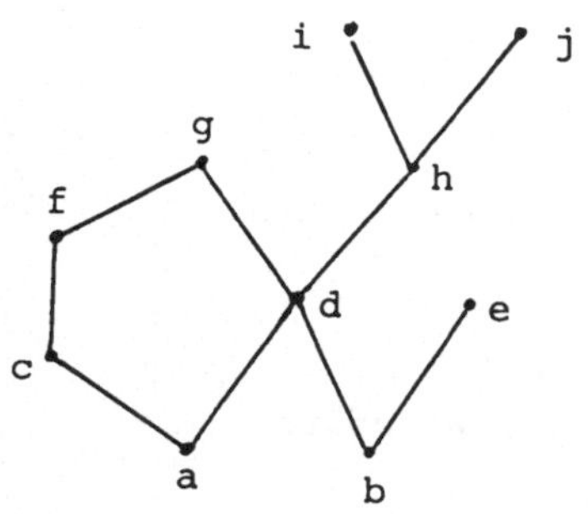

Hier gilt z.B. a $\lessdot$ d $\lessdot$ h $\lessdot$ j und a < f, aber nicht a $\lessdot$ f. Die maximalen Elemente sind e,g,i,j, die minimalen a,b.

Eine lineare Ordnung $\{a_0 < a_1 < \ldots < a_n\}$ heißt <u>Kette</u> <u>der</u> <u>Länge</u> n (=Mächtigkeit n+1). Im obigen Beispiel ist a < c < f < g eine Kette der Länge 3. Ketten der Länge n sind bis auf Isomorphie eindeutig und werden mit $C(n)$ bezeichnet. Eine Kette $\{a_0 \lessdot a_1 \lessdot \ldots \lessdot a_n\}$ heißt <u>nicht</u> <u>weiter</u> <u>unterteilbar</u> oder <u>maximal</u>. Sind die Längen aller Ketten mit letztem Glied a nach oben beschränkt, so sagen wir, a hat <u>endliche</u> Länge in $M_<$, und setzen $\ell(a) :=$ maximale Länge über alle x,a-Ketten, $x \in I(a)$. Im Beispiel von oben ist $\ell(g) = \ell(i) = 3$, $\ell(h) = 2$, $\ell(c) = 1$, $\ell(b) = 0$. Die minimalen Elemente a sind somit jene, für die $\ell(a) = 0$ ist. Sind in $M_<$ die Längen <u>aller</u> Ketten nach oben beschränkt, so nennen wir $M_<$ <u>längenendlich</u> oder <u>kettenendlich</u> und setzen $\ell(M) = \max\limits_{a \in M} \ell(a)$.

Die wichtigste Operation auf Ordnungen ist das <u>Produkt</u>. Sind $P_<$, $Q_<$ Ordnungen, so ist das (direkte) Produkt $P_< \times Q_<$ Ordnung auf $P \times Q$ mit $(a,b) \underset{P \times Q}{\leq} (c,d) : \leftrightarrow a \underset{P}{\leq} c$ und $b \underset{Q}{\leq} d$. Die Verallgemeinerung auf mehrere Faktoren ist klar.

Eine Abbildung $J : P \to P$ einer Ordnung $P_<$ in sich heißt <u>Abschlußoperator</u> (oder Hüllenoperator), falls für alle $x,y \in P$ gilt:

a. $x \leq Jx$,

b. $x \leq y \to Jx \leq Jy$ (monoton)

c. $J(Jx) = Jx$.   (idempotent)

Oft wird das Bild Jx mit $\bar{x}$ bezeichnet. Ein Element $x \in P$ mit $x = \bar{x}$ heißt <u>abgeschlossen</u> und $Q = P/J = \{z \in P : z = \bar{z}\}$ der <u>Quotient</u> von P nach J. Der wichtigste Spezialfall sind Abschlußoperatoren auf der Potenzmenge 2^S, geordnet durch Inklusion. Solch einen Operator $A \to \bar{A}$, $A \subseteq S$, nennen wir kurz <u>Abschluß</u> auf S.

Es seien $P_<$, $L_<$ Ordnungen. Ein Paar (σ,τ) von Abbildungen $\sigma : P \to L$, $\tau : L \to P$ heißt <u>Galoisverbindung</u> zwischen P und L, falls

    a. $x \underset{P}{\leq} y \Rightarrow \sigma x \underset{L}{\geq} \sigma y$, $w \underset{L}{\leq} z \Rightarrow \tau w \underset{P}{\geq} \tau z$,

    b. $\tau\sigma x \geq x$ für alle $x \in P$, $\sigma\tau w \geq w$ für alle $w \in L$.

Satz

Sei (σ,τ) Galoisverbindung zwischen $P_<$ und $L_<$. Dann gilt:

    a.   *$\sigma\tau\sigma = \sigma$, $\tau\sigma\tau = \tau$.*

    b.   *$\tau\sigma$ ist Abschluß auf $P_<$, $\sigma\tau$ ist Abschluß auf $L_<$.*

    c.   *$P/\tau\sigma = \tau L$, $L/\sigma\tau = \sigma P$.*

    d.   *$P/\tau\sigma \underset{\tau}{\overset{\sigma}{\cong}} L/\sigma\tau$ sind antiisomorphe Ordnungen, d.h. $P/\tau\sigma \cong (L/\sigma\tau)^*$.*

Übungen

1. Es sei $M_<$ Ordnung, deren sämtliche Elemente endliche Länge haben. Zeige, daß $\{M_i \neq \emptyset : i \in \mathbb{N}_0\}$ mit $M_i := \{x \in M : \ell(x) = i\}$ eine Partition von M ist, deren Blöcke Antiketten von $M_<$ sind. Wir nennen dies die <u>kanonische Partition</u> von $M_<$.

→ 2. Es sei $A \to \bar{A}$ Abschluß auf S. Zeige, daß der Durchschnitt abgeschlossener Mengen wieder abgeschlossen ist, die Vereinigung aber im allgemeinen nicht. Wann gilt diese Aussage auch für die Vereinigung?

→ 3. Zeige: Eine Abbildung $\bar{J} : 2^S \to 2^S$ ist genau dann Abschluß auf S, wenn für alle $A,B \subseteq S$ gilt:

    a. $A \subseteq \bar{A}$,

    b. $A \subseteq \bar{B} \Rightarrow \bar{A} \subseteq \bar{B}$.

→ 4. Beweise den angeführten Satz über Galoisverbindungen.

D. Verbände

Ein <u>Verband</u> ist eine Ordnung $L_<$ mit der Eigenschaft, daß je zwei Elemente $a,b \in L$ sowohl ein Infimum wie ein Supremum besitzen. Wir setzen $a \wedge b := \inf\{a,b\}$, $a \vee b := \sup\{a,b\}$. Daraus folgt unmittelbar die Existenz der Infima und Suprema endlicher Untermengen von L. Ein Verband heißt <u>vollständig</u>, falls $\inf A$ und $\sup A$ für alle $A \subseteq L$ existieren. Jeder endliche Verband ist vollständig. Ein vollständiger Verband enthält ein Nullelement und Einselement. Eine Ordnung $P_<$ ist genau dann ein vollständiger Verband, wenn $P_<$ ein Einselement besitzt und $\inf A$ für alle $A \subseteq P$ existiert.

$M_<$ heißt <u>Unterverband</u> von $L_<$, falls $M_<$ Unterordnung von $L_<$ ist, und für alle $a,b \in M$ gilt, daß $a \underset{L}{\wedge} b \in M$, $a \underset{L}{\vee} b \in M$. $M_<$ heißt <u>Teilverband</u> von $L_<$, falls $M \subseteq L$ und $M_<$ mit der induzierten Ordnung ein Verband ist. (Es kann aber $a \underset{M}{\wedge} b \neq a \underset{L}{\wedge} b$ sein. Natürlich gilt stets $a \underset{M}{\wedge} b \leq a \underset{L}{\wedge} b$, $a \underset{M}{\vee} b \geq a \underset{L}{\vee} b$.) Ein <u>Verbandsisomorphismus</u> von $P_<$ auf $L_<$ ist eine Bijektion $\phi : P \to L$ mit $\phi(a \underset{P}{\wedge} b) = \phi a \underset{L}{\wedge} \phi b$, $\phi(a \underset{P}{\vee} b) = \phi a \underset{L}{\vee} \phi b$. <u>Produkt</u> und <u>Inverses</u> von Verbänden sind wieder Verbände. In $P \times L$ werden die Operationen $\wedge, \vee$ komponentenweise durchgeführt, $(a,b) \wedge (c,d) = (a \wedge c, b \wedge d)$, $(a,b) \vee (c,d) = (a \vee c, b \vee d)$.

Ist W ein Ausdruck, welcher nur Verbandselemente aus L und die Symbole $\leq, \wedge, \vee$ enthält, so entsteht der dazu <u>duale</u> Ausdruck W^* durch Ersetzen von $\leq$ durch $\geq$ und Austauschen von $\wedge$ und $\vee$. Beispiel: $W := (a \wedge b) \vee (a \wedge c) \leq a \wedge (b \vee c)$, $W^* = (a \vee b) \wedge (a \vee c) \geq a \vee (b \wedge c)$. Die Gültigkeit von W für alle Variablen x_i impliziert die Gültigkeit von W^* für alle x_i. (Dualitätsprinzip)

Eine Ordnung $P_<$ erfüllt die <u>Jordan-Dedekindsche Kettenbedingung</u> (kurz JD-Bedingung), falls alle maximalen Ketten zwischen zwei Elementen dieselbe endliche Länge haben. Hat $P_<$ ein Nullelement O, so bezeichnen wir mit $r(a)$ die gemeinsame Länge aller maximalen O,a-Ketten und nennen $r(a)$ den <u>Rang</u> von a. Besitzt $P_<$ auch ein Einselement 1, so nennen wir dual die gemeinsame Länge aller maximalen $a,1$-Ketten den <u>Corang</u> von a. Die Gesamtheit aller Elemente gleichen Ranges k heißt das <u>k-Niveau</u> $N_k(P)$, und wir nennen $W_k(P) = |N_k(P)|$ die <u>Niveauzahlen</u> von $P_<$, falls die Niveaux endlich sind. Für die Rangfunktion $r : P \to N_O$ gilt somit:

    a. $r(O) = O$,

    b. $a \lessdot b \Rightarrow r(a) = r(b) - 1$,

    c. a *Atom* $\Leftrightarrow r(a) = 1$.

<u>Übungen</u>

→ 1. Es sei P Verband und J Abschluß auf P. Zeige, daß der Quotient P/J
     vollständiger Teilverband von P ist, in dem die Infima mit den
     Infima in $P_<$ übereinstimmen (aber nicht notwendig die Suprema).
     Ist jeder vollständige Verband Quotient eines gewissen Verbandes?

  2. Beweise die Charakterisierung vollständiger Verbände als Ordnungen
     $P_<$ mit Einselement, für die $\inf A$ für alle $A \subseteq P$ existiert.

E. Fundamentale Beispiele

Wie in Kapitel VI gezeigt wird, können die grundlegenden kombinatorischen Strukturen dieses Buches - die Matroide - auch durch ordnungstheoretische Axiome beschrieben werden. Von der entsprechenden Ver-
bandsklasse - den geometrischen Verbänden - seien im folgenden die
wichtigsten Beispiele zusammengestellt. Eine eingehende Diskussion
folgt in Kapitel VI.

<u>Boolesche Algebren</u>. Es sei S eine n-Menge, dann heißt der Verband
$\mathcal{B}(S)$ aller Untermengen von S geordnet nach Inklusion die <u>Boolesche</u>
<u>Algebra</u> von S. Offenbar gilt $\mathcal{B}(S) \cong \mathcal{B}(T)$ genau dann, wenn $|S| = |T|$,
so daß wir von der Booleschen Algebra $\mathcal{B}(n)$ des Ranges n sprechen
können.

<u>Satz</u>

*Es sei S eine n-Menge. $\mathcal{B}(S)$ besitzt eine Rangfunktion, und es gilt
$r(A) = |A|$ für alle $A \subseteq S$. Ferner haben wir $\mathcal{B}(n) \cong [C(1)]^n$. Jedes Intervall $[A,B] \subseteq \mathcal{B}(S)$ ist isomorph zu einer Booleschen Algebra, nämlich
$[A,B] \cong \mathcal{B}(k)$ mit $k = |B-A|$. Für die Niveauzahlen gilt $W_k(\mathcal{B}(n)) = \binom{n}{k}$,
für alle $n,k \in \mathbb{N}_0$.*

<u>Lineare Verbände</u>. Es sei V(n,K) ein n-dimensionaler Vektorraum über
einem Schiefkörper K. Mit $L(V)$ bezeichnen wir den Verband der Unterräume von V geordnet nach Inklusion. Wiederum gilt $L(V) \cong L(W)$, falls
V und W Vektorräume gleicher Dimension über K sind, so daß wir vom
<u>linearen Verband</u> $L(n,K)$ sprechen können, wobei wir kurz $L(n,q)$ für
$K = GF(q)$ setzen.

<u>Satz</u>

$L(V)$ *besitzt eine Rangfunktion, wobei* $r(U) = \dim U$ *für alle Unterräume*
$U \subseteq V$ *gilt. Jedes Intervall* $[U,W] \subseteq L(V)$ *ist isomorph zu* $L(s,K)$ *mit*
$s = \dim W - \dim U$.

In linearen Verbänden $L(n,q)$ nennt man die Niveauzahlen $W_k(L(n,q)) :=$
$|\{U \in L(V) : \dim U = k\}|$ die <u>Gauss'schen</u> <u>Koeffizienten</u> und bezeichnet
sie mit $\binom{n}{k}_q$.

Kehren wir nochmals zu $V(n,K)$ zurück. Eine Menge $p + U$ mit $p \in V(n,K)$,
$U \in L(V)$, heißt eine <u>Nebenklasse</u> von V. Es ist leicht zu sehen, daß
der Durchschnitt beliebiger Nebenklassen wieder eine Nebenklasse ist,
wobei wir die leere Menge ebenfalls dazurechnen. Die Familie der Nebenklassen geordnet nach Inklusion bildet daher einen vollständigen Verband $A(V)$. Abermals gilt $A(V) \cong A(W)$, falls $V \cong W$, so daß wir vom
<u>affinen</u> <u>Verband</u> $A(n,K)$ sprechen können. Wir setzen wieder $A(n,q) :=$
$A(n,GF(q))$.

<u>Satz</u>

$A(V)$ *besitzt eine Rangfunktion, wobei* $r(p+U) = \dim U + 1$ *für alle Ne-*
benklassen $p + U$ *gilt.*

<u>Partitionsverbände</u>

Es sei N n-Menge und $P(N)$ die Menge der Partitionen von N. Auf $P(N)$
erklären wir die <u>Verfeinerungsrelation</u> $\leq$. Das heißt, wir setzen $\pi \leq \sigma$
genau dann, wenn jeder Block von π als ganzes in einem Block von σ
enthalten ist, oder umgekehrt, wenn wir von σ zu π gelangen, indem
wir die Blöcke von σ aufspalten (= verfeinern). Gilt $\pi \leq \sigma$, so sagen
wir demnach, π ist <u>Verfeinerung</u> von σ bzw. σ ist Vergröberung von π.
Offenbar ist $\leq$ Ordnung auf $P(N)$, und es gilt wieder $P(N) \cong P(T)$, falls
$|N| = |T|$. Wir können also (unter Vorwegnahme des folgenden Satzes)
vom <u>Partitionsverband</u> $P(n)$ sprechen.

<u>Satz</u>

Es sei $|N| = n$. $P(N)$ *besitzt eine Rangfunktion, und es gilt*
$r(\pi) = n - b(\pi)$, $b(\pi) = $ *Blockzahl von* π, *für* $\pi \in P(N)$. *Ferner gilt*
$[\pi,1] \cong P(s)$ *mit* $s = b(\pi)$, *und* $[0,\pi] \cong \prod_i P(i)^{b_i}$, *wobei* b_i *die Anzahl*
der Blöcke der Mächtigkeit i *von* π *ist,* $1 \leq i \leq n$. *Wir schreiben dann*
$t(\pi) = 1^{b_1} 2^{b_2} \dots n^{b_n}$ *und nennen* $t(\pi)$ *den Typ von* π.

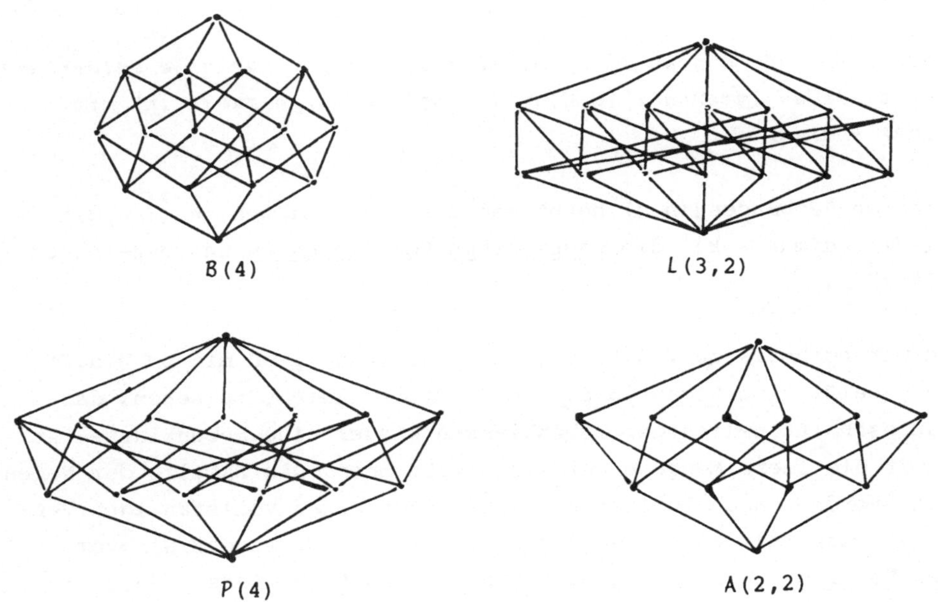

B(4)

L(3,2)

P(4)

A(2,2)

Übungen

→ 1. Verifiziere im Detail die Sätze betreffend die einzelnen Verbandsklassen.

→ 2. Beweise die Formel $\binom{n}{k}_q = \dfrac{(q^n-1)(q^{n-1}-1)\ldots(q^{n-k+1}-1)}{(q^k-1)(q^{k-1}-1)\ldots(q-1)}$

und folgere $\binom{n}{0}_q \leq \binom{n}{1}_q \leq \cdots \leq \binom{n}{[n/2]}_q \geq \cdots \geq \binom{n}{n}_q$. Wie lauten
die entsprechenden Formeln für die Binomialzahlen $\binom{n}{k}$?

→ 3. Beschreibe die Ordnungsautomorphismengruppen von $B(n)$, $L(n,K)$,
$A(n,K)$ und $P(n)$.

<u>Literatur</u>

Zur Einführung in die Kombinatorik:

    M. Aigner, Kombinatorik, I. Grundlagen und Zähltheorie, Springer
        Hochschultext (1975).

    C. Berge, Principles of Combinatorics, Academic Press (1971).

    H.J. Ryser, Combinatorial Mathematics, Carus Math. (1963).

Zur Einführung in die Graphentheorie:

    F. Harary, Graph Theory, Addison Wesley (1969). Vor allem
        Kap. 1,2,4.

    K. Wagner, Graphentheorie, B.I. Hochschultaschenbücher 248 (1970).
        Vor allem Kap. 1.

    R. Wilson, Introduction to Graph Theory. Oliver and Boyd (1972).

Zur Einführung in die Ordnungs-und Verbandstheorie:

    G. Birkhoff, Lattice Theory, AMS Coll. Publ. 25 (3rd ed. 1967).
        Vor allem Kap. 1-3.

    G. Graetzer, Lattice Theory: First Concepts and Distributive
        Lattices. Freeman (1971).

    H. Hermes, Einführung in die Verbandstheorie, Grundlehren der
        Math. Wiss. 73, Springer (1967).

VI: Matroide: Grundbegriffe

Die mathematische Struktur, welche wir heute <u>Matroid</u> oder <u>kombinatorische</u> (<u>Prä-</u>) <u>Geometrie</u> nennen, wurde um 1930 von mehreren Autoren als grundlegend für weite Bereiche der Kombinatorik erkannt, ein Urteil, das wir nunmehr voll bestätigen können. Es ging darum, bekannte Begriffe aus der Linearen Algebra wie lineare Abhängigkeit, Basis und Erzeugnis zu axiomatisieren und auf allgemeinere Strukturklassen zu übertragen. Jedoch - und dies deutet auf die Wichtigkeit dieses Ansatzes hin - ist die dadurch erreichte Abstraktion nicht Verallgemeinerung um ihrer selbst willen, sondern sie ermöglicht eine wesentlich präzisere Begriffsbildung in den verschiedensten Gebieten der Kombinatorik, und macht rein kombinatorische Fragen algebraischen Ideen und Methoden zugänglich. Ein solches Gebiet ist die Graphentheorie, welche sich mittels eines geeignet gewählten Abschlußoperators in die Theorie der Matroide einreihen läßt. Ja, es war sogar diese Parallelität zwischen den Eigenschaften der Dimension in Vektorräumen und des Ranges in Graphen, welche den Anstoß zur weiteren Entwicklung der vorliegenden Theorie gab. Ein anderes wichtiges Beispiel ergibt sich beim Studium von Mengensystemen, einige weitere werden wir im Laufe dieses Kapitels kennenlernen. Einer der befriedigendsten Aspekte der Theorie der Matroide ist gerade diese wechselweise Übernahme von Ideen aus verschiedenen Gebieten und ihre Auswertung in anderen, wobei sich der Einfluß der einzelnen Teilgebiete auch in der Terminologie niederschlagen wird.

Im vorliegenden Kapitel geben wir zunächst die Definition eines Matroides und interessieren uns sodann für die verschiedenen Möglichkeiten, äquivalente Axiomensysteme aufzustellen, sowie für deren Auswertung in den drei wichtigsten Matroidklassen: Vektorräumen, Graphen, Transversalsystemen. Nach einem gründlichen Überblick über die fundamentalen Beispiele studieren wir in den Abschnitten 3 und 4 - zum großen Teil motiviert durch diese Beispiele - tiefere Eigenschaften beliebiger Matroide.

Noch ein Wort zur Terminologie: Die Bezeichnungen "Matroid" und "Prägeometrie" kommen beide in der Literatur vor. Wir werden durch das
ganze Buch hindurch "Matroid" verwenden, da wir von Anfang an den
mengentheoretischen Standpunkt etwas stärker betonen. Der Terminus
"Prägeometrie" wird vor allem von jenen Autoren verwendet, die den
geometrischen Aspekt in den Vordergrund rücken. Nichtsdestoweniger
werden wir - aufbauend auf Abschnitt 1.D - die enge Verbindung zwischen
der Theorie der Matroide und der Theorie der geometrischen Verbände
mehrfach beleuchten, um so den geometrischen Hintergrund besser zu
verstehen.

1. AXIOMATIK

Wir beginnen mit den für das gesamte Buch grundlegenden Definitionen.
Die dabei benötigten Begriffe und Sätze wurden in den Präliminarien
zusammengestellt, man vgl. vor allem die Abschnitte C und D. Die daran
anschließenden axiomatischen Begründungen unserer Theorie bringen
nicht nur einen interessanten Vergleich dieser Systeme, sondern sind
auch von praktischem Wert, da bei den später folgenden Beispielen
einmal die eine, dann wieder eine andere Version sich in natürlicher
Weise anbieten wird. Dies ist auch der Grund, warum die etwas trocken
anmutenden axiomatischen Überlegungen an den Beginn gestellt wurden,
und erst danach eine Diskussion der hauptsächlichen Beispiele erfolgt.

A. Definition

Im gesamten Abschnitt bezeichnet S die Grundmenge, deren Elemente wir
auch <u>Punkte</u> nennen, und $A \to \bar{A}$ einen <u>Abschlußoperator</u> auf S. Das heißt,
es gilt für alle $A, B \subseteq S$:

$$A \subseteq \bar{A},$$
$$A \subseteq B \to \bar{A} \subseteq \bar{B},$$
$$\bar{\bar{A}} = \bar{A}.$$

Äquivalent dazu sind die Bedingungen (siehe Präl., Abs. C):

$$A \subseteq \bar{A},$$
$$A \subseteq \bar{B} \to \bar{A} \subseteq \bar{B}.$$

Definition

(VI.1.1) Eine Menge S zusammen mit einem Abschluß $A \to \bar{A}$ heißt ein **Matroid** oder eine **kombinatorische Prägeometrie** G(S) auf S, falls für alle $A \subseteq S$, $p,q \in S$ gilt:

    a) $(p \notin \bar{A}$ und $p \in \overline{A \cup q}) \Rightarrow q \in \overline{A \cup p}.$ [1]   (Austauschaxiom)

    b) $\exists B \subseteq A$ mit $|B| < \infty$ und $\bar{B} = \bar{A}.$ (Endliche Basis)

Gilt zusätzlich

    c) $\bar{\emptyset} = \emptyset$, $\bar{p} = p$ für alle $p \in S$,

so heißt G(S) ein **einfaches Matroid** auf S bzw. eine **kombinatorische Geometrie** oder kurz **Geometrie**.

G(S) ist ein **endliches Matroid**, falls die Grundmenge S endlich ist. Zwei Matroide G(S) und H(T) heißen **isomorph**, falls eine Bijektion $\phi : S \to T$ existiert mit $p \in \bar{A} \leftrightarrow \phi p \in \overline{\phi A}$ für alle $p \in S$, $A \subseteq S$. Wie bei jeder Menge mit Abschlußoperator (siehe Präl., Abs. C) assoziieren wir zu einem Matroid G(S) die Familie L(S) der abgeschlossenen Mengen $A = \bar{A}$. Es gilt dann:

L(S) *ist mit der Inklusionsordnung ein vollständiger Verband, wobei die Verbandsoperationen durch*

$$A \wedge B = A \cap B, \quad A \vee B = \overline{A \cup B}$$

für $A, B \in L(S)$, *und allgemein durch*

$$\bigwedge_{i \in I} A_i = \bigcap_{i \in I} A_i, \quad \bigvee_{i \in I} A_i = \overline{\bigcup_{i \in I} A_i},$$

für $A_i \in L(S)$, $i \in I$, *gegeben sind. Für* $A, B \subseteq S$ *gilt*

$$\overline{A \cap B} \subseteq \bar{A} \cap \bar{B}, \quad \overline{A \cup B} = \bar{A} \cup \bar{B}.$$

Die abgeschlossenen Mengen $A = \bar{A}$ nennen wir die **Unterräume** des Matroides G(S) und L(S) den **Unterraumverband**.

---

[1] Wir schreiben kurz $\overline{A \cup q}$ anstelle $\overline{A \cup \{q\}}$. Ähnliche Abkürzungen werden künftig häufig verwendet, etwa $\bar{p} = \{\bar{p}\}$.

Liegt ein Element p in $\bar{\emptyset}$, so nennen wir p eine <u>Schlinge</u>. Gilt für
$p \neq q \in S$, daß $\bar{p} = \bar{q}$, so heißen p,q <u>parallel</u>. Beide Bezeichnungen
sind aus der Graphentheorie entlehnt. Einfache Matroide besitzen also
weder Schlingen noch parallele Elemente.

Zu jedem Matroid G(S) assoziieren wir auf folgende Weise eine kanonische Geometrie $G_O(S_O)$: Aus dem Austauschaxiom folgt, daß die Mengen
$\bar{p} - \bar{\emptyset}$, p Nichtschlinge, eine Partition von $S - \bar{\emptyset}$ bilden (Beweis?).
Wir definieren nun S_O als die Menge dieser Äquivalenzklassen
$[p] = \bar{p} - \bar{\emptyset}$, und erklären auf S_O den Operator $A \rightarrow \tilde{A}$ durch

$$\tilde{A} := \left\{ [p] \in S_O : p \in \overline{\bigcup_{[q] \in A} q} - \bar{\emptyset} \right\}.$$

Wir erhalten daraus eine Geometrie $G_O(S_O)$, wobei für die beiden Unterraumverbände $L(S) \cong L_O(S_O)$ gilt. $G_O(S_O)$ heißt die dem Matroid G(S)
<u>zugrundeliegende</u> Geometrie. In bezug auf den ordnungstheoretischen
Standpunkt bedeutet also die Beschränkung auf Geometrien keinen Ver-
lust an Allgemeinheit.

Beispiele

Ausgangspunkt und Motivation für die Bezeichnungen Matroid bzw. Geometrie sind die Vektorräume. Ein n-dimensionaler Vektorraum V(n,K)
über einem Schiefkörper K ist mit dem linearen Abschluß $A \rightarrow \bar{A} :=$
$\{v \in V : v$ linear abhängig von A$\}$ ein Matroid. Die Punkte sind die
Vektoren aus V(n,K), der Nullvektor ist die einzige Schlinge, und
zwei Vektoren v,w sind genau dann parallel, wenn $w = c.v$ mit $c \in K$.
In diesem Fall ist (VI.1.1a) gerade der Steinitz'sche Austauschsatz
für Vektorräume. Wir nennen das von V(n,K) mit dem linearen Abschluß
erzeugte Matroid das <u>Vektorraummatroid</u> G(V(n,K)). Die dem Matroid
G(V(n,K)) zugrundeliegende Geometrie besitzt als Punkte die eindimen-
sionalen Unterräume von V(n,K) und heißt die <u>projektive</u> Geometrie
PG(n,K)   (siehe (VI.2.19)). Der zugehörige Unterraumverband ist demnach gerade L(n,K). Für endliche Körper K = GF(q) schreiben wir dabei
kurz PG(n,q) bzw. L(n,q). Der Leser beachte, daß n der <u>algebraische
Rang</u> der Geometrie ist, welcher wie üblich um 1 höher als die <u>geo-
metrische Dimension</u> ist. Beispielsweise haben Ebenen Rang 3 und geometrische Dimension 2.

Ein triviales, aber wichtiges Beispiel sind die <u>freien</u> Matroide. Es
sei S eine n-Menge, in der <u>jede</u> Teilmenge abgeschlossen ist. Offen-

bar sind die Axiome (VI.1.1) erfüllt, und wir erhalten das _freie_
Matroid oder die _freie_ _Geometrie_ FG_n vom Rang n. Der zugehörige Unterraumverband ist die Boolesche Algebra $B(n)$.

Für viele Überlegungen ist es nützlich, das Austauschaxiom noch von
einem anderen Gesichtspunkt aus zu betrachten. Ist $A = \bar{A} \in L(S)$, so
hat offensichtlich jeder Unterraum $B = \bar{B} \in L(S)$ mit $\bar{A} \lessdot \bar{B}$ die Gestalt
$\bar{B} = \overline{A \cup p}$ für ein $p \notin \bar{A}$. Es sei nun $C = \bar{C} \in L(S)$ ein weiterer Unterraum
mit $\bar{A} \lessdot \bar{C} = \overline{A \cup q}$.

Fall 1. $\bar{B} \cap \bar{C} = \bar{A}$.

Fall 2. Es existiert $r \in \bar{B} \cap \bar{C} - \bar{A}$. Dann gilt $\bar{A} \subsetneq \overline{A \cup r} \subseteq \bar{B}$, also $\bar{B} = \overline{A \cup r}$.
Ferner haben wir $r \notin \bar{A}$, $r \in \bar{C} = \overline{A \cup q}$, somit $\bar{B} \subseteq \bar{C}$. Nach dem Austausch-
axiom gilt aber auch $q \in \overline{A \cup r} = \bar{B}$, also $\bar{C} \subseteq \bar{B}$, das heißt $\bar{B} = \bar{C}$.

In Zusammenfassung können wir sagen: Ist $A = \bar{A} \in L(S)$ ein beliebiger
Unterraum, dann bilden die Mengen $\{\bar{B} - \bar{A} : \bar{B} \gtrdot \bar{A}\}$ eine _Partition_ von
$S - \bar{A}$. (Für $\{\bar{B} - \bar{\emptyset}\}$ haben wir übrigens gerade diese Tatsache beim ka-
nonischen Übergang von einem Matroid zu seiner zugrundeliegenden
Geometrie verwendet.) Verlangen wir umgekehrt von unserem Abschlußoperator diese Partitionseigenschaft, so folgt sofort das Austauschaxiom.

Die fundamentale Bedeutung der Matroide ist darin begründet, daß die
Definition eng genug ist, um wichtige Struktursätze aus der Linearen
Algebra sinngemäß übertragen zu können, daß sie andererseits, wie
schon in der Einleitung erwähnt, reichhaltig genug ist, ein breites
Spektrum kombinatorischer Strukturen in die Klasse der Matroide einzu-
ordnen.

Wir wollen zuallererst die Begriffe "Basis" und "Dimension" für beliebige Matroide erklären.

Definition

(VI.1.2) Eine Menge $A \subseteq S$ des Matroides $G(S)$ heißt _unabhängig_, falls
$p \notin \overline{A - p}$ für alle $p \in A$. Die maximalen unabhängigen Teilmengen B von A
heißen die _Basen_ von A. Insbesondere nennen wir die maximalen unabhängigen Teilmengen von S die _Basen des Matroides_ $G(S)$.

Wir bemerken, daß aus dem endlichen Basisaxiom (VI.1.1b) die _Existenz_ von Basen für jede Teilmenge A folgt. Es sei nämlich $B \subseteq A$, $\bar{B} = \bar{A}$, $|B| < \infty$ und $B_O \subseteq B$ maximal unabhängig. Angenommen, es existiert $b \in B$ mit $b \notin \bar{B}_O$, dann gibt es ein $q \in B_O$ mit $q \in \overline{(B_O - q) \cup b}$, woraus nach dem Austauschaxiom $b \in \bar{B}_O$, also $\bar{B}_O = \bar{B}$ folgt. Wegen $\bar{B}_O = \bar{A}$ ist demnach B_O Basis von A.

<u>Satz</u>

(VI.1.3) *Für ein Matroid G(S) gilt:*

    a) Jede Teilmenge einer unabhängigen Menge ist unabhängig.

    b) Jede unabhängige Menge ist endlich.

    c) Ist A unabhängig, $p \notin A$, so ist $A \cup p$ genau dann unabhängig, wenn $p \notin \bar{A}$ ist.

<u>Beweis</u>

Behauptung a) folgt sofort aus der Definition. Zu b) bemerken wir, daß im Fall einer unendlichen unabhängigen Menge A nach (VI.1.1b) eine endliche, also echte Teilmenge B mit $\bar{B} = \bar{A}$ existiert, so daß $p \in \bar{B} \subseteq \overline{A - p}$ für alle $p \in A - B$ gilt, ein Widerspruch. In c) ist die Implikation "$A \cup p$ unabhängig $\Rightarrow p \notin \bar{A}$" klar. Ist umgekehrt $p \notin \bar{A}$, so gilt $q \notin \overline{A - q}$ für jedes $q \in A$ und somit wegen (VI.1.1a) $q \notin \overline{(A - q) \cup p}$, also ist $A \cup p$ unabhängig. $\square$

<u>Satz (Basissatz)</u>

(VI.1.4) *Es sei G(S) Matroid, $A \subseteq S$.*

    a) Alle Basen B von A haben die gleiche endliche Mächtigkeit.

    b) Für jede Basis B von A gilt $\bar{B} = \bar{A}$.

    c) Jede unabhängige Teilmenge von A kann zu einer Basis von A erweitert werden.

<u>Beweis</u>

Behauptung b) folgt unmittelbar aus (VI.1.3c). Es sei B Basis von A und C eine beliebige unabhängige Teilmenge von A. Können wir zeigen, daß $|C| \le |B|$ ist, so folgt a). Haben wir $C \subseteq B$, so ist nichts weiter zu beweisen, es sei also $p_1 \in C - B$. Dann gilt $p_1 \notin \overline{C - p_1}$, $p_1 \in \bar{B}$ (wegen b)), somit $B \notin \overline{C - p_1}$. Es existiert daher $q_1 \in B$ mit $q_1 \notin \overline{C - p_1}$, also ist $C_1 = (C - p_1) \cup q_1$ nach (VI.1.3c) unabhängig. Für C_1 gilt nun $|C| = |C_1|$, $|C_1 \cap B| > |C \cap B|$. Setzen wir dieses Verfahren fort, so

erhalten wir schließlich $C_t \subseteq B$ mit $|C| = |C_t| \leq |B|$. Behauptung c) ist
nun trivial, da alle Basen dieselbe endliche Mächtigkeit besitzen. □

Der Basissatz legt die Definition des Ranges von Teilmengen als Verallgemeinerung des Dimensionsbegriffes in Vektorräumen wie auch die
Verwendung der üblichen geometrischen Sprechweise nahe.

Definition

(VI.1.5)   Es sei $G(S)$ Matroid, $A \subseteq S$. Der $\underline{Rang}$ $r(A)$ von A ist die gemeinsame endliche Mächtigkeit aller Basen von A, $r(S) = r(G(S))$ heißt
der $\underline{Rang}$ $\underline{des}$ $\underline{Matroides}$, $r(S) - r(A)$ der $\underline{Corang}$ von A. Unterräume vom
Rang 1,2,3 heißen $\underline{Punkte}$, $\underline{Geraden}$, $\underline{Ebenen}$, Unterräume vom Corang 1,2,3
$\underline{Copunkte}$, $\underline{Cogeraden}$, $\underline{Coebenen}$. Für Copunkt ist auch die Bezeichnung
$\underline{Hyperebene}$ gebräuchlich.

Satz

(VI.1.6)   *Es sei* $G(S)$ *Matroid,* $A \subseteq S$. *Dann gilt:*

   a) $r(A) = |B|$ *für jede Basis* B *von* A.

   b) $r(A) \leq |A|$ *und* $(r(A) = |A| \leftrightarrow A$ *ist unabhängig)*.

   c) $r(A) = r(\bar{A})$.

Beweis

Behauptung a) ist gerade die Definition des Ranges, woraus auch b)
unmittelbar folgt. Ist B Basis von A, so haben wir $\bar{B} = \bar{A}$, also gilt
$p \in \bar{B}$ für alle $p \in \bar{A}$, d.h. B ist auch maximale unabhängige Teilmenge
von $\bar{A}$. □

Wann immer möglich, werden wir eine Geometrie G eingebettet in den
normalen Anschauungsraum aufzeichnen. Das heißt, wir fassen G auf als
Geometrie von Punkten eines reellen affinen Raumes A (der Dimension
≤ 3). Liegen 3 oder mehr Punkte auf einer Geraden in G, so führen wir
durch sie eine Linie in A, wenn möglich eine Gerade. Liegen analog 4
oder mehr Punkte auf einer Ebene in G, so werden wir versuchen, diese
Punkte in A auf einer Fläche aufzuzeichnen, wenn möglich einer Ebene.
Triviale Geraden, d.h. Geraden durch 2 Punkte, oder triviale Ebenen
(durch 3 Punkte) werden der besseren Übersicht wegen in A oft weggelassen.

<u>Beispiele</u>

Die Geometrien FG_4 und $PG(3,GF(2))$ (die <u>Fano</u> <u>Ebene</u>) und zwei weitere Geometrien, deren zugehörige Unterraumverbände $A(2,2)$ bzw. $P(4)$
sind (vgl. Präl., Abs. E).

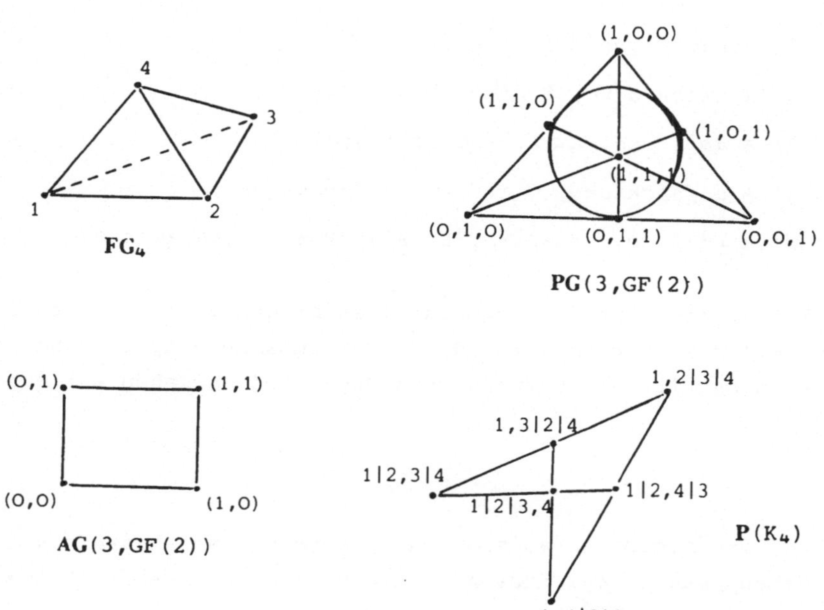

<u>B. Abhängigkeit und Erzeugnis</u>

Wir gehen von einem fest vorgegebenen Matroid $G(S)$ mit Abschlußoperator $A \to \bar{A}$ und Verband $L(S)$ aus.

<u>Definition</u>

(VI.1.7)   a) Eine Menge $A \subseteq S$ des Matroides $G(S)$ heißt <u>abhängig</u>, falls
A nicht unabhängig ist. Die <u>minimalen</u> abhängigen Mengen in S sind die
<u>Kreise</u> des Matroides. Wir nennen $p \in S$ <u>abhängig</u> <u>von</u> $A \subseteq S$, falls $p \in \bar{A}$
ist.

        b) Wir sagen, $B \subseteq S$ <u>spannt</u> den Unterraum $A \in L(S)$ <u>auf</u> oder
<u>erzeugt</u> A, bzw. A ist das <u>Erzeugnis</u> von B, falls $B \subseteq A$, $\bar{B} = \bar{A}$. Insbe-
sondere heißt B eine <u>aufspannende</u> Menge des Matroides, wenn $\bar{B} = S$
gilt.

Mit Ausnahme der Definition a) ist diese Sprechweise aus der Linearen Algebra bekannt. Die Bezeichnung "Kreis" ist der Graphentheorie entnommen, wo die Kreise, wie wir sehen werden, gerade den Graphenkreisen entsprechen.

Satz

(VI.1.8) *In einem Matroid* $G(S)$ *gilt:*

   a) A *unabhängig*, $B \subseteq A$ → B *unabhängig.*

   b) A *abhängig*, $C \supseteq A$ → C *abhängig.*

   c) A *aufspannend*, $C \supseteq A$ → C *aufspannend.*

   d) A *nicht aufspannend*, $B \subseteq A$ → B *nicht aufspannend.*

Die in (VI.1.8) angeführten Mengenfamilien bilden also jeweils ein Ideal bzw. einen Filter im Verband 2^S. Den Zusammenhang zwischen den fundamentalen Begriffen "abhängig" und "spannend" ersehen wir aus dem Basissatz.

Satz

(VI.1.9) *a) Die* minimalen aufspannenden *Mengen eines Matroides* $G(S)$ *sind die* Basen, *und allgemeiner sind die minimal spannenden Mengen von* $A \subseteq S$ *die Basen von* A.

   b) Die maximalen nichtspannenden *Mengen von* $G(S)$ *sind die* Copunkte.

Wir bezeichnen mit $\mathfrak{H}, \mathfrak{B}, \mathfrak{U}$ und $\mathfrak{K}$ der Reihe nach die Familie der Copunkte, Basen, unabhängigen Mengen und Kreise von $G(S)$.

Satz

(VI.1.10) *Sei* $G(S)$ *Matroid mit Rangfunktion* r, $\mathfrak{U}$ *und* $\mathfrak{K}$ *die Familien der unabhängigen Mengen bzw. der Kreise. Dann gilt für* $p \in S$, $A \subseteq S$:

   a) $p \in \bar{A}$ ↔ (p ∈ A *oder* $\exists\, I \subseteq A$ *mit* $I \in \mathfrak{U}$, $I \cup p \notin \mathfrak{U}$),

   b) $p \in \bar{A}$ ↔ (p ∈ A *oder* $\exists\, C \in \mathfrak{K}$ *mit* $p \in C \subseteq A \cup p$),

   c) $p \in \bar{A}$ ↔ $r(A \cup p) = r(A)$.

Beweis

Es sei $p \in \bar{A} - A$ und I Basis von A. Nach (VI.1.6) haben wir $r(\bar{A}) = r(A) =$

$|I| < |I \cup p|$, d.h. $I \cup p \notin \mathfrak{U}$. Ist umgekehrt $p \notin \bar{A}$, so gilt $p \notin \bar{I}$ und somit nach (VI.1.3c) $I \cup p \in \mathfrak{U}$ für alle $I \subseteq A$ mit $I \in \mathfrak{U}$. Die Äquivalenz von a) und b) ist unmittelbar einsichtig. Zu c) ersehen wir $p \in \bar{A} \leftrightarrow \overline{A \cup p} = \bar{A} \leftrightarrow r(A \cup p) = r(A)$. $\square$

Der eben bewiesene Satz besagt, daß der Abschlußoperator und damit das Matroid durch die Familie der unabhängigen Mengen wie auch der Kreise festgelegt ist. Daraus folgt aber, daß auch die Basen als maximale Elemente des Ideals $\mathfrak{U}$ das Matroid eindeutig determinieren, und somit nach (VI.1.9b) auch die Copunkte.

Fassen wir zusammen: Jede einzelne der Familien $\mathfrak{H}, \mathfrak{B}, \mathfrak{U}$ und $\mathfrak{K}$ legt das Matroid $G(S)$ eindeutig fest. Unsere Fragestellung lautet daher: Gegeben S und $\mathfrak{F} \subseteq 2^S$. Unter welchen Voraussetzungen ist $\mathfrak{F}$ die Familie der Copunkte, Basen etc. eines dann eindeutig determinierten Matroides $G(S)$? Ebenso genügt, wie (VI.1.10c) zeigt, die Kenntnis der Rangfunktion, um das Matroid eindeutig zurückzugewinnen, also kann auch hier die umgekehrte Frage nach den Anforderungen an eine Funktion $r : 2^S \to \mathbb{N}_0$ gestellt werden, so daß r Rangfunktion eines Matroides ist. Diese axiomatische Vorgangsweise bildet den Inhalt des vorliegenden und des nächsten Abschnittes.

Satz (Unabhängigkeitsaxiome)

(VI.1.11) *Sei $G(S)$ Matroid und $\mathfrak{U}$ die Familie der unabhängigen Mengen. Dann gilt:*

> *a) $\emptyset \in \mathfrak{U}$; $I \in \mathfrak{U}, J \subseteq I \to J \in \mathfrak{U}$.*

> *b) $I, J \in \mathfrak{U}$, $|I| < |J| \to \exists p \in J - I$ mit $I \cup p \in \mathfrak{U}$.*

> *b') Für alle $A \subseteq S$ haben die maximalen Teilmengen von A, welche in $\mathfrak{U}$ liegen, gleiche Mächtigkeit.*

> *c) Es existiert $n \in \mathbb{N}_0$ mit $|I| \leq n$ für alle $I \in \mathfrak{U}$.*

Erfüllt umgekehrt eine Familie $\mathfrak{U} \subseteq 2^S$ die Bedingungen a),b),c) oder äquivalent dazu a),b'),c), so ist $\mathfrak{U}$ Familie der unabhängigen Mengen eines eindeutigen Matroides $G(S)$ (wobei der Abschluß in $G(S)$ mittels (VI.1.10a) erklärt wird).

<u>Beweis</u>

Die Eigenschaften a) und c) für $\mathfrak{U}$ haben wir bereits in (VI.1.3) und (VI.1.4) nachgewiesen. Bedingung b') steht in (VI.1.4), und angewandt auf $I \cup J$, $I \in \mathfrak{U}$, $J \in \mathfrak{U}$, impliziert sodann b).

Es sei nun umgekehrt die Familie $\mathfrak{U} \subseteq 2^S$ mit den Bedingungen a) bis c) gegeben. Es ist unmittelbar einsichtig, daß b) und b') äquivalent sind, und wir nennen die gemeinsame Mächtigkeit aller maximalen "unabhängigen" Teilmengen von A den <u>Rang</u> $r(A)$ von A. Definieren wir $A \to \bar{A}$ laut (VI.1.10a), so sind die Eigenschaften $A \subseteq \bar{A}$, $A \subseteq B \Rightarrow \bar{A} \subseteq \bar{B}$, trivial gegeben.

Zum Nachweis der Idempotenz $\bar{\bar{A}} = \bar{A}$ zeigen wir zunächst $r(\bar{A}) = r(A)$, f.a. $A \subseteq S$. Angenommen, es existieren $I, J \in \mathfrak{U}$, $I \subseteq A$, $J \subseteq \bar{A}$ mit $|I| = r(A) < r(\bar{A}) = |J|$. Nach b) gibt es dann $p \in J$ mit $I \cup p \in \mathfrak{U}$. Wegen der Maximalität von I ist $p \in \bar{A} - A$. Es sei $I' \subseteq A$ laut (VI.1.10) gewählt mit $I' \in \mathfrak{U}$, $I' \cup p \notin \mathfrak{U}$. Erweitern wir $I' \subseteq I'' \subseteq A$, $I'' \in \mathfrak{U}$, $|I''| = r(A)$, so gilt $|I''| < |I \cup p|$, somit nach b) $I'' \cup p \in \mathfrak{U}$, und nach a) $I' \cup p \in \mathfrak{U}$, im Widerspruch zu oben. Nehmen wir nun an, es existierte $p \in \bar{\bar{A}} - \bar{A}$. Dies bedeutet nach (VI.1.10a) $I \cup p \in \mathfrak{U}$ für alle $I \in \mathfrak{U}$, $I \subseteq A$, und wir erhalten den Widerspruch $r(\bar{\bar{A}}) \geq \max_{\substack{I \in \mathfrak{U} \\ I \subseteq A}} |I \cup p| = r(A) + 1 = r(\bar{A}) + 1$. Die endliche Basisbedingung folgt nun unmittelbar aus c).

Es bleibt zu zeigen, daß $A \to \bar{A}$ das Austauschaxiom erfüllt. Seien $p, q \in S$, $A \subseteq S$ mit $p \notin \bar{A}$, $p \in \overline{A \cup q}$ gegeben. Laut Definition des Abschlusses existiert dann $I \in \mathfrak{U}$, $I \subseteq A \cup q$ mit $I \cup p \notin \mathfrak{U}$, und wegen $p \notin \bar{A}$ haben wir $q \in I$, $(I - q) \cup p \in \mathfrak{U}$. Wir schließen $I' = (I - q) \cup p \subseteq A \cup p$, $I' \in \mathfrak{U}$, $I' \cup q \notin \mathfrak{U}$, d.h. $q \in \overline{A \cup p}$. Wie sofort zu sehen ist, gilt für das mit Hilfe von $\mathfrak{U}$ konstruierte Matroid $A \in \mathfrak{U} \leftrightarrow (p \notin \overline{A - p}$ für alle $p \in A)$. $\mathfrak{U}$ ist somit genau die Familie der unabhängigen Mengen, und wir sind fertig. $\square$

$\boxed{\text{Satz (Basisaxiome)}}$

(VI.1.12) *Sei* $\mathrm{G}(S)$ *Matroid und* $\mathfrak{B}$ *die Familie der Basen von S. Dann gilt:*

        a) $B \neq B' \in \mathfrak{B} \Rightarrow B \not\subseteq B', B' \not\subseteq B$.

        b) Sei $B \neq B' \in \mathfrak{B}$. *Zu jedem* $b \in B$ *existiert* $b' \in B'$ *mit* $(B - b) \cup b' \in \mathfrak{B}$.

        c) Es existiert $n \in N_o$ *mit* $|B| \leq n$ *für alle* $B \in \mathfrak{B}$.

Erfüllt umgekehrt $\mathfrak{B} \subseteq 2^S$ *die Bedingungen a),b),c) so ist* $\mathfrak{B}$ *Familie der Basen eines eindeutigen Matroides* $\mathrm{G}(S)$.

<u>Beweis</u>

Rückführung auf Satz (VI.1.11). □

Bevor wir die Charakterisierung eines Matroides mittels der Kreise
formulieren, wollen wir einen direkten Zusammenhang zwischen Basen
und Kreisen herstellen.

<u>Satz</u>

(VI.1.13) *Seien* G(S) *ein Matroid und* $C \neq C'$ *Kreise von* G(S)*. Angenommen* $p \in C \cap C'$*, dann existiert ein weiterer Kreis* D *mit* $D \subseteq (C \cup C') - p$*.*

<u>Beweis</u>

Wir wählen $a \in C - C'$, dann gilt $a \in \overline{C - a}$, $p \in \overline{C' - p}$, somit
$a \in \overline{(C - p - a) \cup p} \subseteq \overline{(C - p - a) \cup (C' - p)} = \overline{((C \cup C') - p) - a}$. Nach (VI.1.2)
ist $(C \cup C') - p$ abhängig und enthält daher einen Kreis D. □

<u>Satz</u>

(VI.1.14) *Sei* B *Basis,* $p \notin B$*, dann existiert genau ein Kreis* C *mit*
$p \in C \subseteq B \cup p$*.*

<u>Beweis</u>

$B \cup p$ ist abhängig, enthält also mindestens einen Kreis, und für jeden
solchen Kreis C gilt $p \in C$. Angenommen, es gäbe zwei Kreise $C \neq C'$ mit
$p \in C \cap C'$, $C \cup C' \subseteq B \cup p$. Nach (VI.1.13) existierte dann ein weiterer
Kreis D mit $D \subseteq (C \cup C') - p \subseteq B$, was unmöglich ist. □

Für eine Basis B und $p \notin B$ bezeichnen wir den nach (VI.1.14) eindeutig
bestimmten Kreis C, $p \in C \subseteq B \cup p$, mit $C_p(B)$.

<u>Folgerung</u>

(VI.1.15) *Es sei* B *eine Basis,* $p \in B$*,* $q \notin B$*, dann ist* $(B - p) \cup q$ *genau
dann eine Basis, falls* $p \in C_q(B)$*.*

<u>Beweis</u>

Ist $p \notin C_q(B)$, so haben wir $C_q(B) \subseteq (B - p) \cup q$, also ist $(B - p) \cup q$ ab-
hängig. Angenommen nun $p \in C_q(B)$, und es existiert ein Kreis D mit
$D \subseteq (B - p) \cup q$. Dann gilt $D \neq C_q(B)$, $q \in D \cap C_q(B)$, und es gibt nach
(VI.1.13) einen Kreis D', $D' \subseteq (D \cup C_q(B)) - q \subseteq B$, Widerspruch. □

Satz (Kreisaxiome)

(VI.1.16) *Sei* $G(S)$ *Matroid und* $\Re$ *die Familie der Kreise. Dann gilt:*

$\quad$ *a)* $C \neq C' \in \Re \;\rightarrow\; C \not\subseteq C',\; C' \not\subseteq C.$

$\quad$ *b)* $C \neq C' \in \Re,\; p \in C \cap C' \;\rightarrow\; \exists D \in \Re$ *mit* $D \subseteq (C \cup C') - p.$

$\quad$ *b')* $C \neq C' \in \Re,\; p \in C \cap C',\; q \in C - C' \;\rightarrow\; \exists D \in \Re$ *mit* $q \in D \subseteq (C \cup C') - p.$

$\quad$ *c) Es existiert* $n \in \mathbb{N}_o$, *so daß* $(A \not\supseteq C$ *für alle* $C \in \Re) \;\rightarrow\; |A| \leq n.$

Erfüllt umgekehrt $\Re \subseteq 2^S$ *die Bedingungen a),b),c), oder äquivalent dazu a),b'),c), so ist* $\Re$ *Familie der Kreise eines eindeutigen Matroides* $G(S)$.

<u>Beweis</u>

Für die Kreise eines Matroides gelten a) und c) trivial. (Bedingung c) besagt, daß die Mächtigkeiten der unabhängigen Mengen nach oben beschränkt sind.)

Als nächstes zeigen wir, daß für <u>jede</u> Familie $\Re$ von endlichen Untermengen einer Menge S, welche a) erfüllt, die Bedingungen b) und b') äquivalent sind. (Man beachte, daß c) und a) die <u>Endlichkeit</u> der Mengen aus $\Re$ implizieren.) Wir haben nur zu zeigen: b) $\rightarrow$ b'). Angenommen, das Gegenteil ist richtig, und $C \neq C' \in \Re$ mit $p \in C \cap C'$, $q \in C - C'$, ist ein Gegenbeispiel mit $|C \cup C'|$ minimal. Es existiert dann $D \in \Re$, $D \subseteq C \cup C'$ mit $p \notin D$, $q \notin D$. Offenbar ist $D \neq C$, $D \neq C'$, und wir haben nach a) $D \not\subseteq C$, und ferner $|D \cup C'| < |C \cup C'|$. Sei $r \in D - C$, dann ergibt b') angewandt auf $r \in C' \cap D$, $p \in C' - D$ wegen der Minimalität von $|C \cup C'|$ ein $D' \in \Re$ mit $p \in D' \subseteq (C' \cup D) - r$. Nun ist aber $C \neq D'$ ein weiteres Gegenbeispiel mit $p \in C \cap D'$, $q \in C - D'$, im Widerspruch zu $|C \cup D'| < |C \cup C'|$.

Die Familie der Kreise eines Matroides erfüllt also wegen (VI.1.13) alle Bedingungen des Satzes. Nehmen wir nun umgekehrt an, daß $\Re$ den Bedingungen a),b),c) und damit auch b') genügt. Gilt $A \supseteq C$ für ein $C \in \Re$, so nennen wir A <u>abhängig</u>, anderenfalls <u>unabhängig</u>. Für die Familie $\mathfrak{B}$ der maximalen unabhängigen Mengen wollen wir die Axiome (VI.1.12) nachweisen. Aus der Konstruktion von $\mathfrak{B}$ wird dann unmittelbar folgen, daß $\Re$ genau die Familie der Kreise darstellt.

Nur das Austauschaxiom (VI.1.12b) ist interessant. Zunächst bemerken wir, daß die Sätze (VI.1.14) und der erste Teil von (VI.1.15) direkt

aus Axiom (VI.1.16b) folgen (Satz (VI.1.13)). Im zweiten Teil von
(VI.1.15) folgt aus Bedingung (VI.1.16b) zunächst nur, daß $(B - p) \cup q$
unabhängig ist, falls $p \in C_q(B)$. Wäre $B' = (B - p) \cup q$ nicht maximal unabhängig, so gäbe es $B'' \in \mathfrak{B}$, $B' \subsetneq B''$ mit $r \in B'' - B'$. Offenbar gälte dann
$p \in C_q(B) \cap C_r(B)$, also existierte $D \in \mathfrak{R}$ mit $D \subseteq (C_q(B) \cup C_r(B)) - p \subseteq B''$,
Widerspruch. Somit folgt auch (VI.1.15) aus (VI.1.16b).

Um den Beweis zu beenden, nehmen wir $B \neq B' \in \mathfrak{B}$, $p \in B - B'$. Unter allen
$\mathfrak{R}$-Mengen C mit $p \in C \subseteq B \cup B'$ wählen wir C_0 so, daß $|C_0 - B|$ minimal ist.
(Es gibt mindestens eine $\mathfrak{R}$-Menge C mit $p \in C \subseteq B \cup B'$, nämlich $C_p(B')$.)
$C_0 - B$ ist nicht leer, und wir behaupten, daß für jedes $q \in C_0 - B$ die
Menge $(B - p) \cup q$ wieder in $\mathfrak{B}$ ist. Falls nicht, gilt $p \notin C_q(B)$ nach
(VI.1.15). Wir wenden Bedingung b') auf $C_0 \neq C_q(B)$ an und schließen
auf die Existenz von $D \in \mathfrak{R}$ mit $p \in D \subseteq (C_0 \cup C_q(B)) - q$. Nun ist aber
$p \in D \subseteq B \cup B'$ und $|D - B| < |C_0 - B|$, im Widerspruch zur Minimalität von
$|C_0 - B|$. $\square$

Es ist natürlich auch möglich, aus den Kreisaxiomen ähnlich wie in
(VI.1.11) direkt den Abschlußoperator via (VI.1.10b) zu konstruieren.

Fassen wir unsere bisherigen drei Axiomatisierungen zusammen: Bedingung a) korrespondiert in etwa zum Abschlußoperator, b) bzw. b')
zum Austauschaxiom, und c) zur endlichen Basisbedingung. Wenn wir -
wie später des öfteren - S als endlich voraussetzen, fällt Bedingung
c) weg.

Wir kommen schließlich zur Axiomatisierung mittels der Copunkte. In
Satz (VI.1.16) haben wir die Kreisaxiome auf (VI.1.12) zurückgeführt,
indem wir die Basen als die maximalen Mengen definierten, welche
nicht in dem von $\mathfrak{R}$ erzeugten Filter von 2^S liegen. Genauso können
wir aber - ausgehend von der Familie $\mathfrak{H}$ der Copunkte - die Basen nach
(VI.1.9) als die minimalen Mengen definieren, die nicht in dem von $\mathfrak{H}$
aufgespannten Ideal der nichtspannenden Mengen von 2^S liegen. Wählen
wir also anstelle von (VI.1.13) die "duale" Aussage, so können wir
die Beweise von (VI.1.14) und (VI.1.15) - und somit auch von (VI.1.16) -
wörtlich nachvollziehen. Diese Dualität zwischen "unabhängig" und
"aufspannend" werden wir in Abschnitt 4 präzisieren. Eine Einschränkung ist allerdings zu machen: Beim Beweis von (VI.1.16) wurden an
zwei Stellen Minimalitätsüberlegungen angestellt. Um diese übertragen
zu können, müssen wir die Endlichkeit von S voraussetzen.

Satz (Copunktaxiome)

(VI.1.17) *Sei $G(S)$ Matroid auf der endlichen Menge S und $\mathfrak{H}$ die Familie der Copunkte. Dann gilt:*

    a) $H \neq H' \in \mathfrak{H} \Rightarrow H \not\subseteq H',\ H' \not\subseteq H$.

    b) $H \neq H' \in \mathfrak{H},\ p \not\in H \cup H' \Rightarrow \exists\, K \in \mathfrak{H}$ *mit* $(H \cap H') \cup p \subseteq K$.

    b') $H \neq H' \in \mathfrak{H},\ p \not\in H \cup H',\ q \in H - H' \Rightarrow \exists\, K \in \mathfrak{H}$ *mit* $(H \cap H') \cup p \subseteq K$,
                                              $q \not\in K$.

Ist umgekehrt S endlich, und erfüllt $\mathfrak{H} \subseteq 2^S$ die Bedingungen a),b) oder äquivalent dazu a),b'), so ist $\mathfrak{H}$ die Familie der Copunkte eines eindeutigen Matroides $G(S)$.

C. Rangfunktion und submodulare Funktionen

Wir wissen aus Satz (VI.1.10), daß ein Matroid $G(S)$ durch seine Rangfunktion eindeutig festgelegt ist. Die entsprechende Axiomatisierung unserer Theorie mittels der Rangfunktion ist nicht nur von theoretischem Wert, sondern ermöglicht auch die Konstruktion einer interessanten Klasse von Matroiden.

Satz (Rangaxiome)

(VI.1.18) *Sei $G(S)$ Matroid mit Rangfunktion r. Dann ist r Funktion von 2^S nach $\mathbb{N}_O$, und es gilt für alle $A,B \subseteq S$:*

    a) $A \subseteq B \Rightarrow r(A) \leq r(B)$.   *(Monotonie)*

    b) $r(A \cap B) + r(A \cup B) \leq r(A) + r(B)$.   *(Halbmodularität)*

    c) $O \leq r(A) \leq |A|$ *für alle* endlichen *Teilmengen A, und zu jeder Teilmenge A existiert $B \subseteq A, |B| < \infty$, mit $r(B) = r(A)$.*
                                                   (Endliche Basis)

Ist umgekehrt r eine Funktion von 2^S nach $\mathbb{N}_O$, welche den Bedingungen a),b),c) genügt, so existiert genau ein Matroid auf S, dessen zugehörige Rangfunktion r ist.

Beweis

In einem Matroid folgt die Gültigkeit von a) und c) unmittelbar aus (VI.1.6). Zum Nachweis der Halbmodularität wählen wir eine Basis C von $A \cap B$ und erweitern C zu einer Basis D von $A \cup B$. Dann gilt

$$C = D \cap (A \cap B) \text{ und } D = (D \cap A) \cup (D \cap B), \text{ insgesamt also}$$

$$r(A \cap B) + r(A \cup B) = |C| + |D| = |D \cap (A \cap B)| + |(D \cap A) \cup (D \cap B)|$$
$$= |D \cap A| + |D \cap B| \leq r(A) + r(B).$$

Es sei nun umgekehrt r eine Funktion von 2^S nach $\mathbb{N}_o$, welche den Bedingungen genügt. Wir definieren eine Menge $I \subseteq S$ als <u>unabhängig</u>, falls $r(I) = |I|$, und weisen die Axiome (VI.1.11) für die Familie $\mathfrak{u}$ dieser unabhängigen Mengen nach.

Offenbar ist $\emptyset \in \mathfrak{u}$. Gilt $I \in \mathfrak{u}$, $J \subseteq I$, so folgern wir aus b) und c)

$$|I| = r(I) \leq r(J) + r(I - J) \leq |J| + |I - J| = |I|,$$

somit $r(J) = |J|$, d.h. $J \in \mathfrak{u}$. Ferner gilt nach a) $r(A) \leq r(S) < \infty$ für alle $A \subseteq S$, d.h. die Mächtigkeit der unabhängigen Mengen ist nach oben beschränkt.

Es gelte schließlich $I, J \in \mathfrak{u}$, $|I| < |J|$ mit $J - I = \{p_1, \ldots, p_k\}$. Angenommen, es wäre $I \cup p_i \notin \mathfrak{u}$, d.h. $r(I \cup p_i) < |I| + 1$ für alle p_i. Dann haben wir

$$|I| = r(I) \leq r(I \cup p_1) < |I| + 1,$$

somit $r(I \cup p_1) = |I|$. Angenommen, wir wissen bereits $r(I \cup p_1 \cup \ldots \cup p_i) = |I|$, dann gilt

$$r(I \cup p_1 \cup \ldots \cup p_i \cup p_{i+1}) \leq r(I \cup p_1 \cup \ldots \cup p_i) + r(I \cup p_{i+1}) - r(I)$$
$$= |I| + |I| - |I| = |I|,$$

und wir erhalten durch Induktion

$$r(I \cup J) = |I|,$$

im Widerspruch zu $|I| < |J| = r(J) \leq r(I \cup J)$.

Wir sehen also, daß die so definierten unabhängigen Mengen ein Matroid $G(S)$ auf S induzieren, und es bleibt zu zeigen, daß r tatsächlich Rangfunktion von $G(S)$ ist. Das heißt, wir müssen zeigen: $r(A) = |B|$ für eine Basis B von A. Aus der endlichen Basisbedingung c) folgt $r(A) = r(C)$ für ein $C \subseteq A$, $|C| < \infty$, und wir schließen wie oben, daß

$r(C) = |B|$, B Basis von C. Da umgekehrt $|B'| = r(B') \leq r(A)$ für alle unabhängigen Teilmengen B' von A gilt, folgt die Behauptung. $\square$

Man beachte, daß wir die endliche Basisbedingung für r bei der Konstruktion von $G(S)$ nicht benötigt haben. Sie ist aber unabdingbar zur Verifikation von r als <u>Rangfunktion</u> von $G(S)$, wie das folgende Beispiel zeigt. Sei S abzählbar, und $r : 2^S \to \mathbb{N}_0$ definiert durch

$$r(A) = \begin{cases} 0 & \text{falls } A = \emptyset, \\ 1 & \text{falls } |A| < \infty, \\ 2 & \text{falls } |A| = \infty. \end{cases}$$

Dann erfüllt r die Bedingungen in (VI.1.18) außer c). Das von r induzierte Matroid besteht aus lauter parallelen Elementen, ist also vom Rang 1, während $r(S) = 2$ ist.

Natürlich ist es wiederum möglich, den Nachweis von (VI.1.18) direkt auf den Abschlußoperator via (VI.1.10) zurückzuführen. Wenn wir den Beweis von (VI.1.18) genau studieren, so ersehen wir, daß die Monotonie und Halbmodularität von r bereits ausreichen, um das Austauschaxiom in $\mathfrak{U}$ zu verifizieren. Es liegt daher nahe, die Axiome entsprechend abzuschwächen und die Möglichkeit der Konstruktion von Matroiden aus diesen allgemeinen Bedingungen zu untersuchen.

<u>Definition</u>

(VI.1.19) Eine Funktion $f : 2^S \to \mathbb{N}_0$ heißt <u>submodular</u>, falls für alle $A, B \subseteq S$ gilt:

  a) $A \subseteq B \Rightarrow f(A) \leq f(B)$,

  b) $f(A \cap B) + f(A \cup B) \leq f(A) + f(B)$.

f erfüllt die <u>endliche Basisbedingung</u>, falls zu jedem $A \subseteq S$ ein $B \subseteq A$, $|B| < \infty$, existiert mit $f(B) = f(A)$.

Bevor wir mittels einer beliebigen submodularen Funktion Matroide konstruieren, wollen wir untersuchen, wie aus gegebenen submodularen Funktionen weitere gewonnen werden können.

<u>Satz</u>

(VI.1.20) *Ist f submodular auf S, so auch $\hat{f}$ definiert durch*

$$\hat{f}(A) := \min_{B \subseteq A} \left(|A|, \ f(B) + |A - B| \right),$$

mit der Vereinbarung $|B| > k$ *und* $|B| + k = |B|$ *für alle* $k \in \mathbb{N}_o$, *falls* B *unendlich ist.*

Beweis

Die Monotonie von $\hat{f}$ ist klar. Zum Nachweis der Halbmodularität können wir ohne Beschränkung der Allgemeinheit $f(\emptyset) = 0$ annehmen, so daß wir $\hat{f}(A) = \min\limits_{\emptyset \subseteq A_1 \subseteq A} (f(A_1) + |A - A_1|)$ ansetzen können. Für $A_1 \subseteq A$, $B_1 \subseteq B$ gilt

$$|A - A_1| + |B - B_1| = |(A \cup B) - (A_1 \cup B_1)| + |(A \cap B) - (A_1 \cap B_1)|,$$

somit

$$\left(f(A_1) + |A - A_1| \right) + \left(f(B_1) + |B - B_1| \right) \geq$$
$$\left(f(A_1 \cup B_1) + |(A \cup B) - (A_1 \cup B_1)| \right) + \left(f(A_1 \cap B_1) + |(A \cap B) - (A_1 \cap B_1)| \right).$$

Dies bedeutet nun

$$\hat{f}(A) + \hat{f}(B) = \min_{A_1 \subseteq A, \, B_1 \subseteq B} \left(f(A_1) + |A - A_1| + f(B_1) + |B - B_1| \right)$$
$$\geq \min_{\substack{C \subseteq A \cup B \\ D \subseteq A \cap B}} \left(f(C) + |(A \cup B) - C)| + f(D) + |(A \cap B) - D| \right)$$
$$= \hat{f}(A \cup B) + \hat{f}(A \cap B). \quad \square$$

Folgerung

(VI.1.21) *Sei* f *submodular auf* S, A *endliche Teilmenge von* S. *Dann gilt:*

$$\hat{f}(A) = |A| \ \leftrightarrow \ |B| \leq f(B) \quad \text{für alle } B \subseteq A.$$

Satz (Edmonds)

(VI.1.22) *Es sei* $f : S \rightarrow \mathbb{N}_o$ *eine submodulare Funktion, welche die endliche Basisbedingung erfüllt. Definieren wir die Familie* $\mathfrak{U} \subseteq 2^S$ *durch*

$$A \in \mathfrak{U} \ \leftrightarrow \ |B| \leq f(B) \quad \text{für alle } B \subseteq A,$$

so ist $\mathfrak{U}$ *Familie der unabhängigen Mengen eines Matroides* $G(S)$. *Der Rang* r *einer beliebigen Teilmenge* $A \subseteq S$ *ist gegeben durch*

$$r(A) = \min_{B \subseteq A} (\, |A|, \; f(B) + |A - B| \,).$$

Gilt insbesondere $f(\emptyset) = 0$, *so haben wir*

$$r(A) = \min_{B \subseteq A} (\, f(B) + |A - B| \,).$$

<u>Beweis</u>

Wir betrachten die Familie $\mathfrak{A} = \{A \subseteq S : f(A) < |A|\}$ und weisen nach, daß die minimalen Mengen aus $\mathfrak{A}$ die Kreisaxiome aus (VI.1.16) erfüllen. Daß jede Menge $A \in \mathfrak{A}$ eine minimale Menge aus $\mathfrak{A}$ enthält, folgt sofort aus der endlichen Basisbedingung für f. Die Bedingungen a) und c) sind klar. Sind nun $C \neq C'$ minimal in $\mathfrak{A}$, $p \in C \cap C'$, so haben wir $|C| \geq 2$ und folgern

$$|C| - 1 = |C - p| \leq f(C - p) \leq f(C) < |C|,$$

d.h. $f(C) = |C| - 1$, und $f(D) \geq |D|$ für alle $D \subsetneq C$, ebenso für C', $f(C') = |C'| - 1$. Insbesondere gilt $|C \cap C'| \leq f(C \cap C')$, somit

$$f\big((C \cup C') - p\big) \leq f(C \cup C') \leq f(C) + f(C') - f(C \cap C')$$
$$\leq |C| - 1 + |C'| - 1 - |C \cap C'|$$
$$= |C \cup C'| - 2 < |(C \cup C') - p|.$$

Die Menge $(C \cup C') - p$ liegt somit in $\mathfrak{A}$ und enthält eine minimale Menge aus $\mathfrak{A}$.

Die so definierte Familie $\mathfrak{U}$ induziert also ein Matroid $G_f(S)$, und es bleibt zu zeigen, daß $\hat{f}$ die Rangfunktion in $G_f(S)$ darstellt. In (VI.1.20) haben wir gesehen, daß $\hat{f}$ monoton und halbmodular ist, ebenso gilt klarerweise $0 \leq \hat{f}(A) \leq |A|$ für alle endlichen Teilmengen $A \subseteq S$. Können wir zeigen, daß $\hat{f}$ auch die endliche Basisbedingung erfüllt, so sind wir fertig, da dann nach (VI.1.18) $\hat{f}$ Rangfunktion eines gewissen Matroides ist, und dieses wegen (VI.1.21) und der Definition von $\mathfrak{U}$ gerade $G_f(S)$ sein muß.

Sei also $A \subseteq S$ unendlich, und $\mathfrak{B}(A)$ die Familie der <u>endlichen</u> Teilmengen von A. Wegen $\hat{f}(B) \leq \hat{f}(A) < \infty$, $\forall B \subseteq A$, existiert $B_0 \in \mathfrak{B}(A)$ mit $\hat{f}(B_0) = \max\limits_{B \in \mathfrak{B}(A)} \hat{f}(B)$. Da $\hat{f}$ monoton ist, gilt dann auch $\hat{f}(B_0) = \hat{f}(B)$ für alle $B \in \mathfrak{B}(A)$, $B \supseteq B_0$. Wir können wieder $f(\emptyset) = 0$ annehmen, somit $\hat{f}(B) =$

$\min\limits_{C\subseteq B} (f(C) + |B - C|)$. Ist $\hat{f}(B) = f(C) + |B - C|$, so nennen wir C eine
__Minimalmenge__ von B. Es ist nun ein leichtes nachzuprüfen, daß der
Durchschnitt (wie auch die Vereinigung) von Minimalmengen wieder Mini-
malmenge ist. Wir indizieren die Familie $\{B \in \mathfrak{B}(A) : B \supseteq B_0\}$ durch
$\{B_j : j \in J\}$. Da jedes B_j endlich ist, existiert eine __kleinste__ Minimal-
menge in B_j, die wir mit C_j bezeichnen wollen. Wir zeigen

$$\hat{f}(B_0) = f(\bigcup_{j \in J} C_j) + |A - \bigcup_{j \in J} C_j|,$$

woraus wegen

$$\hat{f}(A) = \min_{B \subseteq A}(|A|, f(B) + |A - B|) \le f(\bigcup_{j \in J} C_j + |A - \bigcup_{j \in J} C_j|) = \hat{f}(B_0) \le \hat{f}(A)$$

$\hat{f}(A) = \hat{f}(B_0)$ und somit die Behauptung folgen wird.

Für $B_j \subseteq B_k$ haben wir

$$\hat{f}(B_j) = \hat{f}(B_k) = f(C_k) + |B_k - C_k| \ge f(C_k) + |B_j - C_k|$$
$$\ge f(C_k \cap B_j) + |B_j - (C_k \cap B_j)| \ge \hat{f}(B_j).$$

$C_k \cap B_j$ ist somit eine Minimalmenge für B_j, d.h. $C_j \subseteq C_k \cap B_j \subseteq C_k$.
$B_j \subseteq B_k$ impliziert also stets $C_j \subseteq C_k$. Da B_j endlich ist, muß es einen
Index j_0 geben mit

$$C_k \cap B_j = C_{j_0} \cap B_j \cdot \text{für alle } B_k \supseteq B_{j_0} \supseteq B_j,$$

und wir folgern für $B_k \supseteq B_{j_0}$

$$C_k \cap B_j = C_{j_0} \cap B_j = \Big(\bigcup_{C_k \supseteq C_{j_0}} C_k \Big) \cap B_j = \Big(\bigcup_{k \in J} C_k \Big) \cap B_j,$$

$$B_j - C_k = B_j - \Big(\bigcup_{k \in J} C_k \Big).$$

Ferner resultiert aus der endlichen Basisbedingung für f:

$$f\Big(\bigcup_{j \in J} C_j \Big) = f(C) \qquad \text{für ein } C \subseteq \bigcup C_j, \ |C| < \infty,$$

$$= f(C_k) \qquad \text{für ein gewisses k, da } C_\ell \cup C_m = C_t \text{ gilt,}$$
$$\text{wobei t Index von } B_\ell \cup B_m \text{ ist (warum?).}$$

In Zusammenfassung erhalten wir für $B_k \supseteq B_{j_0}$ groß genug

$$\hat{f}(B_O) = \hat{f}(B_j) = f(C_k) + |B_j - C_k|$$
$$= f\left(\bigcup_{j \in J} C_j\right) + \left|B_j - \left(\bigcup_{k \in J} C_k\right)\right|,$$

d.h.

$$B_j - \left(\bigcup_{k \in J} C_k\right) = \text{konstant, für } \underline{\text{alle}} \; j \in J,$$

und daraus die behauptete Formel. □

Es ist zu bemerken, daß auch Funktionen f, die $\underline{\text{nicht}}$ submodular sind, durch (VI.1.22) ein Matroid definieren können. Als Beispiel nehme man eine endliche Menge S und setze $f : 2^S \to \mathbb{N}_O$, $f(A) = |S|$ für $A \ne S$, $f(S) = 2|S|$. Dann induziert f die freie Geometrie auf S, ist aber nicht halbmodular.

$\boxed{\text{Beispiel (Edmonds-Fulkerson)}}$

(VI.1.23)   Es sei $R \subseteq S \times U$ eine binäre Relation auf den endlichen Mengen S und U. Wie in Präl., Abs. B ausgeführt wurde, können wir äquivalent dazu R als Kantenmenge eines bipartiten Graphen mit definierenden Eckenmengen S und U auffassen, oder genauer als gerichteten bipartiten Graphen mit allen Kanten orientiert von S nach U. Für $A \subseteq S$ setzen wir

$$R(A) := \{b \in U : \exists \, a \in A \text{ mit } (a,b) \in R\}.$$

Offenbar gilt

$$R(A \cup B) = R(A) \cup R(B), \quad R(A \cap B) \subseteq R(A) \cap R(B),$$

und es folgt, daß die Funktion $f : 2^S \to \mathbb{N}_O$

$$f(A) := |R(A)|$$

submodular ist mit $f(\emptyset) = O$. Wir bezeichnen das von f induzierte Matroid auf S mit $T(S,R,U)$. Laut (VI.1.22) ist $A \subseteq S$ genau dann unabhängig in $T(S,R,U)$, wenn

$$(*) \qquad\qquad |B| \le |R(B)| \quad \text{für alle } B \subseteq A$$

erfüllt ist. Bedingung (*) ist aber, wie später gezeigt wird (VIII.1. 18), notwendig und hinreichend für die Existenz einer <u>Injektion</u> $\phi : A \to U$ mit $(a,\phi a) \in R$ für alle $a \in A$. Solche Mengen werden in der Kombinatorik <u>partielle Transversalen</u> von S genannt, und wir sprechen daher von T(S,R,U) als einem <u>Transversalmatroid</u>.

Auf analoge Weise können wir natürlich auch das Matroid auf U induziert von $g : 2^U \to \mathbb{N}_o$, $g(C) := |R^{-1}(C)|$, konstruieren, das wir entsprechend das Transversalmatroid $T(U,R^{-1},S)$ nennen. Aufgrund obiger Überlegung gilt dabei

$$r(T(S,R,U)) = r(T(U,R^{-1},S)).$$

<u>Beispiel</u>

Sei $R \subseteq S \times U$ wie in der Figur, dann ist z.B. $\{a,b,d\}$ keine partielle Transversale, $\{a,b,e\}$ aber schon.

Die beiden Transversalmatroide sind (in der üblichen affinen Einbettung) wie folgt gegeben:

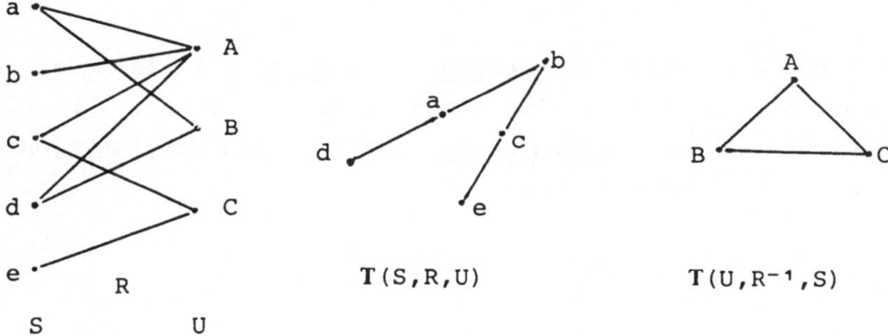

<u>Beispiel (Rado)</u>

(VI.1.24) Wir wollen noch eine wichtige Verallgemeinerung der Transversalmatroide anmerken. Angenommen $R \subseteq U \times S$ ist eine Relation zwischen den Mengen U und S. Weiter sei auf S ein Matroid H(S) mit Rangfunktion r gegeben. Definieren wir $f : 2^U \to \mathbb{N}_o$ durch

$$f(A) := r(R(A)),$$

so ist f abermals submodular mit $f(\emptyset) = 0$. Ferner erfüllt f die end-

liche Basisbedingung und induziert daher auf U ein Matroid $T(U,R,H(S))$.
In diesem Fall ist eine Menge $A \subseteq U$ genau dann unabhängig, wenn

$$(*) \qquad |B| \leq r(R(B)) \quad \text{für alle } B \subseteq A$$

erfüllt ist. Später werden wir sehen (VIII.1.21), daß $(*)$ äquivalent
ist zur Aussage: Es existiert eine <u>Injektion</u> $\phi : A \to S$ mit $(a,\phi a) \in R$
für alle $a \in A$, so daß das Bild ϕA <u>unabhängige</u> <u>Menge</u> im Matroid $H(S)$
ist. $T(U,R,H(S))$ heißt daher das <u>Transversalmatroid</u> (induziert von
$H(S)$ und R), und es ist klar, daß (VI.1.23) der Spezialfall ist, wenn
U und S endlich sind und $H(S)$ das freie Matroid auf S ist.

D. Geometrische Verbände

Jedem Matroid $G(S)$ (allgemein jeder Menge mit Abschlußoperator) ist
auf eindeutige Weise der Verband $L(S)$ der Unterräume zugeordnet. Zum
Abschluß dieser axiomatischen Überlegungen studieren wir die Frage,
wie die Unterraumverbände rein ordnungstheoretisch charakterisiert
werden können.

<u>Definition</u>

(VI.1.25) Ein Verband L heißt <u>Punktverband</u> oder <u>atomar</u>, falls jedes
Element Supremum von Punkten ist, also $a = \sup\{p \in L : 0 \lessdot p \leq a\}$, für
alle $a \in L$. Ein Verband L heißt <u>halbmodular</u>, falls L eine Rangfunktion
r besitzt, welche halbmodular ist, d.h.

$$(*) \qquad r(x \wedge y) + r(x \vee y) \leq r(x) + r(y)$$

f.a. $x,y \in L$ erfüllt. Gilt in $(*)$ stets Gleichheit, so nennen wir L
<u>modular</u>.

Definition

(VI.1.26) Ein Verband L heißt <u>geometrisch</u>, falls L

     a) Punktverband
     b) halbmodular
     c) kettenendlich

ist.

<u>Hilfssatz</u>

(VI.1.27) *Ein kettenendlicher Punktverband L ist genau dann geometrisch, wenn für alle* $a \in L$, *p Punkt in L, gilt:*

$$p \not\le a \;\rightarrow\; a \lessdot a \vee p.$$

<u>Beweis</u>

Ist L geometrisch mit Rangfunktion r, so folgt für $a \in L$, $0 \lessdot p \in L$, $p \not\le a$, aus der Halbmodularität $r(a \vee p) \le r(a) + 1$, also $a \lessdot a \vee p$. Es sei umgekehrt die Bedingung des Satzes erfüllt, dann wollen wir zunächst zeigen, daß L eine Rangfunktion besitzt. Wir führen Induktion nach der Länge maximaler a,b-Ketten zwischen Elementen $a,b \in L$. Angenommen, folgende Aussage sei für alle $t \le m - 1$ richtig: Ist die Länge <u>einer</u> maximalen a,b-Kette t, so die Länge <u>jeder</u> solchen Kette. Es seien $a \lessdot c_1 \lessdot \ldots \lessdot c_m = b$, $a \lessdot d_1 \lessdot \ldots \lessdot d_n = b$ zwei maximale a,b-Ketten. Ist $c_1 = d_1$, so folgt aus der Induktionsannahme, daß jede maximale c_1,b-Kette Länge $m - 1$ hat, also $m = n$. Für $c_1 \neq d_1$ gilt $c_1 = a \vee p_1$, $d_1 = a \vee q_1$ für gewisse Punkte p_1, q_1 (L ist Punktverband!), somit $c_1 \lessdot c_1 \vee d_1$, $d_1 \lessdot c_1 \vee d_1$. Nach Induktion ist die Länge jeder maximalen c_1,b-Kette $m - 1$, somit die Länge jeder maximalen $c_1 \vee d_1$,b-Kette $m - 2$. Daraus folgt, daß die Länge jeder maximalen d_1,b-Kette $m - 1$ ist, also wieder $m = n$. Es seien schließlich $x, y \in L$ und $x \wedge y \lessdot c_1 \lessdot \ldots \lessdot c_t = x$ eine maximale $x \wedge y$,x-Kette. Nach Voraussetzung gilt $c_i = c_{i-1} \vee p_i$ für Punkte p_i und wir schließen $c_i \vee y = (c_{i-1} \vee y) \vee p_i$, also $c_{i-1} \vee y = c_i \vee y$ oder $c_{i-1} \vee y \lessdot c_i \vee y$ für $i = 1, \ldots, t$. Es folgt, daß die verschiedenen Elemente in $y = (x \wedge y) \vee y \le c_1 \vee y \le \ldots \le c_t \vee y = x \vee y$ eine maximale $y, x \vee y$-Kette bilden, woraus $r(x) - r(x \wedge y) \ge r(x \vee y) - r(y)$ abzulesen ist. $\square$

Der folgende Satz bringt als Hauptergebnis dieses Abschnittes die Äquivalenz der Theorie der kombinatorischen Geometrien mit der Theorie der geometrischen Verbände.

Satz (Birkhoff-Whitney)

(VI.1.28) *a) Es sei G(S) ein Matroid, dann ist L(S) ein geometrischer Verband.*

   b) Ist umgekehrt L ein geometrischer Verband mit Punktmenge S, so definiert S zusammen mit dem Operator $A \rightarrow \bar{A} = \{p \in S : p \le \sup A\}$ *ein einfaches Matroid G(S) (kombinatorische Geometrie), und* $\phi : L \rightarrow L(S)$, $\phi x = \{p \in S : p \le x\}$ *ist ein Isomorphismus von L auf L(S).*

Kombinatorische Geometrien und geometrische Verbände sind einander somit kanonisch zugeordnet.

Beweis

a) Da jeder Unterraum A Gesamtheit der in ihm enthaltenen Elemente ist, gilt $A = \sup_{p \in A} \bar{p}$, d.h. $L(S)$ ist Punktverband. Falls unendliche Ketten in $L(S)$ existieren, so enthalten sie entweder eine abzählbar unendliche aufsteigende oder abzählbar unendliche absteigende Kette. Ist $A_1 \subset A_2 \subset \ldots \subset A_i \subset \ldots$ aufsteigend, so existiert laut (VI.1.1b) eine endliche Menge $B \subseteq \bigcup_{i=1}^{\infty} A_i$ mit $\bar{B} = \overline{\bigcup_{i=1}^{\infty} A_i}$. Daraus folgt $B \subseteq A_m$ für ein m, und somit $A_j \subseteq \overline{\bigcup_{i=1}^{\infty} A_i} = \bar{B} \subseteq A_m$, d.h. die Kette bricht mit dem Glied A_m ab. Ist $A_1 \supset A_2 \supset \ldots \supset A_i \supset \ldots$ absteigend, so greifen wir Elemente $a_i \in A_i - A_{i+1}$ für alle $i \in \mathbb{N}$ heraus und setzen $A := \{a_1, a_2, \ldots\}$, $S_i := \{a_i, a_{i+1}, \ldots\}$. Da $\bar{S_i} \subseteq A_i$ ist, gilt $a_i \notin \overline{S_{i+1}}$ für alle i. Sei $B_i = A - a_i$. Angenommen es gilt $a_i \in \bar{B_i}$ für ein i, dann existiert ein maximales $j \in \mathbb{N}$ mit $a_i \in \overline{S_j - a_i}$, wobei wegen $a_i \notin \overline{S_{i+1}}$ $j \leq i - 1$ ist. Aus $a_i \notin \overline{S_{j+1} - a_i} = \overline{S_j - a_i - a_j}$ und dem Austauschaxiom folgt nun $a_j \in \overline{S_j - a_j}$, ein Widerspruch. A besäße demnach keine endliche Basis, und wir schließen, daß eine solche Kette nicht existiert. Schließlich ersieht man aus dem Austauschaxiom unmittelbar, daß $\overline{A \cup p} \gtrdot \bar{A}$ für $p \notin \bar{A}$, also $L(S)$ nach (VI.1.27) geometrisch ist.

b) Wie man sofort verifiziert, ist die Zuordnung $A \rightarrow \bar{A} = \{p \in S : p \leq \sup A\}$ Abschluß auf S, wobei $A \subseteq S$ genau dann abgeschlossen ist, wenn A gleich der Menge <u>aller</u> Punkte unterhalb eines Verbandselementes ist. Das heißt, abgeschlossene Mengen und Elemente von L entsprechen einander bijektiv (L ist Punktverband!). Ferner ist die Zuordnung $x \longleftrightarrow \{p \in S : p \leq x\}$ in beiden Richtungen monoton, und wir schließen $L \cong L(S)$. Es bleibt zu zeigen, daß $A \rightarrow \bar{A}$ tatsächlich eine Geometrie auf S definiert. Bedingung c) in (VI.1.1) ist trivial erfüllt. Es seien nun $A \subseteq S$, $p, q \in S$ mit $p \notin \bar{A}$, $p \in \overline{A \cup q}$. In der verbandstheoretischen Formulierung heißt dies: $p \not\leq x = \sup A$, $p \leq y = x \vee q$. Nach (VI.1.27) folgern wir $x \lessdot y$ und aus $x < x \vee p \leq y$, daß $x \vee p = x \vee q$, also auch $q \leq x \vee p$, d.h. $q \in \overline{A \cup p}$ gilt. Zum Nachweis der endlichen Basisbedingung wählen wir für $x = \sup A$, $A \subseteq S$, eine maximale Kette $0 \lessdot p_1 \lessdot p_1 \vee p_2 \lessdot \ldots \lessdot p_1 \vee p_2 \vee \ldots \vee p_k = x$. Offenbar gilt dann $\bar{B} = \bar{A}$ mit $B = \{p_1, \ldots, p_k\}$. $\square$

Aufgrund von (VI.1.28) können wir nun alle in den bisherigen Abschnitten eingeführten Begriffe in Matroiden auch ordnungstheoretisch definieren. Als Beispiel haben wir: Ist $A \subseteq S$ Teilmenge der Punkte eines geometrischen Verbandes $L(S)$, so heißt A $\underline{unabhängig}$, falls $p \not\leq \sup (A-p)$ für alle $p \in A$, und wir nennen die maximalen unabhängigen Teilmengen B von A die $\underline{Basen}$ von A. Mit dieser Definition beweist man nun den Basissatz entsprechend (VI.1.4) und folgert unmittelbar, daß $r(\sup A)$ gleich der Mächtigkeit einer (und damit jeder) Basis von A ist. Das heißt, der ordnungstheoretische Rang von $x = \sup A$ in $L(S)$ und der Matroidrang von A in $G(S)$ stimmen für alle $A \subseteq S$ überein.

<u>Beispiele</u>

(VI.1.29) Wir weisen nach, daß die drei fundamentalen Verbandsfamilien aus Präl., Abs. E allgesamt geometrisch sind.

a) Für die Booleschen Algebren $B(S)$ ist dies evident, die Rangfunktion ist in diesem Fall die Mächtigkeitsfunktion $A \to |A|$, welche nicht nur halbmodular ist, sondern die <u>modulare</u> Gleichung

$$|A \cap B| + |A \cup B| = |A| + |B|$$

erfüllt. Die zugehörigen Geometrien sind, wie schon nach (VI.1.1) erwähnt, die <u>freien</u> <u>Geometrien</u> FG_n.

b) In der Klasse der linearen Verbände $L(n,K)$ ist die Rangfunktion die algebraische Dimension von Unterräumen, welche abermals die modulare Gleichung erfüllt. Die zugehörigen Geometrien sind die <u>projektiven</u> <u>Geometrien</u> $PG(n,K)$.

c) Die Partitionsverbände $P(N)$ sind klarerweise kettenendlich und atomar, da die Punkte von $P(N)$ genau die Partitionen $a,b|i|j|\ldots|z$ bestehend aus einem 2-Block und sonst lauter einelementigen Blöcken sind, und eine Partition $\pi = A_1|A_2|\ldots|A_t$ Supremum der in den einzelnen Blöcken enthaltenen Punkten (=Paaren) ist. Wir weisen schließlich (VI.1.27) nach. Es sei $\pi = A_1|A_2|\ldots|A_t$, $\rho = a,b|i|\ldots|z$ ein Punkt mit $\rho \not\leq \pi$. O.B.d.A. sei $a \in A_1, b \in A_2$, dann ist $\pi \vee \rho = A_1 \cup A_2|A_3|\ldots|A_t$, woraus offenbar $\pi \lessdot \pi \vee \rho$ folgt. Man beachte, daß $r(\pi) = |N| - b(\pi)$ ist, für alle $\pi \in P(N)$. Die zugehörigen Matroide bildeten historisch einen der Ausgangspunkte für die gesamte Theorie und sind von eminenter Bedeutung in der Graphentheorie. Eine genaue Diskussion folgt in Abschnitt (VI.2.B).

Die Beziehung Matroid $\leftrightarrow$ geometrischer Verband wird sich im Laufe des
Buches als äußerst nützlich bei der Diskussion spezieller Eigenschaften und Konstruktionen erweisen. Als erstes Beispiel führen wir eine
fundamentale Eigenschaft geometrischer Verbände an und ihre Folgerung
für beliebige Matroide.

Definition

(VI.1.30) Ein Verband L mit 0 und 1 heißt <u>komplementiert</u>, falls zu
jedem $x \in L$ ein Komplement x' existiert, also x' mit $x \wedge x' = 0$, $x \vee x' = 1$.
L heißt <u>relativ komplementiert</u>, falls jedes Intervall komplementiert
ist.

Satz

(VI.1.31) *Ein halbmodularer kettenendlicher Verband* L *ist genau dann
geometrisch, wenn* L *relativ komplementiert ist.*

Beweis

Es sei L geometrisch, $x \in [a,b]$ und $x' \in [a,b]$ mit $x \wedge x' = a$. Ist $x \vee x' = b$,
so sind wir fertig. Anderenfalls existiert ein Punkt q mit $q \leq b$,
$q \not\leq x \vee x'$. Wir setzen $x'' = x' \vee q$, dann gilt $x \vee x'' > x \vee x'$. Wäre
$x \wedge x'' > a = x \wedge x'$, so existierte ein Punkt p mit $x \wedge x' < (x \wedge x') \vee p$
$\leq x \wedge (x' \vee q)$. Daraus folgt $p \not\leq x'$, $p \leq x' \vee q$, also $x' \vee p = x' \vee q$ und daraus
der Widerspruch $x \vee x' \vee q = (x \vee x') \vee p = x \vee x'$. Nach endlich vielen
Schritten resultiert ein x-Komplement in [a,b]. Ist umgekehrt L rela-
tiv komplementiert, $a \in L$ und $a' = \sup\{p : 0 \lessdot p \leq a\} < a$, so existiert zu a'
in [0,a] ein Komplement $a'' > 0$. Dann gibt es aber einen Punkt q mit
$q \leq a'' \leq a$, $q \not\leq a'$, Widerspruch. $\square$

Da die relative Komplementierung eine selbstduale Eigenschaft ist,
erhalten wir bei Sätzen, in deren Beweis nur die Komplementierung
und andere selbstduale Eigenschaften eingehen, auch die dazugehörige
duale Aussage.

Folgerung

(VI.1.32) *a) Intervalle und direkte Produkte geometrischer Verbände
sind geometrische Verbände.*

   b) In einem geometrischen Verband L *ist jedes Element* $a \in L$
Infimum von Copunkten, d.h. $a = \inf\{h : a \leq h \lessdot 1\}$. *Äquivalent dazu: In
einem Matroid* G(S) *ist jeder Unterraum Durchschnitt der ihn enthal-
tenden Copunkte.*

ÜBUNGEN ZU ABSCHNITT 1

→ 1. Zeichne alle kombinatorischen Geometrien mit ≤ 5 Punkten (es gibt 17).

2. Es sei $G(S)$ Matroid, $A \subseteq C, A$ unabhängig, C spannend. Zeige: Es existiert eine Basis B mit $A \subseteq B \subseteq C$.

3. Beweise Satz (VI.1.12) im Detail.

→ 4. Verschärfe (VI.1.12b): Es seien $B \neq B'$ Basen des Matroides $G(S)$, $p \in B$. Dann existiert $q \in B'$, so daß $(B - p) \cup q$ und $(B' - q) \cup p$ Basen sind.

5*. Beweise folgende Aussage über "mehrfachen" Basisaustausch: Es seien $B \neq B'$ Basen von $G(S)$, $A \subseteq B$. Dann existiert $A' \subseteq B'$, so daß $(B - A) \cup A'$ Basis ist. (Greene)

→ 6. Zeige: Es seien $C_1 \neq C_2$ Kreise, $p \in C_1 - C_2$, $q \in C_2 - C_1$, $C_1 \cap C_2 \neq \emptyset$. Dann existiert ein Kreis C mit $p, q \in C \subseteq C_1 \cup C_2$.

7. Es sei $\Re$ eine Familie endlicher Teilmengen von S, welche (VI.1. 16b,c) erfüllt. Zeige, daß die minimalen Mengen in $\Re$ die Kreisaxiome erfüllen.

8. Stelle eine Axiomatisierung mit Hilfe der abhängigen Mengen auf.

→ 9. Beweise (VI.1.16) durch direkte Konstruktion eines Abschlußoperators.

10. Zeige: Gilt für ein Matroid $G(S)$, daß $r(G(S)) = |S| - 1$ ist, so besitzt $G(S)$ genau einen Kreis.

→ 11. Beschreibe den Abschlußoperator des Matroides G_f, induziert durch eine submodulare Funktion f.

12. Verifiziere nochmals im Detail den Beweis der endlichen Basisbedingung in (VI.1.22). Zeige insbesondere, daß der Durchschnitt von Minimalmengen wiederum Minimalmenge ist.

→ 13. Es sei $G(E, K)$ endlicher Graph, $f : 2^K \to \mathbb{N}_o$ definiert durch $f(A) := |\bigcup_{\{i,j\} \in A} \{i, j\}| - 1$, d.h. $f(A) =$ Anzahl der Ecken, welche mit mindestens einer Kante von A inzidieren minus 1. Zeige, daß f submodular ist und beschreibe das so erhaltene Matroid G_f.

14. Vertausche die Rollen der Ecken und Kanten in 13) und untersuche die mittels $f : 2^E \to \mathbb{N}_o$ induzierte Struktur auf den Ecken.

15. Wie sehen die Transversalmatroide aus, welche von den vollständigen bipartiten Graphen $K_{m,n}$ induziert werden?

16. Kennzeichne die Schlingen und parallelen Elemente eines Transversalmatroides $T(S,R,U)$.

17. Es seien $G(S)$, $H(U)$ Matroide, $R \subseteq U \times S$ binäre Relation. Zeige, daß die unabhängigen Mengen in $H(U)$, welche innerhalb R injektiv auf unabhängige Mengen von $G(S)$ abgebildet werden können, im allgemeinen kein Matroid auf U erzeugen ($r(G(S)) = 3$ genügt bereits).

→ 18. Es sei L geometrischer Verband und $x, y \in L$. Zeige die Äquivalenz folgender Bedingungen:

a. $r(x \wedge y) + r(x \vee y) = r(x) + r(y)$,

b. x ist minimales relatives Komplement von y in $[x \wedge y, x \vee y]$.

19. Schließe aus 18), daß jedes Intervall $[x,y]$ eines geometrischen Verbandes isomorph in ein oberes Intervall $[z,1]$ eingebettet werden kann.

→ 20. Überlege nochmals, daß in einem Matroid $G(S)$ der Rang $r(A)$ gleich dem ordnungstheoretischen Rang von $\sup A \in L(S)$ ist.

2. FUNDAMENTALE BEISPIELE

Die beiden klassischen Beispiele einer Abhängigkeitsrelation stammen aus der Algebra. Einmal die _lineare_ Abhängigkeit in Vektorräumen, und weiter die _algebraische_ Abhängigkeit in Körpererweiterungen. (Ein Element p eines Körpers L ist algebraisch abhängig vom Unterkörper $K \subseteq L$, falls p Nullstelle eines Polynoms $f(x) \in K[x]$ ist.) Beide Begriffe erfüllen die Bedingungen für Abhängigkeit aus Abschnitt 1.B (siehe z.B. v.d. Waerden, Algebra) und erzeugen somit gewisse Klassen von

44

Matroiden. Damit stellt sich sofort eine erste Frage, inwieweit ein
beliebiges Matroid G(S) mit Hilfe eines dieser beiden klassischen Ab-
hängigkeitsbegriffe dargestellt werden kann. Wir wollen dies präzisieren.

<u>Definition</u>

(VI.2.1) Eine <u>Darstellung</u> eines Matroides G(S) in einem weiteren Matroid H(T) ist eine Abbildung $\phi : S \to T$, so daß gilt:

$$A \text{ unabhängig in } G(S) \;\leftrightarrow\; \{\phi a : a \in A\} \text{ unabhängig in } H(T).$$

Speziell nennen wir eine Darstellung $\phi : G(S) \to G(V(n,K))$ eines Matroides
G(S) in einem Vektorraum über dem Körper K eine <u>Koordinatisierung</u> von
G(S) über K, und sagen, G(S) ist <u>koordinatisierbar</u> über K, falls eine
Koordinatisierung ϕ existiert. Wir wollen dies in einer eigenen Defi-
nition zusammenfassen.

Definition

(VI.2.2) Ein Matroid G(S) heißt <u>koordinatisierbar</u> <u>über</u> K oder <u>K-linear</u>,
falls $\phi : S \to V(n,K)$ existiert, (wobei $n = r(G(S))$ gewählt werden kann),
so daß gilt:

$$A \text{ unabhängig in } G(S) \;\leftrightarrow\; \{\phi a : a \in A\} \text{ linear unabhängig in } V(n,K).$$

Die Gesamtheit der über Körpern koordinatisierbaren Matroide nennen
wir die Klasse der <u>linearen</u> Matroide. Ein Matroid, das über <u>jedem</u>
Körper koordinatisiert werden kann, heißt <u>regulär</u>. Die Linearität von
Matroiden wird anschließend in diesem Abschnitt und nochmals in Kapitel VII besprochen, wo insbesondere auch die Konstruktion <u>nichtlinearer</u>
Matroide studiert wird. Daß <u>nichtalgebraische</u> Matroide existieren,
wurde erst kürzlich entdeckt (Ingleton-Main).

<u>Beispiel</u>

Das freie Matroid FG(S) ist trivialerweise regulär, da wir S bloß auf
eine Basis von V(n,K), $n = |S|$, abzubilden brauchen.

Wir bemerken, daß in (VI.2.1) nicht gefordert wurde, die Darstellung
ϕ sei injektiv. Eine solche Forderung würde im allgemeinen auch
Schwierigkeiten bereiten, da beispielsweise Schlingen durch ϕ stets
auf Schlingen abgebildet werden, d.h. H(T) mindestens ebenso viele
Schlingen wie G(S) enthalten müßte, ebenso für parallele Elemente. Es
folgt aber sofort aus der Definition (VI.2.1), daß die von ϕ auf der

G(S) zugrundeliegenden <u>Geometrie</u> $G_O(S_O)$ induzierte Abbildung ϕ_O die Geometrie $G_O(S_O)$ <u>injektiv</u> in die Geometrie $H_O(T_O)$ abbildet, bzw. den Verband L(S) injektiv in den Verband L(T). Außerdem sieht man leicht, daß G(S) genau dann linear ist, wenn $G_O(S_O)$ linear ist.

In der Terminologie des nachfolgenden Abschnittes 3 sind die über K koordinatisierbaren Matroide genau jene, welche isomorph zu den <u>Un-</u> <u>termatroiden</u> von G(V(n,K)) sind. Wir wollen hier das Ergebnis vorwegnehmen, daß die Einschränkung des Abschlußoperators in G(V(n,K)) auf eine Teilmenge S von Vektoren stets wieder ein Matroid auf S erzeugt.

A. Lineare Matroide und Funktionenräume

Es sei vorweg erwähnt, daß wir unter Körper stets einen <u>kommutativen</u> Körper verstehen, und die nachfolgenden Sätze für den kommutativen Fall formuliert werden. Die jeweilige Verallgemeinerung auf Schiefkörper sei dem Leser überlassen.

Eine wichtige äquivalente Begründung der linearen Matroide ergibt sich durch folgende Überlegung.

Definition

(VI.2.3) Es sei S eine Menge, K ein Körper. Ein endlich-dimensionaler K-Vektorraum $F = \{f : S \to K\}$ von Funktionen (mit der üblichen Addition und Skalarmultiplikation) heißt ein <u>Funktionenraum</u> über K. F(S,K) ist also ein Teilraum des Raumes aller Funktionen von S nach K.

Wir setzen kurz F = F(S,K) und definieren für $A \subseteq S$, $B \subseteq F$:

$$\text{Hülle } A = h(A) := \{f \in F : f(p) = O \text{ für alle } p \in A\},$$
$$\text{Kern } B = k(B) := \{q \in S : g(q) = O \text{ für alle } g \in B\}.$$

Satz

(VI.2.4) *Es sei F(S,K) ein Funktionenraum, dann ist das Paar (h,k) eine Galoisverbindung zwischen 2^S und 2^F (siehe Präl.,Abs.C), und somit kh : $2^S \to 2^S$ ein Abschluß auf S, der Hülle-Kern-Abschluß. Für* $A \subseteq S$, $p \in S$, *gilt*

$$p \in kh(A) \;\leftrightarrow\; \forall f \in F : (f|_A = O \;\to\; f(p) = O).$$

Beweis

Es sei $A \subseteq B \subseteq S$, dann haben wir $f(p) = 0$, f.a. $p \in B$ ➝ $f(p) = 0$, f.a. $p \in A$, also $h(A) \supseteq h(B)$. Ebenso verifiziert man die restlichen Behauptungen. □

$\boxed{\text{Satz}}$

(VI.2.5) *Sei F(S,K) ein Funktionenraum, dann induziert der Hülle-Kern-Abschluß* kh *ein Matroid auf* S, *das* <u>*Funktionenraum-Matroid*</u> $G(F(S,K))$.

Beweis

Aus der Tatsache, daß F endlich-dimensional ist, folgt mittels des Antiisomorphismus in Präl., Abs. C sofort die endliche Basisbedingung für kh. Es seien nun $p,q \in S$, $A \subseteq S$ mit $p \notin kh(A)$, $p \in kh(A \cup q)$. Wir müssen zeigen, daß für alle $f \in F : f|_{A \cup p} = 0 \to f(q) = 0$. Nehmen wir das Gegenteil an mit $g|_{A \cup p} = 0$, $g(q) \neq 0$, für ein $g \in F$. Da $p \notin kh(A)$ ist, existiert $g_1 \in F$ mit $g_1|_A = 0$, $g_1(p) \neq 0$. Wir definieren

$$g_2 := g_1(q)g - g(q)g_1 \in F.$$

Für g_2 gilt dann $g_2|_A = 0$, $g_2(q) = 0$, $g_2(p) \neq 0$, im Widerspruch zu $p \in kh(A \cup q)$. □

Folgerung

(VI.2.6) *Für* $G(F(S,K))$ *gilt:*

a) *Sei* B *Basis von* $G(F(S,K))$ *und* $g \in F$ *mit* $g|_B = 0$, *dann folgt* $g = 0$.

b) $H \subseteq S$ *ist genau dann Copunkt, wenn* H = Kern f *ist für ein* $f \in F$, $f \neq 0$, *und* H *maximal ist mit dieser Eigenschaft.*

c) *Sei* $B = \{b_1,...,b_n\}$ *Basis von* $G(F(S,K))$, *dann bilden alle Mengen* $\{f_1,...,f_n\} \subseteq F$ *mit* Kern f_i = $kh(B - b_i)$, $i = 1,...,n$, *eine Basis von* F(S,K). *Insbesondere ist also* $r(G(F(S,K))) = \dim F(S,K)$.

Beweis

Behauptung a) resultiert unmittelbar aus (VI.2.4). Zu b) bemerken wir, daß nach Präl., Abs. C die Unterräume von $G(F(S,K))$ genau die Bilder $k(B)$, $B \subseteq F$, sind. Aufgrund des Antiisomorphismus sind die Copunkte daher die Kerne kleinster Mengen $\neq \{0\}$ aus F. ➝ Seien schließlich die Funktionen $f_i : S \to K$ definiert wie in c). Da $f_i(b_j) \neq 0$ genau für $i = j$ ist, bilden die f_i jedenfalls eine unabhängige Menge in F. Für $f \neq 0$, $f \neq f_i$, $1 \leq i \leq n$, setzen wir $r_i = \dfrac{f(b_i)}{f_i(b_i)}$. Dann hat $f - \sum_{i=1}^{n} r_i f_i$ sämtliche $b_1, \ldots, b_n$ als Nullstellen, d.h. es gilt nach a) $f = \sum_{i=1}^{n} r_i f_i$. $\square$

Wir beweisen nun den zentralen Satz, daß die Funktionenraummatroide und die linearen Matroide _dieselbe_ Klasse abstrakter Matroide umfassen. Im nächsten Kapitel, wo wir die linearen Matroide näher untersuchen, werden wir davon häufig Gebrauch machen, da es meist einfacher ist, via (VI.2.6c) einen Funktionenraum zu einem vorgegebenen Matroid zu konstruieren, als direkt eine Koordinatisierung aufzustellen.

$\boxed{\text{Satz}}$

(VI.2.7) *Es sei* $F = F(S,K)$ *ein Funktionenraum über K. Wir bezeichnen mit* $F^* = \mathrm{Hom}(F,K)$ *den zu F dualen Vektorraum. Definieren wir für* $p \in S$ *das Funktional* $L_p \in F^*$, $L_p(f) := f(p)$, *f.a.* $f \in F$, *so ist* $\phi : S \to F^*$

$$\phi(p) := L_p$$

eine Koordinatisierung von $G(F(S,K))$ *über K.*

Ist umgekehrt $G(S) \subseteq G(V(n,K))$ *ein lineares Matroid über K,* V^* *der zu* V *duale Vektorraum, so ist* $V^* = V^*(S,K)$ *ein Funktionenraum mit* $G(V^*(S,K)) \cong G(S)$.

<u>Beweis</u>

Um zu zeigen, daß die Abhängigkeitsrelation unter ϕ erhalten bleibt, genügt es offenbar, Basen und Kreise zu betrachten. Sei $B = \{b_1, \ldots, b_n\}$ Basis von $G(F(S,K))$ und $f_1, \ldots, f_n \in F$ mit Kern $f_i = kh(B - b_i)$, $1 \leq i \leq n$. Da $L_{b_i}(f_j) \neq 0 \leftrightarrow i = j$, sind die $\{L_{b_i}\}$ linear unabhängig in F^*. Es sei nun $C = \{b_0, b_1, \ldots, b_k\}$ ein Kreis aus $G(F(S,K))$. Wir erweitern die unabhängige Menge $\{b_1, \ldots, b_k\}$ zu einer Basis $B = \{b_1, \ldots, b_n\}$ und setzen $f_i \in F$, $1 \leq i \leq n$, wie vorhin. Es gilt $b_0 \in kh(\{b_1, \ldots, b_k\}) \subseteq kh(B - b_i)$ für alle $i > k$, somit $f_i(b_0) = 0$ und $L_{b_0}(f_i) = 0$ für alle $i > k$. Laut

(VI.2.6c) bilden die $f_1, \ldots, f_n$ eine Basis von F, d.h. das Funktional $L_{b_0} \in F^*$ ist eindeutig festgelegt durch seine Werte auf $f_1, \ldots, f_n$.

Setzen wir $r_i = \dfrac{L_{b_O}(f_i)}{L_{b_i}(f_i)}$, so gilt $L_{b_O} = \sum\limits_{i=1}^{k} r_i L_{b_i}$, und ϕC ist linear

abhängig in F^*.

Die umgekehrte Konstruktion $G(S) \subseteq G(V(n,K)) \to G(V^*(S,K))$ wird leicht durch Angabe geeigneter dualer Basen ausgeführt. □

Es sei noch angemerkt, daß die Definition der Koordinatisierbarkeit auf allgemeinere algebraische Strukturen wie Integritätsbereiche ausgedehnt werden kann (siehe Übungen).

<u>Beispiel</u>

(VI.2.8)   Betrachten wir das folgende 10-elementige Untermatroid $G(S)$ von $G(V(4,GF(2)))$. Es besteht aus der Basis $B = \{a,b,c,d\}$ und den 6 Punkten i j, wobei i j der eindeutige dritte Punkt auf der Geraden durch i und j ist, $i,j = a,\ldots,d$. Die 4 Geraden $\{ab,ac,bc\}$, $\{ab,ad,bd\}$, $\{ac,ad,cd\}$, $\{bc,bd,cd\}$ müßten in der Figur durch Linien markiert werden. Wir haben dies der größeren Übersichtlichkeit wegen unterlassen.

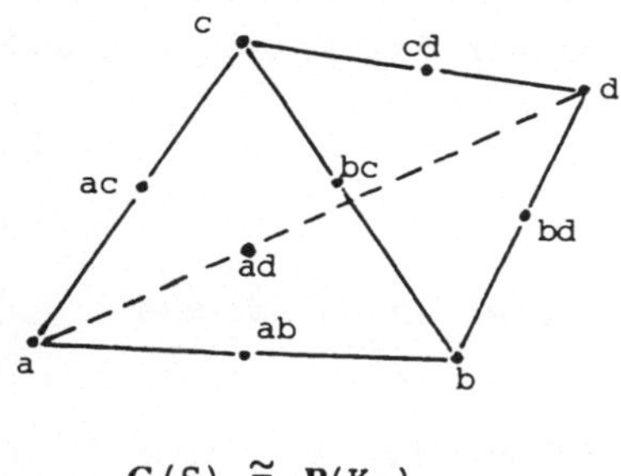

$$G(S) \cong P(K_5)$$

Der zugeordnete Funktionenraum F wird nach (VI.2.6c) aufgespannt von Funktionalen f_i, Kern $f_i = \overline{B-i}$, $i = a,\ldots,d$. Wir können daher F am einfachsten durch eine 4×10-Matrix $M(G(S))$ darstellen, wobei in (i,j) der Funktionswert $f_i(j)$, $i = a,\ldots,d$, $j \in G(S)$, steht.

	a	b	c	d	ab	ac	ad	bc	bd	cd
f_a	1	0	0	0	1	1	1	0	0	0
f_b	0	1	0	0	1	0	0	1	1	0
f_c	0	0	1	0	0	1	0	1	0	1
f_d	0	0	0	1	0	0	1	0	1	1

$M(G(S))$

Aus der Konstruktion in (VI.2.7) ist ersichtlich, daß die Spaltenvektoren eine Koordinatisierung von $G(S)$ darstellen, wobei $\{a,b,c,d\}$ die duale Basis von $\{f_a,f_b,f_c,f_d\}$ ist.

B. Graphen

Die dritte grundlegende Klasse von geometrischen Verbänden sind die Partitionsverbände $P(n)$ (siehe (VI.1.29c)). Wie sehen die zugehörigen Matroide aus? Die Punkte sind alle Paare $\{a,b\}$ aus einer n-Menge E. Ist A eine Menge von Paaren, so ist $\bar{A}$ offensichtlich die **kleinste** Partition, d.h. Äquivalenzrelation, welche A - aufgefaßt als reflexive und symmetrische Relation - enthält. Eine überaus nützliche Interpretation dieser Tatsache erhalten wir, indem wir die Paare als Kanten $\{a,b\}$ des vollständigen Graphen $K_n = G(E, E^{(2)})$ auf der Eckenmenge E auffassen (siehe Präl., Abs. B). Dann ist der Abschluß induziert durch $P(E)$ folgendermaßen gegeben: Ist $A \subseteq E^{(2)}$ und sind $A_1, \ldots, A_t$ die zusammenhängenden Komponenten des Untergraphen $G(E,A)$, so ist $\bar{A} = \bar{A}_1 \cup \ldots \cup \bar{A}_t$, wobei $\bar{A}_i$ aus A_i durch Hinzufügen aller fehlenden Kanten zwischen Ecken aus A_i hervorgeht. Übertragen wir diese Komplettierungskonstruktion auf beliebige Graphen, so erhalten wir das folgende grundlegende Resultat.

Satz (Whitney)

(VI.2.9) *Es sei $G(E,S)$ ein endlicher ungerichteter Graph mit der Eckenmenge E und der Kantenmenge S. Der Operator auf 2^S*

$$A \to \bar{A} := \left\{ k = \{a,b\} \in S : a,b \in E \text{ liegen in derselben Komponente des Untergraphen } G(E,A) \right\}$$

ist ein Abschluß und definiert ein Matroid auf S, das <u>*Polygonmatroid*</u> *$P(G(E,S))$.*

Beweis

Die Operation $A \to \bar{A}$ bedeutet, daß wir alle fehlenden Kanten **innerhalb** der einzelnen Komponenten von $G(E,A)$ einfügen. Daraus folgt sofort, daß $A \to \bar{A}$ tatsächlich Abschluß auf S ist. Seien nun $k = \{a,b\}$, $\ell = \{c,d\} \in S$, $A \subseteq S$ mit $k \notin \bar{A}$, $k \in \overline{A \cup \ell}$. Dies impliziert, daß in $G(E,A)$ die Ecken a und b in verschiedenen Komponenten E_1, E_2 liegen, jedoch in derselben Komponente des Untergraphen $G(E, A \cup \ell)$. Offenbar ist dies nur dann möglich, wenn auch ℓ die beiden Komponenten E_1 und E_2 verbindet, und somit $\ell \in \overline{A \cup k}$ gilt. $\square$

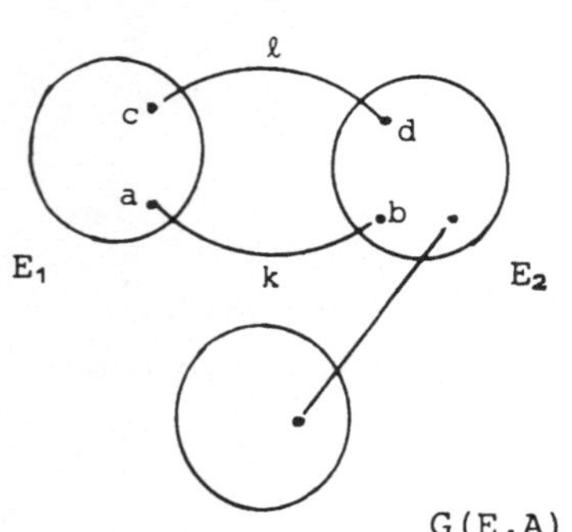

Nach (VI.2.9) ist klar, daß das Polygonmatroid des vollständigen Graphen K_n gerade $P(n)$ als Unterraumverband besitzt.

Die Gesamtheit der Matroide, welche isomorph zu Polygonmatroiden von Graphen sind, heißt die Klasse der **graphischen** Matroide. Die Charakterisierung dieser Klasse wird in Kapitel VII besprochen.

Aus der Definition des Abschlusses in (VI.2.9) ersehen wir, daß

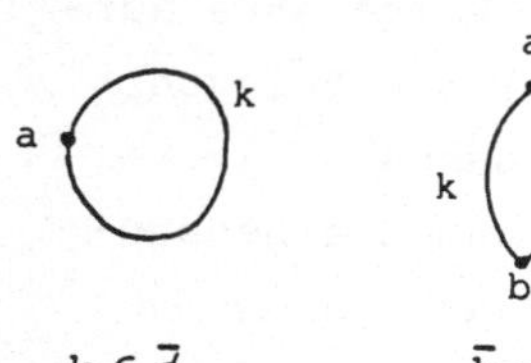

Schlingen und parallele Elemente von $P(G(E,S))$ genau den Schlingen und parallelen Kanten im Graphen $G(E,S)$ entsprechen.

Beispiel

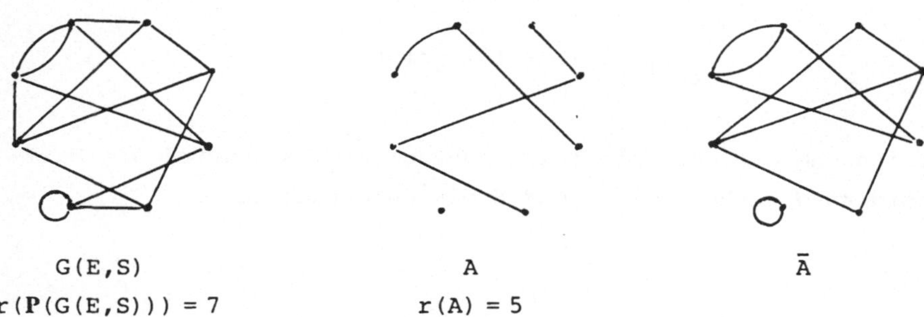

$G(E,S)$
$r(P(G(E,S))) = 7$

A
$r(A) = 5$

$\bar{A}$

Wir werden im Zusammenhang mit Polygonmatroiden stets nur endliche ungerichtete Graphen betrachten und in Zukunft der Kürze halber die Bezeichnung "Graph" in diesem Sinne verwenden.

Satz

(VI.2.10) *Im Polygonmatroid* $P(G(E,S))$ *eines Graphen* $G(E,S)$ *gilt:*

    a) $A \subseteq S$ *ist unabhängig* $\leftrightarrow$ $G(E,A)$ *ist Wald.*

    b) $B \subseteq S$ *ist Basis* $\leftrightarrow$ $G(E,B)$ *ist spannender Wald (d.h.* $G(E,B)$ *hat ebenso viele Komponenten wie* $G(E,S)$*).*

    c) $C \subseteq S$ *ist Kreis* $\leftrightarrow$ *C ist Polygon in* $G(E,S)$ *(=Kantenmenge eines Graphenkreises).*

> *d)* H *ist Copunkt* $\leftrightarrow$ G(E,H) *besitzt genau eine Komponente mehr*
> *als* G(E,S) *und ist maximal mit dieser*
> *Eigenschaft.*
>
> *e)* $r(A) = |E| - k(A)$, $k(A) =$ *Anzahl der Komponenten in* G(E,A).

<u>Beweis</u>

Ein Wald G(E,A) hat sicherlich eine unabhängige Kantenmenge A, da die
Entnahme einer beliebigen Kante $k \in A$ die betreffende Komponente auf-
spaltet, somit $k \notin \overline{A - k}$ gilt. Enthält umgekehrt G(E,A) ein Polygon
$\{k_1,\ldots,k_s\}$, so haben wir nach Definition des Abschlusses
$k_1 \in \overline{\{k_2,\ldots,k_s\}}$, also ist A abhängig. Aus a) folgen nun die Behauptungen b) und c), und daraus für $A \subseteq S$: r(A) = Anzahl der Kanten in
einem spannenden Wald von G(E,A). Jeder Baum hat Kantenzahl um 1 weniger als seine Eckenzahl (siehe Übung, Präl.B.4). Sind daher $E_1,\ldots,E_{k(A)}$
die Komponenten von G(E,A), so ist die Kantenzahl in einem spannenden
Wald von G(E,A) gleich

$$\sum_{i=1}^{k(A)} (|E_i| - 1) = |E| - k(A).$$

Die Kennzeichnung der Copunkte folgt nun unmittelbar, wobei die Maxi-
malitätsforderung sicherstellt, daß H ein Unterraum ist. $\square$

<u>Beispiel</u>

Betrachten wir den vollständigen Graphen K_5 wie in der Figur. Der
Leser möge sich überzeugen, daß das Polygonmatroid $P(K_5)$ isomorph ist
zum Matroid G(S) aus (VI.2.8) mit den
übereinstimmenden Bezeichnungen. Beispielsweise entsprechen die Dreiecke
$\{i,j,ij\}$ in K_5 den 3-Punkte Geraden
$\{i,j,ij\}$ in G(S). Identifizieren wir
f_i aus (VI.2.8) mit der Ecke I,
$i = a,\ldots,d$, so ist $f_i(j) = 1$ äquivalent zur Aussage: Die Ecke I ist inzident mit der Kante j. Hängen wir
daher an die Matrix M(G(S)) aus (VI.
2.8) noch eine 5. Reihe f_0 an

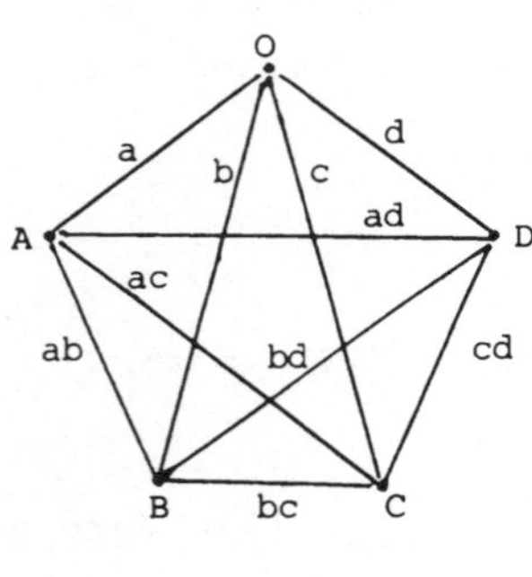

	a	b	c	d	ab	ac	ad	bc	bd	cd
f_0	1	1	1	1	0	0	0	0	0	0

und bezeichnen die neue Matrix mit M', so ist M' gerade die Inzidenz-matrix von K_5 mit $r(M') = 4 = r(P(K_5))$ (siehe Präl., Abs.B). Wir erhalten als Resultat: Die Spalten der Inzidenzmatrix von K_5 ergeben eine Koordinatisierung des Polygonmatroides $P(K_5)$ über GF(2). In Kapitel VII werden wir den gleichlautenden Satz für beliebige Graphen nachweisen. Man könnte kein schöneres Resultat erhoffen. Insbesondere wird daraus folgen, daß jedes graphische Matroid linear über GF(2) ist, ja wir werden sogar sehen, daß die graphischen Matroide regulär sind.

Das Polygonmatroid $P(K_5)$ läßt noch eine andere Deutung zu. Es kann auch als Desargues'sche Konfiguration in den affinen Raum eingebettet werden und wird deshalb manchmal Desargues'scher Block genannt (siehe (VII.1.19)).

Desargues'scher Block mit ce als Zentrum, der Geraden {ab,bd,ad} als Achse der Perspektivität und den beiden perspektiven Dreiecken {ae,be,de}, {ac,bc,cd}.

C. Transversalsysteme

In Beispiel (VI.1.23) definierten wir ein Matroid T(S,R,U) induziert von einer binären Relation $R \subseteq S \times U$ durch Angabe der submodularen Funktion $f(A) := |R(A)|$, f.a. $A \subseteq S$. Wie dort erwähnt wurde, sind die unabhängigen Mengen genau die partiellen Transversalen von S. In diesem Abschnitt wollen wir nun den Begriff der partiellen Transversalen zum Ausgangspunkt nehmen und darauf aufbauend die zugehörigen Matroide konstruieren. Zunächst nochmals die Definition:

Definition

(VI.2.11) Sei $R \subseteq S \times U$ eine binäre Relation auf den endlichen Mengen S und U. Eine Menge $A \subseteq S$ heißt eine <u>partielle Transversale</u> von S, falls eine Injektion $\phi : A \to U$ existiert mit $(a, \phi a) \in R$ für alle $a \in A$. Analog heißt $B \subseteq U$ partielle Transversale von U, falls eine Injektion $\psi : B \to S$ existiert mit $(\psi b, b) \in R$ für alle $b \in U$.

Satz (Edmonds-Fulkerson)

(VI.2.12) *Es sei $R \subseteq S \times U$ eine binäre Relation auf den endlichen Mengen S und U. Die Familie der partiellen Transversalen von S induziert als Familie der unabhängigen Mengen ein Matroid auf S, das <u>Transversalmatroid</u> $T(S, R, U)$. Die analoge Aussage gilt für die partiellen Transversalen von U, und die beiden Transversalmatroide besitzen denselben Rang.*

Beweis

Von den Axiomen in (VI.1.11) sind a) und c) trivial erfüllt. Es seien $A = \{a_1, \ldots, a_k\}$, $B = \{b_1, \ldots, b_\ell\}$ partielle Transversalen von S mit $k < \ell$, wobei wir A und B so numerieren, daß $a_1 = b_1, \ldots, a_r = b_r$, $r \geq 0$, und die restlichen a_i's und b_j's paarweise verschieden sind. Unter allen Injektionen von A nach U bzw. B nach U wählen wir ein Paar $\phi : A \to U$, $\psi : B \to U$ solcherart, daß $|\phi(A) \cap \psi(B)|$ maximal ist, wobei wir $\phi(a_i) = y_i$, $\psi(b_j) = z_j$, und $\phi(A) = Y$, $\psi(B) = Z$ setzen. Falls ein $j \geq r + 1$ mit $z_j \notin Y$ existiert, sind wir fertig, da dann $A \cup b_j$ partielle Transversale ist. Im anderen Fall muß es einen Index $i_1 \leq r$ geben mit $z_{i_1} \notin Y$. Da $(Y - y_{i_1}) \cup z_{i_1}$ wiederum injektives Bild von A ist, muß wegen der Maximalitätsvoraussetzung $y_{i_1} \in Z$ sein, z.B. $y_{i_1} = z_{i_2}$, wobei $i_1 \neq i_2$ gilt. Ist $i_2 \geq r + 1$, so erhalten wir die partielle Transversale $A \cup b_{i_2}$. Anderenfalls ist $(Y - y_{i_1} - y_{i_2}) \cup z_{i_1} \cup z_{i_2}$ abermals injektives Bild von A, und wir schließen wie oben $y_{i_2} = z_{i_3}$ mit $i_3 \neq i_1, i_2$. Setzen wir diesen Austauschprozeß fort, so erhalten wir eine Folge $z_{i_1}, z_{i_2} = y_{i_1}, z_{i_3} = y_{i_2}, \ldots$ mit lauter verschiedenen Indizes $i_j \leq r$ (warum verschieden?), also muß es schließlich ein z_{i_m} geben mit $i_m \geq r + 1$, woraus die partielle Transversale $A \cup b_{i_m}$ resultiert. $\square$

Beispiel

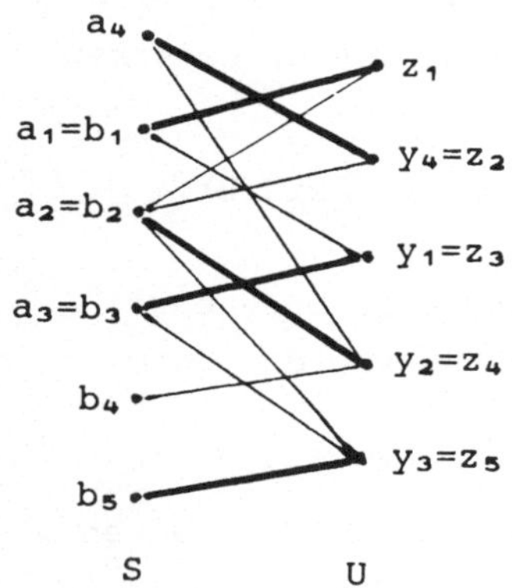

In der nebenstehenden Figur ist $k = 4$, $\ell = 5$, $r = 3$. Die auszutauschenden Elemente haben die Indizes $i_1 = 1$, $i_2 = 3$, $i_3 = 5$, und wir erhalten die partielle Transversale $\{a_1, a_2, a_3, a_4, b_5\}$, welche mittels der fettgedruckten Kanten nach U abgebildet wird.

Wir stellen in Zusammenfassung fest, daß die Matroide $T(S,R,U)$ einerseits durch Angabe der submodularen Funktion $f : A \to |R(A)|$ erklärt wurden (VI.1.23), andererseits durch Festsetzung der partiellen Transversalen von S als der unabhängigen Mengen (VI.2.12). Daß es sich tatsächlich jeweils um dieselben Matroide handelt, wird in Kapitel VIII bewiesen werden (VIII.1.18).

Die Gesamtheit der Matroide, welche isomorph zu den Matroiden $T(S,R,U)$ sind, heißt die Klasse der <u>Transversalmatroide</u>. Die Charakterisierung dieser Klasse wird in Kapitel VIII diskutiert.

Satz

(VI.2.13) *Sei* $T(S,R,U)$ *Transversalmatroid induziert durch* $R \subseteq S \times U$. *Dann gilt:*

a) *$A \subseteq S$ ist unabhängig $\leftrightarrow$ A ist partielle Transversale.*

b) *$A \subseteq S$ ist Basis $\leftrightarrow$ A ist maximale partielle Transversale.*

c) *$r(A) = \min\limits_{B \subseteq A}(|R(B)| + |A - B|) = |A| - \max\limits_{B \subseteq A} \delta(B)$, wobei*

   $\delta(B) := |B| - |R(B)|$ *der* Defekt *von B heißt.*

d) *$r(A) = \min|D|$, über alle Mengen $D \subseteq S \cup U$ mit der Eigenschaft, daß D inzident ist mit jeder Kante $(a,b) \in R$, $a \in A$, $b \in U$. Solche Mengen D heißen* Träger *von A.*

Beweis

Die Behauptungen a) und b) sind Gegenstand der Definition der Transversalmatroide. Die Rangformel c) steht in (VI.1.22) und ist somit gültig, sobald wir gezeigt haben, daß die partiellen Transversalen durch Bedingung (*) in (VI.1.23) charakterisiert werden. Dies wird Inhalt von Satz (VIII.1.18) sein. Zur rechten Seite von c) bemerken wir:

$$\min_{B \subseteq A}(|R(B)| + |A - B|) = \min_{B \subseteq A}(|A| - (|B| - |R(B)|)) = |A| - \max_{B \subseteq A} \delta(B).$$

Für einen Träger $D = S_1 \cup U_1$ von A mit $S_1 \subseteq A$, $U_1 \subseteq U$ gilt offenbar $R(A - S_1) \subseteq U_1$. Jeder minimale Träger von A muß daher von der Form $R(B) \cup (A - B)$ sein, woraus d) resultiert. □

Die Standardinterpretation einer binären Relation $R \subseteq S \times U$ erhalten wir, indem wir S als Grundmenge auffassen und U als Familie $\mathfrak{U} \subseteq 2^S$ durch die Identifikation

$$y \in U \leftrightarrow R^{-1}(y) = \{p \in S : (p,y) \in R\} \subseteq S$$

(siehe Präl.,Abs.B). Mit dieser Vereinbarung gilt dann

$$(p,A) \in R \leftrightarrow p \in A \quad \text{für } p \in S, A \in \mathfrak{U}.$$

Die partiellen Transversalen $\{p_1, \ldots, p_k\}$ von $T(S,R,U)$ sind in dieser Interpretation jene Teilmengen von S, für welche <u>verschiedene</u> Mengen $A_j \in \mathfrak{U}$ existieren, so daß $p_j \in A_j$ für $1 \leq j \leq k$. Wir nennen diese Mengen daher die <u>partiellen Transversalen</u> von $\mathfrak{U}$ und sprechen vom <u>Transversalmatroid</u> $T(S,\mathfrak{U})$ induziert von der Familie $\mathfrak{U}$ auf S.

Konstruieren wir das entsprechende Matroid auf $\mathfrak{U}$, so ist eine Teilfamilie $\mathfrak{B} \subseteq \mathfrak{U}$ genau dann unabhängig, wenn eine injektive <u>Auswahlfunktion</u> $\phi : \mathfrak{B} \to S$ existiert, d.h. ϕ ist injektiv und es gilt $\phi A_j \in A_j$ für alle $A_j \in \mathfrak{B}$. Wir sagen in diesem Fall, die Teilfamilie $\mathfrak{B}$ <u>besitzt eine</u> <u>Transversale</u> und sprechen vom <u>Transversalmatroid</u> $T(\mathfrak{U},S)$.

Da die beiden Mengen S und $\mathfrak{U}$ völlig gleichberechtigt sind, ergibt jeder Satz über das Matroid $T(S,\mathfrak{U})$ einen "dualen" Satz über das Matroid $T(\mathfrak{U},S)$, und umgekehrt. Insbesondere gilt, wie schon mehrfach erwähnt,

$$r(T(S,\mathfrak{U})) = r(T(\mathfrak{U},S)).$$

Zur Verifizierung der folgenden Rangformeln ist nur zu beachten, daß für $R \subseteq S \times \mathfrak{U}$ und $B \subseteq S$, $\mathfrak{B} \subseteq \mathfrak{U}$

$$R(B) = \{A_j \in \mathfrak{U} : A_j \cap B \neq \emptyset\},$$

$$R^{-1}(\mathfrak{B}) = \bigcup_{A_j \in \mathfrak{B}} A_j$$

gilt. Außerdem ist für $B \subseteq S$ der Rang von B in $T(S,\mathfrak{A})$ gleich dem Rang von $T(B,\mathfrak{A}')$ mit $\mathfrak{A}' = \{B \cap A_j : A_j \in \mathfrak{A}\}$, so daß wir jeweils zwei Rangformeln erhalten, entsprechend für $\mathfrak{B} \subseteq \mathfrak{A}$ (Details siehe Übungen).

<u>Satz</u>

(VI.2.14) *Sei S endliche Menge,* $\mathfrak{A} = \{A_i : i = 1,\ldots,n\} \subseteq 2^S$.

  a) In $T(S,\mathfrak{A})$ *gilt für* $B \subseteq S$:

$$r(B) = \min_{C \subseteq B}(|\{j \in \mathbb{N}_n : A_j \cap C \neq \emptyset\}| + |B - C|)$$

$$= \min_{J \subseteq \mathbb{N}_n}(|B \cap \bigcup_{j \in J} A_j| + n - |J|).$$

B *ist partielle Transversale* $\leftrightarrow |C| \leq |\{j \in \mathbb{N}_n : A_j \cap C \neq \emptyset\}|, f.a.\ C \subseteq B,$

$$\leftrightarrow |B \cap \bigcup_{j \in J} A_j| \geq |B| - n + |J|, f.a.\ J \subseteq \mathbb{N}_n.$$

  b) In $T(\mathfrak{A},S)$ *gilt für* $\mathfrak{B} = \{A_i : i \in I\}$, $I \subseteq \mathbb{N}_n$:

$$r(\mathfrak{B}) = \min_{J \subseteq I}(|\bigcup_{j \in J} A_j| + |I| - |J|)$$

$$= \min_{C \subseteq S}(|\{i \in I : A_i \cap C \neq \emptyset\}| + |S - C|).$$

$\mathfrak{B}$ *besitzt eine Transversale* $\leftrightarrow |\bigcup_{j \in J} A_j| \geq |J|,\ f.a.\ J \subseteq I,$

$$\leftrightarrow |I| - |S| + |C| \leq |\{i \in I : A_i \cap C \neq \emptyset\}|$$

$$f.a.\ C \subseteq S.$$

Als nächstes besprechen wir die allgemeinere Situation aus Beispiel (VI.1.24), und zwar unmittelbar in der Interpretation als Mengensystem.

<u>Definition</u>

(VI.2.15) Es sei G(S) Matroid und $\mathfrak{A} = \{A_i : i \in I\} \subseteq 2^S$ eine Familie von Untermengen von S. $B \subseteq S$ heißt <u>unabhängige Transversale</u> von $\mathfrak{B} \subseteq \mathfrak{A}$, falls B Transversale von $\mathfrak{B}$ ist und außerdem unabhängige Menge im Matroid G(S).

Der Nachweis des folgenden Satzes kann entsprechend (VI.2.12) geführt werden. Ein alternativer Beweis, durch den gleichzeitig die Rangformel verifiziert wird, ist in (VIII.1.21) enthalten, wo gezeigt wird, daß Bedingung (*) von (VI.1.24) genau die unabhängigen Mengen des Matroides $T(\mathfrak{A},G(S))$ charakterisiert.

Satz (Rado)

(VI.2.16) *Es sei $G(S)$ ein Matroid und $\mathfrak{A} = \{A_i : i \in I\} \subseteq 2^S$ eine Familie von Untermengen von S. Dann induzieren die Teilfamilien von $\mathfrak{A}$, welche eine unabhängige Transversale besitzen, aufgefaßt als unabhängige Mengen, ein Matroid auf $\mathfrak{A}$, das* <u>*Transversalmatroid*</u> *$T(\mathfrak{A},G(S))$. Für eine Teilfamilie $\mathfrak{B} = \{A_j : j \in J\} \subseteq \mathfrak{A}$ ist*

$$r(\mathfrak{B}) = \min_{K \subseteq J}\left(r\Big(\bigcup_{j \in K} A_j\Big) + |J| - |K| \right).$$

Insbesondere gilt also:

$\mathfrak{B}$ besitzt eine unabhängige Transversale $\leftrightarrow r\Big(\bigcup_{j \in K} A_j\Big) \geq |K|$, f.a. $K \subseteq J$.

Interpretieren wir $R \subseteq S \times U$ als bipartiten Graphen $G(S \cup U, R)$, so kommt sofort folgende Verallgemeinerung in den Sinn. Wir denken uns $G(S \cup U, R)$ als <u>gerichteten</u> Graphen mit allen Kanten aus R orientiert von S nach U. $A \subseteq S$ ist dann partielle Transversale, falls A durch $|A|$ eckendisjunkte gerichtete Wege mit einer Teilmenge von U verbunden ist.

<u>Definition</u>

(VI.2.17) Sei $\vec{G}$ ein endlicher gerichteter Graph mit der Eckenmenge E und $A, B \subseteq E$. Wir sagen, A ist <u>korreliert</u> mit B, falls $|A| = |B|$ ist und $|A|$ eckendisjunkte gerichtete Wege in $\vec{G}$ existieren, welche von den Ecken aus A zu den Ecken von B führen.

Die zu (VI.2.12) entsprechende Verallgemeinerung lautet dann folgendermaßen (der Beweis folgt ebenfalls in Kapitel VIII):

<u>Satz</u> (Perfect-Pym)

(VI.2.18) *Sei $\vec{G}$ ein endlicher gerichteter Graph, E die Eckenmenge und $S, U \subseteq E$, wobei S und U nicht disjunkt zu sein brauchen. Die Familie $\mathfrak{U}$ jener Teilmengen von S, welche mit Teilmengen von U korreliert sind,*

induziert als Familie der unabhängigen Mengen ein Matroid auf S, *das*
Korrelationsmatroid Kor(S,$\vec{G}$,U).

Die Gesamtheit der Matroide, welche isomorph zu Korrelationsmatroiden
gerichteter Graphen sind, nennen wir die Klasse der <u>Korrelationsma-</u>
<u>troide</u>. (Ein anderer Name ist <u>Gammoide</u>.)

Wir sehen also, daß die Transversalmatroide eine Teilklasse der Korrelationsmatroide sind. In Kapitel VIII werden wir darauf näher eingehen
und insbesondere nachweisen, daß nicht jedes Korrelationsmatroid Transversalmatroid ist, die letzteren also eine echte Teilklasse bilden.

Beispiel

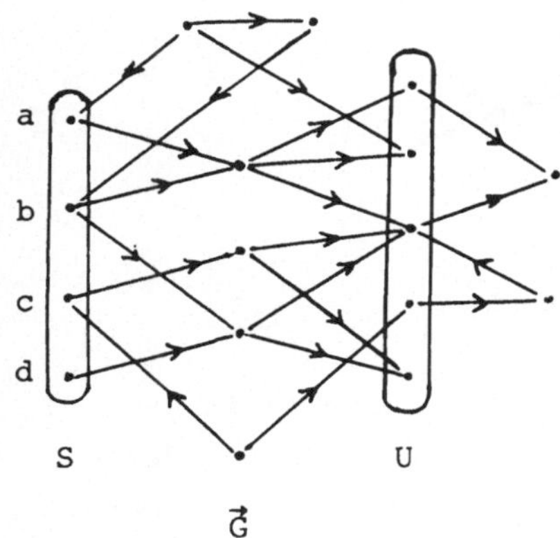

{a,b,c}, {a,c,d} sind unabhängig,
{a,b,d} ist abhängig in
Kor(S,$\vec{G}$,U).

D. Inzidenzgeometrien

Für unsere letzte Klasse bilden die Vektorraumgeometrien den Ausgangspunkt. Der klassische Satz von Veblen-Young verbindet die auf <u>algebra-</u>
<u>ische</u> Weise (aus dem Vektorraum) gewonnenen Geometrien PG(n,K) mit den
(synthetisch) durch ein <u>Inzidenz-Axiomensystem</u> gegebenen projektiven
Geometrien.

Definition

(VI.2.19)   Eine <u>projektive</u> <u>Geometrie</u> oder <u>projektives</u> <u>Inzidenzsystem</u>
ist eine Menge $\mathfrak{P}$, deren Elemente wir <u>Punkte</u> nennen, zusammen mit einer
Familie $\mathfrak{G} \subseteq 2^{\mathfrak{P}}$, deren Glieder wir <u>Geraden</u> nennen. Ist P $\in \mathfrak{P}$, g $\in \mathfrak{G}$ und
P $\in$ g, so sagen wir, P <u>liegt</u> <u>auf</u> g bzw. g <u>geht</u> <u>durch</u> P. Die Ausdrücke

"Geraden schneiden einander in einem Punkt" etc. haben die übliche Bedeutung. Das Paar ($\mathfrak{P}$,$\mathfrak{G}$) erfülle folgende Axiome:

1) Durch zwei verschiedene Punkte geht genau eine Gerade.

2) Bilden die Punkte P,Q,R ein Dreieck (d.h. liegen P,Q,R nicht auf einer gemeinsamen Geraden), und schneidet die Gerade g zwei Seiten des Dreiecks (aber nicht in P,Q, oder R), so schneidet g auch die dritte Seite.

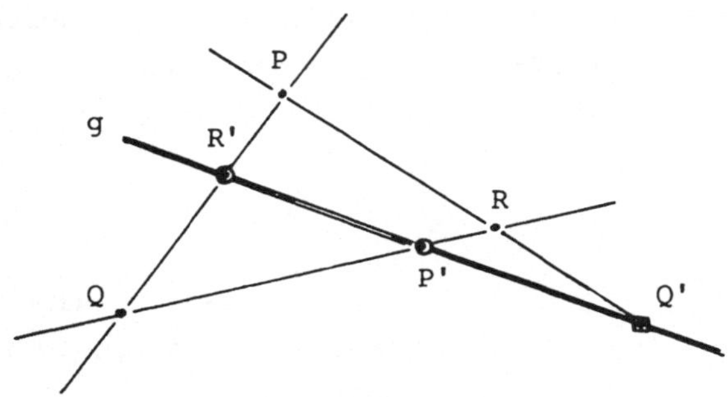

3) Jede Gerade enthält mindestens 3 Punkte.

Wir definieren nun: $A \subseteq \mathfrak{P}$ ist genau dann <u>Unterraum</u>, wenn A mit je zwei Punkten $P \neq Q$ stets die gesamte (nach 1) gegebene) Gerade durch P und Q enthält. Oder mit anderen Worten, wir definieren einen Abschluß auf $\mathfrak{P}$ durch $A \to \bar{A} = \bigcap_{\substack{A \subseteq B \\ B \ \text{Unt. R.}}} B$. Wie leicht zu sehen ist, können

die Unterräume auch induktiv erklärt werden: Unterräume vom Rang 1 sind die Punkte. Ist U_k Unterraum vom Rang k und $P \notin U_k$, so bildet U_k zusammen mit allen Punkten, welche auf Geraden durch P und den Punk-

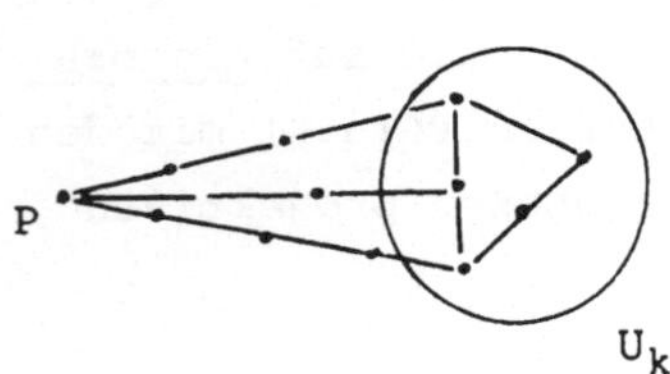

ten von U_k liegen, einen Unterraum des Ranges $k + 1$. Ist die gesamte Punktmenge $\mathfrak{P}$ vom Rang n, so sprechen wir von einer <u>projektiven</u> <u>Geometrie</u> <u>des</u> <u>Ranges</u> n.

4) $\mathfrak{P}$ besitze endlichen Rang.

Satz

(VI.2.20) *Jede projektive Geometrie ($\Psi,\mathfrak{G}$) ist mit dem in (VI.2.19) definierten Abschluß eine kombinatorische Geometrie mit modularem Unterraumverband.*

<u>Beweis</u>

Siehe weiter unten (VI.2.24). □

Es ist leicht nachzuprüfen, daß die projektiven Vektorraumgeometrien PG(n,K) (über Schiefkörpern K) die Axiome 1) bis 4) erfüllen, wenn wir als Ψ und $\mathfrak{G}$ die ein-bzw. zweidimensionalen Unterräume von V nehmen, wobei die eben definierten Unterräume mit den Unterräumen von V übereinstimmen.

Der Satz von Veblen-Young besagt nun, daß ab Rang 4 diese Vektorraum-geometrien die <u>einzigen</u> <u>Modelle</u> projektiver Inzidenzsysteme sind. Für Rang $\leq$ 3 ist die Situation anders. Offensichtlich erfüllt einmal <u>jede</u> einzelne Gerade (Rang 2) mit beliebiger Punktezahl $\geq$ 3 die Axiome 1) bis 4) trivialerweise. Ebenso existieren projektive Ebenen, welche nicht aus einem Vektorraum abgeleitet werden können. Diese sogenannten <u>nichtdesargues'schen</u> <u>Ebenen</u> stehen in engem Zusammenhang mit der Nicht-existenz gewisser geometrischer Konfigurationen (siehe die angegebene Literatur bzw. (VII.1.19) und (VII.1.20)). Gegenstand des vorliegen-den Abschnittes ist eine Verallgemeinerung dieser synthetischen Be-gründung der projektiven Geometrie.

Gegeben sei eine Menge Ψ von <u>Punkten</u> und zwei nichtleere Familien $\mathfrak{K},\mathfrak{F} \subseteq 2^{\Psi}$, deren Mitglieder wir <u>Kurven</u> bzw. <u>Flächen</u> nennen wollen. Sei $n \in \mathbb{N}_o$, dann gelte:

1) Je $n+1$ Punkte liegen auf genau einer Kurve, und jede Kurve enthält mindestens $n+1$ Punkte.

2) Je $n+2$ Punkte, die nicht auf einer Kurve sind, liegen auf genau einer Fläche, und jede Fläche enthält mindestens $n+2$ Punkte, die nicht alle auf einer Kurve liegen.

3) Eine Fläche enthält mit je $n+1$ Punkten die gesamte (ein-deutige) Kurve durch diese Punkte.

4) $A \subseteq \Psi$ heißt <u>Unterraum</u>, falls A alle Kurven und Flächen durch

n + 1 bzw. n + 2 Punkte aus A enthält, die durch 1) und 2) gegeben sind. Offensichtlich ist der Durchschnitt von Unter-
räumen wieder ein Unterraum, d.h. $A \to \bar{A} = \bigcap_{\substack{B \text{ Unt. R} \\ A \subseteq B}} B$ ist Abschluß

auf Ψ. $A \to \bar{A}$ erfülle die endliche Basisbedingung.

5) Liegen zwei Flächen $F \neq F'$ im Abschluß von n + 3 Punkten, so
gilt $|F \cap F'| \neq n$.

Definition (Wille)

(VI.2.21)   Die Inzidenzstruktur $(\Psi, \aleph, \mathfrak{F})$ erfülle die Axiome 1) bis 5)
für $n \in \mathbb{N}_0$. Dann heißt Ψ zusammen mit dem Abschluß $A \to \bar{A}$, $A \subseteq \Psi$, eine
<u>Inzidenzgeometrie der Stufe</u> n, bezeichnet $G(\Psi, \aleph, \mathfrak{F})$.

<u>Beispiele</u>

(VI.2.22)   Nehmen wir als Kurven gerade die <u>Punkte</u> und als Flächen
die <u>Geraden</u> einer <u>projektiven Geometrie</u>, so ist das Axiomensystem
für n = 0 erfüllt. Jede projektive Geometrie ist somit Inzidenzgeometrie der Stufe 0.

Im anderen Extremfall nehmen wir an, die Inzidenzgeometrie $G(\Psi, \aleph, \mathfrak{F})$
der Stufe n besitze nur eine einzige Fläche, nämlich Ψ. Da offensichtlich für <u>jede</u> Inzidenzgeometrie der Stufe n alle Mengen $A \subseteq \Psi$
mit $|A| \leq n$ abgeschlossen sind, besitzt $G(\Psi, \aleph, \mathfrak{F})$ die folgenden Unter-
räume:

a) Alle Mengen $A \subseteq \Psi$ mit $|A| \leq n$,

b) die Kurven,

c) Ψ.

$G(\Psi, \aleph, \mathfrak{F})$ ist in diesem Fall vollkommen beschrieben durch die Kurvenaxiome:

1) $A \in \aleph \;\Rightarrow\; |A| \geq n + 1$.

2) Für alle $B \subseteq \Psi$, $|B| = n + 1$ existiert genau ein $A \in \aleph$ mit $B \subseteq A$.

Wir nennen die zuletzt definierten Strukturen <u>Überlagerungssysteme</u>
der Ordnung n + 1.

<u>Beispiel</u>

Es sei $\Psi = \{a,b,c,d,e,f,g\}$, $\aleph = \aleph_1 \cup \aleph_2$ mit $\aleph_1 = \{abe, acf, adg, bcg,$
bdf, cde, efg$\}$, $\aleph_2 = \{\Psi - A : A \in \aleph_1\}$, dann sind die Kurvenaxiome für

n = 2 erfüllt, und $G(\mathfrak{P},\mathfrak{R},\{\mathfrak{P}\})$ ist Überlagerungssystem der Ordnung 3.

Haben alle Kurven eines Überlagerungssystems der Ordnung n + 1 die gleiche Mächtigkeit, so spricht man von einem n + 1-Design vom Index 1 (siehe hierzu die angegebene Literatur).

Zur Beschreibung beliebiger Inzidenzgeometrien benötigen wir einen Hilfssatz, dessen Beweis in den Übungen erfolgt.

<u>Hilfssatz</u>

(VI.2.23)   *Sei* $G(\mathfrak{P},\mathfrak{R},\mathfrak{F})$ *Inzidenzgeometrie der Stufe* n. *Angenommen* $A \neq B$ *sind Unterräume mit* $\{p_1,\ldots,p_n\} \subseteq A \cap B$, *dann gilt*

$$A \vee B = \bigcup_{a \in A, b \in B} \overline{\{p_1,\ldots,p_n,a,b\}}.$$

Man beachte, daß diese Aussage für n = 0 genau der induktiven Definition der Unterräume in projektiven Geometrien nachgebildet ist.

$\boxed{\text{Satz (Wille)}}$

(VI.2.24)   *Jede Inzidenzgeometrie* $G(\mathfrak{P},\mathfrak{R},\mathfrak{F})$ *ist mit dem vor* (VI.2.21) *definierten Abschluß ein Matroid. Ferner gilt für alle* $A \in L(\mathfrak{P})$ *vom Rang* n = *Stufe von* $G(\mathfrak{P},\mathfrak{R},\mathfrak{F})$

$$[0,A] \text{ ist distributiv, } [A,1] \text{ ist modular.}$$

<u>Beweis</u>

Sei $G(\mathfrak{P},\mathfrak{R},\mathfrak{F})$ Inzidenzgeometrie der Stufe n. Wir verifizieren das Austauschaxiom. Seien also $p,q \in \mathfrak{P}$, $A \subseteq \mathfrak{P}$, $p \notin \bar{A}$, $p \in \overline{A \cup q}$. Enthält A weniger als n Punkte, so ist $A \cup q$ abgeschlossen, somit $p = q$. Sei nun $\{p_1,\ldots,p_n\} \subseteq A$, $B = \{p_1,\ldots,p_n,q\}$. Nach (VI.2.21) gilt

$$\overline{A \cup q} = \overline{A \cup B} = \bigcup_{a \in \bar{A}} \overline{\{p_1,\ldots,p_n,a,q\}},$$

somit

$$p \in \overline{\{p_1,\ldots,p_n,a,q\}} \text{ für ein } a \in \bar{A}.$$

Wir haben $q \notin \overline{\{p_1,\ldots,p_n,a\}}$, folglich bestimmen die Punkte $p_1,\ldots,p_n,a,q$ eine eindeutige Fläche F mit $p \in F$. Nun gilt aber auch $p \notin \overline{\{p_1,\ldots,p_n,a\}}$, d.h. die Fläche durch die Punkte $p_1,\ldots,p_n,a,p$ ist gerade F, und wir erhalten

$$q \in \overline{\{p_1, \ldots, p_n, a, p\}} \subseteq \overline{A \cup p}.$$

Sei A Unterraum, $r(A) = n$. Wir wissen bereits, daß in diesem Fall $|A| = n$ ist, also $[O,A]$ isomorph zu $B(n)$ und somit insbesondere distributiv ist. Seien $B, C \in [A,1]$, dann müssen wir gemäß dem Beweis von (VI.1.27) nachprüfen, daß für $B \wedge C \leq G < H \leq B$ stets gilt $G \vee C < H \vee C$. Es sei im Gegenteil $G \vee C = H \vee C$, dann haben wir $H \leq (G \vee C) \wedge B$. Setzen wir $A = \{p_1, \ldots, p_n\}$, so gilt für $q \in H - G$ nach (VI.2.23) $q \in \overline{\{p_1, \ldots, p_n, g, c\}}$ mit $g \in G$, $c \in C$. Aus $q \notin \overline{\{p_1, \ldots, p_n, g\}}$ folgt $c \in \overline{\{p_1, \ldots, p_n, q, g\}} \subseteq H$, somit $c \in H \wedge C = B \wedge C \leq G$, also doch $q \in G$, im Widerspruch zur Voraussetzung. □

Es kann gezeigt werden, daß auch die Umkehrung von (VI.2.24) gilt, Inzidenzgeometrien also durch die dort angegebenen Bedingungen charakterisiert werden (Details siehe Übungen).

Als letztes Beispiel besprechen wir die Klasse der <u>affinen</u> Geometrien und beschreiben sie analog zu (VI.2.19) als Geometrien des <u>affinen</u> <u>Verbandes</u> von Vektorräumen $V(n,K)$ (siehe Präl., Abs. E).

$\boxed{\text{Definition}}$

(VI.2.25) Es sei $PG(\mathfrak{P}, \mathfrak{G})$ ein projektives Inzidenzsystem vom Rang n. Entfernen wir aus $\mathfrak{P}$ einen beliebigen Copunkt H, so heißt $\mathfrak{P}' = \mathfrak{P} - H$ zusammen mit dem System der Unterräume $\{A - H \neq \emptyset : A$ Unterraum in $PG(\mathfrak{P}, \mathfrak{G})\}$ die <u>affine</u> <u>Geometrie</u> $AG(\mathfrak{P}')$ <u>des</u> <u>Ranges</u> n. Insbesondere bezeichnen wir die aus $PG(n,K)$ abgeleitete affine Geometrie mit $AG(n,K)$, wobei n wie bisher der algebraische Rang ist, also um 1 höher als die geometrische Dimension.

Ist A Unterraum in $PG(\mathfrak{P}, \mathfrak{G})$, so folgt aus der Modularität $A \subseteq H$ oder $A \cap H \lessdot A$. Weiter ersehen wir aus der Definition der Unterräume in $PG(\mathfrak{P}, \mathfrak{G})$, daß für $A \nsubseteq H$ die Punktmenge $A - H$ in AG denselben Rang besitzt wie A in PG. Nehmen wir als Kurven und Flächen die Unterräume vom Rang 2 bzw. 3 in $AG(\mathfrak{P}')$, so sind die Axiome aus (VI.2.21) für Stufe 1 mühelos verifiziert, d.h. die affinen Geometrien sind Inzidenzgeometrien der Stufe 1, und es gilt ferner $[p,1] \cong PG$ vom Rang $n - 1$, f.a. $p \in \mathfrak{P}'$.

Wir erinnern an Präl., Abs. E, wo wir die affinen Verbände $A(n,K)$ als die Nebenklassenverbände von Vektorräumen eingeführt haben. Der folgende Satz verbindet nun die Begriffe affine (Inzidenz-)Geometrien und affine Verbände genauso wie (VI.2.19) projektive (Inzidenz-)Geometrien mit projektiv linearen Verbänden. Wie dort setzen wir Rang ≥ 4 voraus, um eine Diskussion der nichtdesargues'schen Ebenen zu umgehen.

<u>Satz</u>

(VI.2.26) *Sei* $V(n,K)$ *ein n-dimensionaler Vektorraum über* K, $n \geq 3$. *Wir definieren für* $p \in V(n,K), A \subseteq V(n,K)$:

$$p \text{ *ist* affin abhängig *von* } A :\leftrightarrow \exists p_1,\ldots,p_k \in A, \; \lambda_1,\ldots,\lambda_k \in K$$

$$\text{*mit* } p = \sum_{i=1}^{k} \lambda_i p_i, \;\; \sum_{i=1}^{k} \lambda_i = 1.$$

Die durch die affine Abhängigkeit auf $V(n,K)$ *induzierte Geometrie ist isomorph zu einer affinen (Inzidenz-)Geometrie vom Rang* $n+1$, *und der zugeordnete Verband ist* $A(n,K)$.

Umgekehrt ist für $n \geq 3$ *jede affine Geometrie* **AG** *vom Rang* $n+1$ *isomorph zu einem gewissen Vektorraum* $V(n,K)$ *mit dem durch die affine Abhängigkeit induzierten Abschluß.*

<u>Beweis</u>

Aus der Definition der affinen Abhängigkeit folgt:

p affin abhängig von $\{p_1,\ldots,p_k\} \leftrightarrow p - \sum_{i=1}^{k} \lambda_i p_i = 0, \; \sum_{i=1}^{k} \lambda_i = 1$

$\leftrightarrow (p - p_1) - \sum_{i=2}^{k} \lambda_i (p_i - p_1) = 0 \leftrightarrow p - p_1$ ist <u>linear</u> <u>abhängig</u> von

$\{p_2 - p_1,\ldots,p_k - p_1\} \leftrightarrow p \in p_1 + U, \; U = \overline{\{p_2 - p_1,\ldots,p_k - p_1\}} \in L(n,K)$.

Wir schließen, daß die Unterräume, definiert durch die affine Abhängigkeit, genau die Nebenklassen $p + U$, $p \in V(n,K)$, $U \in L(n,K)$ sind, und somit $A(n,K)$ der zugeordnete Verband ist.

Sei $V(n+1,K)$ ein $(n+1)$-dimensionaler Vektorraum über K und H der Copunkt von **PG**$(n+1,K)$ definiert durch $x_{n+1} = 0$. Die Punkte $\mathfrak{P}'$ der Geometrie **AG**$(n+1,K)$ können repräsentiert werden durch die Vektoren $(a_1,\ldots,a_n,1)$. Wir definieren $\phi : V(n,K) \to \mathfrak{P}'$

$$\phi(a_1,\ldots,a_n) := (a_1,\ldots,a_n,1).$$

Es ist nun unmittelbar einsichtig, daß affin abhängig auf $V(n,K)$ dasselbe bedeutet wie abhängig in $AG(n+1,K)$. Die Umkehrung des Satzes folgt sofort aus dem oben zitierten Satz von Veblen-Young. □

<u>Beispiel</u>

Die affine Geometrie $AG(4,GF(2))$ besitzt 8 Punkte, 28 Geraden und 14 Ebenen. Alle Geraden sind 2-punktig, alle Ebenen 4-punktig, wie

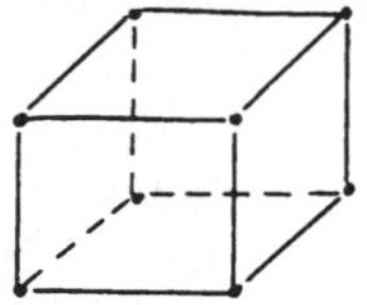

aus der Darstellung $PG(4,GF(2))$ - $PG(3,GF(2))$ sofort zu entnehmen ist.

ÜBUNGEN ZU ABSCHNITT 2

1. Es seien $G(S)$, $H(T)$ Matroide mit den zugrundeliegenden Geometrien $G_0(S_0)$, $H_0(T_0)$. Zeige die Äquivalenz von:

    a) $G(S)$ ist darstellbar in $H(T)$,

    b) $G_0(S_0)$ ist darstellbar in $H(T)$,

    c) $G_0(S_0)$ ist darstellbar in $H_0(T_0)$.

→ 2. Zeige, daß $\phi : S \to T$ genau dann Darstellung des Matroides $G(S)$ im Matroid $H(T)$ ist, wenn $r(\phi(A)) = r(A)$ f.a. $A \subseteq S$ gilt.

→ 3. Beweise $(VI.2.5)$ für Integritätsbereiche mit Einselement anstelle von Körpern.

4. Wie lauten die zu $(VI.2.6)$ und $(VI.2.7)$ analogen Aussagen für Integritätsbereiche mit Einselement anstelle von Körpern?

5. Die Spalten einer Matrix R über dem Körper K ergeben mit der linearen Abhängigkeit ein Matroid $M(R)$. Zeige, daß diese <u>Matrixmatroide</u> $M(R)$ genau die endlichen K-linearen Matroide sind.

→ 6. Beweise: Ein einfaches Matroid vom Rang ≥ 2 ist genau dann frei, wenn jede Cogerade von genau zwei Copunkten bedeckt wird.

→ 7. Zeige, daß in Übung $(VI.1.13)$ genau die graphischen Matroide beschrieben wurden.

8. Zeige: Ein Matroid ist genau dann graphisch, wenn die zugrundeliegende Geometrie graphisch ist.

→ 9. Zeige, daß zu einem graphischen Matroid $G(S)$ stets ein zusammenhängender Graph $G(E,S)$ existiert mit $G(S) \cong P(G(E,S))$.

10.* Beweise, daß die Spaltenvektoren der Inzidenzmatrix eines Graphen
   $G(E,S)$ eine Koordinatisierung von $P(G(E,S))$ über $GF(2)$ sind.

11. Zeige, daß $x \in P(N)$ genau dann modular ist (d.h. es gilt
   $r(x \wedge y) + r(x \vee y) = r(x) + r(y)$ für alle $y \in P(N)$), wenn x höchstens
   einen Block mit mehr als einem Element besitzt.

→ 12. Verifiziere die Rangformeln in (VI.2.14).

13. Zeige, daß das Polygonmatroid $P(K_4)$ nicht transversal ist, und
   somit auch $P(K_n)$ nicht für $n \geq 4$.

14. Zeige, daß zu einem transversalen Matroid auch die zugrundeliegende
   Geometrie transversal ist, daß die Umkehrung jedoch falsch ist.

→ 15. Zeige, daß jedes Matroid mit ≤ 5 Elementen transversal ist, und
   ferner jedes Matroid $G(S)$ mit $r(G(S)) \geq |S| - 2$. Sind die beiden
   Schranken bestmöglich?

16.* Beweise: Es existieren mindestens 2^n nichtisomorphe Transversalmatroide auf einer n-Menge. (Piff-Welsh)

17. Es sei $(\mathfrak{P},\mathfrak{R})$ ein 2-Design vom Index 1, $v = |\mathfrak{P}|$, $b = |\mathfrak{R}|$, $k = |B|$,
   f.a. $B \in \mathfrak{R}$. Zeige, daß jeder Punkt auf derselben Anzahl von Kurven
   liegt, sie sei r, und daß ferner gilt:

       a) $vr = bk$,

       b) $v - 1 = r(k - 1)$.

       c) $k = 3 \Rightarrow v \equiv 1,3 \pmod 6$.

→ 18. Konstruiere 2-Designs vom Index 1 mit $k = 3$ für $v = 7$ und 9 und
   zeige, daß sie eindeutig sind. Zeige ferner, daß diese beiden
   Designs isomorph zur Fano-Ebene bzw. zu $AG(3,GF(3))$ sind.

19. Beweise (VI.2.23). (Hinweis: Es genügt zu zeigen, daß die rechte
   Seite ein Unterraum ist. Dazu beweise zunächst folgende Aussage:

Sei G(S) Inzidenzgeometrie, $A \subseteq S$, $p_1, \ldots, p_n \in A$. A ist abgeschlossen
$\leftrightarrow \overline{\{p_1, \ldots, p_n, q, r\}} \subseteq A$ für alle Paare $q, r \in A$.)

20.[*] Beweise die Umkehrung von (VI.2.24): Ein Matroid G(S) ist genau
dann isomorph zu einer Inzidenzgeometrie der Stufe n, wenn
$\overline{\emptyset} = \emptyset$, $\overline{p} = p$ f.a. $p \in S$ (falls $n \geq 1$) und im Verband L(S) für alle x
mit $r(x) = n$ gilt: $[0,x]$ ist distributiv, $[x,1]$ ist modular. (Wille)

3. KONSTRUKTION VON MATROIDEN

Nachdem wir in Abschnitt 1 die grundlegenden Begriffe und in Abschnitt
2 die wichtigsten Beispiele von Matroiden kennengelernt haben, überlegen wir uns nun, wie wir aus gegebenen Matroiden neue gewinnen
können. Zwei solche Konstruktionen sind aus vielen Bereichen der
Mathematik bekannt, die <u>Reduktion</u> und <u>Kontraktion</u>. Diese beiden Begriffe sind fundamental für die gesamte folgende Theorie und werden
zuerst besprochen. Ein nächstes Beispiel liefert das direkte <u>Produkt</u>
von Matroiden, korrespondierend zum direkten Produkt von Verbänden.
Analog dazu überlegen wir uns, wie man zu einer Familie von Matroiden,
definiert auf derselben Punktmenge, auf natürliche Weise eine <u>Summe</u>
definieren kann. Ist G(S) Matroid auf der Menge S, so stellen wir uns
die Frage, wie ein Überblick über sämtliche Matroide $G(S \cup p)$ gewonnen
werden kann, welche G(S) als Untermatroid enthalten. Eine solche
Klassifikation ist in der Tat möglich und erlaubt im Prinzip die Konstruktion sämtlicher endlicher Matroide.

Um den geometrischen Hintergrund zu betonen, werden wir versuchen,
alle Konstruktionen geometrisch zu interpretieren. Abgesehen von der
Veranschaulichung, die dadurch erreicht wird, wird uns diese Vorgangsweise manche Schlüsse und Begriffsbildungen nahelegen.

A. Reduktion und Kontraktion

Unser Programm für diese wie für die folgenden Konstruktionen ist
immer dasselbe: Wir erklären die in Frage stehende Konstruktion zunächst für beliebige Matroide, studieren die Zusammenhänge zwischen
den unabhängigen, spannenden Mengen etc. des neuen zu denen des alten
Matroides, und wenden sodann die Ergebnisse auf unsere fundamentalen
Beispiele aus Abschnitt 2 an.

Die ersten beiden Konstruktionen sind die direkten Verallgemeinerungen eines <u>Unterraumes</u> $U \subseteq V(n,K)$ und eines <u>Quotientenraumes</u> $V/_W$, $W \subseteq V(n,K)$.

$\boxed{\text{Definition}}$

(VI.3.1)   Sei $G(S)$ Matroid mit dem Abschlußoperator J und $A \subseteq S$.

   a) Die Menge A zusammen mit dem Operator $J_A : B \to J(B) \cap A$, $B \subseteq A$, heißt die <u>Reduktion</u> von $G(S)$ <u>auf</u> A.

   b) Die Menge $S - A$ zusammen mit dem Operator $J_{S/A} : B \to J(B \cup A) - A$ für $B \subseteq S - A$ heißt die <u>Kontraktion</u> von $G(S)$ <u>durch</u> A bzw. die <u>Kontraktion</u> <u>auf</u> $S - A$.

$\boxed{\text{Satz}}$

(VI.3.2)   *Sei $G(S)$ Matroid mit Abschluß J. Die Reduktion von $G(S)$ auf A ist ein Matroid, bezeichnet $G(S).A$, und der zugeordnete Verband $L(A)$ wird durch $\phi : B \to J(B)$, $B \in L(A)$, ordnungsisomorph in $[O,J(A)] \subseteq L(S)$ eingebettet, wobei Suprema in $L(A)$ und $[O,J(A)]$ übereinstimmen (aber im allgemeinen nicht Infima). Ist insbesondere A Unterraum von $G(S)$, so gilt $L(A) \cong [O,A]$. $G(S).A$ heißt das von A erzeugte Untermatroid von $G(S)$.*

<u>Beweis</u>

J_A ist offensichtlich Abschluß auf A mit der endlichen Basisbedingung. Seien nun $p,q \in A$, $B \subseteq A$, $p \notin J_A(B)$ und $p \in J_A(B \cup q)$. Dann haben wir $p \notin J(B) \cap A$, d.h. $p \notin J(B)$, und ferner $p \in J(B \cup q) \cap A$. Aus dem Austauschaxiom für J folgt daraus $q \in J(B \cup p) \cap A = J_A(B \cup p)$.

Wir definieren $\phi : L(A) \to [O,J(A)]$, $\psi : [O,J(A)] \to L(A)$

$$\phi B = J(B), \quad B \in L(A),$$
$$\psi C = C \cap A, \quad C \in [O,J(A)].$$

Offenbar sind ϕ, ψ monoton mit $\psi \phi = \mathrm{Id}$. Weiter gilt für $B,C \in L(A)$:

$$\phi(B \vee C) = \phi(J_A(B \cup C)) = J(J_A(B \cup C)) = J(B \cup C)$$
$$= J(B) \vee J(C) = \phi(B) \vee \phi(C).$$

$$\phi(B \wedge C) = J(B \cap C) \leq J(B) \cap J(C) = \phi(B) \wedge \phi(C).$$

Die letzte Behauptung ist klar, da in diesem Fall auch $\phi \psi = \mathrm{Id}$ ist. $\square$

Satz (VI.3.2) sagt somit aus, daß wir den Verband L(A) erhalten, indem wir die <u>Suprema</u> in L(S) sämtlicher Untermengen von A bilden, und dann auf A einschränken. Wenn keine Zweideutigkeit besteht, werden wir für ein Untermatroid G(S).A kurz G(A) schreiben.

<u>Folgerung</u>

(VI.3.3) *Sei* G(A) *Untermatroid von* G(S), r *bzw.* r_A *die Rangfunktionen von* G(S) *und* G(A). *Dann gilt für* B ⊆ A :

> a) B *unabhängig in* G(A) ↔ B *unabhängig in* G(S),
> b) B *Basis in* G(A) ↔ B *Basis von* A *in* G(S),
> c) B *Kreis in* G(A) ↔ B *Kreis in* G(S),
> d) $r_A(B) = r(B)$.

$\boxed{\text{Satz}}$

(VI.3.4) *Die Kontraktion von* G(S) *durch* A *ist ein Matroid* G(S)/A *auf* S − A, *und es gilt für den zugeordneten Verband* L(S/A) $\cong$ [J(A),1] ⊆ L(S) *mit dem Isomorphismus* ϕ : L(S/A) → [J(A),1], $\phi B = J(B \cup A)$, B ∈ L(S/A). G(S)/A *heißt das* Quotientenmatroid *erzeugt von* A.

<u>Beweis</u>

Wir verifizieren nur den Isomorphismus ϕ. Es sei ψ : [J(A),1] → L(S/A) definiert durch $\psi C := C - A$, C ∈ [J(A),1], dann gilt

$$J_{S/A}(C - A) = J((C - A) \cup A) - A = C - A, \text{ für alle } C \in [J(A),1],$$

somit

$$\psi \phi B = \psi(J(B \cup A)) = J(B \cup A) - A = J_{S/A}(B) = B, \text{ f.a. } B \in L(S/A),$$

$$\phi \psi C = \phi(C - A) = J(C) = C, \text{ f.a. } C \in [J(A),1]. \quad \square$$

<u>Folgerung</u>

(VI.3.5) *Sei* G(S)/A *Kontraktion durch* A, r *bzw.* $r_{S/A}$ *die Rangfunktionen von* G(S) *und* G(S)/A. *Dann gilt für* B ⊆ S − A :

> a) B *unabhängig in* G(S)/A ↔ B ∪ C *unabhängig in* G(S)
> > *für alle unabhängigen Mengen* C ⊆ A.
>
> b) B *Basis von* G(S)/A ↔ B ∪ C *Basis von* G(S) *für alle*
> > *Basen* C *von* A.
>
> c) B *Kreis in* G(S)/A ↔ B = C − A ≠ $\emptyset$, *wobei* C *Kreis in* G(S) *ist,*
> > *und* B *minimal mit dieser Eigenschaft.*

d) $r_{S/A}(B) = r(B \cup A) - r(A)$.

Beweis

Der Isomorphismus $L(S/A) \cong [J(A),1]$ impliziert die Behauptung d), woraus a) und b) folgen. Sei B Kreis in $G(S)/A$, dann ist B entweder auch Kreis in $G(S)$ oder B ist unabhängig in $G(S)$, und es existiert nach a) eine <u>unabhängige</u> Menge $D \subseteq A$, so daß $B \cup D$ abhängig in $G(S)$ ist. Wählen wir $D_0 \subseteq A$ minimal unter diesen Mengen D, so ist $C_0 = B \cup D_0$ Kreis in $G(S)$ mit $B = C_0 - A$. Umgekehrt ist jede Menge $C - A \neq \emptyset$, wobei C Kreis in $G(S)$, abhängig in $G(S)/A$, und das Resultat folgt. $\square$

Bevor wir zu den Beispielen übergehen, wollen wir noch ohne (die leichten) Beweise einige nützliche Formeln notieren.

Satz

(VI.3.6) *Sei* $G(S)$ *Matroid,* $B \subseteq A \subseteq S$. *Dann gilt:*

> *a)* $(G(S).A).B = G(S).B$,
>
> *b)* $(G(S)/B)/(A-B) = G(S)/A$.

Das heißt, die Eigenschaften "Untermatroid" und "Quotientenmatroid" zu sein, sind transitiv.

> *c)* $(G(S).A)/B = (G(S)/B).(A-B)$.

Definition

(VI.3.7) Eine Kontraktion einer Reduktion heißt ein <u>Minor</u> des Matroides. Nach (VI.3.6c) können Minoren auch umgekehrt als Reduktion von Kontraktionen erklärt werden.

Aus (VI.3.6) folgt, daß jeder Minor eines Minors wiederum Minor ist. Für $B \subseteq A \subseteq S$ bezeichnen wir den Minor $(G(S).A)/B$ manchmal kurz mit $G(A/B)$. $G(A/B)$ ist Matroid auf der Punktmenge $A-B$ mit dem Abschluß $J_{A/B} : C \to (J(C \cup B) \cap A) - B$ und Rangfunktion $r_{A/B}(C) = r(C \cup B) - r(B)$. Der Verband $L(A/B)$ ist nach (VI.3.2) und (VI.3.4) supremumsgetreu eingebettet in $[J(B), J(A)] \subseteq L(S)$. Gilt insbesondere $A = J(A)$, so haben wir $L(A/B) \cong [J(B), J(A)]$.

Wir haben bereits erwähnt, daß für Vektorräume die Begriffe Untermatroid und Quotientenmatroid die übliche Bedeutung haben. Betrachten wir als nächstes einen Funktionenraum $F(S,K)$. Für $A \subseteq S$ definieren wir die folgenden beiden Funktionenräume:

$$F(S,K).A := \left\{ f\big|_A : f \in F \right\}, \quad F(S,K).A \text{ heißt der auf A } \underline{\text{reduzierte}} \text{ Raum.}$$

$$F(S,K)/A := \left\{ f\big|_{S-A} : f \in F \text{ mit } f\big|_A \equiv 0 \right\}, \quad F(S,K)/A \text{ heißt der durch A}$$
$$\underline{\text{kontrahierte}} \text{ Raum.}$$

$F(S,K).A$ und $F(S,K)/A$ sind klarerweise wieder Funktionenräume.

<u>Satz</u>

(VI.3.8) *Sei* $F(S,K)$ *Funktionenraum, dann gilt:*

$$G(F(S,K)).A \cong G(F(S,K).A),$$
$$G(F(S,K))/A \cong G(F(S,K)/\overset{.}{A}).$$

<u>Beweis</u>

Wir beschränken uns auf den Nachweis der zweiten Behauptung. Seien $B \subseteq S - A$ und J, J', J'' die Abschlußoperatoren von $G(F(S,K))$, $G(F(S,K))/A$ bzw. $G(F(S,K)/A)$. Dann gilt:

$$J'(B) = J(B \cup A) - A = \left\{ p \in S-A : \text{für alle } f \in F \text{ gilt: } (f\big|_{B \cup A} \equiv 0 \rightarrow f(p) = 0) \right\}$$

$$= \left\{ p \in S-A : \text{für alle } f \in F \text{ mit } f\big|_A \equiv 0 \text{ gilt } (f\big|_B \equiv 0 \rightarrow f(p) = 0) \right\}$$

$$= \left\{ p \in S-A : \text{für alle } f' \in F(S,K)/A \text{ gilt } (f'\big|_B \equiv 0 \rightarrow f'(p) = 0) \right\}$$

$$= J''(B). \quad \square$$

Wir erhalten somit als Ergebnis, daß die Reduktion eines Funktionenraummatroides genau das Funktionenraummatroid des entsprechenden reduzierten Raumes ist, ebenso für die Kontraktion.

<u>Folgerung</u> (Tutte)

(VI.3.9) *Jeder Minor eines K-linearen Matroides ist K-linear. Insbesondere ist jeder Minor eines regulären Matroides wieder regulär.*

<u>Beispiel</u>

Sei $G(S)$ das Matroid aus (VI.2.8), $A = \{a,b,c,ab,bd\}$, $B = \{a,b,ab\}$. Die Reduktion $G(S).A$ wird laut (VI.3.8) erzeugt von den Funktionen $f'_i : A \rightarrow GF(2)$,

	a	b	c	ab	bd
f'_a	1	0	0	1	0
f'_b	0	1	0	1	1
f'_c	0	0	1	0	0
f'_d	0	0	0	0	1

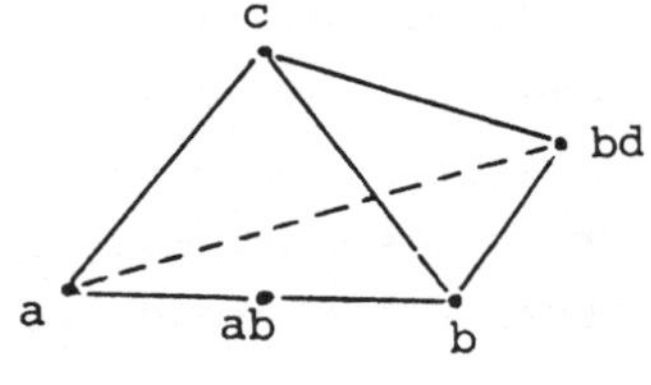

$$G(S).A$$

Die Kontraktion G(S)/B wird erzeugt von

	c	d	ac	ad	bc	bd	cd
f''_c	1	O	1	O	1	O	1
f''_d	O	1	O	1	O	1	1

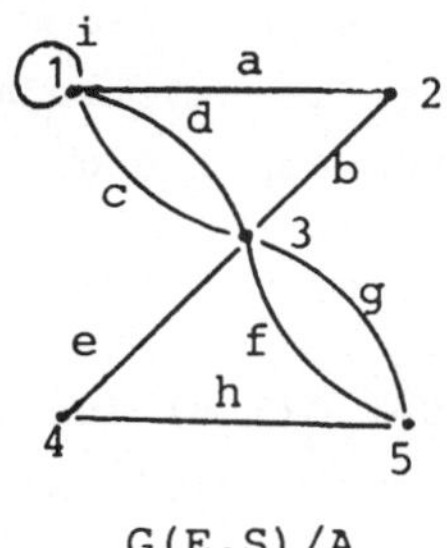

G(S)/B

Wir gehen analog im Fall der Graphen vor. Wir definieren zunächst die Reduktion und Kontraktion von <u>Graphen</u> und überlegen uns dann, daß die korrespondierenden Polygonmatroide gerade die entsprechenden Minoren des vorgegebenen Matroides sind.

Definition

(VI.3.10)   Es sei G(E,S) endlicher Graph, A ⊆ S. Die <u>Reduktion</u> G(E,S).A von G(E,S) auf A ist gerade der Untergraph G(E,A). Die <u>Kontraktion</u> G(E,S)/A wird folgendermaßen erklärt: Die Ecken von G(E,S)/A sind die zusammenhängenden Komponenten von G(E,A) und die Kantenmenge ist S − A. Die Endpunkte einer Kante k ∈ S − A sind jene Komponenten aus G(E,A), welche die Endpunkte aus k in G(E,S) enthalten.

Beispiel

Gegeben G(E,S) , A = {k,ℓ,m,n}

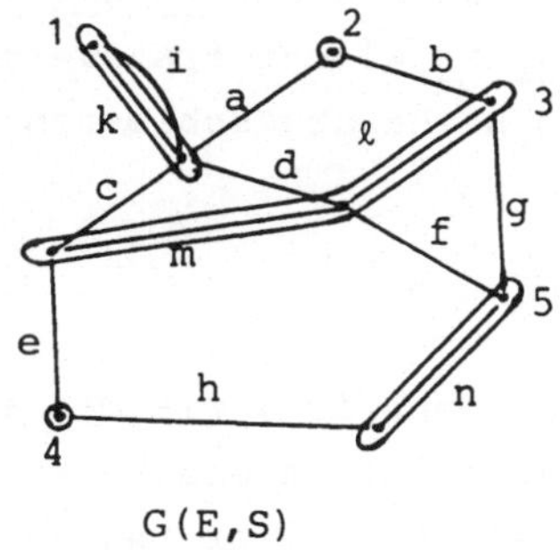

G(E,S)

G(E,S)/A

Aus der Definition der Kontraktion ist sofort einsichtig, daß wir die Kontraktion oder den <u>Quotientengraphen</u> G(E,S)/A allgemein so erhalten, indem wir nacheinander die Endpunkte jeder Kante k ∈ A identifizieren, d.h. die Kante zu einer neuen Ecke <u>kontrahieren</u>, daher der Name.

Satz

(VI.3.11) *Für einen Graphen* G(E,S) *gilt:*

$$P(G(E,S)).A \cong P(G(E,S).A),$$

$$P(G(E,S))/A \cong P(G(E,S)/A).$$

Beweis

Übungen. □

Folgerung (Tutte)

(VI.3.12) *Jeder Minor eines graphischen Matroides ist graphisch.*

Für Transversalmatroide ist die Situation etwas anders. Zunächst ist folgendes klar: Schränken wir eine vorgegebene Relation $R \subseteq S \times U$ auf $A \subseteq S$ ein, d.h. $R_A = R \cap (A \times U)$, so gilt (z.B. nach (VI.3.3a))

$$T(A,R_A,U) \cong T(S,R,U).A$$

und wir erhalten:

Satz

(VI.3.13) *Jede Reduktion eines Transversalmatroides ist wieder Transversalmatroid.*

Anders als bei den bisherigen Beispielen ist aber die <u>Kontraktion</u> eines Transversalmatroides im allgemeinen <u>nicht</u> wieder transversal. Die Klasse der Transversalmatroide ist also nicht abgeschlossen in bezug auf Minorenbildung.

Beispiel

(VI.3.14) Sei G(E,S) der abgebildete Graph. Dann ist, wie man sich leicht überzeugt, P(G(E,S)) transversal, jedoch nicht die Kontraktion P(G(E,S))/{a}. Der Leser beweise, daß jedes Matroid mit ≤ 5 Punkten transversal ist, das angegebene nicht-transversale Matroid also minimal ist (Übung (VI.2.15)).

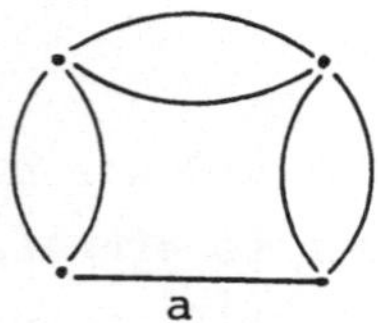

Im Sinne unseres eingangs erwähnten Standpunktes wollen wir uns noch
überlegen, wie Reduktion und Kontraktion als geometrische Operationen
gedeutet werden können. Die Reduktion als __Teilraum__ ist klar. Die Kontraktion G(S)/A wird am anschaulichsten als __Projektion__ von G(S) mit
Zentrum $\bar{A}$ auf eine externe Geometrie des Ranges r(S) - r(A) verstanden.
Nach (VI.3.6b) können wir dies auch als Folge von Projektionen mit
Punktzentrum durchführen.

__Beispiel__

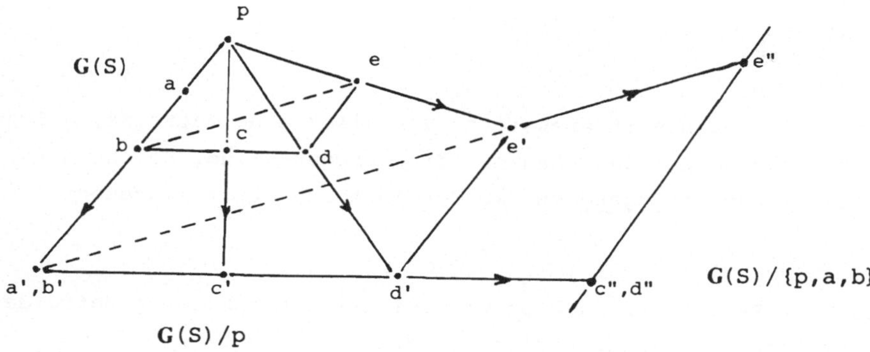

B. Produkt und Summe

Wir wollen das direkte Produkt von Matroiden so definieren, daß auch
die korrespondierenden Verbände im direkten Produkt verbunden werden.
Da dies das einzige Produkt ist, welches vorkommt, lassen wir der
Einfachheit halber das Wort "direkt" weg.

Definition

(VI.3.15) Es seien $G_i(S_i)$, $1 \le i \le t$, Matroide auf den paarweise disjunkten Mengen S_i, und J_i ihre Abschlußoperatoren. Das __Produkt__
$\prod_{i=1}^{t} G_i$ ist das Matroid auf $\bigcup_{i=1}^{t} S_i$ mit dem Abschluß

$$J : \bigcup_{i=1}^{t} A_i \to \bigcup_{i=1}^{t} J_i(A_i), \quad A_i \subseteq S_i.$$

Satz

(VI.3.16) *Das Produkt $\prod_{i=1}^{t} G_i(S_i)$ ist Matroid mit dem Verband*

$$L = \prod_{i=1}^{t} L_i, \quad \text{und es gilt:}$$

$$\left(\prod_{i=1}^{t} G_i(S_i)\right)\cdot S_j = G_j(S_j), \quad \left(\prod_{i=1}^{t} G_i(S_i)\right)/S_j = \prod_{i\neq j} G_i(S_i).$$

Ferner haben wir für $A = \bigcup_{i=1}^{t} A_i$, $A_i \subseteq S_i$:

a) A *ist unabhängig in* $\prod G_i \leftrightarrow A_i$ *unabhängig in* G_i, $i = 1,\ldots,t$.

b) A *ist Basis in* $\prod G_i \leftrightarrow A_i$ *ist Basis in* G_i, $i = 1,\ldots,t$.

c) A *ist Kreis in* $\prod G_i \leftrightarrow A = A_i$ *ist Kreis in* G_i *für ein* i
und $A_j = \emptyset$, *f.a.* $j \neq i$.

d) $r(A) = \sum_{i=1}^{t} r_i(A_i)$.

Ebenso wie bei Verbänden interessieren vor allem jene Matroide, welche unzerlegbar in bezug auf das eben erklärte Produkt sind. Solche Matroide heißen <u>zusammenhängend</u> und werden in Abschnitt 4 eingehend studiert.

Anders als beim Produkt betrachten wir bei der Summenbildung Matroide, die auf <u>derselben</u> Punktmenge erklärt sind.

$\boxed{\text{Definition}}$

(VI.3.17) Es seien $G_1(S),\ldots,G_t(S)$ Matroide auf S mit den Rangfunktionen r_i. Die <u>Summe</u> $\sum_{i=1}^{t} G_i(S)$ ist das Matroid auf S induziert durch die submodulare Funktion $\sum_{i=1}^{t} r_i$.

$\boxed{\text{Satz (Nash-Williams)}}$

(VI.3.18) *In der Summe* $\sum_{i=1}^{t} G_i(S)$ *sind die folgenden Bedingungen äquivalent:*

a) A *ist unabhängig,*

b) *Es existieren Mengen* A_i, $i = 1,\ldots,t$, A_i *unabhängig in*
$G_i(S)$, *mit* $A = \bigcup_{i=1}^{t} A_i$.

c) *Es existieren* paarweise disjunkte *Mengen* A_i, $i = 1,\ldots,t$,
A_i *unabhängig in* $G_i(S)$, *mit* $A = \bigcup_{i=1}^{t} A_i$.

Beweis

Offensichtlich gilt c) $\rightarrow$ b), und ferner für $B = \bigcup_{i=1}^{t} B_i$, $B_i \subseteq A_i$,

$$|B| \leq \sum_{i=1}^{t} |B_i| \overset{b)}{=} \sum_{i=1}^{t} r_i(B_i) \leq \sum_{i=1}^{t} r_i(B),$$ somit nach (VI.1.22) auch b) $\rightarrow$ a).

Um die Implikation a) $\rightarrow$ c) nachzuweisen, wählen wir t paarweise disjunkte Mengen S_i, alle gleichmächtig mit S, und t Bijektionen $\phi_i : S \rightarrow S_i$. Definieren wir $\phi_i(B)$ als unabhängig in $S_i \leftrightarrow B$ unabhängig in $G_i(S)$, so erhalten wir t Matroide $H_i(S_i)$ mit $G_i(S) \cong H_i(S_i)$, $1 \leq i \leq t$, wobei für die Rangfunktionen r_i' von $H_i(S_i)$ gilt $r_i'(\phi_i(A)) = r_i(A)$, f.a. $A \subseteq S$. Im Produkt $\prod_{i=1}^{t} H_i(S_i)$ mit Rangfunktion r' ist somit $B = \bigcup_{i=1}^{t} B_i$, $B_i \subseteq S_i$, genau dann unabhängig, wenn B_i unabhängig in $H_i(S_i)$ ist, $i = 1,\ldots,t$, und es gilt $r'(B) = \sum_{i=1}^{t} r_i'(B_i)$. Wir betrachten nun die Mengen S, $\bigcup_{i=1}^{t} S_i$ und das Matroid $\prod_{i=1}^{t} H_i(S_i)$. Definieren wir die Relation $R \subseteq S \times \bigcup_{i=1}^{t} S_i$ durch

$$R := \{ (a, \phi_i(a)) : a \in S, i = 1,\ldots,t \},$$

so erhalten wir

$$r'(R(A)) = r'\left(\bigcup_{i=1}^{t} \phi_i(A) \right) = \sum_{i=1}^{t} r_i'(\phi_i(A)) = \sum_{i=1}^{t} r_i(A),$$

d.h. das durch $\sum_{i=1}^{t} r_i$ induzierte Summenmatroid auf S ist genau das Transversalmatroid $T(S, R, \prod_{i=1}^{t} H_i(S_i))$ aus (VI.1.24). Wir schließen daher von dort:

A unabhängig in $\sum_{i=1}^{t} G_i \leftrightarrow \exists$ Injektion $\phi : A \rightarrow \bigcup_{i=1}^{t} S_i$ mit $\phi(A)$ unabhängig in $\prod_{i=1}^{t} H_i(S_i) \leftrightarrow \exists$ Injektion $\phi : A \rightarrow \bigcup_{i=1}^{t} S_i$ mit $\phi(A) = \bigcup_{i=1}^{t} \phi_i(A_i)$, $\phi_i(A_i)$ unabhängig in $H_i(S_i)$, $i = 1,\ldots,t \leftrightarrow A = \bigcup_{i=1}^{t} A_i$, A_i unabhängig in $G_i(S)$, $i = 1,\ldots,t$, mit $A_i \cap A_j = \emptyset$ für $i \neq j$. $\square$

Folgerung

(VI.3.19) *Die Rangfunktion r in* $\sum_{i=1}^{t} G_i(S)$ *ist gegeben durch*

$$r(A) = \min_{B \subseteq A} \left(\sum_{i=1}^{t} r_i(B) + |A - B| \right).$$

Insbesondere haben wir

$$A = \bigcup_{i=1}^{t} A_i, \; A_i \; \textit{unabhängig in } G_i(S), \; i = 1,\dots,t,$$
$$A_i \cap A_j = \emptyset \; \textit{für } i \neq j \qquad \Leftrightarrow \quad |B| \leq \sum_{i=1}^{t} r_i(B) \; \textit{f.a. } B \subseteq A.$$

Einen wichtigen Spezialfall erhalten wir für $G_i(S) = G(S)$, $i = 1,\dots,t$. (VI.3.19) gibt dann notwendige und hinreichende Bedingungen dafür, wann S disjunkte Vereinigung **unabhängiger** Mengen ist.

$$\boxed{\text{Folgerung}}$$

(VI.3.20) *Es sei* **G(S)** *Matroid auf der* endlichen *Menge* S, **r** *Rangfunktion von* **G(S)**. *Dann gilt:*

S *ist Vereinigung von* t *paarweise disjunkten unabhängigen Mengen* $\qquad \Leftrightarrow \quad |B| \leq t \cdot r(B)$, *für alle* $B \subseteq S$.

Folgerung

(VI.3.21) *Sei* **G(S)** *Matroid auf der endlichen Menge* S, **r** *die Rangfunktion. Wir definieren die* **Zerlegungszahl** z(S)

$$z(S) := \min \left\{ t: \textit{Es existiert eine Partition von } S \textit{ in } t \atop \textit{paarweise disjunkte unabhängige Mengen} \right\}.$$

Dann gilt

$$z(S) = \max_{\substack{B \subseteq S \\ r(B) \neq 0}} \left\{ \frac{|B|}{r(B)} \right\} = \max_{\emptyset \neq \bar{B} \in L(S)} \left\{ \frac{|\bar{B}|}{r(\bar{B})} \right\},$$

wobei {a} *die kleinste ganze Zahl* $\geq$ a *bezeichnet.*

Formel (VI.3.21) ergibt interessante Resultate für unsere bekannten Matroide. Beispielsweise besagt sie für Graphen $G(E,S)$, daß für die Minimalzahl z(S) von kantendisjunkten **Wäldern**, in die ganz $G(E,S)$ zerlegt werden kann, gilt:

$$z(S) = \max_{\substack{B \subseteq S \\ k(B) \neq |E|}} \left\{ \frac{|B|}{|E| - k(B)} \right\}, \quad k(B) = \text{Anzahl der Komponenten}$$
$$\text{in } G(E,B).$$

z(S) heißt in diesem Fall die **Arborizität** des Graphen. Der Leser möge z(S) für andere Matroidklassen interpretieren.

<u>Beispiel</u>

Sei K_n der vollständige Graph auf n Ecken. Nach (VI.3.21) gilt

$$z(K_n) = \max_{0 \neq \pi \in P(E)} \left\{ \frac{|\pi|}{r(\pi)} \right\} \text{ mit } |\pi| := \left| \left\{ \{a,b\} \in E^{(2)} : (a,b) \in \pi \right\} \right|.$$

Enthält die Partition π b_i Blöcke der Mächtigkeit i, für $i = 1,\ldots,n$, so haben wir

$$|\pi| = \sum_{i=1}^{n} b_i \binom{i}{2}, \quad r(\pi) = n - \sum_{i=1}^{n} b_i, \quad \sum_{i=1}^{n} i b_i = n.$$

Daraus folgt leicht

$$\frac{|\pi|}{r(\pi)} \leq \frac{n}{2} = \frac{\binom{n}{2}}{n-1} = \frac{|1|}{r(1)}, \text{ wobei 1 das Einselement in } P(E) \text{ bezeichnet,}$$

und somit

$$z(K_n) = \left\{ \frac{n}{2} \right\} = \begin{cases} \dfrac{n}{2} & \text{falls n gerade,} \\ \dfrac{n+1}{2} & \text{falls n ungerade.} \end{cases}$$

Für K_7 und K_6 haben wir die folgenden Zerlegungen in 4 bzw. 3 Bäume.

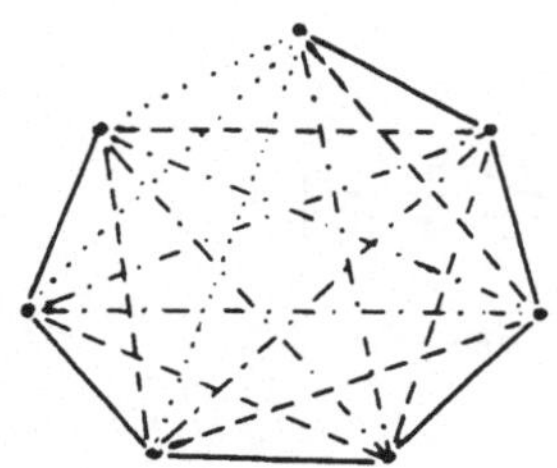 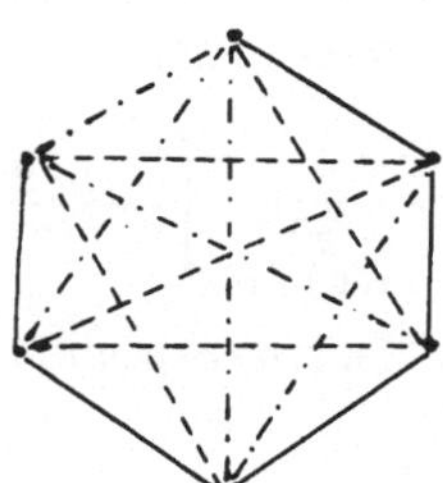

Analog zu (VI.3.20) fragen wir, wann S in eine disjunkte Familie $\{A_i : i = 1,\ldots,t\}$ zerlegt werden kann, so daß A_i das Matroid $G_i(S)$ <u>aufspannt</u>. Offensichtlich ist die Existenz einer solchen Partition von S gleichwertig zur Existenz von t paarweise disjunkten Mengen B_i, B_i Basis von $G_i(S)$, und dies wiederum ist gleichwertig zu $r(S) \geq \sum_{i=1}^{t} r_i(S)$, und damit zu $r(S) = \sum_{i=1}^{t} r_i(S)$, wobei r die Rangfunktion von $\sum_{i=1}^{t} G_i$ ist. (VI.3.19) ergibt somit:

Folgerung

(VI.3.22) *Es seien $G_1(S),\ldots,G_t(S)$ Matroide auf S. Dann gilt:*

a) $S = \bigcup_{i=1}^{t} A_i$, *$A_i$ spannt $G_i(S)$, $i = 1,\ldots,t$,*
$A_i \cap A_j = \emptyset$ *für $i \neq j$*

→ *Es existieren paarweise disjunkte Mengen $B_i \subseteq S$, B_i Basis von $G_i(S)$*

→ $|S-B| \geq \sum_{i=1}^{t}(r_i(S)-r_i(B))$, *f.a. $B \subseteq S$.*

b) Ist insbesondere $G_i(S) = G(S)$, $i = 1,\ldots,t$, so gilt:

S ist Vereinigung von t paarweise disjunkten aufspannenden Mengen in $G(S)$

→ *Es existieren t paarweise disjunkte Basen in $G(S)$*

→ $|S-B| \geq t(r(S)-r(B))$, *für alle $B \subseteq S$.*

c) Sei $\bar{z}(S) = \max t$, so daß eine Partition von S in t spannende Mengen existiert bzw. $\bar{z}(S)$ = Maximalzahl disjunkter Basen von $G(S)$. Dann gilt:

$$\bar{z}(S) = \min_{\substack{B \subseteq S \\ r(B) \neq r(S)}} \left[\frac{|S-B|}{r(S)-r(B)}\right] = \min_{S \neq \bar{B} \in L(S)} \left[\frac{|S-\bar{B}|}{r(S)-r(\bar{B})}\right],$$

wobei [a] die größte ganze Zahl $\leq$ a bezeichnet.

Beispiele

In einem Vektorraum $V(n,K)$ bezeichnet $\bar{z}(V(n,K))$ die Maximalzahl disjunkter Basen. Ist insbesondere $K = GF(q)$, so gilt nach dem eben bewiesenen

$$\bar{z}(V(n,GF(q))) = \min_{\substack{k \\ k \neq n}} \left[\frac{q^n-q^k}{n-k}\right] = \left[\frac{q^n}{n}\right].$$

Für Graphen $G(E,S)$ ist $\bar{z}$ die Maximalzahl disjunkter spannender Wälder und insbesondere disjunkter spannender Bäume, falls $G(E,S)$ zusammenhängend ist. Für die vollständigen Graphen K_n berechnet man leicht

$$\bar{z}(K_n) = \left[\frac{n}{2}\right] = \begin{cases} \dfrac{n}{2} & \text{falls n gerade,} \\[2mm] \dfrac{n-1}{2} & \text{falls n ungerade.} \end{cases}$$

Der Leser überlege sich eine konkrete Zerlegung von K_n in $[\frac{n}{2}]$ disjunkte spannende Bäume für beliebiges n.

Analog zur Zerlegung eines Matroides G(S) in seine zusammenhängenden Faktoren stellen wir die Frage nach der Zerlegung von G(S) in die kleinsten <u>Summanden</u>. Ein Matroid, welches nur trivial zerlegt werden kann, d.h. $G(S) = G_1(S) + G_2(S)$ impliziert $G(S) \cong G_1(S)$ oder $G(S) \cong G_2(S)$, nennen wir (additiv) <u>irreduzibel</u>. Zum Beispiel sind, wie man leicht sieht, die Fano-Ebene und $P(K_4)$ irreduzibel. Als eine Anwendung der Summenkonstruktion erhalten wir folgende Charakterisierung der Transversalmatroide.

<u>Satz</u> (Welsh)

(VI.3.23) *Ein endliches Matroid G(S) ist genau dann Transversalmatroid, wenn $G(S) = \sum G_i(S)$ mit $r(G_i(S)) = 1$.*

<u>Beweis</u>

Es sei $G(S) = T(S,R,U)$. Wir setzen $A_j := R^{-1}(j)$, $j \in U$, und definieren $G_j(S)$ durch $\bar{\emptyset} = S - A_j$, $\bar{p} = S$ für alle $p \in A_j$. Nach (VI.3.18) ist $A \subseteq \sum G_i(S)$ genau dann unabhängig, wenn $A = \{p_j : j \in V\}$ mit $p_j \in A_j$, $V \subseteq U$. Dies ist aber gleichwertig damit, daß eine Injektion $\phi : A \to U$ existiert, also daß A partielle Transversale ist, und wir folgern $G(S) = \sum G_i(S)$. Die Umkehrung ist nun klar. □

<u>Folgerung</u>

(VI.3.24) *Die Summe zweier Transversalmatroide ist Transversalmatroid.*

C. Erweiterung von Matroiden

Wir legen uns folgende Frage vor: Gegeben sei ein Matroid G(S). Was für Matroide G(S∪p) erhalten wir durch Hinzufügen eines neuen Punktes p, so daß G(S) in G(S∪p) als <u>Untermatroid</u> enthalten ist. Jedes solche Matroid G(S∪p) nennen wir dann eine <u>einelementige</u> Erweiterung von G(S). Wir suchen also nach einer Klassifikation der einelementigen Erweiterungen.

<u>Definition</u>

(VI.3.25) Ein Matroid G(S∪p) ist eine <u>Erweiterung</u> von G(S) <u>um den</u> <u>Punkt p</u>, falls G(S) isomorph zum Untermatroid G(S∪p).S ist. Für die korrespondierenden Verbände $L(S \cup p)$ und $L(S)$ heißt dies, daß $L(S)$ isomorph ist zum Verband aller Suprema erzeugt von S in $L(S \cup p)$.

Um zu sehen, wie die Erweiterung um den Punkt p <u>innerhalb</u> $G(S)$ festgelegt wird, gehen wir von dem <u>größeren</u> Matroid $G(T)$, $T = S \cup p$, aus und fragen nach den Unterräumen $A \subseteq G(T).(T-p)$ mit $p \in \bar{A} \in L(T)$.

<u>Definition</u>

(VI.3.26)   Zwei Mengen $A,B \subsetneq S$ bilden ein <u>modulares Paar</u> in $G(S)$, falls

$$r(A \cap B) + r(A \cup B) = r(A) + r(B).$$

Analog sagen wir, x und y bilden ein <u>modulares Paar</u> im Verband $L(S)$, falls

$$r(x \wedge y) + r(x \vee y) = r(x) + r(y).$$

Aus der Definition folgt unmittelbar:

<u>Hilfssatz</u>

(VI.3.27)   *Sind A,B ein modulares Paar in $G(S)$, so bilden $\bar{A},\bar{B}$ ein modulares Paar in $L(S)$. Die Umkehrung ist im allgemeinen falsch.*

<u>Definition</u>

(VI.3.28)   a) Ein <u>modularer Filter</u> $\mathfrak{M}$ eines Matroides $G(S)$ ist eine Familie $\mathfrak{M} \subseteq 2^S$, so daß gilt:

   i) $\mathfrak{M}$ ist Filter in 2^S,
   ii) $A,B \in \mathfrak{M}$, A,B modulares Paar $\rightarrow A \cap B \in \mathfrak{M}$.

   b) Ein <u>modularer Filter</u> M des Verbandes $L(S)$ ist eine Teilmenge $M \subseteq L(S)$, so daß gilt:

   i) M ist Filter in $L(S)$,
   ii) $x,y \in M$, x,y modulares Paar $\rightarrow x \wedge y \in M$.

Es ist klar, wie die Definitionen a) und b) miteinander verbunden sind. Jeder modulare Filter $\mathfrak{M}$ von $G(S)$ ergibt einen modularen Filter M in $L(S)$, nämlich $M := \{\bar{A} : A \in \mathfrak{M}\}$, und umgekehrt definiert für jeden modularen Filter N von $L(S)$ die Familie $\mathfrak{N} := \{A : \bar{A} \in N\}$ einen modularen Filter von $G(S)$. Beide Definitionen sind somit gleichwertig, und wir werden je nach Bedarf die eine oder andere Version verwenden.

<u>Satz</u>

(VI.3.29) *Sei* $G(T)$ *Matroid mit Abschluß* J, *Rangfunktion* r, $p \in T$ *und*
$S = T - p$. *Dann ist* $\mathfrak{M} = \{A \subseteq S : p \in J(A)\}$ *ein modularer Filter von* $G(T).S$.

<u>Beweis</u>

$\mathfrak{M}$ ist klarerweise Filter. Die Bedingung $A \in \mathfrak{M}$ ist nach (VI.1.10c) äquivalent zu $r(A \cup p) = r(A)$. Sind $A, B \in \mathfrak{M}$ modulares Paar in $G(T).S$, so
haben wir

$$r((A \cap B) \cup p) \leq r(A \cup p) + r(B \cup p) - r(A \cup B \cup p)$$
$$= r(A) + r(B) - r(A \cup B)$$
$$= r_S(A) + r_S(B) - r_S(A \cup B)$$
$$= r_S(A \cap B)$$
$$= r(A \cap B),$$

also $A \cap B \in \mathfrak{M}$. □

Die Umkehrung von (VI.3.29) bildet das Hauptergebnis dieses Abschnittes: Jeder modulare Filter $\mathfrak{M}$ von $G(S)$ determiniert eine <u>ein-
deutige Erweiterung</u> $G(S \cup p)$. Es ist klar, daß für einen Filter
$\mathfrak{M} \subseteq 2^S$, induziert durch $A \in \mathfrak{M} \leftrightarrow p \in J(A)$, wegen $J(J_S(A)) = J(A)$ auch gilt:
$A \in \mathfrak{M} \leftrightarrow J_S(A) \in \mathfrak{M}$. Das heißt, verschiedene modulare Filter von $G(S)$ mögen
laut (VI.3.30) dieselbe einelementige Erweiterung von $G(S)$ induzieren,
aber zu jeder solchen Erweiterung gehört genau ein modularer Filter
des Verbandes $L(S)$. Die Beziehung "modularer Filter von $L(S)$" $\leftrightarrow$
"einelementige Erweiterung von $G(S)$" ist bijektiv, und die Anzahl der
verschiedenen einelementigen Erweiterungen von $G(S)$ ist gleich der
Anzahl der verschiedenen modularen Filter von $L(S)$.

<u>Satz (Crapo)</u>

(VI.3.30) *Es sei* $\mathfrak{M}$ *modularer Filter des Matroides* $G(S)$. *Dann existiert eine eindeutige einelementige Erweiterung* $G(S \cup p)$, *so daß*
$\mathfrak{M} = \{A \subseteq S : p \in J_{S \cup p}(A)\}$.

<u>Beweis</u>

Wir bezeichnen mit $A \to \bar{A}$ und r den Abschluß bzw. die Rangfunktion in
$G(S)$. Als nächstes definieren wir $\bar{r} : S \cup p \to \mathbb{N}_0$ wie folgt:

$$\text{i)} \quad \bar{r}(A) = r(A) \qquad \text{für alle } A \subseteq S,$$

$$\text{ii)} \quad \bar{r}(A \cup p) = r(A) + 1 \quad \text{für alle } A \subseteq S \text{ mit } \bar{A} \notin \mathfrak{M},$$

$$\text{iii)} \quad \bar{r}(A \cup p) = r(A) \qquad \text{für alle } A \subseteq S \text{ mit } \bar{A} \in \mathfrak{M},$$

und weisen nach, daß $\bar{r}$ die Rangaxiome (VI.1.18) erfüllt. Da die Rangfunktion der Erweiterung $G(S \cup p)$ offenbar so definiert werden muß, wird daraus auch die Eindeutigkeit des Matroides $G(S \cup p)$ folgen.

Die Monotonie und endliche Basisbedingung für $\bar{r}$ sind klar, ebenso $0 \leq \bar{r}(A) \leq |A|$ für alle $A \subseteq S \cup p$. Um die Halbmodularität nachzuweisen, unterscheiden wir zwei Fälle:

$$\text{a) Paare } A \cup p, B \text{ mit } A, B \subseteq S,$$
$$\text{b) Paare } A \cup p, B \cup p \text{ mit } A, B \subseteq S.$$

Wir stellen zunächst fest, daß für $A, B \subseteq S$ stets gilt:

$$\bar{r}(A \cup B \cup p) - \bar{r}(A \cup B) \leq \bar{r}(A \cup p) - \bar{r}(A).$$

Die linke Seite ist nämlich ≤ 1, und gleich 1, falls $\overline{A \cup B} \notin \mathfrak{M}$ und somit auch $\bar{A} \notin \mathfrak{M}$ ist, in welchem Fall auch die rechte Seite gleich 1 ist. Daraus folgt

$$\bar{r}(A \cup B \cup p) - \bar{r}(A \cup p) \leq \bar{r}(A \cup B) - \bar{r}(A) = r(A \cup B) - r(A)$$
$$\leq r(B) - r(A \cap B) = \bar{r}(B) - \bar{r}(A \cap B),$$

und Fall a) ist erledigt.

Zu b) haben wir zu zeigen

$$\bar{r}((A \cap B) \cup p) + \bar{r}(A \cup B \cup p) \leq \bar{r}(A \cup p) + \bar{r}(B \cup p).$$

Ist $\overline{A \cup B} \notin \mathfrak{M}$, so sind auch $\bar{A}, \bar{B}, \overline{A \cap B} \notin \mathfrak{M}$, und die Ungleichung reduziert zu einer gültigen halbmodularen Ungleichung in $G(S)$. Ist aber $\overline{A \cup B} \in \mathfrak{M}$, so kann die Ungleichung nur verletzt werden, falls $\bar{A} \in \mathfrak{M}$, $\bar{B} \in \mathfrak{M}$ sind, und A, B modulares Paar in $G(S)$ ist. In diesem Fall sind aber auch $\bar{A}, \bar{B}$ modulares Paar, und es gilt $\overline{A \cap B} = \bar{A} \cap \bar{B} \in \mathfrak{M}$. $\square$

Im Prinzip ermöglicht (VI.3.30) Schritt für Schritt die Konstruktion sämtlicher <u>endlicher</u> Matroide. Der Leser möge dies bis zu 5 Punkten durchführen. Als nächstes geben wir eine vollständige Beschreibung der <u>Unterräume</u> einer einelementigen Erweiterung $G(S \cup p)$.

<u>Satz</u>

(VI.3.31) *Die Erweiterung* $G(S \cup p)$ *von* $G(S)$ *sei durch den modularen Filter* $\mathfrak{M}$ *determiniert. Die Unterräume von* $G(S \cup p)$ *zerfallen in 3 disjunkte Klassen:*

 a) Unterräume A *von* $G(S)$ *mit* $A \notin \mathfrak{M}$*,*

 b) Mengen $A \cup p$*:* A *Unterraum von* $G(S)$ *mit* $A \in \mathfrak{M}$*,*

 c) Mengen $A \cup p$*:* A *Unterraum von* $G(S)$ *mit* $A \notin \mathfrak{M}$*, und* $A \cup d \notin \mathfrak{M}$
         für alle $d \in S - A$*. (Oder äquivalent*
         dazu: A *wird in* $L(S)$ *von keinem Unterraum aus* $\mathfrak{M}$
         bedeckt.)

<u>Beweis</u>

Wir bezeichnen mit J, J_S die Abschlußoperatoren in $G(S \cup p)$ bzw. $G(S)$. Zu a) sehen wir

$$A \subseteq S \text{ ist in } L(S \cup p) \leftrightarrow A = J(A) \cap S,\ p \notin J(A)$$
$$\leftrightarrow A = J_S(A),\ p \notin J(A) \leftrightarrow A \in L(S),\ A \notin \mathfrak{M}.$$

Ist $A \cup p \in L(S \cup p)$, so gilt $A \cup p = J(A \cup p)$, $A = (A \cup p) \cap S$, somit $J_S(A) = J(A) \cap S = J((A \cup p) \cap S) \cap S \subseteq J(A \cup p) \cap S = (A \cup p) \cap S = A$, also $A \in L(S)$.

Ist umgekehrt $A \in L(S)$, dann gilt $J(A) \cup p = (J(A) \cap S) \cup p = J_S(A) \cup p = A \cup p$, somit also

$$A \cup p \in L(S \cup p) \leftrightarrow J(A \cup p) = J(A) \cup p.$$

Für $A \in L(S)$, $A \in \mathfrak{M}$, ist wegen $p \in J(A)$ diese Bedingung stets erfüllt, und wir erhalten die Unterräume aus b). Ist schließlich $A \notin \mathfrak{M}$, so existiert $d \in S$ mit $d \in J(A \cup p) - (J(A) \cup p)$ nach dem Austauschaxiom genau dann, wenn $p \in J(A \cup d)$, d.h. wenn $A \cup d \in \mathfrak{M}$ ist, und wir erhalten die Unterräume spezifiziert in c). $\square$

Zur besseren Übersicht können wir die Unterräume aus a) und b) in (VI.3.31) als Unterräume des ursprünglichen Matroides $G(S)$ ansehen. Die <u>neuen</u> Unterräume sind die aus c). Ist $\mathfrak{E} \subseteq L(S)$ die Teilordnung dieser Unterräume, also

$$A \in \mathfrak{E} :\leftrightarrow A \in L(S),\ A \notin \mathfrak{M} \text{ und } \big(B \in L(S),\ B \gtrdot A \rightarrow B \notin \mathfrak{M}\big),$$

so gilt $L(S \cup p) = L(S) \cup \{A \cup p : A \in \mathfrak{E}\}$ mit den zusätzlichen Bedeckungsrelationen:

a) $A \lessdot A \cup p$, $A \in \mathfrak{E}$,

b) $A \cup p \lessdot B \cup p$, $A \in \mathfrak{E}$, $B \in \mathfrak{M}$, $r(B) = r(A) + 2$.

Man beachte, daß ein Unterraum $C \not\in \mathfrak{M} \cup \mathfrak{E}$ wegen der Modularität von $\mathfrak{M}$ von genau __einem__ Unterraum $D \in \mathfrak{M}$ bedeckt ist.

__Beispiel__

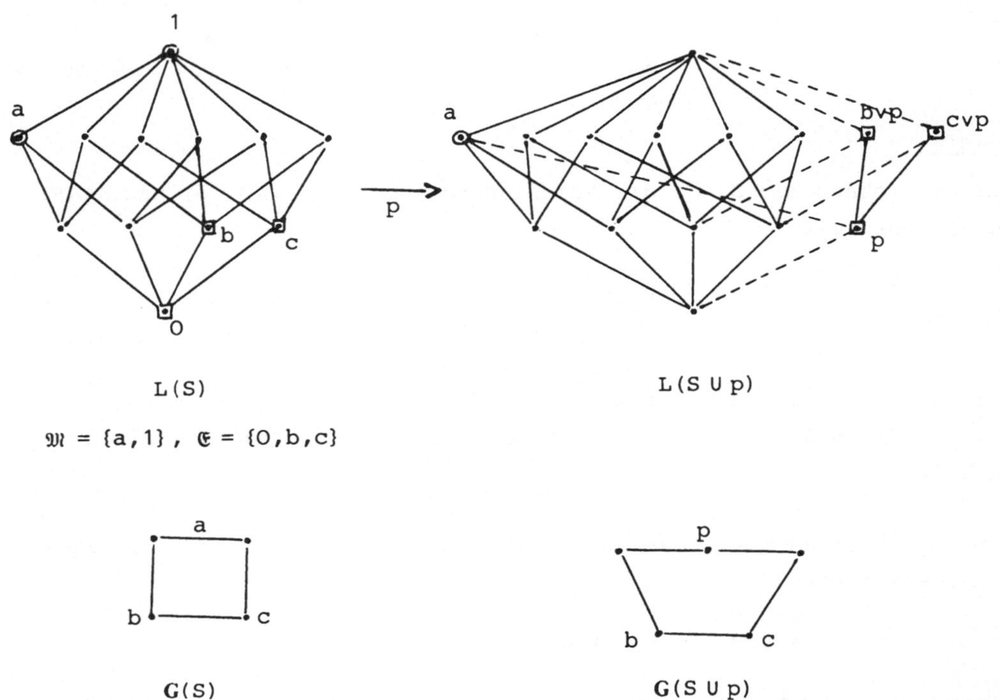

Wir notieren die beiden Extremfälle: $\mathfrak{M} = 2^S$ und $\mathfrak{M} = \emptyset$. Im ersten Fall haben wir $p \in \bar{\emptyset}$, d.h. der neue Punkt p ist eine __Schlinge__, und es gilt $L(S \cup p) \cong L(S)$. Der zweite Fall tritt genau dann ein, wenn p unabhängig von ganz S ist, und wir erhalten $G(S \cup p) \cong G(S) \times G(p)$, $G(p) \cong FG_1$, $L(S \cup p) = L(S) \times \mathfrak{B}(1)$. Solche Punkte p nennen wir __Brücken__ (von $G(S \cup p)$). Der Leser verifiziere, daß die Brücken von Polygonmatroiden genau die Brücken im graphentheoretischen Sinn sind.

Eine interessante Korrespondenz existiert zwischen den einelementigen Erweiterungen eines Matroides $G(S)$ und gewissen Abschlußoperationen __auf__ __dem__ __Matroid__. Wir werden aus dieser Korrespondenz eine nützliche geometrische Interpretation des Erweiterungsprozesses gewinnen.

Definition

(VI.3.32) Sei $L(S)$ geometrischer Verband, dann heißt $E : L(S) \to L(S)$ ein <u>Austauschoperator</u>, falls E Abschluß auf $L(S)$ ist und für $p, q \in S$, $x \in L(S)$ gilt: $p \not\leq Ex$, $p \leq E(x \vee q) \to q \leq E(x \vee p)$. $E \neq \mathrm{Id}$ heißt <u>elementar</u>, wenn E Austauschoperator ist und ferner $r(Ex) \leq r(x) + 1$ für alle $x \in L(S)$ ist.

Genauso wie in unserer Ausgangssituation für die Theorie der kombinatorischen Geometrien hat man allgemein folgenden leicht zu beweisenden Sachverhalt.

Satz

(VI.3.33) *Sei $L(S)$ geometrischer Verband und $E : L(S) \to L(S)$ Abschluß, dann ist das Bild $Q_E = E(L(S)) = \{Ex : x \in L(S)\}$ mit der induzierten Ordnung genau dann ein geometrischer Verband, wenn E Austauschoperator ist. Wir nennen Q_E den* Quotienten *von E.*

Den Zusammenhang zwischen den einelementigen Erweiterungen und den elementaren Austauschoperatoren stellt der folgende Satz her. Dazu vermerken wir zunächst ohne Beweis einen Hilfssatz.

Hilfssatz

(VI.3.34) *Der Austauschoperator E auf $L(S)$ (mit Rangfunktion r) ist elementar oder die Identität genau dann, wenn für die Rangfunktion r_Q von Q_E gilt: $r_Q(Ex) = r(x)$ oder $= r(x) - 1$, f.a. $x \in L(S)$. Es gilt $E = \mathrm{Id} \leftrightarrow r_Q(E1) = r(1) \leftrightarrow r_Q(Ex) = r(x)$, f.a. $x \in L(S)$.*

$\boxed{\text{Satz}}$

(VI.3.35) *Die modularen Filter $M \neq \emptyset$, $\neq L(S)$ von $L(S)$ und die elementaren Austauschoperatoren entsprechen einander bijektiv.*

Für $M \neq \emptyset$, $\neq L(S)$ definieren wir $E_M : L(S) \to L(S)$

$$E_M x = \begin{cases} x & \textit{falls } x \in M \cup \mathfrak{C}, \\ y & \textit{mit } y \gtrdot x,\ y \in M,\ \textit{falls } x \notin M \cup \mathfrak{C}, \end{cases}$$

wobei $\mathfrak{C} \subseteq L(S)$ wie nach (VI.3.31) erklärt ist.

Ist umgekehrt E elementar, so setzen wir

$$M_E = \{Ex : r_Q(Ex) < r(x),\ x \in L(S)\}.$$

Beweis

Zu einem gegebenen modularen Filter $M \subseteq L(S)$ ist E_M offenbar Abschluß auf $L(S)$, und es gilt für Q_E nach (VI.3.31) $Q_E \cong [\bar{p}, 1] \subseteq L(S \cup p)$, wobei $L(S \cup p)$ die Erweiterung induziert durch M ist. E_M ist also laut (VI.3.33) Austauschoperator, somit nach Definition (VI.3.32) elementar. Ferner gilt, wie man leicht sieht, $r_Q(E_M x) = r(x)$ für $x = E_M x \in \mathfrak{C}$ und $r_Q(E_M x) = r(x) - 1$ für $x = E_M x \in M$.

Sei umgekehrt E elementar und M_E definiert wie angegeben. Für $x \in M_E$ wollen wir zunächst zeigen: $Ex = x$. Aus der Voraussetzung $r_Q(Ex) < r(x)$ folgt, daß in jeder maximalen Kette $0 \lessdot x_1 \lessdot \ldots \lessdot x$ ein Paar $x_{i-1} \lessdot x_i$ existiert mit $Ex_{i-1} = Ex_i$, somit $x_i \leq Ex_{i-1}$, und da E elementar ist, $x_i = Ex_{i-1} = Ex_i$. Sie $y \geq x_i$ beliebig (insbesondere kann $y \geq x$ sein), $r(y) = r(x_i) + k$, $y = x_i \vee p_1 \vee \ldots \vee p_k$, so haben wir $y \leq E(x_{i-1} \vee p_1 \vee \ldots \vee p_k)$, und da E elementar ist, $y = E(x_{i-1} \vee p_1 \vee \ldots \vee p_k)$, also $y = Ey$. Daraus folgt insbesondere für $y \geq x$, daß $r_Q(Ey) = r_Q(y) = r_Q(Ex) + (r(y) - r(x)) = r(y) - 1$, d.h. $y \in M_E$, und M_E ist Filter.

Es seien schließlich x, y modulares Paar in M_E. Wir wählen $w \in [x \wedge y, x]$ mit $w \lessdot x$. Dann gilt $y \leq w \vee y \lessdot x \vee y$, also nach dem eben bewiesenen

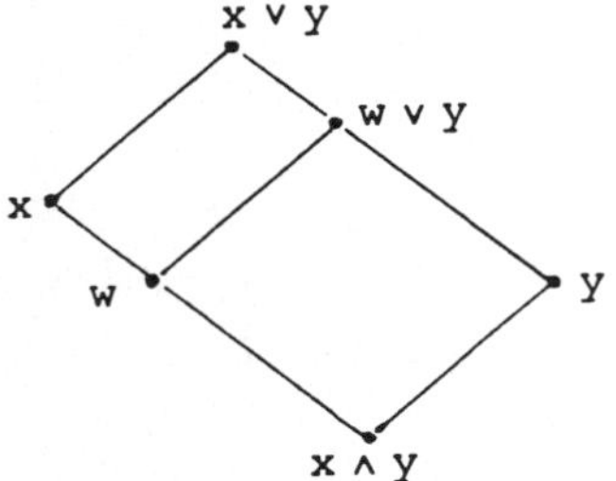

$E(w \vee y) = w \vee y$. Wäre $Ew = x$, so hätten wir $x = Ew \leq E(w \vee y) = w \vee y$, Widerspruch. Somit ist auch $Ew = w$, d.h. $r_Q(Ew) = r_Q(Ex) - 1 = r(x) - 2 = r(w) - 1$, also $w \in M_E$. Gehen wir die Kette von x nach $x \wedge y$ abwärts, so erhalten wir schließlich $x \wedge y = E(x \wedge y) \in M_E$.

M_E ist also modularer Filter in $L(S)$, und man zeigt noch leicht, daß die Menge $\mathfrak{C}_E$ genau aus den E-abgeschlossenen Elementen x mit $r_Q(x) = r(x)$ besteht, woraus die Bijektion des Satzes folgt. Da schließlich $E \neq \mathrm{Id}$, $r_Q(E0) = r(0) = 0$ sind, gilt $M_E \neq \emptyset$, $\neq L(S)$, und wir sind fertig. $\square$

Wir bemerken, daß wir (VI.3.35) vervollständigen können, indem wir den Filter $M = \emptyset$ zur Identität $E = \mathrm{Id}$ korrespondieren lassen.

Nach der in (VI.3.35) bewiesenen Bijektion kann somit jeder elementare Operator $E : L(S) \to L(S)$ folgendermaßen beschrieben werden: Wir betten zunächst $L(S)$ in die durch den Filter M_E induzierte Erweiterung $L(S \cup p)$ ein und kontrahieren sodann $L(S \cup p)$ durch den Punkt p. Jeder elementare Operator E ist also Produkt einer Injektion mit nachfolgender Kontraktion

$$G(S) \xrightarrow{\text{inj}} G(S \cup p) \xrightarrow{\text{kontr}} G(S \cup p) / \{p\} = E(G(S)).$$

Einen besonders wichtigen Spezialfall erhalten wir, wenn $M_E \neq \emptyset$ ein
<u>Hauptfilter</u> ist, $M_E = M(x) = \{y \in L(S) : y \geq x \neq 0\}$. In der geometrischen
Sprechweise bedeutet dies: Wir plazieren einen <u>neuen</u> Punkt p in <u>all-
gemeiner</u> Lage auf dem Unterraum x und erhalten $E(G(S))$ durch Projek-
tion vom Zentrum p auf eine externe Fläche vom Rang $r(G(S)) - 1$. Die
entsprechenden Operatoren E nennen wir <u>Hauptoperatoren</u>.

$\boxed{\text{Definition}}$

(VI.3.36) Ein Matroid $G(S)$, $|S| = n < \infty$, heißt <u>prinzipiell</u> (oder Haupt-
matroid), falls es aus dem freien Matroid FG_n durch eine Folge von
$n - r(G(S))$ Hauptoperatoren E_i hervorgeht:

$$FG_n \xrightarrow{E_1} G_1 \xrightarrow{E_2} G_2 \xrightarrow{E_3} \dots \xrightarrow{E_{n-r(G(S))}} G(S).$$

Geometrisch formuliert ist das Matroid $G(S)$ also prinzipiell, falls
es endlich ist und durch eine Folge von Zentralprojektionen gewonnen
werden kann.

<u>Beispiel</u>

Sei FG_5 das freie Matroid auf $S = \{a,b,c,d,e\}$. Wir wählen E_1 zum Hauptfilter $M(x)$, $x = \{a,b,c\}$, und erhalten G_1. E_2 korrespondiere in G_1 zum
Hauptfilter $M(y)$, $y = \{a,d,e\}$,
und wir erhalten das prinzipielle Matroid G_2, bestehend aus zwei 3-Punkte
Geraden $\{a,b,c\}$, $\{a,d,e\}$.

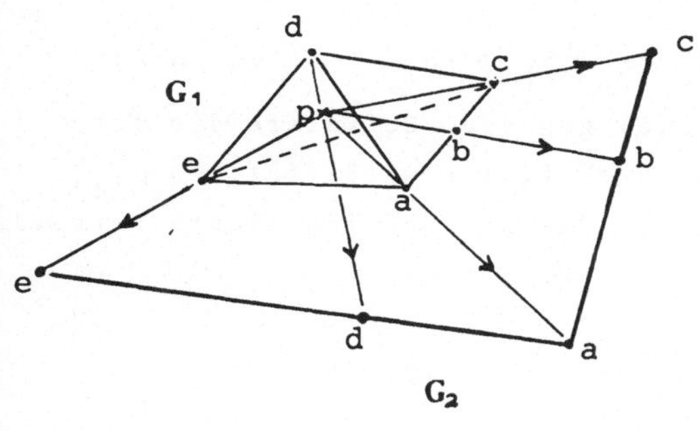

ÜBUNGEN ZU ABSCHNITT 3

1. Führe den Beweis von (VI.3.6) durch.

→ 2. Ist die Definition der Kontraktion eines Graphen klar?
Beweise (VI.3.11).

3. Wie sehen Reduktion und Kontraktion von Inzidenzgeometrien aus?

→ 4. Sei $G(S)$ endliches Matroid und der Punkt p keine Brücke oder
Schlinge. Bezeichnet $\chi(G;x)$ das Polynom

$$\chi(G;x) = \sum_{A \subseteq S} (-1)^{|A|} x^{r(S)-r(A)}, \text{ so gilt:}$$

$$\chi(G;x) = \chi(G.(S-p);x) - \chi(G/p;x).$$

5. Zeige: $(\sum G_i).A \cong \sum(G_i.A)$. Wie lautet die entsprechende Formel für
die Kontraktion?

→ 6. Sei $G(S)$ endliches Matroid, $\mathfrak{U}$ die Familie der unabhängigen Mengen.
Beweise:

   a) Es sei T Menge mit $|T| = |S| - 1$ und $f : S \to T$ surjektiv. Dann
   definiert $\mathfrak{U}_f := \{f(A) : A \in \mathfrak{U}\}$ als Familie von unabhängigen Mengen
   ein Matroid auf T.

   b) Es sei T beliebig, $f : S \to T$ surjektiv, dann gilt die entsprechende
   Aussage wie in a).

   c) Es seien disjunkte Mengen S_1, S_2 mit $|S_1| = |S_2| = |S|$ und Matro-
   ide $G_1(S_1) \overset{\phi_1}{\cong} G_1(S)$, $G_2(S_2) \overset{\phi_2}{\cong} G_2(S)$ gegeben. Definiere die sur-
   jektive Abbildung $f : S_1 \cup S_2 \to S$ durch $f(p) = \phi_1(p)$ falls $p \in S_1$,
   $f(p) = \phi_2(p)$ falls $p \in S_2$. Dann ist das nach b) induzierte Matroid
   genau die Summe $G_1(S) + G_2(S)$. (Piff-Welsh)

7. Interpretiere die Formeln (VI.3.20) und (VI.3.22) für weitere
Matroide.

8. Berechne $z(K_{m,n})$, $\bar{z}(K_{m,n})$.

9. Zeige, daß für ein Transversalmatroid $T(S,R,U)$ gilt:
$|B| \leq t.r(B)$, f.a. $B \subseteq S \leftrightarrow |B| \leq t.|R(B)|$, f.a. $B \subseteq S$.

$\rightarrow$ 10. Es seien B_i, $i = 1,\ldots,t$, paarweise disjunkte unabhängige Mengen im Matroid $G(S)$ und $S' = S - \bigcup_{i=1}^{t} B_i$. Beweise: S kann in paarweise disjunkte unabhängige Mengen A_i mit $A_i \supseteq B_i$ zerlegt werden $\leftrightarrow |A| \leq \sum_{i=1}^{t} (r(A \cup B_i) - r(B_i))$, f.a. $A \subseteq S'$. (Edmonds-Fulkerson)

11. Es sei $G(S)$ einfaches Matroid. Unter welchen Bedingungen ist die Erweiterung $G(S \cup p)$ wieder einfach?

$\rightarrow$ 12. Welche Geometrien mit ≤ 5 Punkten sind koordinatisierbar über $GF(2)$, graphisch, Inzidenzgeometrien, regulär?

13. Wir sagen, eine Menge A von Copunkten eines Matroides $G(S)$ bildet eine <u>lineare Klasse</u>, wenn $x,y \in A$, $x \wedge y \lessdot x, y \rightarrow z \in A$ für jeden Copunkt $z \gtrdot x \wedge y$. Zeige: Sei A lineare Klasse, dann ist $M := \{w : w \leq z \lessdot 1 \rightarrow z \in A\}$ ein modularer Filter. Ist N modularer Filter, dann ist $B := \{z \in N : z \lessdot 1\}$ lineare Klasse.

14*. Benütze den Erweiterungssatz (VI.3.30) zum Nachweis, daß mindestens 2^n nichtisomorphe Matroide auf einer n-Menge existieren. (Crapo)

$\rightarrow$ 15. Zeige mit Hilfe des Erweiterungssatzes, daß für jedes $n \geq 2$ geometrische Verbände $L(S)$, $L(S \cup p)$ existieren, welche identische Ordnungen oberhalb des Punktniveaus haben. (Hinweis: Benötigt wird ein modularer Filter $M \subseteq L(S)$, der p als einzigen Unterraum vom Typ c) in (VI.3.31) besitzt.)

16. Zeige, daß ein Hauptoperator E_z korrespondierend zum Filter $M(z)$ von $L(S)$ gegeben ist durch $E_z(x) = x \vee z$, falls $x \vee z \gtrdot x$, $E_z(x) = x$ sonst.

$\rightarrow$ 17. Es sei $L(S)$ ein geometrischer Verband vom Rang $n \geq 2$. Wir definieren den (oberen) <u>Schnitt</u> $O_k(L(S))$, $1 \leq k \leq n$, indem wir alle ℓ-Niveaux, $k \leq \ell \leq n$, entfernen und durch ein neues 1-Element ersetzen, also $O_k(L(S)) = \{x \in L(S) : r(x) < k\} \cup \{1\}$ mit der von $L(S)$ induzierten Ordnung. Zeige: $O_k(L(S))$ ist wieder ein geometrischer Verband.

→ 18. Wir betrachten die Schnitte $O_k(B(n))$ bzw. die zugeordneten Geometrien $O_k(FG_n)$.

a) Was sind die unabhängigen Mengen, Kreise, Unterräume?

b) Zeige: $O_{n-1}(FG_n)$ ist isomorph zum Polygonmatroid eines Graphenkreises der Länge n. Wir setzen daher $K(n) := O_{n-1}(FG_n)$ und nennen $K(n)$ den <u>Kreis</u> der Länge n.

c) Beweise: Es sei $x \in O_{n-1}(B(n))$ mit $r(x) = n - i$, dann gilt $[x,1] = O_{i-1}(B(i))$.

19. Zeige: Die Schnitte $O_k(L)$ von modularen geometrischen Verbänden sind für $3 \leq k \leq n-1$ nicht modular.

→ 20. Es sei L endlicher geometrischer Verband vom Rang $n \geq 2$, und $W_k := |\{x \in L : r(x) = k\}|$ die Niveauxzahlen. In (VIII.3.25) wird gezeigt, daß $W_1 \leq W_{n-1}$ gilt, mit Gleichheit genau dann, wenn L modular ist. Benütze diesen Satz und 19) zum Beweis von $W_1 < W_k$ für $2 \leq k \leq n-2$.

4. ORTHOGONALITÄT UND ZUSAMMENHANG

Wenn wir die Copunktaxiome (VI.1.17) mit (VI.1.16) vergleichen, so sehen wir, daß die <u>Komplemente</u> S - H der Copunkte abgesehen von der Endlichkeit genau die <u>Kreisaxiome</u> eines Matroides erfüllen. Wir erhalten somit, falls die Basen des durch die "Kreisfamilie" $\{S - H : H \in \mathfrak{H}\}$ induzierten Matroides endlich sind, ein neues Matroid auf S, welches wir das zu G(S) <u>orthogonale</u> <u>Matroid</u> nennen. Die Orthogonalität von Matroiden bildet den ersten Teil dieses Abschnittes. Als zweiten Teil und Abschluß der Grundlagen besprechen wir die mengentheoretische Übertragung des Begriffes "unzerlegbarer Verband", den <u>Zusammenhang</u> von Matroiden.

Wie zuvor führen wir zunächst die allgemeinen Sätze an und erläutern sie dann an Hand der hauptsächlichen Beispiele.

A. Orthogonalität

In diesem Abschnitt werden wir S meist als <u>endlich</u> voraussetzen. Manche der Sätze gelten aber auch für beliebige Mengen.

92

Satz (Whitney)

(VI.4.1) *Sei* $G(S)$ *ein endliches Matroid,* $\mathfrak{B}$ *die Familie der Basen von* $G(S)$. *Die Familie* $\mathfrak{B}^{\perp} := \{C \subseteq S : C = S - B \text{ für } B \in \mathfrak{B}\}$ *der* Basiskomplemente *erfüllt ebenfalls die Basisaxiome* (VI.1.12) *und definiert daher ein Matroid* $G^{\perp}(S)$, *das zu* $G(S)$ orthogonale Matroid.

<u>Beweis</u>

Nur das Austauschaxiom (VI.1.12b) ist zu verifizieren. Seien $C \neq D \in \mathfrak{B}^{\perp}$, $c \in C - D$, dann müssen wir $d \in D$ finden mit $(C - c) \cup d \in \mathfrak{B}^{\perp}$. Da $c \notin S - C \in \mathfrak{B}$, $c \in C - D$ ist, wissen wir aus (VI.1.14), daß genau ein Kreis K von $G(S)$ existiert mit $c \in K \subseteq (S - C) \cup c$. K kann nicht vollständig in der Basis $S - D$ liegen. Wählen wir $d \in K - (S - D)$, so haben wir $d \in D \cap (S - C)$, und nach (VI.1.15) $((S - C) \cup c) - d \in \mathfrak{B}$, d.h. $(C - c) \cup d \in \mathfrak{B}^{\perp}$. $\square$

<u>Folgerung</u>

(VI.4.2) *Für jedes endliche Matroid* $G(S)$ *gilt*

$$G^{\perp\perp}(S) = G(S).$$

Es ist zweckmäßig, eine präzise Terminologie einzuführen. Ist S endlich, und eine Menge $A \subseteq S$ ein <u>Kreis</u> von $G^{\perp}(S)$, so nennen wir A einen <u>Cokreis</u> von $G(S)$. Analog nennen wir die Basiskomplemente von $G(S)$ nach (VI.4.1) die <u>Cobasen</u> von $G(S)$ usf. Aus (VI.4.1) folgt dann: Wann immer wir eine Aussage in $G(S)$ verifizieren, so hat auch die "Co-Aussage" Gültigkeit. Wir nennen dies das <u>Dualitätsprinzip</u> für Matroide. Ist S beliebig, so definieren wir die Cokreise als <u>Komplemente</u> der <u>Copunkte</u> (siehe (VI.4.3c)). Eine Einschränkung ist zu machen: Wir behalten die bisherigen Bezeichnungen Copunkte, Cogeraden etc. bei.

<u>Satz</u>

(VI.4.3) *Sei* $G(S)$ *ein endliches Matroid, dann gilt für* $A \subseteq S$:

   a) A *unabhängig in* $G(S)$ $\leftrightarrow$ $S - A$ *spannt* $G^{\perp}(S)$.

   b) A *Basis in* $G(S)$ $\leftrightarrow$ $S - A$ *Basis in* $G^{\perp}(S)$.

   c) A *Cokreis in* $G(S)$ $\leftrightarrow$ $A = S - H$, H *Copunkt von* $G(S)$.

   d) $r^{\perp}(A) = |A| - r(S) + r(S - A)$, *für den Rang* $r^{\perp}$ *in* $G^{\perp}(S)$.

   e) $r^{\perp}(S) = |S| - r(S)$.

<u>Beweis</u>

Behauptungen a) und b) sind bereits in (VI.4.1) enthalten. Zu c) gilt:

$$A \text{ Cokreis} \leftrightarrow A \text{ minimal abhängig in } G^\perp(S) \overset{a)}{\leftrightarrow} S - A$$
$$\text{maximal nichtspannend in } G(S) \leftrightarrow S - A \text{ Copunkt in } G(S).$$

Für $r^\perp$, definiert wie in d), weist man mühelos die Rangaxiome nach. Da ferner

$$r^\perp(A) = |A| \leftrightarrow r(S) = r(S - A) \leftrightarrow S - A \text{ spannt } G(S)$$
$$\leftrightarrow A \text{ unabhängig in } G^\perp(S),$$

ist $r^\perp$ nach (VI.1.6b) genau die Rangfunktion von $G^\perp(S)$. $\square$

<u>Beispiele</u>

Die orthogonalen Matroide der freien Geometrien sind trivial von Rang O. In einem beliebigen endlichen Matroid $G(S)$ ist $p \in S$ genau dann Schlinge von $G^\perp(S)$, wenn $O = r^\perp(p) = 1 - r(S) + r(S - p)$, d.h. wenn $r(S) > r(S - p)$ ist. Dies aber bedeutet gerade $G(S) = G(S - p) \times G(p)$, $G(p) \cong FG_1$, d.h. die <u>Co-Schlingen</u> von $G(S)$ sind genau die <u>Brücken</u>, definiert nach Satz (VI.3.31). Die Schlingen von $G(S)$ sind dual dazu genau jene Elemente, die in jeder Basis von $G^\perp(S)$ enthalten sind.

Das Polygonmatroid $P(K_4)$ ist ein Beispiel eines <u>selbstorthogonalen</u> Matroides $G(S) \cong G^\perp(S)$.

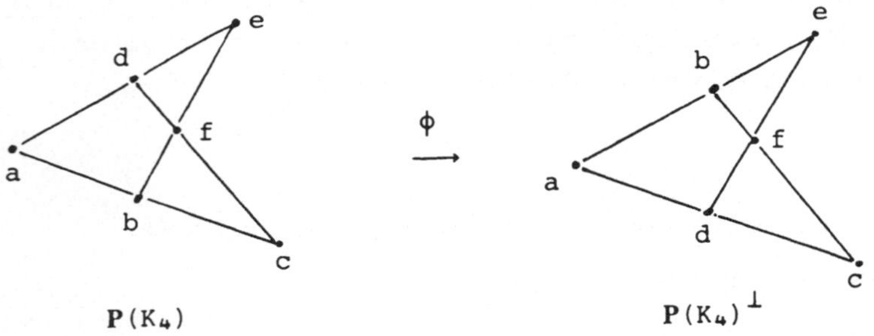

Wir bemerken, daß in diesem Beispiel der Isomorphismus $\phi : G(S) \to G^\perp(S)$ nicht die Identität ist. Eine notwendige und hinreichende Bedingung dafür, daß Id $: G(S) \to G^\perp(S)$ Isomorphismus ist, ist klarerweise, daß jede Cobasis von $G(S)$ Basis ist, und umgekehrt. Ein Beispiel für ein solches <u>identisch-selbstorthogonales</u> Matroid ist $AG(4,GF(2))$ aus Abschnitt (VI.2.D).

Mit Hilfe von (VI.4.3) können wir ein Problem lösen, das zum Fragenkreis des Abschnittes 3.B gehört.

<u>Satz</u> (Edmonds)

(VI.4.4) *Es seien* G_1, G_2 *Matroide auf der endlichen Menge* S *mit den
Rangfunktionen* r_1, r_2. *Dann existiert eine Menge* $B \subseteq S$ *mit* $|B| = t$,
welche sowohl in G_1 *wie in* G_2 *unabhängig ist, genau dann, wenn*

$$r_1(A) + r_2(S - A) \geq t, \ \textit{für alle } A \subseteq S$$

gilt. Insbesondere ist

$$\max_{\substack{B \text{ unabh.} \\ \text{in } G_1 \text{ und } G_2}} |B| \ = \ \min_{A \subseteq S} (r_1(A) + r_2(S - A)).$$

<u>Beweis</u>

Ist die t-Menge B sowohl in G_1 wie G_2 unabhängig, so spannt $S - B$ das
orthogonale Matroid $G_2^\perp$ auf, d.h. $S - B$ enthält eine Basis von $G_2^\perp$, und
es gilt nach (VI.3.18)

$$(*) \qquad\qquad r(G_1 + G_2^\perp) \geq t + r_2^\perp(S).$$

Es sei umgekehrt (*) erfüllt. Da eine Basis A von $G_2^\perp(S)$ unabhängig in
$G_1 + G_2^\perp$ ist, existiert nach (VI.3.18) $D \supseteq A$, $D = D_1 \cup D_2$, $D_1 \cap D_2 = \emptyset$,
$|D| = t + r_2^\perp(S)$, so daß D_1 unabhängig in G_1 ist, D_2 unabhängig in $G_2^\perp$.
Gilt $|D_2| < r_2^\perp(S)$, so gibt es nach (VI.1.11b) ein Element $p \in D_1 \cap A$, so
daß $D = (D_1 - p) \cup (D_2 \cup p)$ wieder ein solches Paar ist. Setzen wir dies
fort, so erhalten wir schließlich ein disjunktes Paar (B,C), B unab-
hängig in G_1, C unabhängig in $G_2^\perp$ mit $|B| = t$, $|C| = r_2^\perp(S)$. Daraus folgt
mittels (VI.4.3a), daß $S - C$ unabhängig in G_2 ist, und somit auch die
Untermenge B. Die Bedingung des Satzes ist also äquivalent zu (*),
woraus mittels (VI.4.3d) und (VI.3.19) die Behauptung resultiert. □

Zur Illustration des Dualitätsprinzips stellen wir die folgenden Aussagen zusammen, wobei der Co-Satz jeweils mit einem Apostroph versehen
ist. Man beachte, daß (VI.4.5) auch für unendliche Mengen S Gültigkeit
hat.

<u>Satz</u>

(VI.4.5) *In einem Matroid* G(S) *gilt:*

a) B *Basis* ⟷ B *ist minimale Menge, die jeden Cokreis schneidet.*

a') B' *ist Cobasis* ⟷ B' *ist minimale Menge, die jeden Kreis schneidet.*

b) C *ist Cokreis* ⟷ C *ist minimale Menge, die jede Basis schneidet.*

b') C' *ist Kreis* ⟷ C' *ist minimale Menge, die jede Cobasis schneidet.*

Als weitere Anwendungen können die Zerlegungssätze (VI.3.20) und (VI.3.22) dualisiert werden (Übungen).

Ein wichtiger Satz (für die Koordinatisierungstheorie des nächsten Kapitels) ist die folgende selbstduale Aussage.

<u>Satz</u>

(VI.4.6) *Es seien $\Re$ und $\mathbb{C}$ die Familien der Kreise und Cokreise eines Matroides* G(S). *Dann gilt für alle* $K \in \Re$, $C \in \mathbb{C}$

$$|K \cap C| \neq 1.$$

<u>Beweis</u>

Angenommen $K \in \Re$, H Copunkt, mit $K \cap H = K - p$, $p \in K$. Dann haben wir $p \in \overline{K - p} \subseteq H$, was unmöglich ist. □

Aus (VI.1.14) wissen wir, daß eine Menge C, die <u>keinen</u> Kreis in genau einem Punkt schneidet, notwendigerweise <u>alle</u> Basen schneidet. (VI.4.5b) ergibt nun:

<u>Folgerung</u>

(VI.4.7) *Sei* G(S) *ein Matroid,* $\Re$ *und* $\mathbb{C}$ *die Familien der Kreise bzw. Cokreise. Dann gilt für nichtleere Mengen* C,K:

a) C *Cokreis* ⟷ $|C \cap K| \neq 1$ *für alle* $K \in \Re$, *und* C *minimal mit dieser Eigenschaft.*

b) K *Kreis* ⟷ $|K \cap C| \neq 1$ *für alle* $C \in \mathbb{C}$, *und* K *minimal mit dieser Eigenschaft.*

Eine leichte Verallgemeinerung von (VI.4.7) ergibt die folgende für die Koordinatisierung wichtige Tatsache.

Folgerung

(VI.4.8) *Seien* $\mathfrak{K}, \mathbb{C}$ *die Familien der Kreise und Cokreise von* $G(S)$.
Dann gilt für $A \subseteq S$:

a) $p \in \overline{A - p}$ *für alle* $p \in A$ $\leftrightarrow$ $A = \bigcup K_i$, $K_i \in \mathfrak{K}$ $\leftrightarrow$ $|A \cap C| \neq 1$
für alle $C \in \mathbb{C}$ $\leftrightarrow$ $|A \cap B| \neq 1$ *für alle* $B = \bigcup C_i$, $C_i \in \mathbb{C}$.

a') $S - A \in L(S)$ $\leftrightarrow$ $A = \bigcup C_i$, $C_i \in \mathbb{C}$ $\leftrightarrow$ $|A \cap K| \neq 1$ *für alle*
$K \in \mathfrak{K}$ $\leftrightarrow$ $|A \cap B| \neq 1$ *für alle* $B = \bigcup K_i$, $K_i \in \mathfrak{K}$.

Als letzten Satz führen wir die Auswirkung der Orthogonalität auf Reduktion, Kontraktion und direktes Produkt an.

Satz

(VI.4.9) *Sei* $G(S)$ *ein endliches Matroid. Dann gilt für* $A \subseteq S$:

a) $(G(S).A)^{\perp} = G^{\perp}(S)/(S - A)$,

a') $(G(S)/A)^{\perp} = G^{\perp}(S).(S - A)$.

b) *Ist* $G(S) = G_1(S_1) \times G_2(S_2)$, *so gilt* $G^{\perp}(S) = G_1^{\perp}(S_1) \times G_2^{\perp}(S_2)$.

Beweis

Behauptung b) ist unmittelbar einsichtig. Die Aussagen a) und a') sind dual und folgen sofort aus den Formeln für die verschiedenen Rangfunktionen. $\square$

B. Beispiele

Genauso wie in der Diskussion von Reduktion und Kontraktion versuchen wir im Fall der Funktionenraummatroide $G(F(S,K))$ einen neuen Funktionenraum $F^{\perp}(S,K)$ zu finden, so daß $G(F(S,K))^{\perp} \cong G(F^{\perp}(S,K))$. Das Beispiel der Funktionenräume ist besonders anschaulich, da hier die Orthogonalität von Matroiden mit dem üblichen Begriff der Orthogonalität von _Funktionen_ in bezug auf das _innere_ _Produkt_ zusammenfällt.

Definition

(VI.4.10) Zwei Funktionen f, g von der endlichen Menge S in einen Körper K heißen _orthogonal_, falls

$$\sum_{p \in S} f(p)g(p) = 0.$$

Sind f,g orthogonal, so schreiben wir $f \perp g$.

Ist $F(S,K)$ Funktionenraum auf S, $|S| < \infty$, so setzen wir

$$F^{\perp}(S,K) := \left\{ g : S \to K \text{ mit } g \perp f, \text{ für alle } f \in F \right\}.$$

$F^{\perp}(S,K)$ ist offenbar wieder Funktionenraum über K, und wir nennen $F^{\perp}$ den zu F <u>orthogonalen</u> <u>Raum</u>. Klarerweise gilt dabei $F \subseteq F^{\perp\perp}$.

$\boxed{\text{Satz}}$

(VI.4.11) *Sei $F(S,K)$ ein Funktionenraum auf der endlichen Menge S, dann gilt*

$$G(F(S,K))^{\perp} \cong G(F^{\perp}(S,K)).$$

<u>Beweis</u>

Für eine Basis B von $G(F(S,K))$ wollen wir mit Hilfe von (VI.4.5a) zeigen, daß $S - B$ Basis von $G(F^{\perp}(S,K))$ ist. Zunächst formulieren wir (VI.2.6b) nochmals für Cokreise anstelle der Copunkte. Ist der <u>Träger</u> $\|f\|$ einer Funktion $f \in F$ definiert durch $\|f\| := \{p \in S : f(p) \neq 0\}$, d.h. also $\|f\| = S - \text{Kern}(f)$, so besagt (VI.2.6b), daß die Cokreise von $G(F(S,K))$ genau die minimalen nichtleeren Träger sind. Zu B definieren wir wie in (VI.2.6c) Funktionen $f_b \in F$ für alle $b \in B$ durch

$$f_b(p) := \begin{cases} 0 & \text{falls } p \in \overline{B - b}, \\ \neq 0 & \text{falls } p \notin \overline{B - b}. \end{cases}$$

Wir können voraussetzen, daß stets $f_b(b) = 1$ ist. Korrespondierend dazu setzen wir $g_c : S \to K$ für $c \in S - B$:

$$g_c(q) := \begin{cases} 0 & \text{falls } q \in (S - B) - c, \\ 1 & \text{falls } q = c, \\ -f_b(c) & \text{falls } q = b \in B. \end{cases}$$

Wir haben dann für alle $c \in S - B$, $b \in B$:

$$\sum_{a \in S} g_c(a) f_b(a) = g_c(b) f_b(b) + g_c(c) f_b(c) = 0,$$

somit $g_c \in F^{\perp}(S,K)$, da die $\{f_b\}$ nach (VI.2.6c) eine Basis von $F(S,K)$ bilden. Ferner sind die g_c offensichtlich linear unabhängig.

Wäre nun ein Cokreis C von $G(F^\perp(S,K))$ in B enthalten, so hätten wir für $0 \neq h \in F^\perp$, $\|h\| = C$, daß $h \perp f_b$ für alle $b \in B$ ist, und somit

$$0 = \sum_{a \in S} h(a)f_b(a) = \sum_{a \in B} h(a)f_b(a) = h(b),$$

d.h. $h = 0$, entgegen der Voraussetzung. Jeder Cokreis von $G(F^\perp(S,K))$ schneidet also $S - B$, und im Hinblick auf die Familie $\{g_c\}$ sehen wir, daß $S - B$ minimal mit dieser Eigenschaft ist, also nach (VI.4.5a) Basis von $G(F^\perp(S,K))$ ist.

Wir notieren daher

$$\dim F^\perp = r(G(F^\perp(S,K))) = |S| - r(G(F(S,K))) = |S| - \dim F,$$
$$\dim F^{\perp\perp} = |S| - \dim F^\perp = \dim F,$$

somit $F^{\perp\perp} = F$. Ist umgekehrt $S - B$ Basis von $G(F^\perp(S,K))$, so ist nach obigem B Basis von $G(F^{\perp\perp}(S,K)) = G(F(S,K))$. Die Cobasen von $G(F(S,K))$ sind also genau die Basen von $G(F^\perp(S,K))$, und wir sind fertig. □

Folgerung

(VI.4.12)   *Ist ein endliches Matroid koordinatisierbar über dem Körper K, so gilt dies auch für das orthogonale Matroid $G^\perp(S)$. Insbesondere ist das orthogonale Matroid eines endlichen regulären Matroides wieder regulär.*

Beispiel

(VI.4.13)   Die Fano-Ebene F = **PG(3,GF(2))** und das orthogonale Matroid $F^\perp$ sind unten abgebildet. Wir werden in Kapitel VII sehen, daß F und damit auch $F^\perp$ nur über Körpern der Charakteristik 2 koordinatisiert werden können, insbesondere also nicht regulär sind.

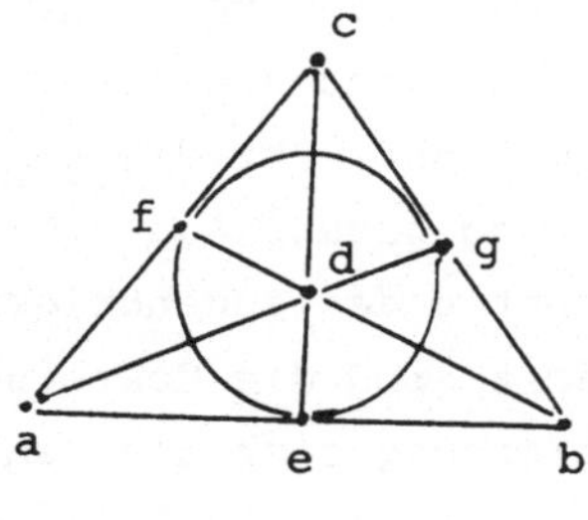

Die Kreise sind die 6 3-punktigen Geraden, die Menge {e,f,g} und die 7 Komplemente hiervon.

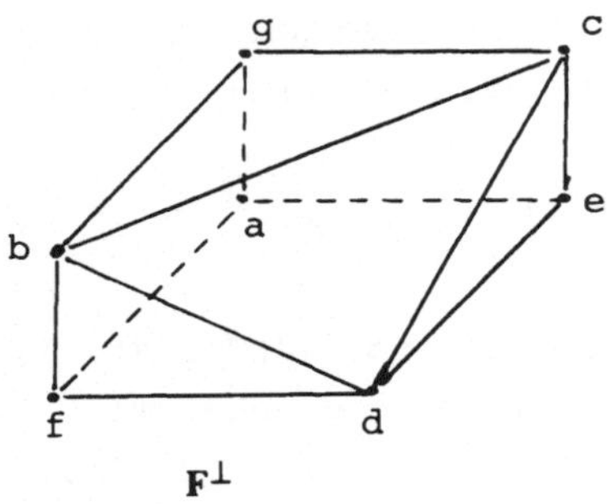

Alle Geraden haben 2 Punkte, es gibt 7 Ebenen der Mächtigkeit 4 = Komplemente der Geraden in F, und 7 Ebenen der Mächtigkeit 3 = Geraden in F.

Wählen wir $\{a,b,c\}$ als Basis in F, so wird der zugehörige Funktionenraum von f_a, f_b, f_c aufgespannt, und der orthogonale Raum von g_d, g_e, g_f, g_g.

	a	b	c	d	e	f	g
f_a	1	0	0	1	1	1	0
f_b	0	1	0	1	1	0	1
f_c	0	0	1	1	0	1	1

$$E_3 \qquad\qquad M$$
$$F$$

	a	b	c	d	e	f	g
g_d	1	1	1	1	0	0	0
g_e	1	1	0	0	1	0	0
g_f	1	0	1	0	0	1	0
g_g	0	1	1	0	0	0	1

$$N \qquad\qquad E_4$$
$$F^\perp$$

Die Einbettungen von F bzw. $F^\perp$ in $V(3,GF(2))$ bzw. in $V(4,GF(2))$ sind durch die jeweiligen Spaltenvektoren gegeben. Wir bemerken, daß die 4 × 3-Matrix N die Transponierte der 3 × 4-Matrix M ist, was natürlich aus der Konstruktion der Basis $\{g_i\}$ wegen $1 = -1$ in $GF(2)$ klar ist.

Wenden wir uns den Graphen zu. Wir wissen aus (VI.2.10), daß die Basen des Polygonmatroides $P(G(E,S))$ die spannenden Wälder von $G(E,S)$ sind. Die Cobasen sind daher die Komplemente der spannenden Wälder, sie werden bisweilen die _Dendroide_ von $G(E,S)$ genannt. Für die _Cokreise_ können wir eine anschauliche Graphendefinition geben. Aus (VI.2.10d) folgt, daß ein Cokreis C genau zwei Komponenten des zugehörigen Copunktes $H = S - C$ verbindet. Anders ausgedrückt sind die Cokreise genau die minimalen Kantenmengen, nach deren Entfernung sich die Zahl der Komponenten von $G(E,S)$ erhöht. Die Cokreise werden deshalb in der Graphenterminologie _minimale trennende Kantenmengen_ oder _Bonds_

genannt (siehe (VI.4.14)). Beispielsweise ist in der Menge der Kanten
C(a), inzident mit einer festen Ecke a, stets ein Cokreis enthalten.

Beispiel

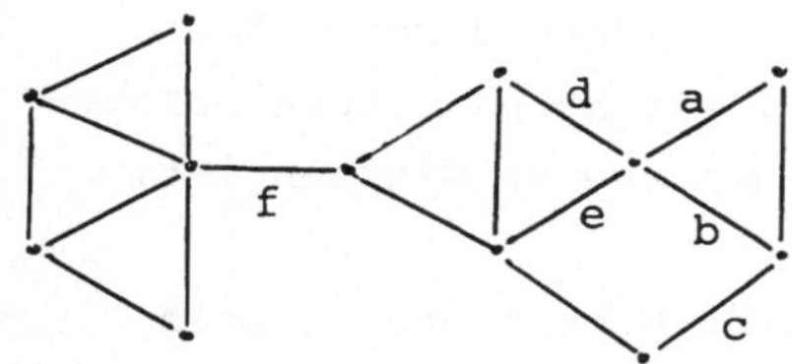

Im nebenstehenden Graphen sind
{a,b,c}, {c,d,e} Cokreise. Die
einelementigen Cokreise, d.h. die
Brücken eines Matroides (siehe
VI.4.3)) sind genau jene Kanten,
welche den Graph trennen, also die
Brücken des Graphen. In unserem Beispiel ist die Kante f die einzige
Brücke.

Definition

(VI.4.14) Sei G(E,S) Graph, dann heißt das zum Polygonmatroid
P(G(E,S)) orthogonale Matroid das Bondmatroid B(G(E,S)) von G(E,S).
Die Gesamtheit der Matroide, welche isomorph zu den Bondmatroiden
von Graphen sind, heißt die Klasse der cographischen Matroide.

Aus (VI.3.12) und (VI.4.9) haben wir:

Satz

(VI.4.15) *Jeder Minor eines cographischen Matroides ist cographisch.*

Nach (VI.2.10e) und (VI.4.3e) gilt für den Rang des Bondmatroides
B(G(E,S)):

$$r(B(G(E,S))) = |S| - |E| + k(G).$$

Diese Zahl ist somit die minimale Anzahl von Kanten, die aus G(E,S)
entfernt werden müssen, um jeden Kreis in G(E,S) zu zerstören. Sie
wird deshalb in der Graphentheorie die zyklomatische Zahl des Graphen
genannt.

Als nächstes fragen wir, welche Matroide sowohl graphisch wie cographisch sind. Wir werden sehen, daß genau jene graphischen Matroide,
welche von plättbaren Graphen herrühren, auch cographisch sind. Dazu
benötigen wir einige Hilfsmittel aus der Graphentheorie, die wir ohne
Beweise übernehmen. (Siehe hierzu die angegebene Literatur und Abschnitt VII.3.A.)

Definition

(VI.4.16) Ein Graph G(E,S) heißt <u>eben</u>, falls G(E,S) so in die Ebene
eingebettet ist - Ecken als Punkte, Kanten als Jordan'sche Kurven -,
daß Kanten einander nur in den zugehörigen Endpunkten treffen. Die
kleinsten zusammenhängenden Flächen, in die die Ebene durch G(E,S)
zerlegt wird, heißen die <u>Regionen</u> von G(E,S). Wir nennen einen Graphen
G(E,S) <u>plättbar</u>, falls G(E,S) isomorph zu einem ebenen Graphen ist.

Die Unterscheidung in (VI.4.16) mutet im ersten Moment überflüssig
an, doch kann ein plättbarer Graph im allgemeinen auf mehrere Arten
in die Ebene eingebettet werden (siehe unten).

Beispiel

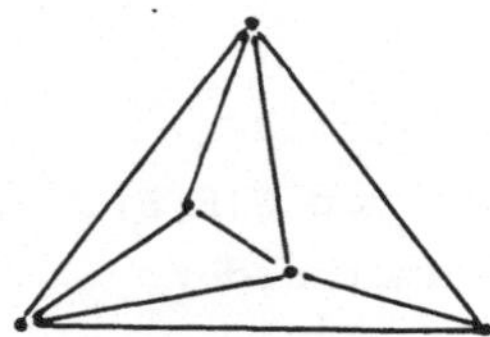

Ebener Graph G
mit $G \cong H$

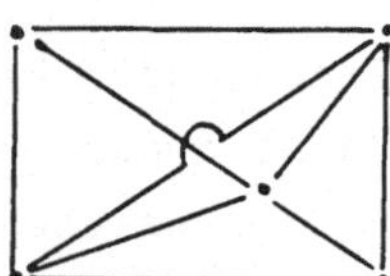

Plättbarer Graph H

Ob ein vorgegebener Graph plättbar ist, ist allgemein schwer zu ent-
scheiden. Ein wichtiges Hilfsmittel hierzu ist die

Euler-Formel

(VI.4.17) *Sei G(E,S) ein zusammenhängender ebener Graph mit* $e = |E|$,
$n = |S|$, $r =$ *Anzahl der Regionen (die äußere Region mitgezählt). Dann
gilt*
$$e - n + r = 2.$$

Aus der Euler-Formel folgt beispielsweise sofort, daß K_5 und $K_{3,3}$
nicht plättbar sind, ja es gilt sogar der folgende Satz. (Für eine
weitere Charakterisierung plättbarer Graphen siehe (VII.3.13).)

Satz (Kuratowski)

(VI.4.18) *Ein Graph G(E,S) ist genau dann plättbar, wenn G(E,S) keinen Untergraphen enthält, der zu* K_5 *oder* $K_{3,3}$ *kontrahiert werden kann.
In unserer Matroid-Terminologie heißt dies also:* G(E,S) *ist genau
dann plättbar, wenn* P(G(E,S)) *keinen Minor* **M** *enthält mit* $\mathbf{M} \cong \mathbf{P}(K_5)$
oder $\mathbf{M} \cong \mathbf{P}(K_{3,3})$.

Wie angekündigt, wollen wir zeigen, daß genau die Polygonmatroide
plättbarer Graphen auch cographisch sind. Sei also zunächst G(E,S)
ein zusammenhängender ebener Graph. Wir konstruieren einen neuen -
wiederum ebenen - Graph G*. Zunächst wählen wir im Inneren jeder Region R_i von G(E,S) eine Ecke v_i^* - dies sind die <u>Ecken</u> von G*. Dann
zeichnen wir korrespondierend zu jeder Kante $k \in S$ eine Linie k*,
welche k kreuzt (aber keine andere Kante von G) und die beiden Ecken
v_i^*, v_j^* verbindet, die zu den an k in G(E,S) angrenzenden Regionen R_i,
R_j korrespondieren. (Man beachte, daß Schlingen möglich sind, wann?)
Dies sind die <u>Kanten</u> von G*. G* heißt dann der zu G(E,S) <u>duale</u> <u>Graph</u>.

<u>Beispiel</u>

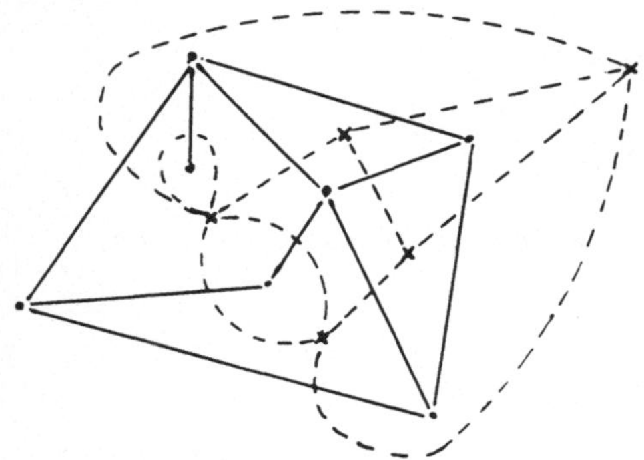

Ebener Graph und sein Dual

Wir bemerken, daß eine Brücke k
in G zu einer Schlinge k* in G*
korrespondiert, und umgekehrt.
Ferner ist von der Konstruktion
und der Euler-Formel her klar,
daß für einen zusammenhängenden
ebenen Graphen $G \cong G^{**}$ gilt. Ist
G nicht zusammenhängend, so konstruieren wir den dualen Graphen
für jede Komponente und identifizieren die äußere Ecke.

Für einen ebenen Graphen existiert natürlich bis auf Isomorphie nur
ein einziges Dual. Ein <u>plättbarer</u> Graph hingegen kann verschiedene
Einbettungen haben, deren duale Graphen nicht isomorph sind (siehe
Übungen).

<u>Satz</u>

(VI.4.19) *Sei* G(E,S) *ein ebener Graph und* G*(E*,S*) *der duale Graph.*
Dann gilt mit $\phi : E \to E^*$, $\phi k = k^*$,

$$P(G(E,S)) \overset{\phi}{\cong} B(G^*(E^*,S^*)).$$

<u>Beweis</u>

Ein Polygon K von G(E,S) umschließt eine oder mehrere Regionen R_i
von G(E,S). Entfernen wir nun die Kanten $k^* \in K^*$ aus G*, so zerlegen
wir G* in zwei Komponenten, die eine Komponente induziert von den Regionen R_i^* innerhalb K, die andere von den Regionen außerhalb K. K*
ist somit trennende Kantenmenge, offenbar minimal, also Bond von G*.

Ebenso beweist man: C* Bond in G* ➔ C Polygon in G, und der Satz folgt. ▫

Hilfssatz

(VI.4.20) $P(K_5)$ *und* $P(K_{3,3})$ *sind nicht cographisch.*

Beweis

Angenommen, $P(K_5)$ ist cographisch, $P(K_5) \cong B(G(E,S))$ für einen Graphen G. Wir haben $r(P(G(E,S))) = 6$ und daher $|E| \geq 7$ nach (VI.2.10e). Ferner gilt für alle Polygone C in K_5 und somit für alle Bonds C* in G(E,S), daß $|C^*| \geq 3$ ist. Dies bedeutet aber, daß für jede nichtisolierte Ecke $a \in E$ der Grad $\gamma(a) \geq 3$ ist, und wir erhalten den Widerspruch

$$20 = 2|S| = \sum_{a\in E} \gamma(a) \geq 7.3.$$

Ebenso beweist man die Behauptung für $K_{3,3}$. ▫

Zusammen mit (VI.4.15) und (VI.4.18) ergibt der Hilfssatz den ange-kündigten Satz.

Satz (Whitney)

(VI.4.21)   *Ein Matroid* $G(S)$ *ist genau dann sowohl graphisch wie co-graphisch, wenn* $G(S) \cong P(G(E,S))$ *ist für einen plättbaren Graphen* $G(E,S)$.

Aufgrund von (VI.4.21) nennen wir Matroide, die sowohl graphisch wie cographisch sind, ebene Matroide.

Folgerung

(VI.4.22)   *Jeder Minor eines ebenen Matroides ist eben, ebenso das orthogonale Matroid.*

Auch für unsere dritte Klasse - die Transversalsysteme - existieren interessante Beschreibungen der orthogonalen Matroide. Eine solche Kennzeichnung mit Hilfe der Erweiterungstheorie aus Abschnitt 3.C besprechen wir anschließend, eine weitere, beruhend auf den Korre-lationsmatroiden aus Abschnitt 2.C, wird ausführlich in Kapitel VIII, Abschnitt 4 behandelt. Zunächst ist zu bemerken, daß sich die Eigen-schaft der Transversalität im allgemeinen nicht auf das orthogonale Matroid überträgt. Das nichttransversale Matroid aus (VI.3.14) be-sitzt nach (VI.4.19) $P(K_{2,3})$ als orthogonales Matroid, welches - wie man unschwer sieht - transversal ist.

> **Definition**

(VI.4.23) Die Gesamtheit der endlichen Matroide, deren orthogonale Matroide Transversalmatroide sind, heißt die Klasse der <u>cotransversalen Matroide</u>.

Unser Ziel ist der Nachweis, daß die <u>cotransversalen</u> Matroide genau die <u>prinzipiellen</u> Matroide aus (VI.3.36) sind. Zur Vorbereitung werden wir die dortige Definition etwas allgemeiner fassen, indem wir auch den Identitätsoperator in der definierenden Kette zulassen, was offenbar nichts an der Definition (VI.3.36) ändert. Ein Hauptoperator E mit Filter $M_E = M(x)$ von L ist eindeutig durch <u>jede</u> Menge A mit $\bar{A} = x$ festgelegt. Wir können somit ein prinzipielles Matroid $G(S)$ auf einer n-Menge S eindeutig beschreiben durch eine Kette

$$FG_n \xrightarrow{A_1} G_1 \xrightarrow{A_2} G_2 \xrightarrow{A_3} \ldots \xrightarrow{A_t} G_t = G(S), \quad A_i \subseteq S,$$

wobei

$$M_i = M_{E_i} = M(J_{i-1}(A_i)), \quad J_{i-1} \text{ Abschluß in } G_{i-1}.$$

Wir sehen, daß $E_i = \mathrm{Id} \leftrightarrow A_i \subseteq J_{i-1}(\emptyset)$. Solche A_i's nennen wir <u>trivial</u>. Man beachte, daß die A_i's <u>nicht</u> verschieden zu sein brauchen. Aus (VI.3.35) wissen wir, daß für $B \subseteq S$ gilt:

$$\text{a)} \quad r_{G_i}(B) = \begin{cases} r_{G_{i-1}}(B) - 1, & \text{falls } J_{i-1}(B) \in M_i \leftrightarrow J_{i-1}(B) \supseteq A_i, \\[2ex] r_{G_{i-1}}(B), & \text{falls } J_{i-1}(B) \notin M_i \leftrightarrow J_{i-1}(B) \not\supseteq A_i, \\ & \qquad \text{für } M_i \neq L_{i-1}(S). \end{cases}$$

$$\text{b)} \quad r_{G_i}(B) = r_{G_{i-1}}(B), \quad \text{für } M_i = L_{i-1}(S).$$

$$\text{c)} \quad B \subseteq J_1(B) \subseteq J_2(B) \subseteq \ldots \subseteq J(B), \quad J = J_t \text{ Abschluß in } G(S).$$

<u>Hilfssatz</u>

(VI.4.24) *Ist das prinzipielle Matroid $G(S)$ gegeben durch*

$$FG_n \xrightarrow{A_1} G_1 \xrightarrow{A_2} \ldots \xrightarrow{A_t} G(S), \quad A_i \subseteq S,$$

so gilt für alle $B \subseteq S$:

　a) $r(G(S)) = n - $ *Anzahl der nichttrivialen* A_i,

b) $r(B) = \min\limits_{C \supseteq B} (|C| - f(C)) = |J(B)| - f(J(B))$,

 wobei $f(C) := |\{i : 1 \leq i \leq t,\ so\ daß\ B \supseteq A_i\ und\ A_i\ nichttrivial\}|$.

c) B *unabhängig in* $G(S) \leftrightarrow f(C) \leq |C - B|$ *für alle* $C \supseteq B$.

Beweis

Behauptung a) ist klar aus der Definition eines prinzipiellen Matroides. Offenbar gilt in b) jedenfalls $r(B) \leq |B| - f(B)$. Ferner haben wir aus c) von oben $r(J(B)) = |J(B)| - f(J(B))$, woraus für eine beliebige Obermenge $C \supseteq B$

$$r(B) \leq r(C) \leq |C| - f(C)$$

folgt, mit Gleichheit für $C = J(B)$. $\square$

Hilfssatz

(VI.4.25) *Sei* $H(S)$ *endliches Matroid,* $A_1, A_2 \subseteq S$, *und* $G(S)$ *definiert durch*

$$H(S) \xrightarrow{A_1} G_1 \xrightarrow{A_2} G(S).$$

Ist A_1 *in dieser Kette trivial, so gilt für* $G'(S)$, *definiert durch*

$$H(S) \xrightarrow{A_2} G'_1 \xrightarrow{A_1} G'(S),$$

daß

$$G'(S) \cong G(S).$$

Beweis

Man benütze die Formeln für die verschiedenen Rangfunktionen. $\square$

> ### Satz (Brown-Dowling-Kelley)

(VI.4.26) *Sei* S *eine* n-*Menge,* $\mathfrak{A} = \{A_1, \ldots, A_t\} \subseteq 2^S$. *Dann sind das Transversalmatroid* $T(S, \mathfrak{A})$ *und das prinzipielle Matroid* $G(S)$ *definiert durch*

$$FG_n \xrightarrow{A_1} G_1 \xrightarrow{A_2} \ldots \xrightarrow{A_t} G(S)$$

orthogonal zueinander.

Beweis

Nach (VI.4.25) können wir ohne Beschränkung der Allgemeinheit annehmen, daß die ersten s Abbildungen $G_{i-1} \xrightarrow{A_i} G_i$ nichttrivial sind, und die verbleibenden $t - s$ trivial, somit $r(G(S)) = n - s$ gilt. Wir wollen zeigen, daß $B \subseteq S$ genau dann ganz S in $T(S,\mathfrak{A})$ aufspannt, wenn $S - B$ unabhängig in $G(S)$ ist.

Sei $S - B$ unabhängig in $G(S)$. Nach (VI.4.24c) haben wir

$$f(C) \leq |C \cap B| \quad \text{für alle } C \supseteq S - B.$$

Wir wollen zeigen: $r_T(B) \geq s$, wobei r_T die Rangfunktion in $T(S,\mathfrak{A})$ ist. Laut (VI.2.14a) ist dies äquivalent zu

$$s \leq |B \cap \bigcup_{j \in J} A_j| + (t - |J|) \quad \text{für alle } J \subseteq N_t.$$

Sei $C = (S - B) \cup (\bigcup_{j \in J} A_j)$, dann sind höchstens $t - s$ der A_j trivial, somit

$$f(C) \geq |J| - (t - s).$$

Wir folgern daraus

$$s \leq f(C) + (t - |J|) \leq |C \cap B| + (t - |J|) = |(\bigcup_{j \in J} A_j) \cap B| + (t - |J|),$$

und dies ist unsere behauptete Formel.

Es sei umgekehrt $r_T(B) \geq s$ in $T(S,\mathfrak{A})$, dann wollen wir zeigen, daß $S - B$ unabhängig in $G(S)$ ist. Zum Nachweis von (VI.4.24c) für $S - B$ genügt es wegen (VI.4.24b) den Fall $C = J(C) \supseteq S - B$ zu betrachten. Sei nun $f(C) = k$, dann existieren k Mengen A_{i_j}, $1 \leq i_j \leq s$, mit $A_{i_j} \subseteq C$, und ferner gilt $A_\ell \subseteq J(\emptyset) \subseteq C$ für alle $\ell = s + 1, \ldots, t$. Somit haben wir

$$C \supseteq \bigcup_{j=1}^{k} A_{i_j} \cup \bigcup_{\ell = s+1}^{t} A_\ell .$$

Daraus folgt wegen $r_T(B) \geq s$

$$|B \cap C| \geq |B \cap (\bigcup_{j=1}^{k} A_{i_j} \cup \bigcup_{\ell = s+1}^{t} A_\ell)| \geq s - (t - (k + t - s)) = k = f(C).$$

Es bleibt zu zeigen, daß der Rang von $T(S,\mathfrak{A})$ s ist. Sei $f(J(\emptyset)) = k$.
Dann existieren k Mengen $A_{i_j} \subseteq J(\emptyset)$, $1 \leq i_j \leq s$, und ferner gilt
$A_\ell \subseteq J(\emptyset)$, $\ell = s+1,\dots,t$. Nach (VI.2.14b) haben wir

$$r(T(S,\mathfrak{A})) \leq \left| \bigcup_{j=1}^{k} A_{i_j} \cup \bigcup_{\ell=s+1}^{t} A_{i_\ell} \right| + (s-k) \leq |J(\emptyset)| + (s-k) = s,$$

da laut (VI.4.24b) $|J(\emptyset)| = f(J(\emptyset))$ gilt, und der Beweis ist beendet. $\square$

<u>Folgerung</u>

(VI.4.27) *a) In* $FG_n \xrightarrow{A_1} G_1 \xrightarrow{A_2} \dots \xrightarrow{A_t} G(S)$ *können die definierenden Mengen* A_i *des prinzipiellen Matroides beliebig permutiert werden, und das resultierende Matroid ist stets isomorph zu* $G(S)$.

b) Ist $T(S,\mathfrak{A})$ *vom Rang* $s \leq |\mathfrak{A}|$, *so existiert eine Teilfamilie* $\mathfrak{B} \subseteq \mathfrak{A}$, $|\mathfrak{B}| = s$, *mit* $T(S,\mathfrak{B}) = T(S,\mathfrak{A})$.

C. Zusammenhang

In diesem Abschnitt studieren wir die Faktorisierung von Matroiden in direkte Produkte. Entsprechende Überlegungen können für die zugeordneten geometrischen Verbände und allgemeiner für relativ komplementierte Verbände angestellt werden.

Definition

(VI.4.28) Ein <u>Separator</u> eines Matroides $G(S)$ ist eine Teilmenge $M \subseteq S$, für die gilt:

$$G(S) = G(S).M \times G(S).(S-M).$$

Die folgende Charakterisierung der Separatoren bildet das Hauptergebnis dieses Abschnittes.

Satz (Tutte-Whitney)

(VI.4.29) *In einem Matroid* $G(S)$ *sind für* $M \subseteq S$ *die folgenden Bedingungen äquivalent:*

a) M ist Separator.

b) Für jeden Kreis C von $G(S)$ *gilt:* $C \subseteq M$ *oder* $C \subseteq S-M$.

c) $G(S).M = G(S)/(S-M)$.

d) $r(M) + r(S-M) = r(S)$.

Beweis

a) → b). Folgt unmittelbar aus (VI.3.16c).

b) → c). Die Kreise aus $G(S).M$ sind genau jene Kreise C von $G(S)$ mit $C \subseteq M$. Aber nach (VI.3.5) sind dies unter der Voraussetzung b) auch genau die Kreise von $G(S)/S - M$.

c) → d). Klar aus den Rangformeln für Reduktion und Kontraktion.

d) → a). Offenbar ist M genau dann Separator, wenn für alle $A \subseteq S$

$$r(A) = r_M(A \cap M) + r_{S-M}(A \cap (S - M))$$

gilt, und diese Rangbedingung wollen wir nachweisen. Nach der halb-modularen Ungleichung haben wir für alle $A \subseteq S$:

$$r(A) + r(S) \leq r(A \cup M) + r(A \cup (S - M)),$$
$$r_M(A \cap M) + r(A \cup M) \leq r(A) + r(M),$$
$$r_{S-M}(A \cap (S - M)) + r(A \cup (S - M)) \leq r(A) + r(S - M).$$

Addieren wir die letzten beiden Ungleichungen, so erhalten wir unter Beachtung der ersten Ungleichung und Voraussetzung d)

$$r_M(A \cap M) + r_{S-M}(A \cap (S - M)) \leq r(A).$$

Da in der letzten Zeile stets $\geq$ gilt, folgt die Behauptung. □

Folgerung

(VI.4.30) *Vereinigung und Durchschnitt von Separatoren sind wieder Separatoren, ebenso das Mengenkomplement eines Separators. Insbesondere ist jedes Element $p \in S$ in einem kleinsten Separator $\neq \emptyset$ enthalten, und die Familie dieser minimalen Separatoren $\neq \emptyset$ bildet eine Partition von S.*

Wir beschreiben nun die Zerlegung eines Matroids in seine kleinsten Faktoren.

Definition

(VI.4.31) Jedes Matroid $G(S)$ hat $\emptyset$ und S als Separatoren, wir nennen sie die <u>trivialen</u> Separatoren. Besitzt $G(S)$ nur die trivialen Separatoren, so heißt $G(S)$ <u>zusammenhängend</u>.

Man beachte, daß für ein zusammenhängendes Matroid mit $|S| \geq 2$ notwendig
$\bar{\emptyset} = \emptyset$ gilt, da jede Schlinge ein nichttrivialer Separator ist. Ferner
folgt aus Bedingung b) in (VI.4.29) zusammen mit (VI.1.10b), daß
$\bar{M} = M \cup \bar{\emptyset}$ für jeden Separator M gilt. Insbesondere sind in schlingenlosen Matroiden sämtliche Separatoren abgeschlossen.

Hilfssatz

(VI.4.32) *Sei* M *Separator von* $G(S)$ *und* $R \subseteq M$. *Dann ist* R *Separator*
von $G(S).M$ *genau dann, wenn* R *Separator von* $G(S)$ *ist.*

Beweis

Daß ein Separator R von $G(S)$ auch Separator jeder Reduktion $G(S).M$
ist, folgt sofort aus (VI.4.29b), da die Kreise von $G(S).M$ ja auch
Kreise des Matroides $G(S)$ sind. Es sei umgekehrt R Separator von
$G(S).M$ und M Separator von $G(S)$, dann haben wir

$$r(S) = r(M) + r(S-M) = r(R) + r(M-R) + r(S-M) \geq r(R) + r(S-R) \geq r(S),$$

da $S - R = (M - R) \cup (S - M)$ ist. Nach (VI.4.29d) ist R somit Separator
von $G(S)$. $\square$

Satz

(VI.4.33) *Es sei* $\{M_i : i \in I\}$ *die Familie der minimalen Separatoren*
$\neq \emptyset$ *des Matroides* $G(S)$. *Dann sind alle Untermatroide* $G(S).M_i$ *zusammen-*
hängend, und es gilt:

$$G(S) \cong \prod_{i \in I} G(S).M_i, \quad r(G(S)) = \sum_{i \in I} r(M_i).$$

Das Produkt (bzw. die Summe) in (VI.4.33) sind wohldefiniert, da die
Mengen M_i entweder aus genau einer Schlinge bestehen $(r(M_i) = 0)$, oder
$r(M_i) > 0$ und $G(S).M_i$ schlingenlos ist. Wir nennen die Matroide $G(S).M_i$
die <u>Komponenten</u> von $G(S)$.

Interessante und für Anwendungen nützliche Resultate ergibt ein genaueres Studium der Struktur zusammenhängender Matroide. Zunächst bemerken wir, daß laut (VI.4.29d) die Separatoren eines Matroides $G(S)$
stets in komplementären Paaren $M, S-M$ auftreten.

Hilfssatz

(VI.4.34) *Es sei* M *Separator des Matroides* $G(S)$ *und* $A \subseteq S$. *Dann ist*
$M - A$ *Separator der Kontraktion* $G(S)/A$.

Beweis

Nach (VI.3.5) ist jeder Kreis B in $G(S)/A$ von der Gestalt $B = C - A$,
wobei C Kreis in $G(S)$ ist. Da M Separator ist, folgt $C \subseteq M$ oder $C \subseteq S - M$,
somit $B \subseteq M - A$ oder $B \subseteq (S - M) - A$, also ist $M - A$ nach (VI.4.29b) Separator von $G(S)/A$. □

Hilfssatz

(VI.4.35) *Es sei* M *Separator von* $G(S)/A_1$ *und* $G(S)/A_2$. *Sind* A_1, A_2
ein modulares Paar, so ist M *auch Separator von* $G(S)/A_1 \cup A_2$ *und*
$G(S)/A_1 \cap A_2$.

Beweis

In einer beliebigen Kontraktion $G(S)/A$ gilt für $M \subseteq S - A$

$$r_{S/A}(M) + r_{S/A}((S - A) - M) \geq r_{S/A}(S - A),$$

d.h. nach (VI.3.5d)

$$(*) \qquad r(M \cup A) + r(S - M) \geq r(S) + r(A)$$

mit Gleichheit genau dann, wenn M Separator von $G(S)/A$ ist. Sind nun
die Voraussetzungen des Satzes erfüllt, so haben wir

$$r(M \cup A_1) + r(M \cup A_2) - r(M \cup (A_1 \cap A_2)) + r(S - M) \overset{(*)}{\geq} r(M \cup (A_1 \cup A_2)) + r(S - M)$$

$$\geq r(S) + r(A_1 \cup A_2) = r(S) + r(A_1) + r(A_2) - r(A_1 \cap A_2)$$

$$= (r(S) + r(A_1)) + (r(S) + r(A_2)) - (r(S) + r(A_1 \cap A_2))$$

$$= r(M \cup A_1) + r(M \cup A_2) + 2r(S - M) - (r(S) + r(A_1 \cap A_2))$$

$$\overset{(*)}{\geq} r(M \cup A_1) + r(M \cup A_2) - r(M \cup (A_1 \cap A_2)) + r(S - M).$$

In dieser Kette gilt also stets das Gleichheitszeichen, woraus die
beiden Behauptungen folgen. □

Angenommen, das Matroid $G(S)$ ist zusammenhängend – was können wir
über die Teilstrukturen von $G(S)$ in bezug auf den Zusammenhang aussagen? Betrachten wir z.B. den Kreis $K(n)$: $K(n)$ ist zusammenhängend,
jedes echte Untermatroid ist jedoch frei, also ab Rang 2 zerlegbar. Im
Gegensatz dazu wollen wir nun beweisen, daß stets zusammenhängende Quo-
tientenmatroide jeden Ranges existieren. Zunächst eine Vorbemerkung: Laut

(VI.3.1b) sind die Elemente aus $\bar{A} - A$ genau die Schlingen der Kontraktion $G(S)/A$. Damit $G(S)/A$ zusammenhängend ist, muß demnach A Unterraum von $G(S)$ sein. Der triviale Fall, daß $G(S)/A$ eine einzelne Schlinge ist, d.h. $A = S - p$, $\bar{A} = S$, interessiert uns hier nicht.

Satz

(VI.4.36) *Es sei $G(S)$ ein zusammenhängendes Matroid vom Rang ≥ 1, $\emptyset \neq A \in L(S)$ und $G(S)/A$ zusammenhängend. Dann existiert $B \subseteq A$ mit $r(B) = r(A) - 1$, so daß auch $G(S)/B$ zusammenhängend ist.*

Beweis

Für $A = S$ kann jeder Copunkt B genommen werden. Es sei $A \neq S$ und $\emptyset = A_0 \subseteq A_1 \subseteq \ldots \subseteq A_k = A$ eine Kette von Unterräumen mit $r(A_i) = i$, $0 \leq i \leq k$. Wir definieren $D(A_i) := \{C \in L(S) : A_i \subseteq C \subseteq A, r(C) = k - 1\}$. Laut (VI.1.32b) gilt dann

$$\emptyset = D(A_k) \subsetneqq D(A_{k-1}) \subsetneqq \ldots \subsetneqq D(A_0).$$

Wählen wir $C_i \in D(A_i) - D(A_{i+1})$, so ist

$$A_i = C_{k-1} \cap C_{k-2} \cap \ldots \cap C_i, \quad i = 0, \ldots, k-1.$$

Wir behaupten, daß mindestens eine der Kontraktionen $G(S)/C_i$ zusammenhängend ist. Das Gegenteil sei richtig, und M_i, M_i' nichttriviale komplementäre Separatoren von $G(S)/C_i$, $0 \leq i \leq k-1$. Laut (VI.3.6b) gilt $G(S)/A = (G(S)/C_i)/A - C_i$, also sind nach (VI.4.34) $M_i - (A - C_i) = (M_i \cup C_i) - A$, $M_i' - (A - C_i) = (M_i' \cup C_i) - A$ komplementäre Separatoren von $G(S)/A$. Da $G(S)/A$ zusammenhängend ist, können wir o.B.d.A.

$$S - A \subseteq M_i, \quad M_i' \cup C_i \subseteq A$$

annehmen. Nach der Bemerkung vor (VI.4.32) ist M_i' in $G(S)/C_i$ abgeschlossen, d.h. es gilt mit (VI.3.1b)

$$\overline{M_i' \cup C_i} - C_i = M_i'.$$

Da $M_i' \neq \emptyset$ ist, erhalten wir $\overline{M_i' \cup C_i} = A$, somit $M_i' \cup C_i = A$ und $M_i = S - A$. Wir behaupten nun, daß $S - A$ Separator jeder Kontraktion $G(S)/A_i$ ist. Für $i = k - 1$ wurde dies eben gezeigt, da $A_{k-1} = C_{k-1}$ ist. Die Behauptung sei richtig für $k - 1 \geq j \geq i+1$. Dann ist $S - A$ Separator von $G(S)/A_{i+1}$ und $G(S)/C_i$. Da $A_i = A_{i+1} \cap C_i$ ist und A_{i+1}, C_i ein modulares Paar sind, impliziert (VI.4.35), daß $S - A$ auch Separator von $G(S)/A_i$ ist. Wegen $A_0 = \emptyset$ wäre also letztlich $G(S)$ nichttrivial zerlegbar, im Widerspruch zur Voraussetzung. $\square$

Folgerung

(VI.4.37) *In einem zusammenhängenden Matroid* $G(S)$ *vom Rang* $n \geq 1$ *existiert eine Folge von Unterräumen* $\emptyset = A_0 \subseteq A_1 \subseteq \ldots \subseteq A_n = S$ *mit* $r(A_i) = i$, *für die* $G(S)/A_i$ *stets zusammenhängend ist.*

Zum Schluß betrachten wir die Separatoren eines Matroides und die des zugehörigen orthogonalen Matroides.

Satz

(VI.4.38) *Sei* S *endliche Menge, dann haben die Matroide* $G(S)$ *und* $G^\perp(S)$ *dieselben Separatoren. Insbesondere ist* $G(S)$ *genau dann zusammenhängend, wenn* $G^\perp(S)$ *zusammenhängend ist.*

Beweis

Es gilt:

$$\text{M Separator in } G^\perp(S) \iff r^\perp(M) + r^\perp(S-M) = r^\perp(S)$$
$$\iff |M| + r(S-M) + |S-M| + r(M) - 2r(S) = |S| - r(S)$$
$$\iff r(M) + r(S-M) = r(S)$$
$$\iff \text{M Separator von } G(S). \ \square$$

Folgerung

(VI.4.39) *Die Komponenten von* $G^\perp(S)$ *sind genau die orthogonalen Matroide der Komponenten von* $G(S)$.

Beweis

Folgt aus (VI.4.9) und (VI.4.29c). $\square$

Folgerung

(VI.4.40) *In einem endlichen Matroid* $G(S)$ *ist* M *genau dann Separator, wenn für jeden Cokreis* C *gilt:* $C \subseteq M$ *oder* $C \subseteq S - M$.

Für Polygonmatroide $P(G(E,S))$ kann der Zusammenhang anschaulich im Graphen selbst beschrieben werden. Wir nennen die Teilmenge $T \subseteq E$ eine <u>trennende Eckenmenge</u>, falls der nach Entnahme von T samt allen dazu inzidenten Kanten resultierende Graph nicht zusammenhängt. Enthält $G(E,S)$ keine trennende Eckenmenge mit weniger als k Ecken, so heißt $G(E,S)$ <u>k-fach</u> zusammenhängend. 1-facher Zusammenhang bedeutet also gerade den gewöhnlichen Zusammenhang von Graphen. Von der Definition her ist klar, daß Schlingen keinen Einfluß auf den Zusammenhang haben, wir werden deshalb in den meisten Sätzen nur schlingenlose Graphen betrachten.

In einem Graphen G(E,S) bezeichne St(v) die mit v $\in$ E inzidierenden Kanten, welche nicht Schlingen sind. St(v) heißt der <u>Stern</u> mit Zentrum v.

Hilfssatz

(VI.4.41) *Ein zusammenhängender Graph* G(E,S) *mit* $|E| \geq 2$ *ist genau dann 2-fach zusammenhängend, wenn* St(v) *ein Bond in* G(E,S), *d.h. ein Cokreis von* **P**(G(E,S)) *ist, für alle* v $\in$ E.

Beweis

Übungen. □

Beispiel

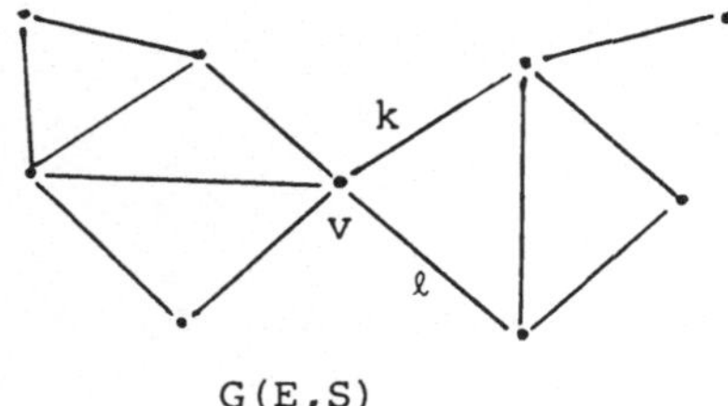

Die Ecke v trennt den Graphen G(E,S), das Paar {k,ℓ} ist ein Bond des Graphen und echt im Stern St(v) enthalten.

Satz

(VI.4.42) *Es sei* G(E,S) *ein Graph ohne Schlingen und isolierte Ecken. Das Polygonmatroid* **P**(G(E,S)) *ist genau dann zusammenhängend, wenn* G(E,S) *2-fach zusammenhängend ist.*

Beweis

Enthält G(E,S) eine trennende Ecke v, so zerfällt der von E - v induzierte Untergraph in Komponenten $E_1,\ldots,E_t$, $t \geq 2$. Die Kanten einer Komponente E_i zusammen mit den von v nach E_i führenden Kanten ergeben dann nach (VI.4.29b) einen nichttrivialen Separator von **P**(G(E,S)). Ist umgekehrt G(E,S) 2-fach zusammenhängend und $\emptyset \neq M \subsetneq S$ Separator von **P**(G(E,S)), so enthält M nach (VI.4.40) und (VI.4.41) mit jeder Kante aus einem Stern St(v) ganz St(v). Daraus folgt nun unmittelbar M = S. □

Beispiel

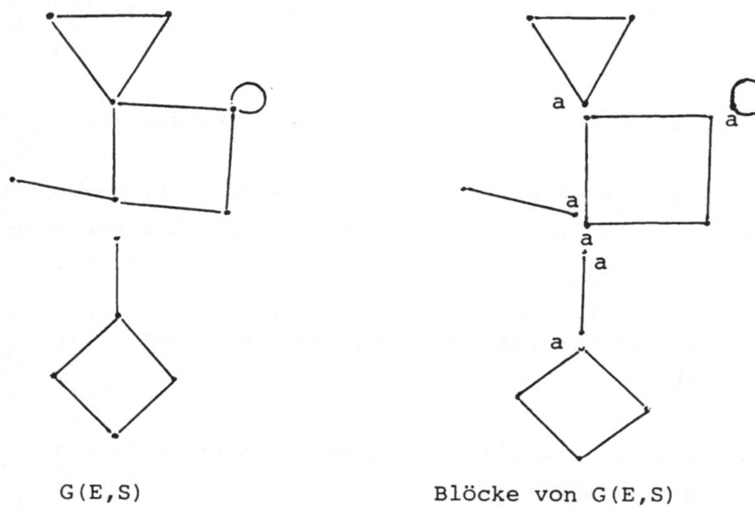

Die maximalen 2-fach zusammenhängenden Untergraphen und die Schlingen
heißen die __Blöcke__ von G(E,S). Die Kantenmengen der Blöcke sind somit
genau die minimalen nichtleeren Separatoren und daher insbesondere
paarweise kantendisjunkt. Man beachte, daß wir jedes graphische Matroid als Polygonmatroid eines __zusammenhängenden__ Graphen realisieren
können, wobei wir die Blöcke in ein - und derselben Ecke identifizieren können. In unserem Beispiel erhält man durch Identifizierung
der Ecken a einen zusammenhängenden Graphen G'(E',S') mit
$P(G'(E',S')) \cong P(G(E,S))$.

Folgerung

(VI.4.43)   *Ist G(E,S) ein schlingenloser 2-fach zusammenhängender*
plättbarer Graph, so ist jeder zu G(E,S) duale Graph schlingenlos
und 2-fach zusammenhängend.

ÜBUNGEN ZU ABSCHNITT 4

1. Sei G(S) endliches Matroid. Zeige: A ist Unterraum von $G^{\perp}(S) \leftrightarrow S - A$
   besitzt keine Elemente, die in jeder Basis von S - A (in G(S)) ent-
   halten sind.

→ 2. Beweise die dualen Sätze zu (VI.3.3) und (VI.3.5). Sei G(S) Matroid,
   $A \subseteq S$. Dann gilt:

a) C ist Cokreis in $G(S)/A \leftrightarrow C \subseteq S - A$ und C Cokreis von $G(S)$.

b) C ist Cokreis in $G(S).A \leftrightarrow C = B \cap A \neq \emptyset$, B Cokreis in $G(S)$,
C minimal.

3. Führe die Details von (VI.4.8) durch. Wie lautet der duale Satz?

→ 4. Verifiziere: Die Fano-Ebene F ist nicht graphisch, nicht cographisch, nicht transversal, nicht cotransversal, aber jedes echte Untermatroid von F ist eben. Dasselbe für das orthogonale Matroid $F^{\perp}$.

5. Es seien G_1, G_2 Matroide, so daß $F \cong G_1 + G_2$, F = Fano-Ebene. Zeige, daß $F \cong G_1$ oder $F \cong G_2$.

→ 6. Verifiziere ausführlich, daß die Bonds eines Graphen genau die Cokreise des Polygonmatroides sind.

7. Beweise die Euler-Formel durch Induktion nach der Zahl der Regionen.

8. Es seien G,H ebene Graphen wie abgebildet.

 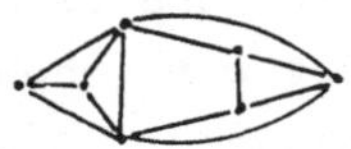

Zeige: $G \cong H$ aber $G^* \not\cong H^*$. Ist 7 die minimale Eckenzahl für diese Situation?

9. Führe die Details von (VI.4.19) aus.

→ 10. Zeige: $P(K_{3,3})$ ist nicht cographisch.

11.* Kuratowski's Satz (VI.4.18) wird meist in folgender Version zitiert. Ist $k = \{a,b\}$ eine Kante des Graphen $G(E,S)$, so <u>unterteilen</u> wir k durch Einfügen einer neuen Ecke c, neuen Kanten $\{a,c\}$, $\{c,b\}$ und Weglassen der ursprünglichen Kante k. Entsteht $H(E',S')$ aus $G(E,S)$ durch eine endliche Folge von Unterteilungen, so schreiben wir $G \langle u\ H$. Zeige: $G(E,S)$ ist genau dann plättbar, wenn G keinen Untergraphen $H(E',S')$ enthält mit $K_5 \langle u\ H$ oder $K_{3,3} \langle u\ H$.

12. Verifiziere die Details von (VI.4.25).

13. Wir wissen aus Übung (VI.2.13), daß $P(K_4)$ nicht transversal ist. Beweise dies erneut mit Hilfe von (VI.4.26).

→ 14. Definiere in einem Matroid $G(S)$ die Relation $p \approx q :\leftrightarrow$ $p = q$ oder p,q liegen in einem gemeinsamen Kreis. Zeige, daß $\approx$ Äquivalenzrelation auf S ist und die Äquivalenzklassen genau die minimalen Separatoren $\neq \emptyset$ sind.

→ 15. Sei $G(S)$ zusammenhängendes Matroid. Dann ist für jedes $q \in S$ entweder $G.(S-q)$ oder G/q zusammenhängend.

16. Es sei M Separator des Matroides $G(S)$, $B \subseteq A \subseteq S$. Zeige, daß $((M \cup B) \cap A) - B$ Separator des Minors $(G(S).A)/B$ ist.

→ 17. Es seien $G(S)/A$ und $G(S)/B$ zusammenhängend mit $A \cup B \neq S$. Zeige, daß dann auch $G(S)/A \cap B$ zusammenhängend ist. Kann auf die Voraussetzung $A \cup B \neq S$ verzichtet werden?

18. Es sei M Separator von $G(S)$, $A \subseteq S$. Zeige:

    a) $\overline{A \cup M} = \overline{A} \cup M$, $\quad \overline{A \cap M} = \overline{A} \cap M$,

    b) $r(A \cup M) + r(A \cup (S - M)) = r(A) + r(S)$,

    c) $r(A \cap M) + r(A \cap (S - M)) = r(A)$.

→ 19. Beweise (VI.4.41).

→ 20. Beweise: Ein schlingenloser Graph $G(E,S)$ ohne isolierte Ecken ist genau dann 2-fach zusammenhängend, wenn je zwei Kanten auf einem gemeinsamen Polygon liegen. Wie lautet der duale Satz? Verallgemeinerung auf beliebige Matroide?

BEMERKUNGEN UND LITERATUR

Die Theorie der Matroide begann mit der Arbeit von Whitney [14], in
der im wesentlichen die axiomatischen Studien aus Abschnitt 1 durchgeführt wurden. Seit [11] und vor allem einer Serie von Arbeiten von
Tutte, die in [12] zusammengefaßt sind, hat sich eine große Aktivität
entfaltet, welche bis heute anhält und eine Fülle von interessanten
Ergebnissen hervorgebracht hat. Jede Auswahl der Grundlagen einer
Theorie muß daher subjektiv sein. Hier wurde der Standpunkt vertreten,
daß die verschiedenen Möglichkeiten ein Matroid zu konstruieren den
besten Einstieg gewähren. Neben der schon erwähnten Arbeit [14] seien
noch zitiert [4,8,9,10] für die Theorie der submodularen Funktionen
und der Summe von Matroiden, [2] zur Erweiterungstheorie, [3] zum
verbandstheoretischen Aspekt. Ein wichtiges Teilgebiet - die Unter-
suchung der geometrischen Morphismen - mußte aus Platzgründen ausgespart werden, man vergleiche hierzu etwa [3,7].

1. Bruter ed., Théorie des Matroides. Springer Lecture Notes Vol. 211
   (1970). (Tagungsbericht, bringt interessante Einzelresultate)

2. H. Crapo, Single-Element Extensions of Matroids. J. Res. Nat. Bur.
   Stand. 69B (1965). (Für Abschnitt 3.C)

3. H. Crapo - G.C. Rota, On the Foundations of Combinatorial Theory II:
   Combinatorial Geometries. MIT Press (1970). (Für Abschnitte 1,3)

4. J. Edmonds - D. Fulkerson, Transversals and Matroid Partition.
   J. Res. Nat. Bur. Stand. 69B (1965). (Für Abschnitt 1.C und 3.B)

5. M. Hall, Combinatorial Theory. Blaisdell (1967). (Kap. 10 gibt
   eine Einführung in die Theorie der Designs)

6. F. Harary, Graph Theory. Addison-Wesley (1969). (Kap. 11 bringt
   die wichtigsten Sätze über ebene Graphen und Dualität)

7. D. Higgs, Geometry, Seminar Notes. Univ. of Waterloo (1966).
   (Übersicht über geometrische Morphismen)

8. L. Mirsky - H. Perfect, Applications of the Notion of Independence
   to Problems in Combinatorial Analysis. J. Comb. Theory 2 (1967).
   (Für Abschnitt 1.C und 2.C)

9. C. Nash-Williams, An Application of Matroids to Graph Theory.
   Proc. Symp. Rome, Dunod (1968). (Zur Summe von Matroiden)

10. H. Perfect - J. Pym, Submodular Functions and Independence Struc-
    tures. (Zu Abschnitt 1.C, 2.C und 3.B)

11. R. Rado, Axiomatic Treatment of Rank in Infinite Sets. Canad. J.
    Math. 1 (1949). (Zu Abschnitt 1)

12. W. Tutte, Lectures on Matroids. J. Res. Nat. Bur. Stand. 69B (1965).
    (Zu Abschnitt 1-4)

13. W. Tutte, Introduction to the Theory of Matroids. Rand Report
    R448PR (1966). (Zu Abschnitt 1-4)

14. H. Whitney, On the Abstract Properties of Linear Dependence.
    Amer. J. Math. 57 (1935). (Zu Abschnitt 1)

VII. Matroide: Koordinatisierung und Invarianten

Nachdem wir die wichtigsten strukturellen Begriffe eines beliebigen
Matroides im letzten Kapitel kennengelernt haben, fragen wir uns nun,
wie wir nähere Aussagen über ein vorgegebenes spezielles Matroid
machen können. In diesem Zusammenhang besprechen wir zwei Themen: Zunächst studieren wir, welche Matroide linear dargestellt werden können
(siehe (VI.2.2)), d.h. in welchen Matroiden die abstrakte Abhängig-
keitsbeziehung auf die lineare Abhängigkeit in Vektorräumen zurückgeführt werden kann. In Abschnitt 4 wiederum versuchen wir Einblick in
ein Matroid zu gewinnen, indem wir die Struktur der Minoren untersuchen.

Zurück zur Koordinatisierung: Wir beginnen in Abschnitt 1 mit einer
Zusammenstellung der Grundtatsachen, wobei wir uns bei der Erstellung
von Beispielen nichtlinearer Matroide der klassischen Konfigurationen
aus der projektiven Geometrie bedienen. Diese Beispiele führen in natürlicher Weise zu notwendigen Bedingungen für die Linearität eines
Matroides. Die interessantesten Sätze über lineare Matroide sind bekannt
für die Klasse der über GF(2) koordinatisierbaren Matroide, der binären Matroide. Diese Klasse bildet den Gegenstand der Abschnitte 2
und 3. Dort besprechen wir einige spezielle Unterklassen, wie reguläre
Matroide (Abschnitt 2), graphische und cographische Matroide (Abschnitt 3). Bei den folgenden Sätzen werden wir gelegentlich elementare Tatsachen aus der Körpertheorie verwenden. Es sei daran erinnert,
daß Körper stets kommutativer Körper bedeutet und Schiefkörper (Divi-
sionsring) nichtkommutativer Körper.

1. LINEARE MATROIDE

Wir haben in (VI.2.1) bemerkt, daß die Darstellung ϕ eines Matroides
im allgemeinen nicht injektiv sein wird. Was dort informell angedeutet
wurde, daß ϕ eine injektive Abbildung auf der zugrundeliegenden Geo-

<u>metrie</u> induziert, wollen wir nunmehr präzisieren und geometrisch interpretieren.

<u>Satz</u>

(VII.1.1) *Es seien* $G(S)$, $H(T)$ *Matroide mit den zugrundeliegenden Geometrien* $G_O(S_O)$, $H_O(T_O)$. *Dann sind die folgenden Bedingungen äquivalent:*

    a) $G(S)$ *ist darstellbar in* $H(T)$,

    b) $G_O(S_O)$ *ist darstellbar in* $H(T)$,

    c) $G_O(S_O)$ *ist darstellbar in* $H_O(T_O)$.

<u>Beweis</u>

Es sei $\phi : S \to T$ Darstellung von $G(S)$ in $H(T)$. Wir wählen zu jedem $\bar{p} \not\subseteq \bar{\emptyset}$, $p \in S$, ein festes Element $a_p \in \overline{\phi p} - \bar{\emptyset}$, $a_p \in T$, (wegen $\bar{p} = \bar{q} \to \overline{\phi p} = \overline{\phi q}$ ist dies zulässig) und definieren $\phi_O : S_O \to T$ durch

$$\phi_O(\bar{p}) := a_p, \quad \bar{p} \in S_O.$$

Es gilt dann $A = \{\bar{p}_k\} \subseteq S_O$ unabhängig in $G_O(S_O) \leftrightarrow \{p_k\}$ unabhängig in $G(S) \leftrightarrow \{\phi p_k\}$ unabhängig in $H(T) \leftrightarrow \{a_{p_k}\}$ unabhängig in $H(T) \leftrightarrow \{\phi_O \bar{p}_k\}$ unabhängig in $H(T)$, d.h. ϕ_O ist Darstellung von $G_O(S_O)$ in $H(T)$. Die beiden anderen Konstruktionen werden analog durchgeführt. $\square$

Nach diesem Satz können wir uns bei der Darstellungstheorie auf <u>Geometrien</u> beschränken, und wir werden es in Zukunft auch manchmal tun.

Wir konzentrieren uns speziell auf Darstellungen in Vektorraummatroiden $G(V(n,K))$. Für diesen Fall sagt (VII.1.1) aus, daß das Koordinatisierungsproblem genau darin besteht, eine vorgegebene Geometrie $G(S)$ als <u>Untermatroid</u> in einen <u>projektiven</u> <u>Raum</u> $PG(n,K)$ über einem Körper K einzubetten. Insbesondere müssen also die bekannten Konfigurationen (Desargues, Pappos) auch in $G(S)$ bestehen, um die Koordinatisierbarkeit zu sichern. Wir werden daher zunächst einige positive Darstellungssätze beweisen und sodann die genannten Konfigurationen zur Konstruktion nichtlinearer Matroide verwenden.

A. Koordinatisierungssätze

Beginnen wir mit einigen einfachen algebraischen Überlegungen.

Satz

(VII.1.2) *Ein über K lineares Matroid* G(S) *ist linear über jeder Erweiterung* K' *von K.*

Für manche lineare Matroide ist dies bereits die maximale Aussage. Zum Beispiel haben wir:

Satz

(VII.1.3) *Für* $n \geq 3$ *ist die projektive Geometrie* PG(n,K) *nur linear über Erweiterungen von K.*

Dies folgt aus der Tatsache, daß ein Desargues'sches projektives Inzidenzsystem vom Rang ≥ 3 den Koordinatisierungsbereich K eindeutig festlegt, siehe Abs. VI.2.D. Den Beweis entnehme man einem der Bücher über projektive Geometrie.

Beispiel

(VII.1.4) Betrachten wir die Fano-Ebene F = PG(3,GF(2)). Laut

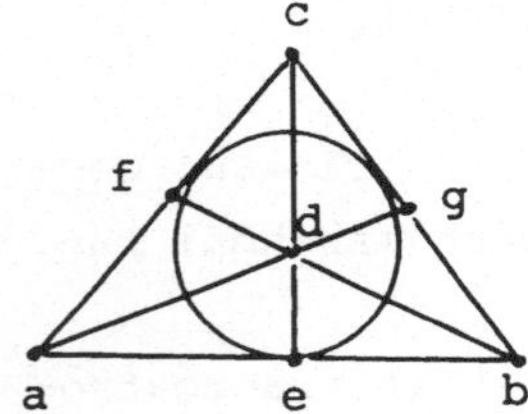

(VII.1.3) kann F nur über Körpern der Charakteristik 2 koordinatisiert werden. Wir können dies auch direkt nachprüfen. Es sei $\phi : F \to G(V(3,K))$ eine Koordinatisierung. Ohne Beschränkung der Allgemeinheit können wir $\phi(a) = (1,0,0)$, $\phi(b) = (0,1,0)$, $\phi(c) = (0,0,1)$ und $\phi(d) = (1,1,1)$ wählen. Da e abhängig von $\{a,b\}$ bzw. $\{c,d\}$ ist, gilt $\phi(e) = \lambda(1,1,0)$, und analog $\phi(f) = \mu(1,0,1)$, $\phi(g) = \nu(0,1,1)$ mit $\lambda,\mu,\nu \neq 0$. Die drei Vektoren $\phi(e)$, $\phi(f)$, $\phi(g)$ sind linear abhängig, d.h. $\det(\phi(e),\phi(f),\phi(g)) = \lambda\mu\nu(-2) = 0$, was nur für Charakteristik 2 möglich ist.

Ersetzen wir in F die Gerade $\{e,f,g\}$ durch die 3 trivialen Geraden $\{e,f\}$, $\{e,g\}$ und $\{f,g\}$ und nennen das neue Matroid F_1, so folgt aus dem eben Bewiesenen, daß F_1 genau über jenen Körpern K linear ist, für die char $K \neq 2$ ist. Insbesondere ist das Produkt $G = F \times F_1$ über keinem Körper K linear, da ja nach (VI.3.9) auch die Reduktion von G auf F bzw. F_1 K-linear sein müßte, dies aber einmal char $K = 2$, das andere Mal char $K \neq 2$ zur Folge hätte.

Diesen letzten Gedanken wollen wir verallgemeinern.

Definition

(VII.1.5) Die <u>charakteristische Menge</u> eines Matroides G ist $\mathrm{ch}(G) := \{\text{char } K : G \text{ ist K-linear}\}$. Insbesondere gilt also: G linear $\leftrightarrow \mathrm{ch}(G) \neq \emptyset$.

Für die Matroide aus (VII.1.4) haben wir zum Beispiel $\mathrm{ch}(F) = \{2\}$, $\mathrm{ch}(F_1) = \{0\} \cup \{p \text{ Pz} : p \neq 2\}$.

Satz

(VII.1.6) *Angenommen* $G_1(S_1)$, $G_2(S_2)$ *sind Matroide mit* $\mathrm{ch}(G_1) \cap \mathrm{ch}(G_2) = \emptyset$, *dann ist das Produkt* $G_1 \times G_2$ *nichtlinear.*

Beispiel (Lazarson)

(VII.1.7) Aus (VII.1.3) wissen wir, daß $\mathbf{PG}(n,K) \times \mathbf{PG}(m,L)$ nichtlinear ist, wann immer $n, m \geq 3$ und char $K \neq$ char L ist. Um Beispiele kleiner Mächtigkeit zu gewinnen, verallgemeinern wir die Beweisidee in (VII. 1.4). Es sei $V(p+1, GF(p))$ ein $(p+1)$-dimensionaler Vektorraum über $GF(p)$. Wir wählen $p+1$ unabhängige Vektoren $v_1, \ldots, v_{p+1}$ und setzen $v = \sum_{i=1}^{p+1} v_i$. Es sei $S_p := \left\{ v_1, \ldots, v_{p+1}, v, v - v_1, \ldots, v - v_{p+1} \right\}$, $|S_p| = 2p+3$. Behauptung: Für das Untermatroid $G_p(S_p)$ von $G(V)$ gilt $\mathrm{ch}(G_p) = \{p\}$. Zum Beweis sei $G_p(S_p)$ koordinatisiert über einem beliebigen Körper K. Wir können wie in (VII.1.4) o.B.d.A. $v_i = (0, \ldots, 1, \ldots, 0)$ mit 1 als i-ter Koordinate und 0 sonst, $1 \leq i \leq p+1$, $v = (1, 1, \ldots, 1)$, $v - v_i = \lambda_i (1, \ldots, 0, \ldots, 1)$ mit 0 als i-ter Koordinate, 1 sonst setzen. Die in $G_p(S_p)$ abhängige Menge $\{v - v_1, \ldots, v - v_{p+1}\}$ ist bei einer beliebigen Darstellung genau dann <u>linear</u> abhängig über K, wenn $\det_K(v - v_1, \ldots, v - v_{p+1}) = 0$ ist, und diese Determinante ist $\lambda_1 \cdots \lambda_{p+1} (\pm p)$, wie man leicht nachprüft. Wir haben somit für jede Primzahl p ein Matroid $G_p(S_p)$ mit $\mathrm{ch}(G_p) = \{p\}$ konstruiert. Das kleinste auf diese Weise erhaltene nichtlineare Matroid ist $G_2(S_2) \times G_3(S_3)$ und besitzt 16 Punkte.

Als nächstes fragen wir, ob die Linearität durch die Operationen aus Abschnitt VI.3 übertragen wird. Für Reduktion und Kontraktion haben

wir diese Frage in (VI.3.9) positiv beantwortet. Über Summe und Produkt
geben die nächsten beiden Sätze Auskunft.

$\boxed{\text{Satz}}$

(VII.1.8) *Das Produkt K-linearer Matroide ist wieder K-linear.*

Beweis

Es seien $G_1(S_1)$, $G_2(S_2)$, $S_1 \cap S_2 = \emptyset$, K-lineare Matroide, und
$\phi_1 : S_1 \to V(n_1,K)$, $\phi_2 : S_2 \to V(n_2,K)$ die beiden Koordinatisierungen. Definieren wir $\phi: S_1 \cup S_2 \to V(n_1 + n_2,K)$

$$
\phi(p) := \begin{cases}
(\phi_1(p),\ \underbrace{0,\ldots,0}_{n_2}) & \text{falls } p \in S_1, \\[2ex]
(\underbrace{0,\ldots,0}_{n_1},\ \phi_2(p)) & \text{falls } p \in S_2,
\end{cases}
$$

so ist ϕ Darstellung von $G_1(S_1) \times G_2(S_2)$ über K. $\square$

$\boxed{\text{Satz}}$

(VII.1.9) *Es seien $G_1(S),\ldots,G_t(S)$ Matroide auf der endlichen Menge
S. Dann existiert $n \in \mathbb{N}$, so daß für $|K| \geq n$ aus der K-Linearität von
$G_i(S)$ für $i = 1,\ldots,t$, auch die K-Linearität von $\sum_{i=1}^{t} G_i(S)$ folgt.*

Beweis

Nach Übung (VI.3.6) können wir uns auf den Beweis folgender Behauptung
beschränken: Es sei $G(S)$ Matroid auf der endlichen Menge S, $|T| = |S| - 1$
und $f : S \to T$ surjektiv. Wir definieren das Matroid $H(T)$ folgendermaßen:

$B \subseteq T$ unabhängig in $H(T)$ $:\Leftrightarrow$ $\exists A$ unabhängig in $G(S)$ mit $f(A) = B$.

Dann existiert $n \in \mathbb{N}$, so daß für $|K| \geq n$ aus der K-Linearität von $G(S)$
die K-Linearität von $H(T)$ folgt.

Es sei $S = \{p_0,p_1,\ldots,p_s\}$, $T = \{q_1,\ldots,q_s\}$ und $f(p_0) = f(p_1) = q_1$, $f(p_i) =
q_i$ für $2 \leq i \leq s$. Ist ϕ eine Darstellung von $G(S)$ in $G(V(n,K))$, so defi-
nieren wir $\psi : T - q_1 \to V(n,K)$ durch

$$
\psi(q_i) := \phi(p_i),\ 2 \leq i \leq s,
$$

und zeigen, daß wir $\lambda_0,\lambda_1 \in K$ finden können, so daß mit $\psi(q_1) =$

$\lambda_0 \phi(p_0) + \lambda_1 \phi(p_1)$ die erweiterte Abbildung $\psi : T \to V(n,K)$ eine Darstellung von $H(T)$ über K ist.

Zunächst gilt: $B \subseteq T - q_1$ ist unabhängig in $H(T) \leftrightarrow f^{-1}(B)$ unabhängig in $G(S) \leftrightarrow \phi(f^{-1}(B)) = \psi(B)$ unabhängig in $G(V(n,K))$. Wir können uns somit auf Mengen $B = q_1 \cup A \subseteq T$ beschränken. Falls p_0, p_1 parallele Elemente in $G(S)$ sind, definieren wir $\psi(q_1) = \phi(p_0)$, und wir sind fertig. Im anderen Fall betrachten wir eine beliebige unabhängige Menge $q_1 \cup A \subseteq T$, und definieren den Unterraum $W(A)$ von $G(V(n,K))$ durch $W(A) := \overline{\psi A} \cap \cap \{\overline{\phi(p_0), \phi(p_1)}\}$. Aus der Unabhängigkeit von $q_1 \cup A$ folgt, daß mindestens eine der beiden Mengen $p_0 \cup f^{-1}(A)$, $p_1 \cup f^{-1}(A)$ unabhängig in $G(S)$ ist, und daß somit $\phi(p_0) \notin \overline{\psi A}$ oder $\phi(p_1) \notin \overline{\psi A}$ ist. $W(A)$ ist daher ein 0-dimensionaler oder 1-dimensionaler Unterraum von V. Lassen wir $B_i = q_1 \cup A_i$ alle unabhängigen Mengen in $H(T)$, die q_1 enthalten, durchlaufen, so gilt $W(A_i) \subsetneq \{\overline{\phi(p_0), \phi(p_1)}\}$. Ist auch die Vereinigung $\bigcup_i W(A_i)$ echt in $\{\overline{\phi(p_0), \phi(p_1)}\}$ enthalten, so existieren $\lambda_0, \lambda_1 \in K$, so daß $\lambda_0 \phi(p_0) + \lambda_1 \phi(p_1)$ unabhängig von <u>allen</u> $\psi(A_i)$'s ist. Definieren wir nun $\psi(q_1) := \lambda_0 \phi(p_0) + \lambda_1 \phi(p_1)$, so gilt: $q_1 \cup A_i$ unabhängig in $H(T) \to \psi(q_1 \cup A_i)$ unabhängig in $G(V(n,K))$. Ist $q_1 \cup A$ abhängig, so enthält $q_1 \cup A$ einen Kreis C, und wir können annehmen, daß $q_1 \in C$, $C = q_1 \cup C_1$. Dann sind $p_0 \cup f^{-1}(C_1)$ und $p_1 \cup f^{-1}(C_1)$ abhängig, d.h. es gilt $\phi(p_0)$, $\phi(p_1) \in \overline{\psi(C_1)}$, und es ist somit auch $\psi(C)$ abhängig. Aus der Endlichkeit von S folgt schließlich unmittelbar, daß für $|K|$ groß genug $\bigcup_i W(A_i) \subsetneq \{\overline{\phi(p_0), \phi(p_1)}\}$ ist, und wir sind fertig. $\square$

<u>Folgerung</u> (Piff-Welsh)

(VII.1.10) *Ist* $G(S)$ *ein transversales oder cotransversales Matroid, so existiert* $n \in \mathbb{N}$, *so daß* $G(S)$ *K-linear ist, wann immer* $|K| \geq n$. *Insbesondere ist* $G(S)$ *über allen unendlichen Körpern koordinatisierbar.*

<u>Beweis</u>

Da Matroide vom Rang 1 trivialerweise regulär sind, folgen die Behauptungen aus (VII.1.9) und (VI.3.23) bzw. (VI.4.12). $\square$

Wir kommen zum Hauptergebnis dieses Abschnittes, einer Charakterisierung K-linearer Matroide und zwar in der Interpretation als Funktionenräume. Wenn wir Satz (VI.2.7) nochmals studieren, so sehen wir, daß es darauf ankommt, Bedingungen zu finden, welche gestatten, zu jeder Basis B von $G(S)$ die zugehörige Basis $\{f_b : b \in B\}$ von $F(S,K)$ zu finden. Diesen Gedanken wollen wir im Beweis des folgenden Satzes verwenden.

$\boxed{\text{Satz}}$

(VII.1.11) *Sei* $G(S)$ *Matroid,* $\mathfrak{H}$ *die Familie der Copunkte von* $G(S)$.
Dann ist $G(S)$ *genau dann* K-*linear, wenn wir zu jedem* $H \in \mathfrak{H}$ *eine Funktion* $f_H : S \to K$ *finden können, so daß gilt:*

> *a) Kern* $f_H = H$,
>
> *b) Enthalten 3 verschiedene Copunkte* H_1, H_2, H_3 *eine gemeinsame
>   Cogerade, so existieren* $\lambda_1, \lambda_2, \lambda_3 \in K - \{0\}$ *mit*
>
> $$\lambda_1 f_{H_1} + \lambda_2 f_{H_2} + \lambda_3 f_{H_3} = 0.$$

Beweis

Die Notwendigkeit ersehen wir aus (VI.2.6). Ist nämlich $G(S) \cong G(F(S,K))$,
so existieren nach (VI.2.6b) Funktionen $f_H \in F(S,K)$ mit Kern $f_H = H$,
$H \in \mathfrak{H}$. Ist $W = H_1 \wedge H_2 \wedge H_3$ Colinie und $B = \{b_3, b_4, \ldots, b_n\}$ Basis von W,
$B \cup b_1$ Basis von H_1, $B \cup b_2$ Basis von H_2, so ist $B \cup b_1 \cup b_2$ Basis von
$G(S)$. Das Gleichungssystem

$$\lambda_2 f_{H_2}(b_1) + \lambda_3 f_{H_3}(b_1) = 0$$
$$\lambda_1 f_{H_1}(b_2) \qquad\qquad \lambda_3 f_{H_3}(b_2) = 0$$

besitzt eine nichttriviale Lösung λ_1, λ_2, λ_3, und wir erhalten
$\sum_{i=1}^{3} \lambda_i f_{H_i}\big|_{B \cup b_1 \cup b_2} = 0$, d.h. nach (VI.2.6a) $\sum_{i=1}^{3} \lambda_i f_{H_i} = 0$.

Zum Nachweis der Umkehrung bezeichnen wir den von $\{f_H : H \in \mathfrak{H}\}$ aufgespannten Funktionenraum mit $F(S,K)$ und zeigen $G(S) = G(F(S,K))$. Analog
zu (VI.2.6) benötigen wir dazu folgenden Hilfssatz: Seien a), b) erfüllt und $B = \{b_1, \ldots, b_n\}$ Basis von $G(S)$. Dann bilden die Funktionen
f_{H_i}, $H_i = \overline{B - b_i}$, $1 \leq i \leq n$, eine Basis von $F(S,K)$.

Zum Beweis ersehen wir zunächst, daß die f_{H_i} offenbar linear unabhängig
sind. Es bleibt also zu zeigen, daß $f_H \in \overline{\{f_{H_1}, \ldots, f_{H_n}\}}$ für alle $H \in \mathfrak{H}$
ist. Wir benützen Abwärtsinduktion nach $|H \cap B|$. Ist $|H \cap B| = n - 1$, so
gilt $H = H_i$ für ein i, und es ist nichts zu zeigen. Ist $|H \cap B| = k \geq 0$,
so sagen wir, H ist vom <u>Typ</u> k. Angenommen, die Behauptung ist richtig
für alle Copunkte vom Typ $\ell \geq k + 1$. Es sei H vom Typ k, z.B. $H \cap B = \{b_1, \ldots, b_k\}$. Wir erweitern $H \cap B$ zu einer Basis $\{b_1, \ldots, b_k,$
$c_{k+1}, \ldots, c_{n-1}\}$ von H. $L = \overline{\{b_1, \ldots, b_k, c_{k+1}, \ldots, c_{n-2}\}}$ ist Cogerade mit
$L \lessdot H$. Da $B \not\subseteq L$ ist, wählen wir $b' \in B - L$ und setzen
$H' := \overline{\{b_1, \ldots, b_k, c_{k+1}, \ldots, c_{n-2}, b'\}}$. H' ist Copunkt vom Typ $\geq k + 1$ mit

$L \lessdot H'$, also gilt $H' \neq H$. Da wiederum $B \not\subseteq H'$ ist, existiert $b'' \in B - H'$, und wir setzen $H'' := \overline{\{b_1,\ldots,b_k,c_{k+1},\ldots,c_{n-2},b''\}}$. H'' ist ein weiterer Copunkt vom Typ $\geq k+1$ mit $L \lessdot H''$, und es gilt $H'' \neq H'$, $H'' \neq H$. Nach Voraussetzung b) gilt nun $f_H \in \overline{\{f_{H'}, f_{H''}\}}$, ferner nach Induktion $\{f_{H'}, f_{H''}\} \subseteq \overline{\{f_{H_1},\ldots,f_{H_n}\}}$, und wir sind fertig.

Um den Beweis zu beenden, zeigen wir, daß $G(S)$ und $G(F(S,K))$ dieselben Copunkte besitzen. Sei H Copunkt von $G(S)$, dann gilt $H = \text{Kern } f_H$, $f_H \in F(S,K)$. Angenommen, es gäbe $g \in F(S,K)$ mit $H \subsetneqq \text{Kern } g$. Wir wählen eine Basis $B' = \{b_1,\ldots,b_{n-1}\}$ von H und $b_n \notin H$ mit $g(b_n) = 0$. $B' \cup b_n$ ist dann Basis von $G(S)$, somit $\{f_{H_i}\}$ definiert wie oben Basis von $F(S,K)$.

Wir haben also $g = \sum_{i=1}^{n} \lambda_i f_{H_i}$, $0 = g(b_i) = \lambda_i f_{H_i}(b_i)$, somit $\lambda_i = 0$ für alle i, d.h. $g = 0$. Nach (VI.2.6b) besagt dies, daß H Copunkt von $G(F(S,K))$ ist. Es sei umgekehrt H' Copunkt von $G(F(S,K))$, $H' = \text{Kern } f'$ für $0 \neq f' \in F(S,K)$. Ist H' nicht Copunkt von $G(S)$, so gilt wegen (VI.2.6b) wiederum $r(H') = n$ in $G(S)$, d.h. H' enthält eine Basis $B = \{b_1,\ldots,b_n\}$ von $G(S)$. Wählen wir abermals die Basis $\{f_{H_i}\}$ von $F(S,K)$, so folgern wir

$f' = \sum_{i=1}^{n} \lambda_i f_{H_i}$, und daraus $0 = f'(b_i) = \lambda_i f_{H_i}(b_i)$, somit $\lambda_i = 0$ für alle i, d.h. $f' = 0$, entgegen der Voraussetzung. $\square$

Für $|S| = n < \infty$ können wir ein K-lineares Matroid $G(S)$ vom Rang r (eingebettet in $V(r,K)$) als $r \times n$-Matrix R über K repräsentieren, wobei die $r \times 1$-Spaltenvektoren von R den Elementen aus S entsprechen. Wir nennen R eine <u>Koordinatisierungsmatrix</u> von $G(S)$. Ist umgekehrt R eine beliebige $r \times n$-Matrix über K, so bestimmt R durch lineare Abhängigkeit ein eindeutiges K-lineares Matroid $M(R)$ auf der Menge der Spaltenvektoren. Wir nennen $M(R)$ das <u>Matrixmatroid</u> von R. K-Linearität von $G(S)$ bedeutet somit $G(S) \cong M(R)$ für eine K-Matrix R. Die Matrixmatroide $M(R)$ über K sind also (bis auf Isomorphie) genau die <u>endlichen</u> <u>Untermatroide</u> der Vektorraummatroide $G(V(n,K))$. Aufgrund dieser Überlegung wurde auch der Name "Matroid" geprägt.

Da wir bei den Beweisen in Abschnitt 2 vielfach diese Interpretation der K-Linearität als Matrizendarstellbarkeit verwenden werden, wollen wir einige leicht zu beweisende Tatsachen darüber zusammenstellen.

<u>Satz</u>

(VII.1.12) *Es sei R eine $r \times n$-Matrix über K. Für jede Matrix R_1, welche aus R durch eine Folge der Operationen: a) Weglassen einer*

*Zeile bestehend aus Nullen, b) Permutieren von Zeilen und Spalten,
c) Multiplizieren von Zeilen bzw. Spalten durch $\lambda \neq 0 \in K$ erhalten wird,
gilt* $M(R_1) \cong M(R)$. *Ist ferner die* $r \times r$-*Matrix* N *nichtsingulär, so gilt
ebenfalls* $M(R) \cong M(NR)$.

Insbesondere existiert zu jeder Matrix R mit n Spalten und Rang r
eine $r \times n$-Matrix R_1, deren erste r Spalten die Einheitsmatrix E_r bilden, $R_1 = [E_r, A_{r,n-r}]$ mit $M(R) \cong M(R_1)$. Ist also ein endliches Matroid
G(S) K-linear, B Basis von G(S), dann existiert eine Koordinatisierungsmatrix $R_B(G(S)) = [E_r, A]$, deren erste r Spalten den Elementen aus B
entsprechen. Wir sagen, $R_B(G(S))$ ist die <u>Standardmatrix</u> in bezug auf
die Basis B, oder R_B ist in <u>Standardform</u> (siehe Beispiel (VI.2.8)).
Die Zeilen von $R_B = [E_r, A]$ korrespondieren zu den Funktionen f_i,
Kern $f_i = \overline{B - b_i}$, $f_i(b_i) = 1$, $1 \leq i \leq r$, mit $f_i(p)$ in der Position (i,p),
$p \in S$.

<u>Satz</u>

(VII.1.13) *Ist* $R_B = [E_r, A]$ *Standardmatrix des endlichen Matroides* G(S)
vom Rang r *in bezug auf* B, *so ist* $[-A^T, E_{n-r}]$ *Standardmatrix von* $G^\perp(S)$
in bezug auf S - B, *wobei* A^T *die Transponierte von* A *ist.*

<u>Beweis</u>

Lassen wir die Zeilen von R_B zu den Funktionen $f_i : S \to K$ korrespondieren
mit Kern $f_i = \overline{B - b_i}$, $f_i(b_i) = 1$, für $i = 1, \ldots, r$, so wissen wir aus
(VI.2.7), daß das von den f_i erzeugte Funktionenraummatroid $G(F(S,K))$
gleich G(S) ist. Wählen wir die orthogonale Familie $\{g_j\}$ wie im Beweis
von (VI.4.11), so ergibt sich durch nochmalige Anwendung von (VI.2.7)
die Behauptung. $\square$

<u>Beispiel</u>

$$K = \mathbb{Q}$$

$$R_B(G(S)) = \left[\begin{array}{ccc|cccc} \boxed{1} & 0 & \boxed{0} & \boxed{2 \quad 4 \quad -7 \quad 1} \\ 0 & 1 & 0 & 0 \quad 3 \quad 2 \quad 0 \\ \boxed{0} & 0 & \boxed{1} & \boxed{5 \quad -2 \quad 3 \quad -1} \end{array}\right]$$

$$\underbrace{}_{B} \qquad \underbrace{}_{S-B}$$

$$R_{S-B}(G^\perp(S)) = \begin{bmatrix} -2 & 0 & -5 & 1 & 0 & 0 & 0 \\ -4 & -3 & 2 & 0 & 1 & 0 & 0 \\ 7 & -2 & -3 & 0 & 0 & 1 & 0 \\ -1 & 0 & 1 & 0 & 0 & 0 & 1 \end{bmatrix}$$

128

Es sei $R_B(G(S)) = [E_r, A]$ gegeben und A' eine Untermatrix von A. Angenommen $Z_{i_1}, \ldots, Z_{i_k}$ und $S' \subseteq S - B$ sind die Zeilen bzw. Spalten von A'. Wir fügen zu A' die Untermatrix E_k von E_r hinzu, deren Zeilen- (und Spalten-)indizes $i_1, \ldots, i_k$ sind. Als Beispiel betrachte man die umrandeten Teile in obiger Matrix. Anwendung von (VI.3.8) ergibt unmittelbar:

Satz

(VII.1.14) $R_1 = [E_k, A']$ *ist die Standardmatrix des Minors* $(G(S)/B - B')$. $(S' \cup B')$ *in bezug auf* $B' = \{b_{i_1}, \ldots, b_{i_k}\} \subseteq B$.

Folgerung

(VII.1.15)   *Für zwei* $r \times n$-*Matrizen* $R_1 = [E_r, A_1]$, $R_2 = [E_r, A_2]$ *über Körpern K bzw. L gilt: Die Abbildung* ϕ*, welche die* j-*te Spalte von* R_1 *auf die* j-*te Spalte von* R_2 *abbildet, ist ein Isomorphismus von* $M(R_1)$ *auf* $M(R_2)$ *genau dann, wenn für jede (quadratische) Untermatrix* $N_1 \subseteq A_1$ *und die entsprechende Matrix* $N_2 \subseteq A_2$ *gilt:* $\det_K N_1 = 0 \leftrightarrow \det_L N_2 = 0$.

B. Geometrische Konfigurationen

Während wir in Abschnitt A vorwiegend mit algebraischen Methoden gearbeitet haben und beispielsweise in (VII.1.6) auf rein algebraischem Weg nichtlineare Matroide konstruiert haben, wenden wir uns nun geometrischen Überlegungen zu.

Wir wissen aus (VI.2.19), daß ab Rang 4 die projektiven Geometrien genau die Geometrien PG(n,K) (über Schiefkörpern K) sind. Ab Rang 4 besteht das Koordinatisierungsproblem somit in der Einbettung eines Matroides in ein projektives Inzidenzsystem. Für Rang 3, also Ebenen, ist die Situation anders (Rang 2 ist uninteressant). Wir werden nämlich zeigen, daß <u>jedes</u> Rang 3-Matroid in eine projektive Ebene E eingebettet werden kann. Ob eine Einbettung eine Koordinatisierung ist, hängt also davon ab, ob $E \cong PG(3,K)$ für einen Körper K ist. Wir können uns bei den folgenden Überlegungen auf Geometrien beschränken (siehe (VII.1.1)).

Satz

(VII.1.16)   *Eine Geometrie G(S) vom Rang 3 kann stets als Untermatroid in eine projektive Ebene E eingebettet werden.*

Beweis

In $G(S)$ liegen je zwei Punkte auf genau einer Geraden, es kann jedoch
vorkommen, daß zwei Geraden nicht schneiden. Um E zu konstruieren,
müssen wir also neue Schnittpunkte hinzufügen, dann wieder neue Ver-
bindungsgeraden usf. Formal konstruieren wir E induktiv. Wir setzen
$G(S) = E_0$. Sei E_k bereits konstruiert, dann definieren wir für je zwei
Geraden $\ell_i, \ell_j \in E_k$ mit $\ell_i \cap \ell_j = \emptyset$ einen neuen Punkt $P_{i,j}$, und ebenso für
je zwei Punkte $P_r, P_s \in E_k$, die auf keiner gemeinsamen Geraden liegen,
eine neue Gerade $\ell_{r,s}$, und setzen $E_{k+1} := E_k \cup \bigcup \{P_{ij}\} \cup \{\ell_{r,s}\}$ mit
den zusätzlichen Inzidenzen $P_{i,j} \in \ell_i \cap \ell_j$, $\{P_r, P_s\} \subseteq \ell_{r,s}$.
$E = \bigcup_{k=0}^{\infty} E_k$ ist dann, wie man sofort sieht, eine projektive Ebene oder
Produkt einer Geraden mit einem Punkt, in welchem Fall E nach (VII.
1.8) seinerseits in eine projektive Ebene eingebettet werden kann.
Schließlich ist klar, daß in jedem Fall $G(S)$ als Untermatroid in der
resultierenden projektiven Ebene enthalten ist. $\square$

Aus der Konstruktion ist ersichtlich, daß endliche Rang 3-Geometrien
dabei in _abzählbare_ projektive Ebenen eingebettet werden. Beginnen
wir mit der allgemeinsten Situation, einer Menge von Punkten und
leerer Geradenmenge, so erhalten wir eine sogenannte _freie_ Ebene. In
einer freien Ebene ist der Satz von Desargues niemals gültig. Die
Frage, wann eine endliche Rang 3-Geometrie in eine _endliche_ projektive Ebene eingebettet werden kann, stellt eines der interessantesten
ungelösten Probleme dar.

Die folgende Aussage kann durch Anwendung des Erweiterungssatzes
(VI.3.30) auf ähnliche Weise erzielt werden und ergibt eine natürliche
Verallgemeinerung von (VII.1.16) auf beliebigen Rang ≥ 3. Wir zitieren
ohne Beweis.

Satz (Sachs)

(VII.1.17)   _Es sei_ $G(S)$ _eine Geometrie vom Rang_ $n \geq 3$. _Dann kann_ $G(S)$
als Untermatroid in eine Geometrie $H(T)$ _vom selben Rang_ n _eingebettet_
werden, in der sich je zwei Copunkte in einer Cogeraden schneiden.

Die Geometrien $H(T)$ in (VII.1.17) haben die Eigenschaft, daß jedes
obere Intervall $[x,1]$ vom Rang 3 _modular_ ist. Daraus folgt aber nicht,
daß $H(T)$ in einer modularen Geometrie dargestellt werden kann (d.h.
einer Geometrie mit modularem Unterraumverband), wie das folgende
Beispiel für Rang 4 demonstriert. Setzen wir jedoch voraus, daß jedes

obere Intervall vom Rang 4 modular ist, so resultiert die Einbettbarkeit in eine modulare Geometrie (Wille).

<u>Beispiel</u>

(VII.1.18)   Betrachten wir ein 3-Design $(S,\Re)$ mit $S = |22|$ und $|H| = 6$
für alle $H \in \Re$ (solche Designs existieren). Nach (VI.2.22) ist die
korrespondierende Inzidenzgeometrie $G(S)$ vom Rang 4, und die Copunkte
sind genau die Kurven aus $\Re$. Jeder Punkt ist in 21 Geraden enthalten,
jedes Punktpaar in $(22 - 2)/4 = 5$ Kurven, somit jeder Punkt in genau
$(22 - 1) \cdot 5 / 5 = 21$ Kurven, d.h. Copunkten. Laut Übung (VI.3.20) ist
daher jedes Intervall $[p,1]$ modular. Insbesondere folgt, daß zwei
Kurven von $\Re$ disjunkt sind oder in genau 2 Punkten schneiden.
Angenommen $\phi : G(S) \to H(T)$ ist eine modulare Einbettung. Es sei
$H = \{A,B,C,D,E,F\} \in \Re$ beliebig gewählt, dann schneiden einander die
Geraden $\{\overline{A,B}\}$, $\{\overline{C,D}\}$ in einem Punkt $X \in H(T)$, $X \notin S$. Wir wollen zeigen,
daß <u>jede</u> Gerade durch X die Menge S in genau 2 oder 0 Punkten trifft.
Es sei $M = \{A,B,R,S,U,V\} \neq H$. $\{C,D,R\}$ ist in genau einer Kurve $N \in \Re$,
$N \neq H$, $N \neq M$. Da $R \in M \cap N$, haben wir $|M \cap N| = 2$, und der zweite Punkt in
$M \cap N$ muß einer von S,U,V sein. O.B.d.A. sei $M \cap N = \{R,S\}$. Die Gerade
$\{\overline{R,S}\}$ liegt nun sowohl mit $\{\overline{A,B}\}$ wie mit $\{\overline{C,D}\}$ in einer Ebene, sie hat
also mit beiden Geraden einen Schnittpunkt in $H(T)$, und dieser muß
offenbar X sein. Analog geht die Gerade aufgespannt von $\{U,V\}$ durch X.
Vertauschen wir die Rollen von M und H, so gilt dasselbe für die Gerade $\{E,F\}$. Da M beliebig $\neq H$ war, folgt die Behauptung. Es gehen somit genau 11 Geraden durch X, welche S schneiden. Diese 11 Geraden
erzeugen offenbar $\binom{11}{2}/3$ Ebenen, doch $\binom{11}{2}/3$ ist keine ganze Zahl,
und wir sind bei einem Widerspruch angelangt.

Zu den schönsten Ergebnissen der Theorie der projektiven Ebenen ge-
hören jene Sätze, welche die Existenz gewisser Konfigurationen als
Kriterien für die Koordinatisierbarkeit der Ebene ausweisen. Ist daher
eine solche Konfiguration in einer Geometrie $G(S)$ nicht gegeben, so
ist $G(S)$ notwendig nichtlinear. Als Beispiele seien die beiden
klassischen Schließungssätze für projektive Ebenen angeführt.

<u>Beispiel</u>

(VII.1.19)   In einer projektiven Ebene $E = PG(3,K)$ über einem Schiefkörper K gilt der <u>Satz von Desargues</u>. Dieser besagt:

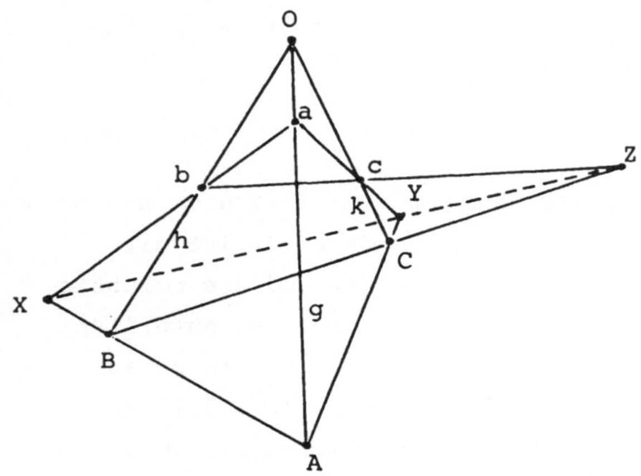

Seien g,h,k drei Geraden
durch den Punkt O (<u>Zentrum</u>
<u>der</u> Perspektivität), und 3
Punktepaare a,A ∈ g; b,B ∈ h;
c,C ∈ k. Bezeichnen wir mit
X, Y, Z die (verschiedenen)
Schnittpunkte der Geraden
$\{\overline{a,b}\}$, $\{\overline{A,B}\}$; $\{\overline{a,c}\}$,
$\{\overline{A,C}\}$; $\{\overline{b,c}\}$, $\{\overline{B,C}\}$, so sind
X, Y, Z kollinear (<u>Achse</u> <u>der</u>
Perspektivität).

G(S) nichtlinear

$|S| = 10$.

Ersetzen wir also die 3-Punkte Gerade {X,Y,Z} durch 3 triviale Geraden, so ist das neue Matroid nichtlinear.

<u>Beispiel</u>

(VII.1.20) In einer projektiven Ebene $E = PG(3,K)$ über einem Körper K
gilt der <u>Satz</u> <u>von</u> <u>Pappos</u>: Gegeben zwei Geraden g,h und 6 Punkte
a,b,c ∈ g; A,B,C ∈ h. Bezeichnen wir mit X, Y, Z die (verschiedenen)

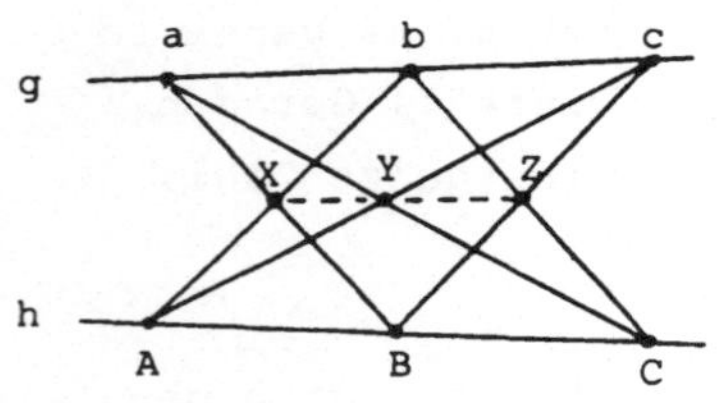

Schnittpunkte der Geraden
$\{\overline{a,B}\}$, $\{\overline{b,A}\}$; $\{\overline{a,C}\}$,
$\{\overline{c,A}\}$; $\{\overline{b,C}\}$, $\{\overline{c,B}\}$,
so sind X, Y, Z kollinear. Ersetzen
wir also die 3-Punkte-Gerade {X,Y,Z}
durch drei triviale Geraden, so ist
das neue Matroid nichtlinear.

G(S) nichtlinear

$|S| = 9$.

Es ist bekannt, daß jedes Matroid mit ≤ 7 Punkten Q-linear ist mit
Ausnahme der Fano-Ebene F und $F^{\perp}$, für die $ch(F) = ch(F^{\perp}) = \{2\}$ ist.
Weiter ist bekannt, daß jedes Matroid mit 8 Punkten und Rang ≤ 3
(und somit nach (VI.4.12) auch für Rang ≥ 5) Q-linear oder $GF(2^k)$-
linear ist. Das nächste Beispiel zeigt, daß aber tatsächlich nicht-
lineare Matroide G(S) existieren mit $|S| = 8$, $r(G(S)) = 4$.

<u>Beispiel</u> (Vamos)

(VII.1.21)   Sei $S = \{a,b,c,d,A,B,C,D\}$ und $\alpha = \{a,A\}$, $\beta = \{b,B\}$, $\gamma = \{c,C\}$, $\delta = \{d,D\}$. Wir definieren $\mathfrak{H}_1 := \{\alpha \cup \beta,\ \alpha \cup \gamma,\ \alpha \cup \delta,\ \beta \cup \gamma,\ \beta \cup \delta\}$, (aber $\gamma \cup \delta \notin \mathfrak{H}_1$), und $\mathfrak{H} = \mathfrak{H}_1 \cup \{3\text{-Mengen } T : T \nsubseteq U \text{ für alle } U \in \mathfrak{H}_1\}$. Man sieht leicht, daß $\mathfrak{H}$ die Copunktaxiome (VI.1.17) erfüllt und demnach ein Matroid G(S) vom Rang 4 definiert. (Äquivalent dazu sind die Basen von G(S) alle 4-Untermengen von S, ausgenommen jene von $\mathfrak{H}_1$.)

Angenommen, wir könnten G(S) in einen projektiven Raum PG(4,K) einbetten. Wir gehen analog wie in (VII.1.18) vor. Die Geraden α, β

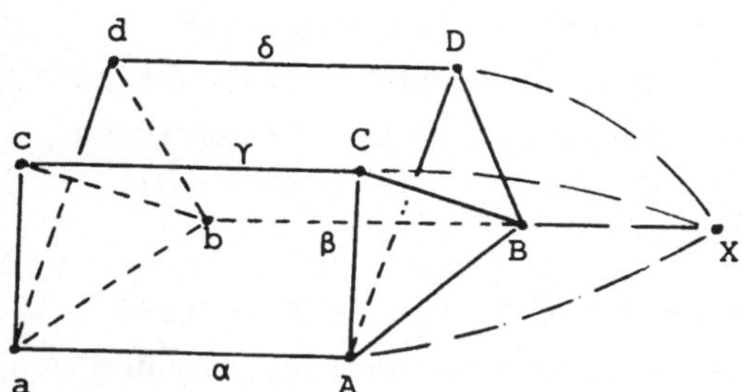

liegen in einer Ebene, besitzen in PG(4,K) also einen Schnittpunkt X. Die Gerade γ liegt sowohl mit α wie mit β in einer Ebene (aus $\mathfrak{H}_1$), und geht daher ebenfalls durch X. Dasselbe gilt für δ, d.h. die Geraden α, β, γ, δ sind kopunktal in X. Dies bedeutet aber, daß γ, δ eine <u>Ebene</u> aufspannen, im Widerspruch zu $\gamma \cup \delta \notin \mathfrak{H}_1$.

Es ist ein leichtes, die Konstruktion aus (VII.1.21) zu verallgemeinern und auf diese Weise eine Klasse nichtlinearer Matroide zu konstruieren (siehe Übungen).

C. Das kritische Problem

Zum Abschluß dieser grundlegenden Bemerkungen über die Koordinatisierung wollen wir ein wichtiges Extremalproblem besprechen. Es sei $\phi : S \to V(n,K)$ eine Koordinatisierung des Matroides G(S) über K, wobei wir $n = r(G(S))$ annehmen können. Wir fassen G(S) als Untermatroid von G(V(n,K)) auf und S als Menge von Vektoren.

<u>Definition</u>

(VII.1.22)   Der <u>kritische</u> <u>Exponent</u> c(S) einer Menge $S \subseteq V(n,K)$, wobei $O \notin S$, ist die <u>Minimalzahl</u> c von Copunkten $H_1,\ldots,H_c$ aus G(V(n,K)), so daß

$$S \cap \left(\bigcap_{i=1}^{c} H_i \right) = \emptyset.$$

Offenbar gilt $1 \leq c(S) \leq n$ für alle $S \neq \emptyset$.

Satz

(VII.1.23) *Ist* $S \subseteq V(n,K)$, $0 \notin S$, *und* $k(S)$ *der* maximale *Rang eines Unterraumes* U *von* $G(V(n,K))$ *mit* $S \cap U = \emptyset$, *so gilt*

$$k(S) = n - c(S).$$

Beweis ·

Ist U solch ein Unterraum maximalen Ranges $k(S)$, so existieren $n - k(S)$ Copunkte H_i mit $\bigcap H_i = U$, also gilt $n - k(S) \geq c(S)$. Ist umgekehrt $H_1, \ldots, H_c$ eine minimale Copunktmenge, deren Durchschnitt disjunkt zu S ist, so folgt aus der Modularität der Rangfunktion in Vektorräumen $r(\bigcap_{i=1}^{c} H_i) = n - c$, somit $n - c \leq k(S)$. $\square$

Die beiden Extremalprobleme - Bestimmung von $c(S)$ bzw. $k(S)$ - sind also dual zueinander. Die Lösung des einen Problems bedingt die des anderen. Wir werden in einem Beispiel (VII.1.31) diese Dualität näher beleuchten.

Ist $\phi : S \rightarrow V(n,K)$ nun eine Einbettung des Matroides $G(S)$, so wäre es plausibel, daß der kritische Exponent $c(\phi S)$ von der Einbettung ϕ abhängt. Daß dies nicht der Fall ist, zeigt der nächste Satz, wo demonstriert wird, daß c allein von der <u>Verbandsstruktur</u> $L(S)$ abhängt. Wir können daher unzweideutig vom <u>kritischen</u> <u>Exponenten</u> <u>eines</u> <u>linearen</u> <u>Matroides</u> sprechen und diesen mit $c(G)$ bezeichnen.

Zur Vorbereitung des Satzes benötigen wir einige Begriffe aus Band I, Kapitel IV.

Definition

(VII.1.24) Es sei L eine endliche Ordnung, und W ein kommutativer Ring mit Einselement der Charakteristik O. Wir definieren $\mu : L \times L \rightarrow W$ induktiv durch:

$$\mu(x,x) = 1$$

$$\mu(x,y) = - \sum_{\substack{z \\ x \leq z < y}} \mu(x,z) \qquad \text{falls } x < y,$$

$$\mu(x,y) = O \qquad \text{falls } x \not\leq y.$$

μ heißt die __Möbiusfunktion__ von L (in W), und wir setzen oft kurz
$\mu(L) := \mu(O,1)$, falls L ein Null- und Einselement enthält.

Aus der Definition folgt sofort für alle $x,y \in L$:

$$\sum_{\substack{z \\ x \leq z \leq y}} \mu(x,z) \;=\; \sum_{\substack{z \\ x \leq z \leq y}} \mu(z,y) \;=\; \delta_{x,y} \quad \text{(Kroneckersymbol)}.$$

Die folgende Formel - genannt __Möbius Inversion__ - ist fundamental für
die gesamte Zähltheorie.

Satz

(VII.1.25) *Es sei L eine endliche Ordnung mit Möbiusfunktion μ und*
W ein kommutativer Ring mit Einselement der Charakteristik O. Zu einer
Abbildung $f : L \to W$ *definieren wir die beiden Summenfunktionen* $g,h : L \to W$

$$g(y) := \sum_{\substack{x \\ x \leq y}} f(x), \quad h(y) := \sum_{\substack{w \\ w \geq y}} f(w).$$

Dann gilt für alle $y \in L$:

$$f(y) = \sum_{\substack{x \\ x \leq y}} \mu(x,y)\,g(x), \quad f(y) = \sum_{\substack{w \\ w \geq y}} \mu(y,w)\,h(w).$$

Umgekehrt folgen aus den beiden letzten Formeln die beiden ersten.

Beweis

Es sei $g(y) = \sum_{\substack{x \\ x \leq y}} f(x)$, dann haben wir:

$$\sum_{\substack{x \\ x \leq y}} g(x)\,\mu(x,y) = \sum_{\substack{x \\ x \leq y}} \left(\sum_{\substack{z \\ z \leq x}} f(z)\right)\mu(x,y) = \sum_{\substack{z \\ z \leq x \leq y}} \left(\sum_{x} \mu(x,y)\right) f(z)$$

$$= \sum_{z} \delta_{z,y}\, f(z) = f(y).$$

Entsprechend werden die anderen Behauptungen verifiziert. □

Für Ordnungen mit Rangfunktion ist das folgende Polynom von Bedeutung.

<u>Definition</u>

(VII.1.26)   Es sei L eine endliche Ordnung mit O und 1 und Rangfunktion r. Das Polynom

$$\chi(L;x) = \sum_{a \in L} \mu(O,a)\ x^{r(1)-r(a)}$$

heißt das <u>charakteristische Polynom</u> von L.

Aus der Gestalt von $\chi(L;x)$ und der Umkehrformel (VII.1.25) erkennt man, wie $\chi(L;x)$ aus der Funktion $x^{r(1)-r(a)}$ mittels Möbiusinversion gewonnen wird. Zwei Beispiele mögen hierzu genügen.

<u>Formel</u>

(VII.1.27)   *a)* $\chi(P(n);x) = \prod\limits_{i=1}^{n-1} (x-i),\ \mu(P(n)) = (-1)^{n-1}(n-1)!,$

   b) $\chi(B(n);x) = (x-1)^{n},\ \mu(B(n)) = (-1)^{n}.$

<u>Beweis</u>

Wir betrachten eine n-Menge S und eine Menge X mit x Elementen.

Für $\pi \in P(S)$ sei

$$f(\pi) := \left|\left\{g : S \to X \text{ mit Kern } g = \pi\right\}\right|.$$

Dann gilt, wie man sofort sieht,

$$h(\pi) = \sum_{\substack{\sigma \\ \sigma \geq \pi}} f(\sigma) = x^{b(\pi)} = x \cdot x^{r(1)-r(\pi)} \qquad \text{(siehe (VI.1.29c))},$$

somit durch Möbiusinversion

$$f(O) = x \sum_{\pi} \mu(O,\pi) x^{r(1)-r(\pi)} = x \cdot \chi(P(n);x).$$

Nun ist aber f(O) genau die Anzahl der <u>injektiven</u> Abbildungen von S nach X, und diese ist klarerweise x(x-1)...(x-n+1), woraus die Behauptung resultiert.

Der Beweis von b) wird ähnlich geführt. □

Kehren wir zur Berechnung des kritischen Exponenten zurück. Wir beschränken uns im folgenden Satz auf den interessantesten Fall, wenn der Körper $K = GF(q)$ <u>endlich</u> ist. Aus Bezeichnungsgründen ist es einfacher, anstelle der Copunkte <u>lineare</u> Funktionale zu betrachten. Jedes lineare Funktional hat als Kern einen Copunkt, und jeder Copunkt ist Kern eines Funktionals, wobei zwei Funktionale f, f' genau dann denselben Kern besitzen, wenn $f' = \lambda f$ ist mit $\lambda \in K$. Da jedes Funktional eindeutig durch die Werte auf einer Basis festgelegt ist, gibt es auf $V(n,q)$ genau q^n verschiedene Funktionale.

$$\boxed{\text{Satz (Crapo-Rota)}}$$

(VII.1.28) *Sei $\emptyset \neq S \subseteq V(n,q)$, $0 \notin S$, $L(S)$ der von S induzierte Unterraumverband, und $\chi(L;x)$ das charakteristische Polynom von $L(S)$. Dann gilt: Die Anzahl der Folgen $(f_1,\dots,f_k)$ von k Funktionalen f_i mit*

$$S \cap \left(\bigcap_{i=1}^{k} \text{Kern } f_i \right) = \emptyset$$

ist gleich $\chi(L;q^k)$. (Unter "Folge" verstehen wir hier "geordnet, mit Wiederholungen".)

<u>Beweis</u>

Für jedes $z \in L(S)$ bezeichnen wir mit $g(z)$ die Anzahl der Folgen $(f_1,\dots,f_k)$ mit

$$z \leq \bigcap_{i=1}^{k} \text{Kern } f_i .$$

Offenbar gilt $g(z) = q^{k(r(1)-r(z))}$. Mit $h(z)$ bezeichnen wir die Anzahl der Folgen $(f_1,\dots,f_k)$, so daß

$$z \leq \bigcap_{i=1}^{k} \text{Kern } f_i ,$$

und ferner $z < y \in L(S) \Rightarrow y \not\leq \bigcap_{i=1}^{k} \text{Kern } f_i .$

Zu jeder Folge $(f_1,\dots,f_k)$ gibt es natürlich einen eindeutigen <u>maximalen</u> Unterraum $w \in L(S)$ mit $w \leq \bigcap_{i=1}^{k} \text{Kern } f_i$, und es gilt dann

$$(S - w) \cap \left(\bigcap_{i=1}^{k} \text{Kern } f_i \right) = \emptyset .$$

Wir haben offenbar

$$g(z) = \sum_{\substack{y \in L(S) \\ y \geq z}} h(y) ,$$

somit durch Möbiusinversion

$$h(z) = \sum_{\substack{y \in L(S) \\ y \geq z}} \mu(z,y) g(y).$$

Da $h(O)$ nach Definition die Anzahl der Folgen $(f_1, \ldots, f_k)$ mit $S \cap (\bigcap_{i=1}^{k} \mathrm{Kern}\ f_i) = \emptyset$ zählt, ist $h(O)$ unsere gewünschte Zahl, und wir erhalten

$$h(O) = \sum_{y \in L(S)} \mu(O,y)\ q^{k(r(1)-r(y))} = \chi(L;q^k). \quad \square$$

Folgerung

(VII.1.29) *Sei $\emptyset \neq S \subseteq V(n,q)$, $O \notin S$, $L(S)$ der induzierte Verband. Dann hat das charakteristische Polynom $\chi(L;x)$ die Eigenschaften:*

a) $\chi(L;q^k) = O$ *für $k = 0,1,\ldots,c(S) - 1$,*

b) $\chi(L;q^{\ell}) > O$ *für $\ell \geq c(S)$.*

Wann immer $L(S) \neq L(n,q)$ ist, existiert ein Punkt $p \in L(n,q) - L(S)$ und somit $n - 1$ Copunkte $H_1, \ldots, H_{n-1}$ mit $\{p\} = \bigcap_{i=1}^{n-1} H_i$. Der kritische Exponent $c(S)$ ist also genau dann n, wenn zu jedem $p \in V(n,q)$ ein $q \in S$ existiert mit $\bar{p} = \bar{q}$. Für kleine Werte von c haben wir folgende Aussage:

Satz

(VII.1.30) *Sei $\emptyset \neq S \subseteq V(n,q)$, $O \notin S$. Dann ist $c(S) = 1$ genau dann, wenn $G(S)$ in der affinen Geometrie $AG(n,q)$ dargestellt werden kann.*

Beweis

Ist $c(S) = 1$, so existiert ein Copunkt H mit $H \cap S = \emptyset$. Die $G(S)$ zugrundeliegende Geometrie wird durch die Identität in $AG(n,q) \cong G(V(n,q)) - H$ als Untermatroid eingebettet (siehe (VI.2.24)). Die Umkehrung ist ebenso klar. $\square$

Beispiel (Bose-Dowling-Segre)

(VII.1.31) Wir beschreiben zwei wichtige zueinander duale Extremalprobleme in Vektorräumen, die mit Hilfe des kritischen Exponenten formuliert werden können.

Kodierungsproblem. In einem Vektorraum $V(n,q)$ definiert man das Gewicht $w(\alpha)$ eines Vektors α als die Anzahl der Koordinaten $\neq 0$ in α. Die Funktion $d(\alpha,\beta) := w(\beta - \alpha)$ ist eine Metrik auf $V(n,q)$. In der Kodierungstheorie interessiert man sich für die minimale Distanz $d(U) := \min(d(\alpha,\beta) : \alpha \neq \beta \in U)$ eines Unterraumes U von $V(n,q)$. Da U Unterraum ist, gilt $d(U) = \min_{O \neq \alpha \in U} w(\alpha)$, und das Problem stellt sich folgendermaßen dar: Gegeben n, q, d; gesucht ist der maximale Rang $k(n,q,d)$ unter allen Unterräumen U mit $d(U) \geq d$.

Es sei $S_{d-1} := \{O \neq \alpha \in V(n,q) : w(\alpha) \leq d - 1\}$ für alle $d \geq 2$, dann ist der gesuchte Rang $k(n,q,d) = k(S_{d-1})$ aus (VII.1.23), d.h.

$$k(n,q,d) = n - c(S_{d-1}),$$

und wir erhalten aus (VII.1.29): $k(n,q,d)$ ist die maximale natürliche Zahl $k \leq n$, so daß

$$\chi(L(S_{d-1}); \; q^{n-k}) > 0.$$

Das Kodierungsproblem führt also zum Studium der Nullstellen des Polynoms $\chi(L(S_{d-1});x)$. Für $d = 2$ ist $G(S_1) \cong FG_n$, und somit

$$\chi(L(S_1);x) = (x - 1)^n, \quad k(n,q,2) = n - 1.$$

Für $d = 3$ und $q = 2$ ist $S_2 = \{O \neq \alpha \in V(n,2) : w(\alpha) \leq 2\}$, d.h. $\alpha \in S_2$ besitzt eine oder zwei Koordinaten $= 1$, die übrigen $= O$, und es gilt $|S_2| = \binom{n}{2} + n = \binom{n+1}{2}$. Wir bezeichnen die Koordinatenstellen mit 1 bis n und betrachten den vollständigen Graphen K_{n+1} auf der Eckenmenge $E = \{O,1,2,\ldots,n\}$. Unser Ziel ist der Nachweis von $L(S_2) \cong P(n + 1)$. Die Funktion ϕ von S_2 auf die Menge der Kanten von K_{n+1} sei definiert durch

$$\phi\alpha = \begin{cases} \{i,j\}, & \text{falls } w(\alpha) = 2 \text{ und } i,j \text{ die beiden} \\ & \text{1-Koordinaten sind,} \\ \{O,i\}, & \text{falls } w(\alpha) = 1 \text{ und } i \text{ die} \\ & \text{1-Koordinate ist.} \end{cases}$$

Vergleichen wir diese Bijektion mit Beispiel (VI.2.8), so sehen wir sofort, daß ϕ^{-1} mit der dortigen Koordinatisierung von $P(K_{n+1})$ über

GF(2) (im Spezialfall $n = 4$) übereinstimmt. Wir erhalten somit aus (VII.1.27a)

$$\chi(L(S_2);x) = \prod_{i=1}^{n} (x - i), \quad k(n,2,3) = \max k, \text{ so daß } n + 1 \leq 2^{n-k},$$

$$\text{also } k(n,2,3) = n - \{\log_2(n + 1)\}.$$

Packungsproblem. Gegeben ein Vektorraum $V(r,q)$ und $t \in \mathbb{N}$. Gesucht ist die <u>Maximalzahl</u> $n(r,q,t)$ von Vektoren aus $V(r,q)$, so daß je t linear unabhängig sind. Um die Verbindung zum Kodierungsproblem herzustellen, überlegen wir uns folgendes: Angenommen $\alpha_1,\ldots,\alpha_n$ sind n solche Vektoren. Wir schreiben die α_i's als Spalten einer $r \times n$-Matrix M. Jeder $n \times 1$-Vektor $0 \neq \beta \in V(n,q)$ mit $M\beta = 0$ hat dann offenbar die Eigenschaft $w(\beta) \geq t + 1$, d.h. der Kern U von M ist ein Unterraum von $V(n,q)$ mit $r(U) = n - r$, $d(U) \geq t + 1$. Ist umgekehrt U solch ein Unterraum, so ermitteln wir r unabhängige Vektoren γ_i mit $\gamma_i \in U^{\perp}$ (in bezug auf das innere Produkt). Schreiben wir die γ_i's als Zeilen einer $r \times n$-Matrix M, so ergeben die n Spalten von M eine Lösung des Packungsproblems für t. In Zusammenfassung sehen wir, daß die vollständige Lösung des Kodierungsproblems die vollständige Lösung des Packungsproblems nach sich zieht, und umgekehrt. Als Beispiele haben wir

$$n(r,q,1) = q^r - 1, \quad n(r,q,2) = \frac{q^r - 1}{q-1},$$

woraus man durch Dualität

$$c(S_2) = \min r, \text{ so daß } n \leq \frac{q^r - 1}{q-1},$$

schließt.

Das wichtigste Beispiel eines kritischen Problems ergibt sich bei der linearen Darstellung <u>graphischer</u> <u>Matroide</u>. Der kritische Exponent steht dort in engem Zusammenhang mit der <u>Färbung</u> von Graphen und wird in Abschnitt 3.C besprochen.

ÜBUNGEN ZU ABSCHNITT 1

1. Zeige für Matroide $G(S)$, $H(T)$ die Äquivalenz folgender Aussagen:

   a) $\phi : S \to T$ ist Darstellung von $G(S)$ in $H(T)$.

   b) $r(\phi A) = r(A)$, f.a. $A \subseteq S$.

   c) Die auf $L(S_0)$ induzierte Abbildung $\phi_0 : L(S_0) \to L(T_0)$ erfüllt:

i) ϕ_0 ist injektiv, ii) $\phi(0) = 0$, iii) $x \lessdot y \Rightarrow \phi_0 x \lessdot \phi_0 y$,
iv) $\phi_0(\sup x_i) = \sup \phi_0(x_i)$.

2. Zeige, daß jedes Matroid $G(S)$ mit $|S| \leq 6$ $\mathbb{Q}$-linear ist.

3. Führe die Details von (VII.1.7) aus und zeige insbesondere, daß für $p > 2$ der Punkt $v = \sum v_i$ weggelassen werden kann, um zum selben Schluß zu kommen.

4. Imitiere die Konstruktion von Beispiel (VII.1.7) über $\mathbb{Q}$ und zeige, daß für jedes $n \geq 3$ Matroide $\mathbf{G}$ existieren mit $ch(\mathbf{G}) = \{0\} \cup \{p\ Pz : p \geq n\}$.

5. Verifiziere $ch(\mathbf{G}_1 \times \mathbf{G}_2) = ch(\mathbf{G}_1) \cap ch(\mathbf{G}_2)$.

6.* Falls $G(S)$ K-linear ist, gilt dies auch für den Schnitt $O_k(G)$?

7. Beweise mit Hilfe von (VII.1.9), daß die Fano-Ebene und $\mathbf{P}(K_4)$ nicht als Summe kleinerer Matroide dargestellt werden können.

8.* Zeige: Für ein endliches Matroid $G(S)$ gilt: $0 \in ch(G) \Leftrightarrow p_i \in ch(G)$ für unendlich viele Primzahlen. (Rado-Vamos)

9. Betrachte folgende Geometrie $G(S)$, $|S| = 8$, $r(G) = 3$, mit acht 3-Punkte Geraden. Zeige: $G(S)$ ist K-linear $\Leftrightarrow x^2 - x + 1 = 0$ hat eine Wurzel in K. Schließe, daß GF(3) möglich ist und bestimme eine Koordinatisierung. (MacLane)

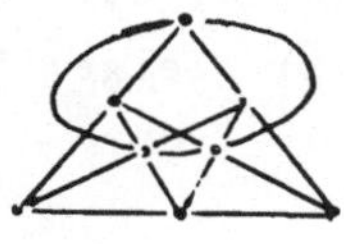

10. Zeige, daß der Desargues'sche Satz in $\mathbf{PG}(n,K)$, $n \geq 3$, über Schiefkörpern K gilt, der Pappos'sche Satz über Körpern K.

11. Führe die Details von (VII.1.15) aus.

12. Es sei $S = \mathbb{N}_8$. Definiere die Basisfamilie $\mathfrak{B} := \big\{\{1,2,5,8\}, \{1,2,3,6\}, \{1,3,4,7\}, \{3,4,5,8\}, \{1,5,6,7\}, \{2,4,5,6\}, \{3,6,7,8\}\big\}$. Zeige, daß $\mathfrak{B}$ eine Geometrie $G(S)$ verschieden von (VII.1.21) definiert, und daß $G(S)$ über einem <u>Schiefkörper</u> koordinatisiert werden kann, aber nicht über einem Körper.

13. Verallgemeinere (VII.1.21): Es sei $S = \bigcup_{i=1}^{4} A_i$, $A_i \cap A_j = \emptyset$ für $i \neq j$, $|A_i| = s_i \geq 2$. Die Basen von S seien alle $\left(\sum_{i=1}^{4} s_i - 4\right)$-Mengen B der folgenden Typen:

a) $A_i \cup A_j \not\subseteq B$ für alle $\{i,j\} \neq \{3,4\}$, $1 \leq i < j \leq 4$,

b) $A_3 \cup A_4 \cup B_1 \cup B_2$ mit $B_1 \subseteq A_1$, $B_2 \subseteq A_2$, und $|A_1 - B_1| = |A_2 - B_2| = 2$.

Zeige: Die durch a) und b) definierte Geometrie $G(S)$ ist nicht-linear. (Vamos)

→ 14. Es sei $G(S)$ lineare Geometrie mit Rangfunktion r. Zeige: Für alle 4-Tupel A_1, A_2, A_3, A_4 von Untermengen von S gilt:

$$r(A_1) + r(A_2) + r(A_3 \cup A_4) + \sum_{i=3}^{4} r(A_1 \cup A_2 \cup A_i) \leq \sum_{\substack{1 \leq i < j \leq 4 \\ \{i,j\} \neq \{3,4\}}} r(A_i \cup A_j).\,\text{(Ingleton)}$$

Daraus Beweis von 13).

(Hinweis: Zeige, daß o.B.d.A. die A_i's als Unterräume angenommen werden können, und verwende die modulare Gleichung.)

15. Sei $\emptyset \neq S \subseteq V(n,2)$, $0 \notin S$. Zeige, daß $G(S)$ genau dann kritischen Exponenten 1 hat, wenn alle Kreise in $G(S)$ gerade Länge haben.

→ 16.* Es sei $G(E,S)$ ein schlingenloser Graph und L der Unterraumverband des Polygonmatroides $P(G(E,S))$. Setze $f(G;\lambda) = $ Anzahl der zulässigen Färbungen von G mit $\leq \lambda$ Farben (siehe Präl., Abs.B). Zeige: Hat G k Komponenten, so gilt

$$f(G;\lambda) = \lambda^k \chi(L;\lambda).$$

$f(G;\lambda)$ ist also ein Polynom in λ und heißt wegen des Zusammenhanges mit den Färbungen das chromatische Polynom von G. (Hinweis: Möbiusinversion über L.)

17.* Beweise: Ist das lineare Matroid $G(S)$ transversal, so ist der kritische Exponent $c(G) \leq 2$ über allen $GF(q)$.

18. Verallgemeinere von $GF(2)$ auf $GF(q)$:

a) $\chi(L(S_2);x) = \prod_{i=0}^{n-1} (x-(q-1)i-1)$, wobei S_2 die Menge aller Vektoren $\neq 0$ in $V(n,q)$ vom Gewicht ≤ 2 ist.

b) Wir wissen aus (VII.1.31), daß $L(S_2) \cong P(n+1)$ über $GF(2)$ ist.

Untersuche den Verband $L(S_2)$ über beliebigem $GF(q)$ und weise für diesen "q-Partitionsverband" Aussagen analog zu $P(n)$ nach. (Dowling)

19. Beweise zum Kodierungsproblem. Über $GF(2)$ gilt:

a) $\chi(S_3;x) = (x-1)(x-2)(x-4)$ für $n = 3$,

b) $\chi(S_3;x) = (x-1)(x-2)(x-4)(x-7)$, $n = 4$,

c) $\chi(S_3;x) = (x-1)(x-2)(x-4)(x-8)(x-10)$, $n = 5$,

d) $\chi(S_3;x) = (x-1)(x-2)(x-4)(x-8)(x^2-26x+175)$, $n = 6$.

e) Ist d ungerade, so gilt: $c(S_d) = c(S_{d-1})$ oder $c(S_{d-1}) + 1$.

→ 20. Beweise zum Packungsproblem:

a) $n(r,q,t) \geq n(r-1,q,t) + 1$,

b) $n(r,q,t) \leq n(r-1,q,t-1) + 1$, für $t \geq 3$,

c) $n(r,q,t) \leq \dfrac{q^{r-t+2}-1}{q-1} + (t-2)$,   für $t \geq 2$,

d) $n(r,2,t) = n(r-1,2,t-1) + 1$ für $q = 2$, $t \geq 3$,

e) $n(r,2,3) = 2^{r-1}$.

Beweise Packungsformeln für weitere Matroide.

2. BINÄRE MATROIDE

Das zentrale Problem, notwendige und hinreichende Bedingungen für die K-Linearität eines Matroides aufzustellen, hat vor allem für $K = GF(2)$ brauchbare Lösungen gefunden. Neben diesen Charakterisierungen – wir werden drei verschiedene in Abschnitt A besprechen – ist noch eine weitere Tatsache bemerkenswert. Zum einen werden wir in Abschnitt 3 sehen, daß jedes graphische Matroid binär ist, und somit sämtliche Sätze über binäre Matroide auf Graphen Anwendung finden. Zum anderen wird sich zeigen, daß wichtige graphentheoretische Begriffe wie z.B. Eulersche oder bipartite Graphen sich in sinngemäßer Weise auf die größere Klasse der binären Matroide übertragen lassen. Diese Beziehung binäre Matroide ↔ Graphen ist äußerst fruchtbar und soll daher an einigen Beispielen näher beleuchtet werden.

Abschnitt B ist der Klasse der regulären Matroide gewidmet. Wir diskutieren dort den Zusammenhang mit den unimodularen Matrizen und die

Ideen zur Charakterisierung dieser Klasse, wobei wir den berühmten Koordinatisierungssatz von Tutte nur ohne Beweis zitieren können.

<u>Definition</u>

(VII.2.1) Ein Matroid $G(S)$ heißt <u>binär</u>, falls $G(S)$ über $GF(2)$ koordinatisiert werden kann. Eine <u>binäre Geometrie</u> $G(S)$ vom Rang n ist somit endlich mit $|S| \leq 2^{n-1}$, da die Punkte der Geometrie mit den verschiedenen Vektoren $\neq 0$ aus $V(n,2)$ identifiziert werden können.

A. Charakterisierungen binärer Matroide

Es sei G eine Familie von Matroiden (genauer von Isomorphietypen) mit der Eigenschaft: $G \in G$ impliziert, daß jeder <u>Minor</u> von G ebenfalls in G ist. Wir nennen dann G eine <u>erbliche Familie</u> bzw. die definierende Eigenschaft von G eine <u>erbliche Eigenschaft</u>. Beispiele erblicher Eigenschaften haben wir bereits kennengelernt: frei, K-linear, linear, regulär, graphisch, cographisch. Jedes Matroid $M \notin G$ ergibt eine notwendige Bedingung zur Charakterisierung einer erblichen Familie G, da nach Definition gilt: $G \in G \rightarrow G$ enthält keinen Minor isomorph zu M. Wegen der Transitivität der Minorenbildung sind wir insbesondere an der Klasse M der in bezug auf Minorenbildung <u>minimalen</u> Matroide interessiert, welche nicht in G liegen. M heißt die Klasse der <u>Obstruktionen</u> oder "verbotenen" Minoren von G. Im allgemeinen braucht es solche minimalen Matroide nicht zu geben, es existiert jedoch offenbar eine vollständige Liste M von Obstruktionen, falls G zusätzlich die finitäre Eigenschaft besitzt: G ist genau dann in G, wenn jeder endliche Minor von G in G ist.

In diesem Fall wird somit G in der angegebenen Weise charakterisiert:

$$G \in G \;\leftrightarrow\; G \text{ enthält keinen Minor } M \cong M_i, \; M_i \in M.$$

Es ist leicht zu sehen, daß alle oben angeführten erblichen Eigenschaften finitär sind.

Das Problem besteht also darin, zu einer vorgegebenen erblichen Klasse G die Familie M der Obstruktionen zu ermitteln. Beispielsweise haben wir in Abschnitt 1 bemerkt, daß die Fano-Ebene F nicht Q-linear ist, wohl aber jeder echte Minor von F. Also ist F eine der Obstruktionen in der Charakterisierung der Q-linearen Matroide. Die Familie M wird nicht immer endlich sein. Zum Beispiel ist bekannt, daß unendlich viele minimale nicht Q-lineare Matroide existieren. Für binäre Matroide sind die Obstruktionen jedoch sehr leicht zu bestimmen.

$\boxed{\text{Satz}}$

(VII.2.2) *Für ein Matroid* G(S) *sind die folgenden Bedingungen äquivalent:*

a) G(S) *ist binär.*

b) G(S) *enthält keinen Minor isomorph zur 4-Punkte Geraden*

c) *Für jedes Intervall* [x,y] $\subseteq$ L(S) *der Länge 2 gilt* $|[x,y]| \leq 5$.

d) *In* L(S) *ist jede Cogerade von höchstens 3 Copunkten bedeckt.*

Beweis

Offenbar ist eine 4-Punkte Gerade nicht binär (in **PG**(n,q) hat jede Gerade genau q + 1 Punkte !). Dies ergibt nach (VI.3.9) die Implikation a) → b), nach (VI.3.7) b) → c), während c) → d) trivial ist. Zum Nachweis von d) → a) benützen wir den Koordinatisierungssatz (VII.1.11). Zu jedem Copunkt H $\in$ L(S) definieren wir $f_H : S \to \{0,1\}$ durch

$$f_H(p) = \begin{cases} 0 & \text{falls } p \in H, \\ 1 & \text{falls } p \notin H. \end{cases}$$

Wir müssen Bedingung b) in (VII.1.11) nachprüfen. Seien also H, H', H" drei verschiedene Copunkte mit H $\cap$ H' $\cap$ H" = W, W Cogerade. Zu zeigen ist: $f_H + f_{H'} + f_{H"} = 0$. Trivialerweise gilt $(f_H + f_{H'} + f_{H"})(p) = 0$ für p $\in$ W. Wir wissen, daß S − W die disjunkte Vereinigung von H − W, H' − W, H" − W ist. Daraus folgt, daß jedes p $\in$ S − W Nullstelle von genau einer der drei Funktionen f ist, somit die Summe wiederum 0 ist. $\square$

Beispiel

(VII.2.3) Die binären Geometrien von Rang 2 und 3:

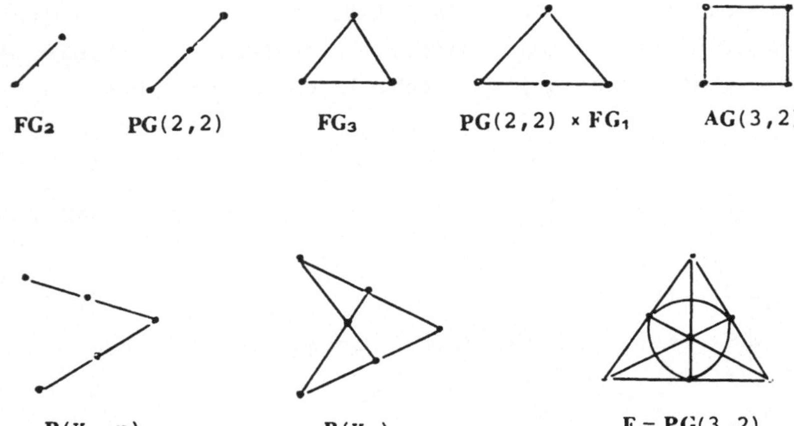

<u>Folgerung</u> (Tutte-Whitney)

(VII.2.4) *Die graphischen und cographischen Matroide sind binär.*

<u>Beweis</u>

Wir wissen aus (VI.2.10e), daß eine Cogerade W des Polygonmatroides
P(G(E,S)) als Untergraph betrachtet genau zwei Komponenten und ein
Copunkt H genau eine Komponente mehr als der Graph G(E,S) besitzen.
Daraus folgt sofort, daß W in höchstens 3 Copunkten enthalten ist. □

Die Funktionen f_H aus dem Beweis von (VII.2.2) können als charakte-
ristische Funktionen der Cokreise S – H aufgefaßt werden, und die
Addition $f_H + f_{H'}$ als "Addition" der korrespondierenden Mengen. Diese
Überlegung führt zur zweiten Charakterisierung binärer Matroide.

<u>Definition</u>

(VII.2.5) Es seien $A_1, \ldots, A_k$ Untermengen von S. Wir definieren die
Summe der A_i modulo 2 durch

$$A_1 + \ldots + A_k := \{p \in S : p \in A_i \text{ für eine } \underline{\text{ungerade}} \text{ Anzahl der Indizes } i\}.$$

Insbesondere ist $A_1 + A_2 = (A_1 - A_2) \cup (A_2 - A_1)$ die <u>symmetrische Differenz</u>
von A_1, A_2. Eine <u>Mengengruppe</u> $\mathfrak{G} \subseteq 2^S$ ist eine nichtleere Familie von
<u>endlichen</u> Untermengen von S, die abgeschlossen in bezug auf die
Addition mod 2 ist.

146

Satz

(VII.2.6) *Es sei $\mathfrak{S}$ Mengengruppe auf S. Dann erfüllen die minimalen
nichtleeren Mengen $C \in \mathfrak{S}$ das Eliminationsaxiom für Kreise (VI.1.16b).*

Beweis

Seien $C \neq D$ minimal in $\mathfrak{S}$, $p \in C \cap D$. Dann ist $p \notin C + D \in \mathfrak{S}$, d.h. $C + D \subseteq$
$(C \cup D) - p$ enthält eine minimale nichtleere Menge aus $\mathfrak{S}$. □

Eine Mengengruppe $\mathfrak{S}$ determiniert also nach (VII.2.6) ein (eindeutiges)
Matroid $G(S,\mathfrak{S})$, sofern auch das Endlichkeitsaxiom (VI.1.16c) erfüllt
ist. Aus der Definition einer Mengengruppe $\mathfrak{S}$ und (VII.2.6) folgt sofort, daß jede Menge $A \in \mathfrak{S}$ <u>Vereinigung</u> von minimalen Mengen aus $\mathfrak{S}$ ist,
ja es gilt sogar die folgende Aussage:

Hilfssatz

(VII.2.7) *Es sei $\mathfrak{S}$ Mengengruppe auf S. Dann ist jede Menge $A \in \mathfrak{S}$ Vereinigung disjunkter minimaler Mengen aus $\mathfrak{S}$.*

Beweis

Zu $A \in \mathfrak{S}$ wählen wir $A_0 \subseteq A$, $A_0 \in \mathfrak{S}$ so, daß A_0 Vereinigung disjunkter
minimaler Mengen aus $\mathfrak{S}$ ist und maximal mit dieser Eigenschaft ist. Zu
zeigen ist $A_0 = A$. Es gilt $A + A_0 = A - A_0 \in \mathfrak{S}$. Wäre $A_0 \neq A$, so existierte
eine nichtleere minimale Menge $C \in \mathfrak{S}$ mit $C \subseteq A - A_0$, so daß $C \cup A_0 = C + A_0$
in $\mathfrak{S}$ ist, im Widerspruch zur Maximalität von A_0. □

Folgerung

(VII.2.8) *Existiert für ein Matroid $G(S)$ eine Mengengruppe $\mathfrak{S}$ mit
$G(S) = G(S,\mathfrak{S})$, so ist $\mathfrak{S}$ eindeutig bestimmt, nämlich $\mathfrak{S} = \{A \subseteq S : A$ ist
Vereinigung disjunkter Kreise$\} \cup \{\emptyset\}$.*

Satz

(VII.2.9) *Die folgenden Bedingungen sind für ein Matroid $G(S)$ äquivalent:*

> *a) $G(S)$ ist binär.*

> *b) Jede nichtleere mod 2 Summe $C_1 + \ldots + C_k$ von Kreisen in $G(S)$
> ist Vereinigung disjunkter Kreise.*

> *c) $G(S) = G(S,\mathfrak{S})$ für eine Mengengruppe $\mathfrak{S}$.*

> *d) Die symmetrische Differenz zweier verschiedener Kreise in
> $G(S)$ ist Vereinigung disjunkter Kreise.*

<u>Beweis</u>

a) $\rightarrow$ b). Es sei G(S) darstellbar in G(V(n,2)). Fassen wir eine endliche s-Menge C von Vektoren als Spalten einer n × s-Matrix M über GF(2) auf, so enthält jede Zeile von M eine <u>gerade</u> Anzahl von 1-Koordinaten, falls C ein Kreis ist. Sind $C_1, \ldots, C_k$ Kreise von G(S), so folgt, daß $C_1 + \ldots + C_k$ abermals nur Zeilen mit einer geraden Anzahl von 1-Koordinaten enthält, insbesondere also abhängig ist. Wir entfernen einen Kreis C aus $C_1 + \ldots + C_k$ und erhalten wiederum eine Matrix mit dieser Eigenschaft. Dieses Verfahren setzen wir fort, bis $C_1 + \ldots + C_k$ erschöpft ist.

b) $\rightarrow$ c). Es sei $\mathfrak{S} \subseteq 2^S$ die Familie aller Untermengen von S, welche Vereinigung endlich vieler disjunkter Kreise sind oder $\emptyset$. Unsere Voraussetzung sichert, daß $\mathfrak{S}$ Mengengruppe ist mit G(S) = G(S,$\mathfrak{S}$).

c) $\rightarrow$ d). Steht in (VII.2.7).

d) $\rightarrow$ a). Es sei $\mathfrak{K}$ die Familie der Kreise von G(S), dann definieren wir für alle $A \in \mathfrak{K}$ die Funktion $g_A : S \rightarrow GF(2)$ durch $g_A(p) = 1$ oder 0, je nachdem ob $p \in A$ oder $p \notin A$. Für den (endlich dimensionalen, wie man leicht sieht) Funktionenraum $F := \{f : S \rightarrow GF(2)$ mit $f \perp g_A$ für alle $A \in \mathfrak{K}\}$ wollen wir zeigen G(S) = G(F(S,GF(2))). Identifizieren wir $f : S \rightarrow GF(2)$ mit der Trägermenge $\|f\| \subseteq S$, so besteht F somit aus genau jenen Teilmengen von S, welche jeden Kreis von G(S) in einer geraden Anzahl von Punkten schneiden. Ein Cokreis von G(F(S,GF(2))) enthält daher nach (VI.4.8a') einen Cokreis von G(S). Es bleibt zu zeigen, daß umgekehrt jeder Cokreis C von G(S) jeden Kreis in einer geraden Anzahl von Punkten schneidet. Angenommen, das Gegenteil ist richtig, dann sei $A \in \mathfrak{K}$ so gewählt, daß $|C \cap A|$ ungerade und minimal ist. Wegen (VI.4.8) gilt $|C \cap A| \geq 3$. Es seien $p,q \in C \cap A$, dann ist S - C Copunkt, somit $q \in \overline{(S - C) \cup p}$. Es existiert daher ein Kreis B mit $q \in B \subseteq (S - C) \cup \{p,q\}$, wobei wegen (VI.4.7) $C \cap B = \{p,q\}$ ist. Für die symmetrische Differenz A + B gilt nun $|C \cap (A + B)| = |C \cap A| - 2$, d.h. in jeder disjunkten Zerlegung $A + B = K_1 \cup \ldots \cup K_t$, $K_i \in \mathfrak{K}$, muß es einen Kreis K_i geben mit $|K_i \cap C|$ ungerade, $|C \cap K_i| < |C \cap A|$, im Widerspruch zur Minimalität von $|C \cap A|$. □

Die Bedingung (VII.2.9d) kann als Verschärfung des Eliminationsaxiomes für Kreise aufgefaßt werden, charakterisierend die binären Matroide. Ist S endlich, so wissen wir aus (VI.4.12), daß mit G(S) auch $G^{\perp}(S)$ binär ist. Insbesondere können wir in (VII.2.9) Kreise durch Cokreise ersetzen. Zur Vereinfachung führen wir folgende Terminologie ein.

Definition

(VII.2.10) Die _Zyklen_ eines Matroides $G(S)$ sind die Vereinigungen
endlich vieler disjunkter Kreise aus $G(S)$ und $\emptyset$, die _Cozyklen_ die
Vereinigungen endlich vieler disjunkter Cokreise und $\emptyset$. Ist $G(S) =$
$G(S,\mathfrak{S})$ binär, so sprechen wir daher von $\mathfrak{S}$ als der _Zyklengruppe_, und
falls S endlich ist, von $\mathfrak{S}^{\perp}$ mit $G^{\perp}(S) = G(S,\mathfrak{S}^{\perp})$ als der _Cozyklengruppe_.

Ist $G(S)$ ein endliches binäres Matroid, so sind die Familien $\mathfrak{S}$ und $\mathfrak{S}^{\perp}$
Vektorräume über $GF(2)$, und es folgt aus dem Beweis von d) $\to$ a) in
(VII.2.9), daß $\dim \mathfrak{S} = |S| - r(G(S))$ und $\dim \mathfrak{S}^{\perp} = r(G(S))$ ist. Ebenso
ist aus den dortigen Überlegungen klar, wie die Familien $\mathfrak{S}$ und $\mathfrak{S}^{\perp}$
zusammenhängen. Wir fassen zusammen:

Satz

(VII.2.11) _Es sei_ $G(S)$ _ein endliches binäres Matroid mit der Zyklen-
gruppe_ $\mathfrak{S}$ _und Cozyklengruppe_ $\mathfrak{S}^{\perp}$.

> a) $\mathfrak{S}$ _und_ $\mathfrak{S}^{\perp}$ _sind mit der mod 2 Addition Vektorräume über_
> $GF(2)$ _der Dimension_ $|S| - r(G(S))$ _bzw._ $r(G(S))$.
>
> b) $\mathfrak{S}^{\perp} = \{C \subseteq S : |C \cap A| \ \text{gerade, für alle } A \in \mathfrak{S}\}$.

Es ist klar, daß die Kreise $\mathfrak{R}$ bzw. die Cokreise $\mathfrak{C}$ die Vektorräume $\mathfrak{S}$
bzw. $\mathfrak{S}^{\perp}$ erzeugen. Das heißt, bei der Bestimmung der orthogonalen
Gruppe $\mathfrak{S}^{\perp}$ könnten wir auch setzen $\mathfrak{S}^{\perp} := \{C \subseteq S : |C \cap K| \ \text{gerade, für alle}$
minimalen Mengen $\emptyset \neq K \in \mathfrak{S}\}$. Dies leitet über zur letzten Chrakteri-
sierung.

Satz

(VII.2.12) _Sei_ $G(S)$ _Matroid,_ $\mathfrak{R}$ _und_ $\mathfrak{C}$ _die Familien der Kreise und Cokreise. Dann gilt:_

$$G(S) \ \textit{binär} \ \leftrightarrow \ |K \cap C| \ \textit{gerade, für alle } K \in \mathfrak{R}, \ C \in \mathfrak{C}.$$

Beweis

Die Implikation $\to$ wurde schon im Beweis von (VII.2.9), d) $\to$ a) ausgeführt. Zur Umkehrung verwenden wir (VII.2.2d). Es sei W Cogerade,
welche von 4 verschiedenen Copunkten $H_1,\ldots,H_4$ bedeckt wird. Wählen
wir $p_i \in H_i - W$, $i = 1,\ldots,4$, und eine beliebige Basis B' von W, so ist
$B = B' \cup \{p_1,p_2\}$ Basis von $G(S)$. Für den Kreis $C_{p_3}(B)$ (siehe (VI.1.15))
gilt $p_3 \in C_{p_3}(B) \cap (S - H_1) \subseteq \{p_2,p_3\}$, also nach Voraussetzung

$C_{p_3}(B) \cap (S - H_1) = \{p_2, p_3\}$, d.h. $p_2 \in C_{p_3}(B)$ und analog $p_1 \in C_{p_3}(B)$, somit insgesamt $\{p_1, p_2, p_3\} \subseteq C_{p_3}(B)$. Daraus folgt aber $|C_{p_3}(B) \cap (S - H_4)| = 3$, Widerspruch. $\square$

<u>Beispiel</u>

(VII.2.13) Wir wissen bereits, daß jedes graphische Matroid $P(G(E,S))$ binär ist. Laut (VII.2.8) besteht die korrespondierende <u>Zyklengruppe</u> $\mathfrak{S}$ aus Vereinigungen kantendisjunkter Polygone. Wir geben eine weitere Beschreibung von $\mathfrak{S}$, aus der eine interessante graphentheoretische Charakterisierung der Zyklen resultiert. Ein Untergraph $G'(E,A)$ heißt <u>Eulersch</u>, falls die Grade $\gamma(v,G')$ gerade sind für alle $v \in E$. Um zu zeigen, daß die Kantenmengen der Eulerschen Untergraphen genau die Mengen aus $\mathfrak{S}$ sind, müssen wir nachweisen, daß die von den Eulerschen Untergraphen erzeugte Gruppe $\mathfrak{S}'$ genau die Polygone als minimale Mengen $\neq \emptyset$ enthält. Offensichtlich ist einmal jedes Polygon in $\mathfrak{S}'$ und minimal. Es sei umgekehrt $C \neq \emptyset$, C minimal in $\mathfrak{S}'$. Keine Ecke in C hat Grad 1, C enthält daher ein Polygon C' und muß folglich gleich C' sein (vgl. Übung (Präl. B.2)).

<u>Beispiel</u>

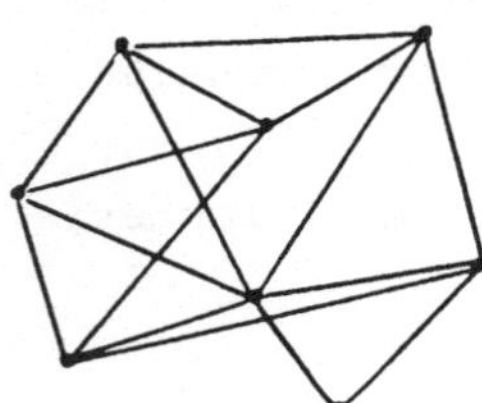 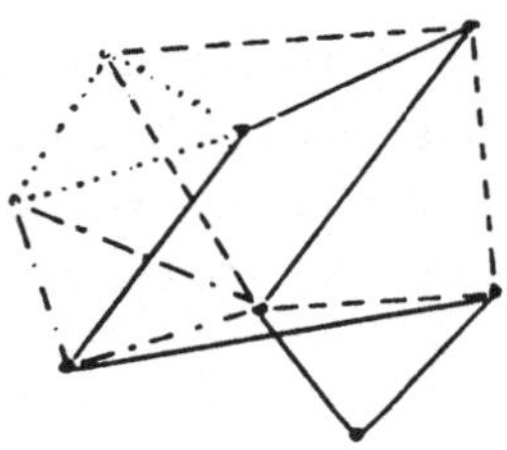

Eulerscher Graph und Zerlegung in disjunkte Polygone

Wie können wir die <u>Cozyklengruppe</u> $\mathfrak{S}^\perp$ von $P(G(E,S))$ graphentheoretisch beschreiben? Behauptung: Ein Cozyklus C ist $\emptyset$ oder eine <u>Bipartition</u>, d.h. es existiert eine Partition $E = E_1 \cup E_2$, so daß $C = \{k \in S : k$ hat eine Endecke in E_1, die andere in $E_2\}$.

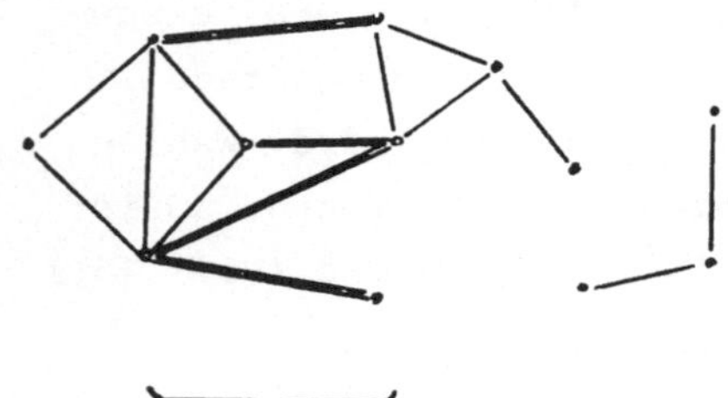

Ist C von der angegebenen Gestalt, dann sieht man sofort, daß $|C \cap K|$ gerade ist für alle Polygone K (man muß zwischen E_1 und E_2 hin- und herpendeln), also $C \in \mathfrak{S}^\perp$ ist.

Es sei umgekehrt $C \in \mathfrak{S}^{\perp}$, wobei wir o.B.d.A. $G(E,S)$ als zusammenhängend voraussetzen können. Wir definieren auf E die Relation $v \approx w :\leftrightarrow \exists$ v-w-Weg $G'(E,W)$, so daß $|W \cap C|$ gerade ist. $\approx$ ist eine Äquivalenzrelation und enthält höchstens 2 Äquivalenzklassen E_1, E_2. Wir zeigen, daß C genau die Bipartition erzeugt von E_1, E_2 ist. Jede Kante $k = \{a,b\}$ mit $a \in E_1$, $b \in E_2$ gehört zu C, da ansonsten ein a-b-Weg $G'(E,W)$ der Länge 1 existierte mit $|W \cap C| = 0$. Wäre $k = \{a,b\} \in C$ für $a,b \in E_1$, so gäbe es einen a-b-Weg $G'(E,W)$ mit $|W \cap C|$ gerade, und somit ein Polygon $K = W \cup k$ mit $|K \cap C|$ ungerade, im Widerspruch zu (VII.2.11b).

In (VI.4.41) haben wir bemerkt, daß in einem zweifach zusammenhängenden Graphen $G(E,S)$ alle Sterne St(v) Cokreise des Polygonmatroides von $G(E,S)$ sind. Für spätere Anwendungen ist die folgende Präzisierung interessant, deren Beweis den Übungen vorbehalten sei.

<u>Satz</u>

(VII.2.14) *Es sei* $G(E,S)$ *ein zweifach zusammenhängender Graph mit* $|E| \geq 2$, *dann bilden je* $|E| - 1$ *Sterne* $St(v_i)$ *eine Basis der Cozyklengruppe* $\mathfrak{S}^{\perp}$.

Die Begriffe "bipartiter Graph" und "Eulerscher Graph" wollen wir nun im Sinne der Einleitung dieses Abschnittes auf beliebige binäre Matroide verallgemeinern. Es ist eine wohlbekannte Tatsache, daß bipartite Graphen durch die Eigenschaft "alle Polygone haben gerade Länge" charakterisiert sind (siehe Übung (Präl. B.3)). Erheben wir diese Eigenschaft zur Definition in beliebigen binären Matroiden, so erhalten wir folgende Kennzeichnung.

<u>Satz</u>

(VII.2.15) *Für ein binäres Matroid* $G(S)$ *vom Rang* n *sind die folgenden Eigenschaften äquivalent:*

    a) $G(S)$ *kann in* $AG(n,2)$ *dargestellt werden (*$G(S)$ *ist* **affin**).

    b) *Alle Kreise haben gerade Länge (*$G(S)$ *ist* **bipartit**).

<u>Beweis</u>

Unmittelbar aus (VI.2.26). □

Wir bemerken, daß die bipartiten Graphen auch als jene einfachen Graphen $G(E,S)$ beschrieben werden können, welche chromatische Zahl 2 haben (oder leere Kantenmenge). Das heißt, für einen Graphen $G(E,S)$

mit $S \neq \emptyset$ gilt nach (VII.1.30):

$$\mathrm{chrom}(G(E,S)) = 2 \leftrightarrow c(P(G(E,S))) = 1$$
$$(c = \text{kritischer Exponent über } GF(2)).$$

Den genauen Zusammenhang zwischen chromatischer und kritischer Zahl werden wir in Abschnitt 3 erörtern.

Gemäß (VII.2.13) ist G(E,S) ein Eulerscher Graph, falls S selber ein Zyklus ist. Wir geben daher die Definition:

Definition

(VII.2.16) Ein binäres Matroid G(S) heißt <u>Eulersch</u>, falls S in der Zyklengruppe $\mathfrak{S}$ enthalten ist.

Satz (Welsh)

(VII.2.17) *Für ein endliches binäres Matroid* G(S) *gilt:*

$$G(S) \ \textit{ist Eulersch} \leftrightarrow G^{\perp}(S) \ \textit{ist bipartit.}$$

Beweis

Sei $\mathfrak{S}$ die Zyklengruppe, dann haben wir: G(S) ist Eulersch $\leftrightarrow S \in \mathfrak{S} \leftrightarrow$ $|C \cap S| = |C|$ gerade, für alle Cokreise C in G(S) $\leftrightarrow |C|$ gerade, für alle Kreise C in $G^{\perp}(S) \leftrightarrow G^{\perp}(S)$ ist bipartit. $\square$

Folgerung

(VII.2.18) *a) Ein Graph* G(E,S) *ist Eulersch* $\leftrightarrow$ *alle Bipartitionen haben gerade Mächtigkeit.*

b) G(E,S) *ist eine Bipartition* $\leftrightarrow$ S *kann in disjunkte Bonds zerlegt werden.*

B. Reguläre Matroide

Das tiefste Ergebnis der Koordinatisierungstheorie ist die Charakterisierung der regulären Matroide mittels "verbotener" Minoren. Wir werden den entsprechenden Satz nur zitieren, jedoch einige äquivalente Beschreibungen regulärer Matroide ableiten, die in natürlicher Weise zum Charakterisierungssatz führen.

Wie wir sehen werden, besteht ein enger Zusammenhang zwischen der Regularität von Matroiden und der Unimodularität von Matrizen. Wir wollen
daher zunächst einige Tatsachen über diese Matrizenklasse notieren.

Definition

(VII.2.19) Eine $r \times n$-Matrix R über $\mathbf{Z}$ heißt <u>unimodular</u>, falls für
jede quadratische Untermatrix A gilt: $\det A = 0$ oder ± 1. Wir sagen,
das Matroid G(S) ist <u>unimodular</u>, falls eine unimodulare Matrix R
existiert mit $G(S) \cong M(R)$, wobei M(R) das Matrixmatroid von R ist.
(Für die Definition der Matrixmatroide siehe Abs. 1, vor (VII.1.12).)

Hilfssatz

(VII.2.20) *Die folgenden Bedingungen sind für ein endliches Matroid*
G(S) vom Rang r äquivalent:

a) G(S) ist unimodular.

b) $G(S) \cong M(R)$, wobei $R = [E_r, A]$ unimodulare Matrix in
   Standardform ist.

Beweis

Wir haben a) $\rightarrow$ b) zu zeigen. Es sei R' eine r-zeilige unimodulare Koordinatisierungsmatrix von G(S), und o.B.d.A. die Untermatrix B' der
ersten r Spalten nichtsingulär. Wir definieren die Matrix $N = [n_{ij}] :=$
B'^{-1} über $\mathbf{Q}$. Nach einer wohlbekannten Formel gilt dann $n_{i,j} =$
$\pm \dfrac{\det B'_{(j,i)}}{\det B'} = 0, \pm 1$, wobei $B'_{(i,j)}$ die Untermatrix von B' nach Strei-
chen der i-ten Zeile und j-ten Spalte ist. Die Matrix $R = N \cdot R' = [E_r, A]$
besteht somit aus Elementen aus $\mathbf{Z}$. Ist C beliebige $r \times r$-Untermatrix
von R und C' die entsprechende Untermatrix von R', so gilt $C = N \cdot C'$,
also $\det C = \det N \cdot \det C' = 0$ oder ± 1, je nachdem ob C' singulär oder
nichtsingulär ist. Ist schließlich D $k \times k$-Untermatrix von A, und sind
$\{i_1, \ldots, i_k\}$, $\{j_1, \ldots, j_k\}$ die Zeilen-bzw. Spaltenindizes, so ergänzen
wir D zu einer $r \times r$-Untermatrix T durch Hinzufügen der restlichen
Elemente aus den Spalten $j_1, \ldots, j_k$, sowie der Spalten $\{1, \ldots, r\} -$
$\{i_1, \ldots, i_k\}$. Es gilt $\det T = 0, \pm 1$, und ferner wie man durch Entwicklung von $\det T$ nach den Spalten in E_r sieht, $\det D = \pm \det T = 0, \pm 1$.
Eine analoge Überlegung gilt für beliebige $k \times k$-Untermatrizen. R ist
also unimodular, und $G(S) \cong M(R)$ nach (VII.1.12). $\square$

$\boxed{\text{Satz}}$

(VII.2.21) *Die folgenden Bedingungen sind für ein endliches Matroid*
G(S) äquivalent:

  a)   G(S) *ist regulär.*

  b)   G(S) *ist binär und ternär* (= GF(3) - *linear*).

  c)   G(S) *ist binär und* K-*linear für einen Körper* K
    mit char K $\neq$ 2.

  d)   G(S) *ist unimodular.*

  e)   G(S) $\cong$ G(F(S,$\mathbb{Q}$)) , *und zu jedem Copunkt* H *existiert*
    $f_H \in F(S,\mathbb{Q})$ *mit Kern* f_H = H *und* $f_H(p)$ = ± 1 *für alle* p $\notin$ H.

<u>Beweis</u>

Die Implikationen a) → b) → c) sind trivial.

c) → d). Wir repräsentieren G(S) $\cong$ M(R), R = $[E_r, A]$, über K (wobei char
K $\neq$ 2) und zeigen, daß wir R durch Zeilen-und Spaltenmultiplikationen
in eine Matrix R' = $[E_r, A']$ transformieren können, welche den Bedingungen aus (VII.2.20b) genügt. Folgende Überlegung ist hierbei zentral:
Ist R' = $[E_r, A']$ eine binäre Koordinatisierungsmatrix von G(S) in bezug auf dieselbe Basis wie in R, so folgt aus (VII.1.15), daß $a_{ij} \neq 0$
in R genau dann gilt, wenn a'_{ij} = 1 in R' ist. Mit anderen Worten: Durch
die Ersetzung $a_{ij} \neq 0 \to 1$, $a_{ij} = 0 \to 0$ wird R in eine binäre Koordinatisierungsmatrix übergeführt. Ist insbesondere B eine 2 × 2-Untermatrix
von A, deren Elemente alle $\neq 0$ sind, so wird B in die <u>singuläre</u> Matrix
B' = $\begin{bmatrix} 1 & 1 \\ 1 & 1 \end{bmatrix}$ übergeführt und wir schließen aus (VII.2.15), daß $\det_K B = 0$
ist. Allgemein gilt für quadratische Untermatrizen C $\subseteq$ R, daß $\det_K C = 0$
$\leftrightarrow \det_{GF(2)} C' = 0$ ist.

Es seien Z_i, $1 \leq i \leq r$, die Zeilen von R. Wir beginnen mit Z_1. Angenommen, die Elemente $\neq 0$ sind $a_{1,1}$ = 1, $a_{1,i_2}, \ldots, a_{1,i_s}$, dann dividieren
wir die Spalte i_j durch a_{1,i_j}, $2 \leq j \leq s$, und erhalten so in Z_1 lauter
0 und 1. Es seien bereits alle Elemente der Zeilen $Z_1, \ldots, Z_{k-1}$ durch
Zeilen-bzw. Spaltenmultiplikationen in 0 oder $\pm$ 1 übergeführt, und
a_{k,j_1}, $a_{k,j_2}, \ldots, a_{k,j_t}$ die Elemente $\neq 0$ in Z_k. Für j_ℓ setzen wir
$C_{j_\ell} := \left\{ i : 1 \leq i \leq k-1, a_{i,j_\ell} \neq 0 \right\}$. Gilt $C_{j_\ell} \cap C_{j_m} \neq \emptyset$, so ergibt dies eine

Untermatrix $\begin{bmatrix} \pm 1 & \pm 1 \\ a_{k,j_\ell} & a_{k,j_m} \end{bmatrix}$, somit nach obiger Bemerkung $a_{k,j_\ell} = \pm a_{k,j_m}$.

Multiplizieren wir also die Spalte j_ℓ, $\ell = 1,\ldots,t$, mit a_{k,j_ℓ}^{-1}, so enthalten die Zeilen Z_i, $1 \leq i \leq k-1$, die Elemente 0, ± 1 und $\pm a_{k,j_\ell}^{-1}$, falls $i \in C_{j_\ell}$. Wir multiplizieren nun Z_i mit a_{k,j_ℓ}, und schließlich die Spalten, welche ± 1 anstelle a_{k,j_ℓ}^{-1} enthielten, wieder mit a_{k,j_ℓ}^{-1}. Auf diese Weise werden alle Elemente in 0, ± 1 transformiert. Die einzige Schwierigkeit taucht hierbei auf (der Leser möge sich davon überzeugen), wenn wir eine Untermatrix der folgenden Form erhalten, wobei $a_{k,j_\ell} \neq 0$, $a_{k,j_m} \neq 0$:

$$\begin{array}{c} i_1 \\ i_2 \\ k \end{array} \begin{bmatrix} \pm 1 & 0 & \pm 1 \\ 0 & \pm 1 & \pm 1 \\ a_{k,j_\ell} & a_{k,j_m} & 0 \end{bmatrix}$$

Über $GF(2)$ ist aber die Determinante dieser Matrix $= 0$, woraus $a_{k,j_\ell} = \pm a_{k,j_m}$ folgt. Wir erhalten also eine Matrix R' in Standardform, deren Glieder alle 0 oder ± 1 sind. Es bleibt zu zeigen, daß R' unimodular ist. Es sei $M = [a_{ij}]$ eine beliebige $k \times k$-Untermatrix von R'. Da R' modulo 2 genommen eine Koordinatisierungsmatrix von $G(S)$ über $GF(2)$ ist, folgt aus der bereits oben angestellten Überlegung und char $K \neq 2$, daß M keine 2×2-Teilmatrix mit lauter Elementen $\neq 0$ enthält, von denen genau eines $= 1$ oder genau eines $= -1$ ist. Wir wollen diese Tatsache mit (*) abkürzen. Es sei $\det_Q M \neq 0$ und o.B.d.A. $a_{11} \neq 0$. Wir machen die erste Spalte von M unterhalb a_{11} zu 0 durch geeignetes Addieren und erhalten $M' = \begin{bmatrix} a_{11} & N \\ 0 & M_1 \end{bmatrix}$ mit $\det_Q M' = \pm \det_Q M_1$. Aus (*) folgt nun, daß in M_1 wiederum alle Elemente $= 0$, ± 1 sind, da ansonsten in M eine 2×2-Teilmatrix $\begin{bmatrix} a_{11} & 1 \\ -a_{11} & 1 \end{bmatrix}$ oder $\begin{bmatrix} a_{11} & -1 \\ -a_{11} & -1 \end{bmatrix}$ vorkäme. Enthielte M_1 eine 2×2-Teilmatrix, wie sie in (*) ausgeschlossen wird, z.B. $B_1 = \begin{bmatrix} b_{i,j} & b_{i,m} \\ b_{\ell,j} & b_{\ell,m} \end{bmatrix}$, so hätten wir für die Teilmatrix $B = \begin{bmatrix} a_{11} & a_{1j} & a_{1m} \\ a_{i1} & a_{ij} & a_{im} \\ a_{\ell 1} & a_{\ell j} & a_{\ell m} \end{bmatrix}$ von M, daß

$\det_Q B = a_{11} \det_Q B_1 = \pm 2$, somit $\det_{GF(2)} B = 0$, Widerspruch. Also gilt (*) auch für M_1. Wir wählen nun ein Element $\neq 0$ aus der ersten Spalte von M_1, machen den Rest der Spalte zu 0, und erhalten eine Matrix M_2, welche nur Elemente 0, ± 1 enthält und Bedingung (*) erfüllt. Nach k Schritten resultiert daraus $\det_Q M = \pm 1$.

d) $\rightarrow$ e). Nach (VII.2.20) besitzt $G(S)$ eine unimodulare Koordinatisierungsmatrix $R = [E_r, A]$ in bezug auf eine Basis $B = \{b_1,\ldots,b_r\}$. Die Zeilen entsprechen den Funktionen $f_i : S \to Q$, Kern $f_i = H_i = \overline{B - b_i}$, $f_i(b_i) = 1$. Ist H beliebiger Copunkt von $G(S)$, so müssen wir zeigen, daß eine

Funktion $f_H : S \to \mathbb{Q}$ existiert mit Kern $f_H = H$, $f_H(p) = \pm 1$ für alle $p \in S - H$, welche in dem von $f_1, \ldots, f_r$ erzeugten Funktionenraum F liegt. Es sei $|H \cap B| = r - 1 - k$, $0 \le k \le r-1$. Für $k = 0$ ist $H = H_i$ für ein i, und wir setzen $f_H = f_{H_i}$. Für $k > 0$ sei $H \cap B = \{b_{k+2}, \ldots, b_r\}$. Wir erweitern $H \cap B$ zu einer Basis $B' = (H \cap B) \cup \{c_1, \ldots, c_k\}$ von H und wählen unter allen Funktionen $f \in F$ mit Kern $f = H$ jene Abbildung f_H, für die $f_H(b_{k+1}) = 1$ gilt. Aus $f_H = \sum_{i=1}^{r} \lambda_i f_i$ folgt $\lambda_i = f_H(b_i)$, also $f_H = \sum_{i=1}^{k+1} f_H(b_i) f_i$, und wir erhalten für $p \notin H$ das Gleichungssystem

$$f_H(b_1) f_1(c_1) + f_H(b_2) f_2(c_1) + \ldots + f_{k+1}(c_1) = 0$$

$$\vdots$$

$$f_H(b_1) f_1(c_k) + f_H(b_2) f_2(c_k) + \ldots + f_{k+1}(c_k) = 0$$

$$f_H(b_1) f_1(p) \; + f_H(b_2) f_2(p) \; + \ldots + f_{k+1}(p) \; = f_H(p),$$

woraus mittels der Regel von Cramer

$$f_H(p) = \frac{\det \, (f_i(c_j), f_i(p))_{i=1,\ldots,k+1, \, j=1,\ldots,k}}{\det \, (f_i(c_j))_{i,j=1,\ldots,k}} = \pm 1$$

resultiert.

e) $\to$ a). $G(S)$ ist $\mathbb{Q}$-linear, also genügt nach (VII.1.2) der Nachweis, daß $G(S)$ auch linear über jedem Primkörper $GF(p)$ ist. Es sei $R = [E_r, A]$ Koordinatisierungsmatrix in bezug auf die Basis $B = \{b_1, \ldots, b_r\}$ und $f_i : S \to \mathbb{Q}$ die den Zeilen von R entsprechenden $0, \pm 1$-Funktionen (laut e)) mit Kern $f_i = \overline{B - b_i}$. Wir fassen R als Matrix R_p über $GF(p) \cong \mathbb{Z}/p\mathbb{Z}$ auf und beweisen $M(R_p) \cong G(S)$. Dazu genügt offenbar der Nachweis, daß alle $r \times r$-Untermatrizen von R über $\mathbb{Q}$ Determinante $0, \pm 1$ haben, denn dies bedeutet ja gerade, daß $M(R)$ und $M(R_p)$ dieselben Basen besitzen. Sei A' $r \times r$-Untermatrix von R mit den Spalten $S_{j_1}, \ldots, S_{j_r}$. Sind $S_{j_1}, \ldots, S_{j_r}$ linear abhängig über $\mathbb{Q}$, so ist $\det_{\mathbb{Q}}(S_{j_1}, \ldots, S_{j_r}) = 0$, somit $\det_{GF(p)}(S_{j_1}, \ldots, S_{j_r}) = 0$. Anderenfalls ist $B' = \{S_{j_1}, \ldots, S_{j_r}\}$ Basis von $G(S)$, und es existieren $0, \pm 1$-Funktionen $g_i : S \to \mathbb{Q}$, Kern $g_i = \overline{B' - S_{j_i}}$, $g_i(S_{j_i}) = 1$, mit korrespondierender Matrix R'. Die Zeilen Z_i' von R' sind lineare Kombinationen der Zeilen aus R mit Koeffizienten aus $\mathbb{Z}$ (sogar $= 0, \pm 1$), also gilt $R' = N \cdot R$ mit den Elementen von N in $\mathbb{Z}$. Daraus folgt $1 = \det N \cdot \det_{\mathbb{Q}} A'$, d.h. $\det_{\mathbb{Q}} A' = \pm 1$. $\square$

156

Folgerung

(VII.2.22) *Es sei* G(S) *ein endliches reguläres Matroid vom Rang* r, *und* R *eine* r-*zeilige Koordinatisierungsmatrix über* Q, *für die alle* r × r-*Unterdeterminanten die Werte* O, ±1 *annehmen. Insbesondere ist dies der Fall, wenn* R = [E_r, A] *in Standardform ist, und die Elemente aus* R *gleich* O, ±1 *sind. Dann gilt:*

$$\det RR^T = Anzahl\ der\ Basen\ von\ G(S).$$

Beweis

Für eine r × r-Untermatrix R_1 gilt: det R_1 = O ↔ Spalten von R_1 sind linear abhängig. Das heißt, die Anzahl der Basen von G(S) ist genau gleich der Anzahl der nichtsingulären r × r-Untermatrizen von R. Wir zitieren den Binet-Cauchyschen Determinantensatz: Es seien M eine r × n-Matrix, N eine n × r-Matrix, $r \leq n$, und die Spalten von M bzw. die Zeilen von N indiziert durch S, $|S|$ = n. Für $A \subseteq S$ mit $|A|$ = r seien M_A bzw. N^A die Untermatrizen von M bzw. N mit den zu A korrespondierenden Spalten bzw. Zeilen. Dann gilt

$$\det MN = \sum_{\substack{A \subseteq S \\ |A| = r}} \det M_A \det N^A,$$

und insbesondere

$$\det MM^T = \sum_{\substack{A \subseteq S \\ |A| = r}} (\det M_A)^2.$$

Übertragen wir diese Formel auf die Matrix R, so folgt die Behauptung. □

Beispiel

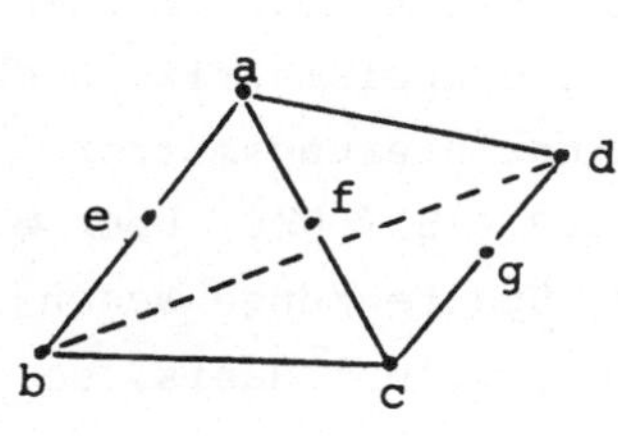

$$R = \begin{bmatrix} 1 & 0 & 0 & 0 & -1 & -1 & 0 \\ 0 & 1 & 0 & 0 & -1 & 0 & 0 \\ 0 & 0 & 1 & 0 & 0 & -1 & -1 \\ 0 & 0 & 0 & 1 & 0 & 0 & -1 \end{bmatrix}$$

$$RR^T = \begin{bmatrix} 3 & 1 & 1 & 0 \\ 1 & 2 & 0 & 0 \\ 1 & 0 & 3 & 1 \\ 0 & 0 & 1 & 2 \end{bmatrix}$$

det RR^T = Anzahl der Basen = 21.

Bedingung d) in (VII.2.21) besagt, daß genau jene Matroide regulär sind, welche durch unimodulare Matrizen R über $\mathbb{Q}$ koordinatisiert werden können. Fassen wir die +1 und -1 Einträge in R als <u>Orientierung</u> der Elemente von G(S) relativ zu den Cokreisen (korrespondierend zu den Zeilen) auf, so erhalten wir eine Charakterisierung regulärer Matroide, welche die genaue Verallgemeinerung der im nächsten Abschnitt zu behandelnden Koordinatisierung orientierter Graphen ist.

Für ein endliches Matroid G(S) definieren wir die Kreismatrix $K = [k_{ij}]$ über $\mathbb{Z}$, indem wir die Spalten mit den Elementen aus S indizieren und die Zeilen mit den Kreisen aus G(S), so daß $k_{ij} = 1$ oder 0 ist, je nachdem ob $j \in S$ im i-ten Kreis liegt oder nicht. Analog erklären wir die Cokreismatrix $C = [c_{ij}]$, wobei wir für die Spalten dieselbe Indizierung wie in K verwenden. G(S) heißt <u>orientierbar</u>, falls eine Zuordnung ±1 zu den Einsen aus K und C derart existiert, daß für die orientierten Matrizen $\tilde{C}$, $\tilde{K}$ gilt: $\tilde{C} \cdot \tilde{K}^T = 0$.

$\boxed{\text{Satz (Minty)}}$

(VII.2.23) *Ein endliches Matroid* G(S) *ist genau dann regulär, wenn es orientierbar ist.*

<u>Beweis</u>

Ist G(S) regulär, so ordnen wir in der Cokreismatrix C den Einsen laut (VII.2.21e) die Werte ±1 zu. Es sei $K = \{i_1, \ldots, i_t\}$ Kreis in G(S). Da $\tilde{C}$ auch Koordinatisierungsmatrix über GF(3) ist, existieren

$$\lambda_{i_k} = \pm 1, \ k = 1, \ldots, t, \ \text{mit} \ \sum_{k=1}^{t} \lambda_{i_k} S_{i_k} = 0, \ \text{wobei} \ S_{i_k} \ \text{die dem Element} \ i_k$$

entsprechende Spalte von $\tilde{C}$ bezeichnet. Ordnen wir daher in der Zeile von K, welche dem Kreis K entspricht, den Einsen gemäß den λ_{i_k} die Werte ±1 zu, so erhalten wir $\tilde{C} \cdot \tilde{K}^T = 0$. Es sei umgekehrt G(S) orientierbar, und $\tilde{K}$ bzw. $\tilde{C}$ die orientierte Kreis-bzw. Cokreismatrix. Nach (VII.2.21e) bleibt zu zeigen, daß $\tilde{C}$ eine Koordinatisierungsmatrix von G(S) über $\mathbb{Q}$ ist, oder mit anderen Worten, daß $G(S) \cong M(\tilde{C})$ über $\mathbb{Q}$. Ist K ein Kreis von G(S), so ist die zugehörige Spaltenmenge wegen $\tilde{C} \cdot \tilde{K}^T = 0$ linear abhängig. Ist andererseits $B = \{b_1, \ldots, b_r\}$ Basis, so gilt für die Cokreise $C_i = S - \overline{B - b_i}$, daß $b_i \in C_i$ und $b_i \notin C_j$ für $i \neq j$. Daraus folgt aber sofort die lineare Unabhängigkeit der Spalten in $\tilde{C}$ korrespondierend zu B. □

Aus (VII.2.21) ersehen wir, daß eine Charakterisierung der <u>ternären</u> Matroide mittels verbotener Minoren zusammen mit (VII.2.2) eine Be-

schreibung der regulären Matroide nach sich ziehen würde. Wir können
sofort vier minimale nichtternäre Matroide angeben: Die 5-Punkte Gerade (jede Gerade in PG(n,3) hat 4 Punkte!) und F (nach (VII.1.4)) sowie
die dazu orthogonalen Matroide $O_3(FG_5)$ und $F^\perp$.

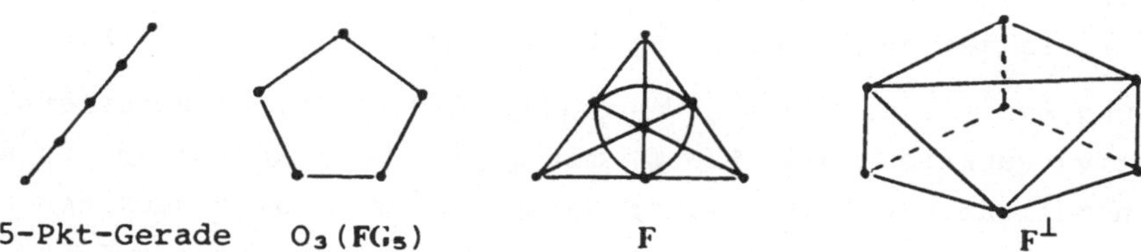

Es ist bekannt, daß diese 4 Matroide genau die Obstruktionen für
GF(3)-Linearität darstellen. Da die 5-Punkte Gerade sowie $O_3(FG_5)$
nicht binär sind, folgt daraus der folgende berühmte Koordinatisierungssatz von Tutte, den wir ohne Beweis zitieren.

Satz (Tutte)

(VII.2.24) *Ein Matroid* G(S) *ist genau dann regulär, wenn* G(S) *binär
ist und weder* F *noch* $F^\perp$ *als Minor enthält.*

Es sei $G(S) \cong G(F(S,\mathbb{Q}))$ ein reguläres Matroid. Funktionen $f \in F(S,\mathbb{Q})$,
welche nur die Werte $0, \pm 1$ annehmen, nennen wir __primitiv__. Satz (VII.2.
21), Teil e) sagt aus, daß in regulären Matroiden $G(F(S,\mathbb{Q}))$ jeder
Cokreis Träger einer primitiven Funktion $f : S \to \mathbb{Q}$ ist, und somit jedes
$f \in F(S,\mathbb{Q})$ lineare Kombination (über $\mathbb{Q}$) von primitiven Funktionen ist.
Eine genauere Aussage, welche in Abschnitt 3 wertvoll sein wird, er-
halten wir durch folgende Überlegung.

__Definition__

(VII.2.25)   Es seien $f_1, \ldots, f_k$ Abbildungen von S nach $\mathbb{Z}$. Die Funktionen
f_i heißen paarweise __konkordant__, falls $f_i(p)f_j(p) \geq 0$ für alle $p \in S$ ist,
$1 \leq i < j \leq k$. Wir nennen $f = \sum_{i=1}^{k} f_i$ eine __konkordante__ __Summe__ der f_i, falls
die f_i paarweise konkordant sind. Man beachte, daß daraus $f_i(p) > 0 \Rightarrow$
$f(p) > 0$ bzw. $f_i(p) < 0 \Rightarrow f(p) < 0$, und insbesondere $\|f_i\| \subseteq \|f\|$ resultiert.

__Satz__

(VII.2.26)   *Es sei* $G(F(S,\mathbb{Q}))$ *ein endliches reguläres Matroid. Dann
ist jede Funktion* $0 \neq f \in F(S,\mathbb{Q})$, $f : S \to \mathbb{Z}$, *konkordante Summe primitiver
Funktionen aus* $F(S,\mathbb{Q})$.

Beweis

Wir zeigen zunächst, daß zu jedem $O \neq f : S \to \mathbb{Z}$ eine primitive, zu f konkordante, Funktion $g \in F(S,\mathbb{Q})$ existiert mit $\emptyset \neq \|g\| \subseteq \|f\|$. Das Gegenteil sei richtig, und f ein Gegenbeispiel mit minimalem Träger. Es existiert ein Cokreis $C \subseteq \|f\|$, und wir wählen $p \in C$ so, daß $|f(p)| = \min\limits_{q \in C}(|f(q)|)$. Es sei $h \in F(S,\mathbb{Q})$ primitiv mit $\|h\| = C$, $h(p) = 1$. Für die Abbildung $k = f - f(p).h$ gilt $\|k\| \subsetneq \|f\|$, das heißt, es existiert eine primitive Funktion $O \neq g \in F(S,\mathbb{Q})$ mit $\|g\| \subseteq \|k\|$, konkordant zu k. Aus der Minimalität von $|f(p)|$ folgt daraus sofort, daß g auch konkordant zu f ist. Um den Beweis zu beenden, bestimmen wir für $O \neq f : S \to \mathbb{Z}$, $f \in F(S,\mathbb{Q})$, eine primitive konkordante Funktion $f_1 \neq O$ mit $\|f_1\| \subseteq \|f\|$. Die Funktion $f_2 = f - f_1$ ist dann konkordant zu f und f_1. Ferner gilt $|\sum\limits_{q \in S} f_2(q)| < |\sum\limits_{q \in S} f(q)|$, und die Behauptung folgt durch Induktion. $\square$

Folgerung

(VII.2.27) *Es sei $G(F(S,\mathbb{Q}))$ ein endliches reguläres Matroid. Die Abbildung $f \in F(S,\mathbb{Q})$, $f : S \to \mathbb{Z}$, heißt* <u>positiv</u>*, falls $f(p) \geq O$ für alle $p \in S$. Dann gilt: Jede positive Funktion ist Summe primitiver positiver Funktionen.*

ÜBUNGEN ZU ABSCHNITT 2

→ 1. Verifiziere, daß erbliche Familien mit der finitären Eigenschaft durch Obstruktionen gekennzeichnet werden. Verallgemeinerung auf beliebige erbliche Familien?

2. Zeige: Ist $\mathbf{M}$ verbotener Minor für die Charakterisierung der endlichen K-linearen Matroide, dann gilt dies auch für $\mathbf{M}^{\perp}$.

→ 3. Bestimme die Obstruktionen für die erbliche Klasse der freien Geometrien.

4.* Beweise: Die erbliche Klasse der $\mathbb{Q}$-linearen Matroide besitzt unendlich viele Obstruktionen. (Hinweis: Benutze (VII.1.7) und Übung (VII.1.8).) (Vamos)

5. Bestimme alle binären Geometrien vom Rang 4.

→ 6. Zeige: Ein Matroid $G(S)$ ist genau dann binär, wenn für alle Basen $B \neq B'$ gilt: $\forall p \in B$ existiert eine gerade Anzahl von Elementen $q \in B'$, so daß $(B-p) \cup q$ und $(B'-q) \cup p$ Basen sind.

7. Es sei $G(S)$ binär, C ein Kreis, $q \in S - C$. Zeige: In G/q ist C entweder wieder Kreis oder direktes Produkt zweier Kreise C_1, C_2, wobei $C_1 \cup q$ und $C_2 \cup q$ beides Kreise in $G(S)$ sind.

→ 8. Zeige: Ein zusammenhängender Graph $G(E,S)$ ist genau dann Eulersch, wenn ein geschlossener Kantenzug existiert, der jede Kante genau einmal enthält. Wie kann diese Aussage auf beliebige binäre Matroide verallgemeinert werden?

9. Beweise Satz (VII.2.14).

→ 10. Es sei M Koordinatisierungsmatrix des endlichen Matroides $G(S)$ in bezug auf die Basis B. Zeige:

a) p ist Schlinge $\leftrightarrow S_p = 0$ (Spalte korrespondierend zu p).

b) p ist Brücke $\leftrightarrow$?

c) $G(S-p)$ wird koordinatisiert durch $M - S_p$.

d) Für $p \notin \bar{\emptyset}$ wird G/p koordinatisiert durch die folgende Matrix M': Durch geeignete elementare Operationen enthält S_p in M eine einzige Koordinate $\neq 0$. Weglassen der Zeile, welche dieses Element enthält, und von S_p ergibt M'.

11. Sei $S \subseteq V(n,K)$, dann ist der <u>affine</u> Abschluß $B \to \bar{B}$ definiert durch: $p \in \bar{B} :\leftrightarrow \exists \lambda_1, \ldots, \lambda_t \in K$ mit $p = \Sigma \lambda_i q_i$, $q_i \in B$, $\Sigma \lambda_i = 1$. Zeige: Ist $G(S)$ endliches Untermatroid von $G(V(n,K))$ mit Koordinatisierungsmatrix M, so ist $G(S)$ genau dann affin (d.h. der Abschluß auf $G(S)$ ist gleich dem affinen Abschluß), wenn $M' = \begin{bmatrix} M \\ 1\,1\,\ldots\,1 \end{bmatrix}$ wiederum Koordinatisierungsmatrix von $G(S)$ ist.

12. Zeige: Das Untermatroid $G(S)$ von $G(V(n,K))$ ist genau dann affin, wenn $G(S)$ Untermatroid von $AG(n,K)$ ist. Beschreibe die unabhängigen Mengen.

13. Studiere nochmals genau den Beweis von Satz (VII.2.21) und fülle die Lücken aus.

→ 14. Beweise die Regularität der graphischen Matroide mit Hilfe von
(VII.2.24).

15. Bestimme Obstruktionen für GF(5)-Linearität, allgemein für GF(q)-Linearität.

→ 16. Es sei $G(S)$ binäre Geometrie vom Rang n mit der Eigenschaft, daß $G(S)/p \cong PG(n-1,2)$ für alle Punkte p. Beweise, daß $G(S) \cong PG(n,2) - PG(k,2)$, $1 \leq k \leq n-1$, und daß verschiedene k nichtisomorphe Geometrien ergeben. $PG(n,2) - PG(k,2)$ bedeutet hierbei, daß aus der projektiven Geometrie vom Rang n ein Unterraum vom Rang k herausgeschnitten wird, z.B. ist also $AG(n,2) \cong PG(n,2) - PG(n-1,2)$.

17.* Verallgemeinere Übung 16) auf beliebige Primzahlpotenzen q. (Baer)

18. Bestimme alle binären Überlagerungsgeometrien.

19. Beweise: Ist $G(S)$ binäre Inzidenzgeometrie von der Stufe $n \geq 3$, in der jede Cogerade von genau 3 Copunkten bedeckt ist, so gilt $G(S) \cong K(n)$ für ein $n \in \mathbb{N}$, $n \geq 3$.

20.* Es sei $G(S)$ eine Geometrie, in der jede Cogerade von genau 3 Copunkten bedeckt ist. Zeige:

a) $G(S)$ graphisch $\leftrightarrow$ $G(S) \cong K(n)$ oder $\cong P(K_n)$ für $n \in \mathbb{N}$.

b) $G(S)$ cographisch $\leftrightarrow$ $G(S) \cong K(n)$ für $n \in \mathbb{N}$ oder $\cong P(K_4)$ oder $\cong B(K_{3,3})$.

(Hinweis zu a): Angenommen $G(S) \cong P(G(E,S))$ mit $G(E,S) \neq K_n$, dann reduziere $G(E,S)$ schrittweise auf ein Polygon.)

3. GRAPHISCHE MATROIDE

Wir haben schon mehrmals bemerkt, daß die Graphentheorie maßgeblich die Entwicklung der Matroide beeinflußt und viele Fragestellungen motiviert hat. In diesem Abschnitt wollen wir nun umgekehrt zeigen, daß allgemeine Sätze und Methoden aus der Theorie der Matroide bekannte Begriffsbildungen der Graphentheorie unter einem algebraischen Gesichtspunkt erscheinen lassen. Wir greifen dabei drei Problemkreise heraus: Zunächst untersuchen wir in Abschnitt A den Begriff des Zusammenhanges und der Einbettung von Graphen vom Standpunkt der korrespondierenden Polygonmatroide aus und leiten einige interessante

Charakterisierungen ab, welche unter anderem den Satz von Whitney
(VI.4.21) neu ergeben. Als nächstes weisen wir in Abschnitt B die
Regularität der graphischen Matroide nach, indem wir eine _Homologie_
erklären, und studieren Anwendungen auf _Netzwerke_. Schließlich diskutieren wir in Abschnitt C. die _Färbung_ von Graphen und ihre algebraische Deutung in Zusammenhang mit dem kritischen Problem.

A. Zusammenhang und Einbettung

Alle in diesem Abschnitt vorkommenden Graphen sind als endlich vorausgesetzt. Wir stellen uns die Frage, inwieweit ein Graph $G(E,S)$ durch
sein Polygonmatroid determiniert wird. Offenbar gilt $G(E,S) \cong G'(E',S') \to$
$P(G(E,S)) \cong P(G'(E',S'))$. Es seien umgekehrt G, G' Graphen mit
$P(G) \cong P(G')$. Gilt dann auch $G \cong G'$? Zunächst müssen wir laut der Bemerkung vor (VI.4.43) voraussetzen, daß $G(E,S)$ _zusammenhängend_ ist.
Zusammenhang allein genügt aber offenbar nicht, da z.B. je zwei Bäume
auf n Ecken isomorphe Polygonmatroide besitzen ($\cong FG_{n-1}$). Selbst 2-
facher Zusammenhang ist nicht ausreichend, wie das untenstehende Beispiel zeigt.

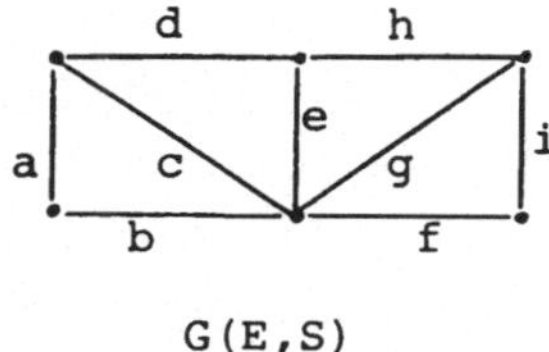

$$G(E,S)$$

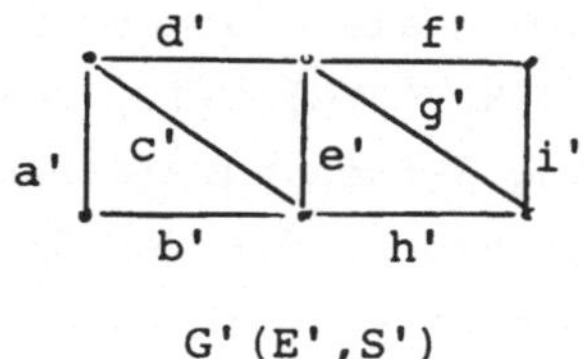

$$G'(E',S')$$

Man überzeugt sich leicht, daß $P(G(E,S)) \overset{x \to x'}{\cong} P(G'(E',S'))$ gilt, jedoch
$G(E,S) \not\cong G'(E',S')$ ist.

Hilfssatz

(VII.3.1) $G(E,S)$ _sei ein 3-fach zusammenhängender schlingenloser_
Graph mit $|E| \geq 3$. _Dann ist_ $H \subseteq S$ _genau dann ein zusammenhängender Co-_
punkt von $P(G(E,S))$ - _d.h. das Untermatroid_ $P(G(E,S)).H$ _ist zusammen-_
hängend -, wenn $H = S - St(v)$ _für ein_ $v \in E$.

Beweis

Jede Kantenmenge $H = S - St(v)$ bildet nach (VI.4.42) einen zusammenhängenden Copunkt in $P(G(E,S))$. Für jeden anderen Copunkt $H = S - C$
besteht der Untergraph $G(E,H)$ aus zwei nichttrivialen Komponenten,
und $P(G(E,H))$ ist nicht zusammenhängend. $\square$

Satz (Whitney)

(VII.3.2) *Es sei G(E,S) ein 3-fach zusammenhängender schlingenloser*
Graph mit $|E| \geq 3$ *und G'(E',S') ein Graph ohne isolierte Ecken mit*
$P(G(E,S)) \cong P(G'(E',S'))$. *Dann gilt* $G(E,S) \cong G'(E',S')$.

Beweis

Wir bemerken zunächst, daß wegen (VI.2.10e) $|E| = |E'|$ und $|S| = |S'|$
gelten muß. Es sei $\phi : S \to S'$ Isomorphismus von $P(G(E,S))$ auf
$P(G'(E',S'))$. Offenbar bildet ϕ jeden zusammenhängenden Copunkt
$H = S - St(v)$ auf einen zusammenhängenden Copunkt $H' = S' - St(v')$ ab.
Definieren wir $\varphi : E \to E'$ durch $\varphi(v) := v'$, so ist φ injektiv, und
wegen $|E| = |E'|$ bijektiv. Es bleibt zu zeigen, daß φ die Inzidenzen
im Graph erhält. Dazu haben wir für $v \in E$, $k \in S$:

$$v \notin k \;\leftrightarrow\; k \notin St(v) \;\leftrightarrow\; k \in S - St(v)$$
$$\leftrightarrow\; \phi k \in S' - St(\varphi v) \;\leftrightarrow\; \varphi(v) \notin \phi k. \qquad \square$$

Übung (VI.4.8) beinhaltet einen zusammenhängenden Graphen G, zu dem
zwei verschiedene Einbettungen in die Ebene existieren, d.h. zwei
nichtisomorphe zu G duale Graphen. Da für alle zu G dualen Graphen
H nach (VI.4.19) $P(H) \cong P(G)$ gilt, folgt aus (VII.3.2) die <u>Eindeutig-
keit</u> der Einbettung 3-fach zusammenhängender plättbarer Graphen G,
sobald wir gezeigt haben, daß der 3-fache Zusammenhang von plättbaren
Graphen mit mindestens 4 Ecken auch den 3-fachen Zusammenhang eines
dualen Graphen impliziert (Übungen).

Folgerung

(VII.3.3) *Ein 3-fach zusammenhängender schlingenloser plättbarer Graph*
G kann auf nur eine Weise in die Ebene eingebettet werden (oder äqui-
valent dazu: G besitzt bis auf Isomorphie einen eindeutigen dualen
Graphen).

Die Relation (VI.4.41) zwischen den Ecken eines 2-fach zusammenhängenden Graphen und den zusammenhängenden Copunkten seines Polygonmatroides wollen wir zum Beweis der folgenden Charakterisierungen verwenden.

Satz

(VII.3.4) *Es sei G(S) ein endliches zusammenhängendes binäres Matroid*
mit Zyklengruppe $\mathfrak{S}$, $r(G(S)) \geq 2$. *G(S) ist genau dann graphisch, wenn*
eine Familie $\mathfrak{C}_O$ *von Cokreisen existiert, so daß:*

164

a) jedes $p \in S$ in genau zwei Cokreisen von $\mathfrak{C}_O$ enthalten ist,

b) $\mathfrak{C}_O$ die gesamte Cozyklengruppe $\mathfrak{S}^\perp$ erzeugt.

<u>Beweis</u>

Ist $G(S) \cong P(G(E,S))$ graphisch, so setzen wir $\mathfrak{C}_O := \{St(v) : v \in E\}$, und a),b) folgen aus (VII.2.14). Existiert umgekehrt eine Familie $\mathfrak{C}_O$ mit den angegebenen Eigenschaften, so definieren wir einen Graphen $G(E,S)$, $E = $ Indexmenge von $\mathfrak{C}_O$, folgendermaßen: $\alpha \in E$ indiziert mit der Kante $p \in S :\leftrightarrow p \in C_\alpha$. (Die Zulässigkeit dieser Definition folgt aus a).) Es bleibt zu zeigen, daß die Polygone aus $G(E,S)$ genau mit den Kreisen des Matroides $G(S)$ übereinstimmen.

Es sei K Kreis in $G(S)$, dann folgt aus (VI.4.6), daß kein Cokreis C_α mit K genau einen Punkt gemeinsam hat, d.h. daß keine Ecke $\alpha \in E$ Grad 1 in $G(E,K)$ hat. K enthält somit ein Polygon $K' \subseteq K$ aus $G(E,S)$. Es sei umgekehrt K ein Polygon aus $G(E,S)$. Wir indizieren die Ecken und Kanten aus K durch $\alpha_1, \alpha_2, \ldots, \alpha_t; k_1, \ldots, k_t$, wie in der Figur und zeigen, daß K Vereinigung von Kreisen aus $G(S)$ ist. Ist das Gegenteil richtig,

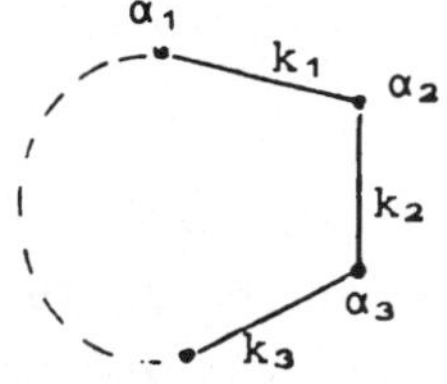

so existiert nach (VI.4.8) ein Cokreis C von $G(S)$ mit $|C \cap K| = 1$. Es sei o.B.d.A. $C \cap K = \{k_1\}$. Da $\mathfrak{C}_O$ ganz $\mathfrak{S}^\perp$ aufspannt, gilt $C = \sum_{\beta \in B} C_\beta \bmod 2$, für eine Teilmenge $B \subseteq E$. Nach Voraussetzung a) und der Definition von $G(E,S)$ ist k_1 genau in C_{α_1} und C_{α_2} enthalten, und wir können annehmen, daß $\alpha_1 \notin B$, $\alpha_2 \in B$ ist. Wiederum nach a) ist k_2 genau in C_{α_2}, C_{α_3}, woraus wegen $k_2 \notin C$ folgt, daß $\alpha_3 \in B$ ist. Analog schließen wir $\alpha_4 \in B, \ldots, \alpha_t \in B$, und endlich $\alpha_1 \in B$, im Widerspruch zur Annahme. $\square$

Durch Anwendung auf die einzelnen Komponenten erhalten wir:

<u>Folgerung</u>

(VII.3.5) *Ein endliches binäres Matroid $G(S)$ mit Zyklengruppe $\mathfrak{S}$ und $r(G(S)) \geq 2$ ist genau dann graphisch, wenn eine Familie $\mathfrak{C}_O$ von Cokreisen existiert, so daß:*

a) jedes $p \notin \bar{\emptyset}$ in genau zwei Cokreisen von $\mathfrak{C}_O$ liegt,

b) $\mathfrak{C}_O$ die Cozyklengruppe $\mathfrak{S}^\perp$ aufspannt.

Als Anwendung unserer Sätze wollen wir eine neue Charakterisierung
ebener Matroide, d.h. plättbarer Graphen ableiten. Betrachten wir den
abgebildeten ebenen Graphen. Alle Regionen, inklusive der äußeren,

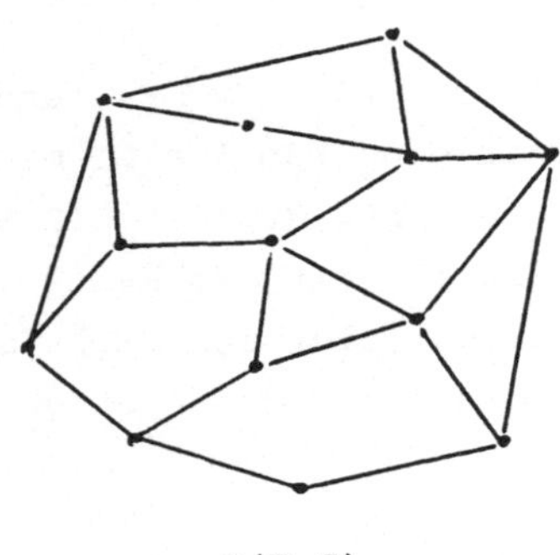

sind von Polygonen begrenzt, und
die Menge $\mathfrak{R}_0$ dieser Polygone hat
zwei Eigenschaften:

a) Jede Kante ist in genau zwei
   Polygonen aus $\mathfrak{R}_0$ enthalten,

b) $\mathfrak{R}_0$ spannt die Zyklengruppe $\mathfrak{G}$
   auf.

$G(E,S)$

Man beachte die Analogie zu (VII.3.5). Unser Ziel ist es, plättbare
Graphen durch die Existenz einer solchen Familie $\mathfrak{R}_0$ zu charakterisie-
ren. Wir können und werden uns dabei auf 2-fach zusammenhängende Graphen beschränken. Zunächst wollen wir allgemein den Begriff einer Einbettung bzw. einer Landkarte präzisieren.

$\boxed{\text{Definition}}$

(VII.3.6) Eine <u>Landkarte</u> $\mathfrak{L}$ ist ein Tripel $\mathfrak{L} = (E,S,R)$ mit zwei Inzi-
denzrelationen $I_1 \subseteq E \times S$, $I_2 \subseteq S \times R$. E, S und R sind endliche disjunkte
nichtleere Mengen, $|S| \geq 2$, deren Elemente wir <u>Ecken</u>, <u>Kanten</u> und <u>Re-
gionen</u> nennen. Wir setzen

$$\partial_1 k := \{v \in E : v \, I_1 \, k\}, \quad k \in S,$$

$$\partial_2 f := \{k \in K : k \, I_2 \, f\}, \quad f \in R,$$

und fordern:

   i) $|\partial_1 k| = 2$ für alle $k \in S$, d.h. $G(E,S)$ mit der Inzidenz I_1 ist
      ein <u>Graph</u>, den wir das <u>Gerüst</u> $G(\mathfrak{L})$ der Landkarte $\mathfrak{L}$ nennen. Wir
      setzen $G(\mathfrak{L})$ stets als <u>zusammenhängend</u> voraus.

  ii) $\partial_2 f$ ist ein <u>Polygon</u> von $G(\mathfrak{L})$ für alle $f \in R$.
      Für $v \in E$ definieren wir die <u>Sterne</u> $St_1(v) := \{k \in S : v \, I_1 k\}$,
      $St_2(v) := \{f \in R : St_1(v) \cap \partial_2 f \neq \emptyset\}$ und fordern:

 iii) Der Graph $G(St_1(v), St_2(v))$ mit der Inzidenz I_2 ist ein Poly-
      gon für alle $v \in E$.

Die Axiome ii) und iii) sagen also aus, daß jede Region von einem
Polygon umgrenzt ist bzw. daß die an eine Ecke angrenzenden Regionen
zyklisch angeordnet sind.

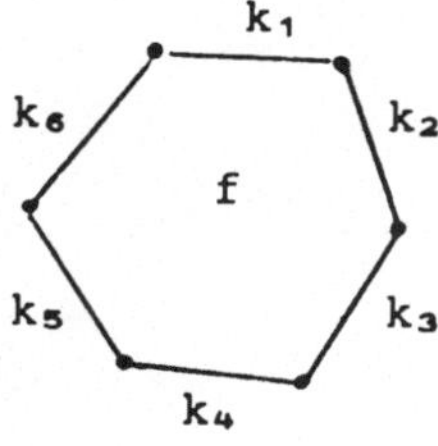

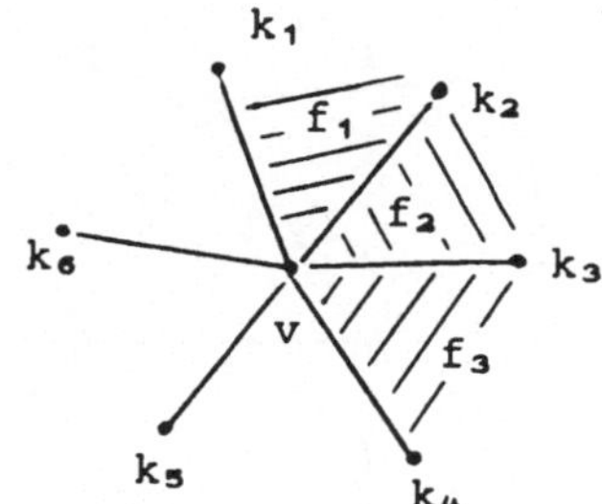

Diese Landkarten heißen üblicherweise <u>irreduzibel</u>. Wie oben angedeutet,
beschränken wir uns von vornherein auf irreduzible Landkarten, der allgemeine Fall folgt dann sofort. Wenn keine Gefahr der Verwechslung besteht, schreiben wir kurz ∂ anstelle ∂_2.

<u>Definition</u>

(VII.3.7)   Die <u>Euler Charakteristik</u> $\chi(\mathfrak{L})$ einer Landkarte $\mathfrak{L} = (E,S,R)$
ist

$$\chi(\mathfrak{L}) := |E| - |S| + |R|.$$

Wir wissen bereits, daß die Landkarten ebener Graphen Charakteristik
2 haben (VI.4.17). Die folgenden Beispiele haben Charakteristik 1 bzw.
0. Wir geben jeweils das Gerüst und die Regionen an.

<u>Beispiel</u>

(VII.3.8)

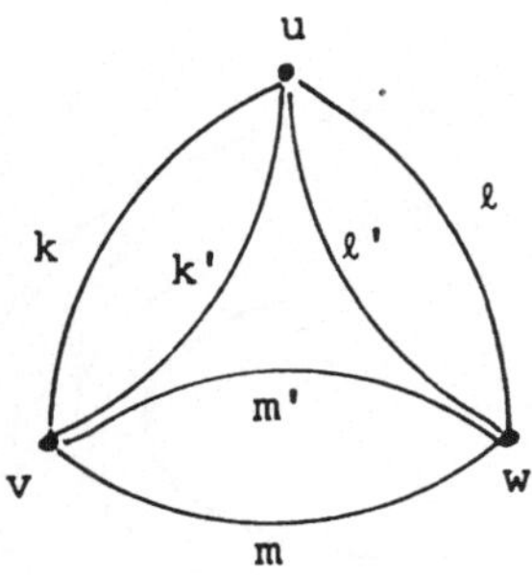

$$\partial f_1 = \{k, \ell, m\},$$
$$\partial f_2 = \{k, \ell', m'\},$$
$$\partial f_3 = \{k', \ell, m'\},$$
$$\partial f_4 = \{k', \ell', m\}.$$

Eine Realisierung ist in der projektiven reellen Ebene möglich. Wir
zeichnen eine Kreisscheibe und identifizieren diametral gegenüberliegende Punkte des Randes.

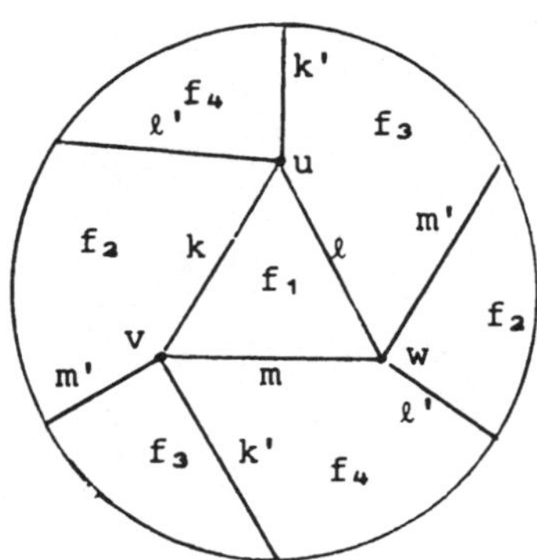

Beispiel

(VII.3.9)

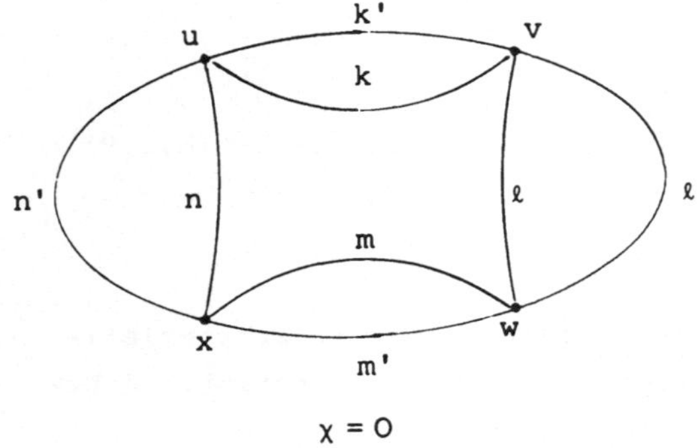

$$\partial f_1 = \{k, \ell, m, n\},$$

$$\partial f_2 = \{k, \ell', m, n'\},$$

$$\partial f_3 = \{k', \ell, m', n\},$$

$$\partial f_4 = \{k', \ell', m', n'\}.$$

$$\chi = 0$$

Wir realisieren diese Landkarte auf dem <u>Torus</u>. In dem Rechteck werden
gegenüberliegende Ränderpaare identifiziert. Zur Veranschaulichung
rollen wir das Rechteck zu einer Röhre und führen dann die offenen
Enden ineinander über (siehe die Figur rechts).

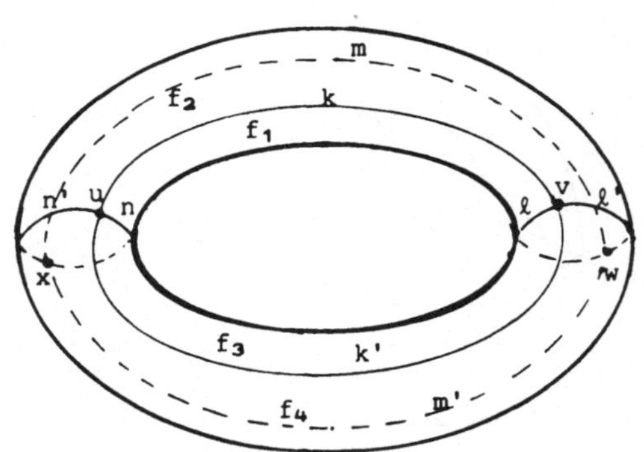

Satz

(VII.3.10) *Es sei $\mathfrak{L} = (E,S,R)$, I_1, I_2, Landkarte, dann ist auch $\mathfrak{L}^* := (R,S,E)$ mit den inversen Inzidenzen $I_2^* \subseteq R \times S$, $I_1^* \subseteq S \times E$ eine Landkarte. $\mathfrak{L}^*$ heißt die zu $\mathfrak{L}$ duale Landkarte.*

Beweis

Nur der Nachweis, daß das Gerüst $G(\mathfrak{L}^*)$ ein zusammenhängender Graph ist, bedarf einiger Sorgfalt. Er sei den Übungen vorbehalten. □

Der Leser konstruiere die dualen Landkarten zu den Beispielen (VII.3.8) und (VII.3.9), von denen die zweite selbstdual ist.

Folgerung

(VII.3.11) *Sei $\mathfrak{L}$ Landkarte, $\mathfrak{L}^*$ das Dual, dann sind die beiden Gerüste $G(\mathfrak{L})$, $G(\mathfrak{L}^*)$ 2-fach zusammenhängende Graphen.*

Beweis

Offenbar genügt es, die Behauptung für $G(\mathfrak{L})$ nachzuweisen. Ist $v \in E$, so müssen wir zeigen, daß je zwei Nachbarecken von v durch einen Weg verbunden sind, der nicht durch v führt. Dies folgt aber sofort aus der zyklischen Anordnung der an v angrenzenden Regionen und aus der Tatsache, daß alle diese Regionen von einem Polygon umgrenzt sind. □

Folgerung

(VII.3.12) *Für die Charakteristik einer Landkarte $\mathfrak{L}$ gilt stets $\chi(\mathfrak{L}) \leq 2$, und $\chi(\mathfrak{L}) = 2$ genau dann, wenn $\mathbf{P}(G(\mathfrak{L})) \cong \mathbf{B}(G(\mathfrak{L}^*))$ ist.*

Beweis

Die Mengen ∂f, $f \in R$, sind Bonds in $G(\mathfrak{L}^*)$ und spannen laut (VII.2.14) die gesamte Cozyklengruppe $\mathfrak{S}^{\perp}(G(\mathfrak{L}^*))$ auf. Andererseits ist ∂f auch Polygon von $G(\mathfrak{L})$, und wir erhalten nach (VII.2.11)

$$|R| - 1 = r(\mathfrak{S}^{\perp}(G(\mathfrak{L}^*))) \leq r(\mathfrak{S}(G(\mathfrak{L}))) = |S| - |E| + 1,$$

also

$$\chi(\mathfrak{L}) \leq 2.$$

Wir haben Gleichheit genau dann, wenn umgekehrt auch jedes Polygon von $G(\mathfrak{L})$ Bond von $G(\mathfrak{L}^*)$ ist und vice versa, d.h. wenn $\mathrm{Id} : S \to S$ den Isomorphismus $\mathbf{B}(G(\mathfrak{L}^*)) \cong \mathbf{P}(G(\mathfrak{L}))$ induziert. □

Wir kommen zur angekündigten Charakterisierung der plättbaren Graphen. Schlingen spielen dabei offenbar keine Rolle. Wir nennen einen 2-fach zusammenhängenden schlingenlosen Graphen G __plättbar__, falls eine Landkarte $\mathfrak{L}$ mit $\chi(\mathfrak{L}) = 2$ existiert, so daß $G \cong G(\mathfrak{L})$ ist. Ein beliebiger Graph heißt plättbar, wenn jeder seiner Blöcke plättbar ist. Der Leser überzeuge sich mit Hilfe von (VII.3.12), daß diese Definition der Plättbarkeit mit der Einbettbarkeit in die Ebene aus (VI.4.16) übereinstimmt.

$\boxed{\text{Satz (MacLane)}}$

(VII.3.13)   *Ein 2-fach zusammenhängender schlingenloser Graph $G(E,S)$ mit $|S| \geq 2$ ist genau dann plättbar, wenn entweder G ein Polygon ist oder wenn eine Familie $\mathfrak{R}_0 = \{R_\alpha : \alpha \in A\}$ von Polygonen in $G(E,S)$ existiert, so daß*

   a)   jede Kante in 2 Polygonen von $\mathfrak{R}_0$ enthalten ist,

   b) $\mathfrak{R}_0$ die Zyklengruppe $\mathfrak{S}$ aufspannt.

__Beweis__

Wir können voraussetzen, daß $G(E,S)$ kein Polygon ist. Ist $G(E,S)$ plättbar, $G = G(\mathfrak{L})$, $\mathfrak{L} = (E,S,R)$ mit $\chi(\mathfrak{L}) = 2$, so wählen wir $\mathfrak{R}_0 = \{\partial f : f \in R\}$. Bedingung a) ist dann unmittelbar klar, während b) aus (VII.3.12) folgt.

Es sei umgekehrt $\mathfrak{R}_0$ gegeben. Wir definieren $\mathfrak{L} = (E,S,\mathfrak{R}_0)$ und erklären I_1, I_2 durch

$$(v,k) \in I_1 :\Leftrightarrow v \in k, \quad (k,R_\alpha) \in I_2 :\Leftrightarrow k \in R_\alpha.$$

Zu beweisen ist: $\mathfrak{L}$ ist Landkarte der Charakteristik 2. Die Bedingungen i),ii) aus (VII.3.6) sind klar. Der Graph $G(St_1(v), St_2(v))$ ist nach a) jedenfalls regulär vom Grad 2. Es bleibt zu zeigen, daß er auch zusammenhängend ist. Es seien $k \neq k' \in St_1(v)$. Da $St_1(v)$ Cokreis in $P(G(E,S))$ ist, existiert nach (VI.1.14) ein Polygon C in $G(E,S)$ mit $C \cap St_1(v) = \{k,k'\}$. Nach b) gilt $C = \sum_{\alpha \in B} R_\alpha$ mod 2, $B \subseteq A$. Ist $k \in R_{\alpha_1}$, $\alpha_1 \in B$, so gilt $R_{\alpha_1} \in St_2(v)$. Wir haben $R_{\alpha_1} \cap St_1(v) = \{k,k'\}$, und es gilt $k_1 = k'$ oder es existiert wegen $C \cap St_1(v) = \{k,k'\}$ ein $\alpha_2 \in B$ mit $k_1 \in R_{\alpha_2} \neq R_{\alpha_1}$.

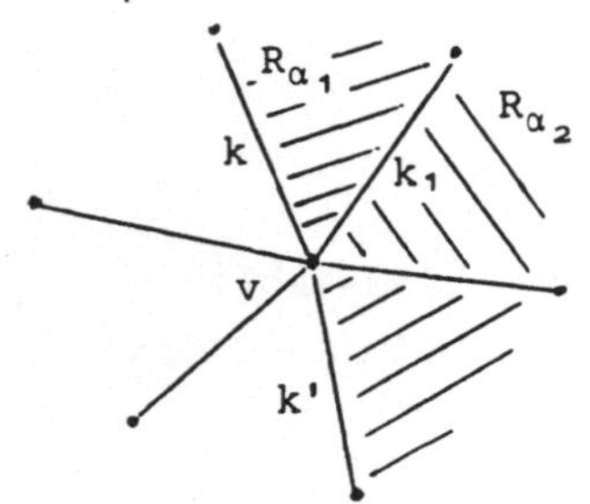

Wir schließen weiter und erhalten eine Kette $R_{\alpha_i} \in \mathfrak{R}_O, \alpha_i \in B, R_{\alpha_{i-1}} \cap R_{\alpha_i} \neq \emptyset, 2 \leq i \leq t$, mit $k' \in R_{\alpha_t}$, d.h. k' ist erreichbar von k im Graphen $G(St_1(v), St_2(v))$. In (VII.3.6) ist somit auch Axiom iii) erfüllt, d.h. $\mathfrak{L}$ ist Landkarte. Da R in jeder Landkarte $\mathfrak{L} = (E,S,R)$ die Cozyklengruppe $\mathfrak{S}^{\perp}(G(\mathfrak{L}^*))$ aufspannt und nach b) in diesem Fall $\mathfrak{R}_O$ auch die Zyklengruppe $\mathfrak{S}(G(\mathfrak{L}))$, folgt nach (VII.2.11) für den Rang der Mengengruppe $\mathfrak{R}_O$

$$|\mathfrak{R}_O| - 1 = |S| - |E| + 1,$$

und daraus

$$\chi(\mathfrak{L}) = |E| - |S| + |\mathfrak{R}_O| = 2. \quad \square$$

Folgerung

(VII.3.14) *Ein Graph G ist genau dann plättbar, wenn das Bondmatroid* **B**(G) *graphisch ist. In anderen Worten: Ein Matroid ist genau dann eben, wenn es Polygonmatroid eines plättbaren Graphen ist.*

Beweis

Entweder (VII.3.13) oder (VII.3.5) angewandt auf das Bondmatroid **B**(G). $\square$

B. Homologie und Netzwerke

In diesem Abschnitt verfolgen wir zwei Ziele: Einerseits wollen wir nachweisen, daß jedes graphische Matroid regulär ist, andererseits den Zusammenhang unserer bisherigen Theorie mit den elektrischen Netzwerken via die beiden Kirchhoff'schen Gesetze herstellen. Dieser zweite Gesichtspunkt war historisch einer der Ausgangspunkte der Theorie und kann seinerseits zu einer Axiomatisierung graphischer Matroide verwendet werden. (Siehe die angegebene Literatur.)

Wir betrachten einen Graphen $G(E,S)$ und orientieren die Kanten auf beliebige Weise. Den gerichteten Graphen bezeichnen wir mit $\vec{G}(E,S)$ und vereinbaren folgende Konvention: Sprechen wir von Polygon, Zyklus etc., so meinen wir ein Polygon etc. des korrespondierenden ungerichteten Graphen. Spielt die Orientierung eine Rolle, so sagen wir gerichtetes Polygon, gerichteter Zyklus etc. Ist $k = (a,b) \in S$ eine gerichtete Kante von $\vec{G}(E,S)$, so setzen wir $a = k^-, b = k^+$, und nennen a das <u>negative</u> Ende, b das <u>positive</u> Ende von k.

$$k^- = \overset{\bullet}{a} \xrightarrow{\quad k \quad} \overset{\bullet}{b} = k^+$$

Es sei W ein Integritätsbereich, insbesondere $W = \mathbf{Z}$ oder ein Körper.

Definition

(VII.3.15) Eine <u>O-Kette</u> auf $\vec{G}(E,S)$ über W ist eine Abbildung $g : E \to W$, eine <u>1-Kette</u> eine Abbildung $f : S \to W$. $\mathfrak{R}_O(\vec{G},W)$ und $\mathfrak{R}_1(\vec{G},W)$ bezeichnen die W-Moduln aller O-bzw. 1-Ketten mit der üblichen Addition und Skalar-multiplikation. (Ist W ein Körper, so handelt es sich also um Vektor-räume.)

Für $v \in E$, $k \in S$ definieren wir

$$\eta(v,k) := \begin{cases} 1 & \text{falls } v = k^+, \ v \neq k^-, \\ -1 & \text{falls } v = k^-, \ v \neq k^+, \\ 0 & \text{falls } v = k^+ = k^- \text{ oder } v \notin \{k^-,k^+\}. \end{cases}$$

Der <u>Rand-Operator</u> ∂ ist die Abbildung $\partial : \mathfrak{R}_1 \to \mathfrak{R}_O$ definiert durch

$$(\partial f)(v) \ := \sum_{k \in S} \eta(v,k) f(k) \ = \sum_{\substack{k \in S \\ k^+ = v}} f(k) \ - \sum_{\substack{\ell \in S \\ \ell^- = v}} f(\ell), \quad f \in \mathfrak{R}_1.$$

Der <u>Corand-Operator</u> $\delta : \mathfrak{R}_O \to \mathfrak{R}_1$ ist definiert durch

$$(\delta g)(k) \ := \sum_{v \in E} \eta(v,k) g(v) \ = g(k^+) - g(k^-), \quad g \in \mathfrak{R}_O.$$

Beispiel

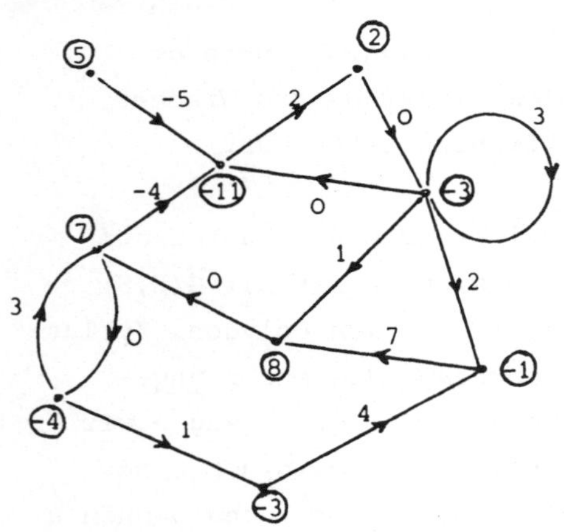

Sei die 1-Kette f links ge-geben. Der Rand ∂f nimmt die umrandeten Werte an. Offen-bar gilt stets $\sum\limits_{v \in E} (\partial f)(v) = 0$.

172

Wir definieren nun die beiden fundamentalen W-Moduln von 1-Ketten auf $\vec{G}(E,S)$.

Definition

(VII.3.16) Eine 1-Kette f heißt ein <u>Zyklus</u> auf $\vec{G}$ über W, falls $\partial f = 0$. Aus $\partial(f_1 + f_2) = \partial f_1 + \partial f_2$ und $\partial(cf) = c\partial f$ folgt, daß die Zyklen einen Untermodul von $\Re_1$ bilden, den <u>Zyklenmodul</u> $3(\vec{G},W)$. $3(\vec{G},W)$ ist also der Kern von $\partial : \Re_1 \to \Re_0$. Eine 1-Kette h heißt ein <u>Corand</u> auf $\vec{G}$, falls $h = \delta g$ für ein $g \in \Re_0$. Die Coränder bilden einen Untermodul von $\Re_1$, den <u>Corandmodul</u> $\mathbb{C}(\vec{G},W)$. $\mathbb{C}(\vec{G},W)$ ist also gleich dem Bild $\delta\Re_0$. Ein Zyklus (Corand) f heißt <u>elementar</u>, falls $f \neq 0$ und $\|f\|$ minimal unter allen Zyklen (Corändern) ist.

Aus den Definitionen (VII.3.15) und (VII.3.16) ist ersichtlich, daß für $W = GF(2)$ wegen $1 = -1$ die Orientierung auf G(E,S) belanglos ist, und η nichts anderes als die Ecken-Kanten Inzidenzfunktion ist. Somit ist f ein binärer Zyklus, d.h. $f \in 3(\vec{G},GF(2))$, genau dann, wenn der Träger $\|f\| = \{k \in S : f(k) \neq 0\}$ ein <u>Zyklus</u> (Eulersch) von G(E,S) im Sinne von (VII.2.13) ist. Analog ist $h \in \mathbb{C}(\vec{G},GF(2))$ genau dann, wenn $\|h\|$ <u>Cozyklus</u> (Bipartition) in G(E,S) ist. Mit anderen Worten: Die Funktionenräume $\mathbb{C}(\vec{G},GF(2))$ und $3(\vec{G},GF(2))$ ergeben die übliche <u>binäre</u> Koordinatisierung von P(G(E,S)) bzw. B(G(E,S)) mit $\mathfrak{S} = \{\|f\| : f \in 3\}$, $\mathfrak{S}^\perp = \{\|h\| : h \in \mathbb{C}\}$.

Es ist dieses Ergebnis, das wir nun auf beliebige Körper erweitern wollen, woraus insbesondere folgen wird, daß die graphischen und co-graphischen Matroide regulär sind.

Satz (Tutte)

(VII.3.17) *Es sei K Körper, G(E,S) Graph und $\vec{G}$ beliebige Orientierung. $\mathbb{C}(\vec{G},K)$ und $3(\vec{G},K)$ sind Funktionenräume, und es gilt:*

    a) $P(G(E,S)) \cong G(\mathbb{C}(\vec{G},K))$,

    b) $B(G(E,S)) \cong G(3(\vec{G},K))$.

<u>Beweis</u>

Zu a) müssen wir zeigen, daß die Bonds von G(E,S) mit den Cokreisen von $G(\mathbb{C}(\vec{G},K))$ übereinstimmen. Es sei C ein Bond mit definierenden Eckenmengen E_1, E_2. Wir definieren $g : E \to K$

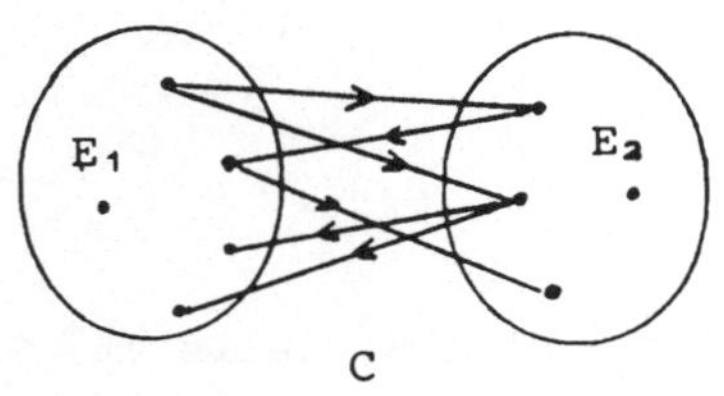

$$\text{durch } g(v) := \begin{cases} 1 & \text{falls } v \in E_1, \\ 0 & \text{sonst.} \end{cases}$$

Für den Corand $f = \delta g \in \mathbb{C}$ gilt dann

$$f(k) = \begin{cases} \pm 1 & \text{falls } k \in C, \\ 0 & \text{falls } k \notin C. \end{cases}$$

Somit ist $C = \|f\|$, und C enthält nach (VI.2.6b) einen Cokreis von $G(\mathbb{C}(\vec{G},K))$. Es sei umgekehrt D ein Cokreis von $G(\mathbb{C}(\vec{G},K))$. Wiederum laut (VI.2.6b) ist $D = \|f\|$, $0 \neq f = \delta g \in \mathbb{C}$, und minimal mit dieser Eigenschaft. Für den Copunkt $H = S - D$ gilt somit $(\delta g)(k) = 0$, f.a. $k \in H$, d.h. die 0-Kette g ist konstant auf den einzelnen Komponenten H_i von $G(E,H)$. Daraus folgt aber, daß H ein Unterraum in $\mathbf{P}(G(E,S))$ ist, also $D = S - H$ ein Bond von $G(E,S)$ enthält.

Der Beweis von b) verläuft analog. Ein Polygon C von $G(E,S)$ enthält einen Cokreis von $G(\mathfrak{Z}(\vec{G},K))$ definiert durch die 1-Kette f

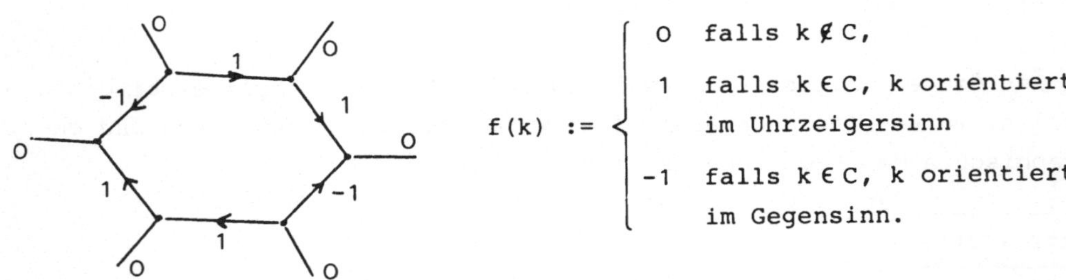

$$f(k) := \begin{cases} 0 & \text{falls } k \notin C, \\ 1 & \text{falls } k \in C, \text{ k orientiert} \\ & \text{im Uhrzeigersinn} \\ -1 & \text{falls } k \in C, \text{ k orientiert} \\ & \text{im Gegensinn.} \end{cases}$$

Umgekehrt hat in einem Cokreis D von $G(\mathfrak{Z}(\vec{G},K))$ keine Ecke Grad 1, also enthält D ein Polygon. □

<u>Folgerung</u>

(VII.3.18) *Für einen Graphen G(E,S) gilt:*

> *a)* $\mathbf{P}(G(E,S))$ *und* $\mathbf{B}(G(E,S))$ *sind regulär.*

> *b) Ist $\vec{G}$ beliebige Orientierung und K Körper, so gilt*
> $$\mathbb{C}(\vec{G},K) = \mathfrak{Z}^\perp(\vec{G},K), \quad \mathfrak{Z}(\vec{G},K) = \mathbb{C}^\perp(\vec{G},K).$$

Das heißt:

h *ist Corand* ↔ h ⊥ f *für alle* f ∈ $\mathfrak{Z}$,

f *ist Zyklus* ↔ f ⊥ h *für alle* h ∈ $\mathfrak{C}$.

c) dim($\mathfrak{C}$) = |E| - k(G), dim($\mathfrak{Z}$) = |S| - |E| + k(G), *wobei* k(G) *die Anzahl der Komponenten von* G(E,S) *ist.*

d) f ∈ $\mathfrak{Z}$ *ist elementar* ↔ ||f|| *ist Polygon,*
h ∈ $\mathfrak{C}$ *ist elementar* ↔ ||h|| *ist Bond.*

Im Beweis von (VII.3.17) haben wir zu jedem Bond bzw. Polygon C den zugehörigen primitiven Corand bzw. Zyklus f mit ||f|| = C angegeben. Dies ist nun genau die Orientierung, von der in Satz (VII.2.23) die Rede war, und wir hätten die Regularität graphischer Matroide auch direkt mit Hilfe von (VII.2.23) nachweisen können. Für weitere Anwendungen ist allerdings eine genauere Kenntnis der Moduln $\mathfrak{Z}(\vec{G})$ und $\mathfrak{C}(\vec{G})$ nützlich.

Graphische und cographische Matroide sind also regulär. Wir zitieren einen weiteren berühmten Satz von Tutte, der die Charakterisierung dieser Matroide innerhalb der Klasse der regulären Matroide zum Inhalt hat.

$\boxed{\text{Satz (Tutte)}}$

(VII.3.19) *Es sei* G(S) *ein endliches Matroid. Dann gilt:*

a) G(S) *ist graphisch* ↔ G(S) *ist regulär und enthält keinen Minor* M ≅ B(K_5) *oder* M ≅ B(K_{3,3}).

b) G(S) *ist cographisch* ↔ G(S) *ist regulär und enthält keinen Minor* M ≅ P(K_5) *oder* M ≅ P(K_{3,3}).

Aus a) und b) erhalten wir mit (VII.3.14) einen neuen Beweis des Satzes von Kuratowski (VI.4.18).

Sei $\vec{G}$(E,S) gerichteter Graph. Für jede Ecke v ∈ E definieren wir die 0-Kette $\underline{v}$:

$$\underline{v}(w) := \begin{cases} 1 & \text{falls } w = v, \\ 0 & \text{sonst.} \end{cases}$$

Offenbar erzeugen die Ketten $\underline{v}$ den Modul $\aleph_0$, und es folgt aus der Linearität von δ, daß {δ$\underline{v}$: v ∈ E} den Corandmodul $\mathfrak{C}(\vec{G})$ aufspannt. Nach

Definition von δ gilt $\|\delta\underline{v}\| = St(v)$ für alle $v \in E$, und wir erhalten einen neuen Beweis von (VII.2.14). Ist $G(E,S)$ zusammenhängend, so bilden nach (VII.3.18c) je $|E| - 1$ Coränder $\delta\underline{v}$ eine Basis von $\mathbb{C}(\vec{G},K)$. Wählen wir demnach $v_0 \in E$ beliebig, so erstellt die Matrix $R = [a_{v,k}]$, $v \in E - v_0$, $k \in S$ mit

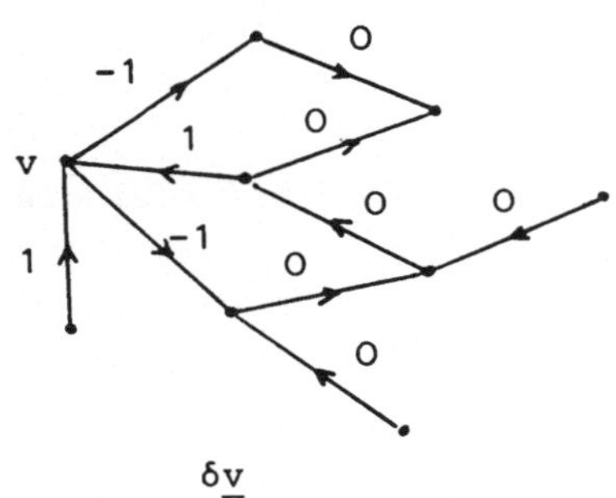

$$a_{vk} := \begin{cases} 1 & \text{falls } v = k^+, \neq k^-, \\ -1 & \text{falls } v = k^-, \neq k^+, \\ 0 & \text{sonst,} \end{cases}$$

eine $0, \pm 1$ - Koordinatisierung von $P(\dot{G}(E,S))$. Die Matrix R kann auch so interpretiert werden: Wir betrachten die Inzidenzmatrix $[c_{v,k}]$ des Graphen $G(E,S)$

$$c_{v,k} := \begin{cases} 1 & \text{falls } v \in k, \; k \text{ nicht Schlinge,} \\ 0 & \text{sonst.} \end{cases}$$

In jeder Spalte (Schlingen lassen wir aus) sind dann genau 2 Einsen. Wir ändern auf beliebige Weise in jeder Spalte eine der beiden zu -1, lassen die Reihe korrespondierend zu v_0 weg, und erhalten R wie oben. Um die Unimodularität von R nachzuweisen, müssen wir zeigen, daß jeder primitive elementare Corand h linear mit ganzzahligen Koeffizienten von $\{\delta\underline{v} : v \in E - v_0\}$ abhängt. Wir wissen bereits, daß $\|h\|$ Bond von $G(E,S)$ ist. Es seien E_1, E_2 die beiden definierenden Eckenmengen, $v_0 \in E_2$. Die von E_1 nach E_2 gerichteten Kanten haben alle denselben h-Wert $h_{1,2} = \pm 1$, ebenso die von E_2 nach E_1 gerichteten Kanten den Wert $-h_{1,2}$, und es gilt offenbar

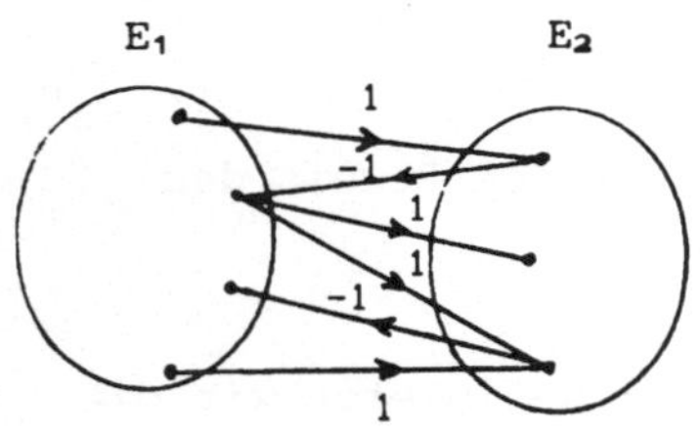

$$h = \sum_{v \in E_1} - h_{1,2}\delta\underline{v}.$$

Nach (VII.2.22) erhalten wir daraus:

<u>Folgerung</u> (Kirchhoff)

(VII.3.20) *Sei* $G(E,S)$ *ein zusammenhängender Graph ohne Schlingen,* $E = \{v_0, v_1, \ldots, v_n\}$. *Für die symmetrische Matrix* $M = [m_{i,j}]$, $1 \leq i, j \leq n$, *definiert durch*

$$
m_{i,j} := \begin{cases} \gamma(v_i) & \textit{für } i = j \\ (-1)\cdot [\textit{Anzahl der Kanten} & \textit{für } i \neq j \\ \quad \textit{zwischen } v_i, v_j] \end{cases}
$$

gilt:

$\det M = $ *Anzahl der spannenden Bäume von* $G(E,S)$.

Beispiele

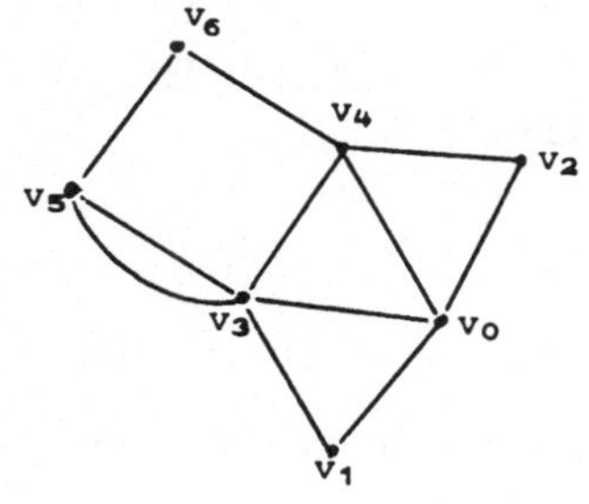

$$
M = \begin{bmatrix} 2 & 0 & -1 & 0 & 0 & 0 \\ 0 & 2 & 0 & -1 & 0 & 0 \\ -1 & 0 & 5 & -1 & -2 & 0 \\ 0 & -1 & -1 & 4 & 0 & -1 \\ 0 & 0 & -2 & 0 & 3 & -1 \\ 0 & 0 & 0 & -1 & -1 & 2 \end{bmatrix}
$$

$\det M = 129.$

Für den vollständigen Graphen K_n erhalten wir die $(n-1)\times(n-1)$-Matrix

$$
M = \begin{bmatrix} n-1 & -1 & \cdots & -1 \\ -1 & n-1 & & \\ \cdot & & \cdot & \\ \cdot & & & \cdot \\ \cdot & & & \cdot \\ -1 & & & n-1 \end{bmatrix}
$$

und daraus eine Formel von Cayley: Anzahl der (bezeichneten) Bäume auf n Ecken = n^{n-2}.

Fassen wir zusammen: a) Ein <u>Zyklus</u> f eines gerichteten Graphen $\vec{G}(E,S)$ ist eine Abbildung $f : S \to W$, so daß an jeder beliebigen Ecke $v \in E$ der <u>totale Einfluß</u> $\sum\limits_{\substack{+ \\ k=v}} f(k)$ gleich dem <u>totalen Ausfluß</u> $\sum\limits_{\substack{- \\ \ell=v}} f(\ell)$ ist. In der Theorie der elektrischen Netzwerke heißt dies das <u>1. Kirchhoff'sche Gesetz.</u>

b) Die Coränder h sind nach (VII.3.18) genau jene Abbildungen $h : S \to W$, welche orthogonal zu allen primitiven elementaren Zyklen sind. Das heißt: Ist C ein beliebiges Polygon, so gilt $\sum\limits_{k \in C_1} h(k) = \sum\limits_{\ell \in C_2} h(\ell)$, wobei $C = C_1 \cup C_2$ die Partition von C in die beiden richtungsgleichen Kantengruppen darstellt. In der Netzwerktheorie ist dies das <u>2. Kirchhoff'sche Gesetz</u> (bezüglich des Potentialgefälles).

Anwendung und Weiterführung dieser Ideen sind in der Literatur beschrieben. Wir wollen hier nur kurz einen der wichtigsten Teilbereiche streifen - Flüsse in Netzwerken.

Definition

(VII.3.21) Es sei W ein geordneter Integritätsbereich (z.B. $\mathbb{Q}$ oder $\mathbb{R}$) und $W^+ := \{a \in W : a \geq 0\}$. Einen endlichen gerichteten Graphen $\vec{G}(E,S)$ zusammen mit zwei ausgezeichneten Ecken $q \neq s$ nennen wir ein Netzwerk $\vec{G}(q,s)$, q die Quelle, s die Senke. Ein Fluß f in $\vec{G}(q,s)$ von q nach s ist eine 1-Kette $f : S \to W$, so daß für den Rand gilt:

$$(\partial f)(v) = 0, \quad \text{für alle } v \in E - \{q,s\}.$$

Der Wert w(f) des Flusses f ist $w(f) := (\partial f)(s)$. Aus $\sum_{v \in E} (\partial f)(v) = 0$ folgt $w(f) = -(\partial f)(q)$. Ist der Träger $\|f\|$ ein Weg von q nach s, so heißt f ein elementarer Fluß. Wir nennen f positiv, falls $f(k) \geq 0$ für alle $k \in S$ gilt.

Beispiel

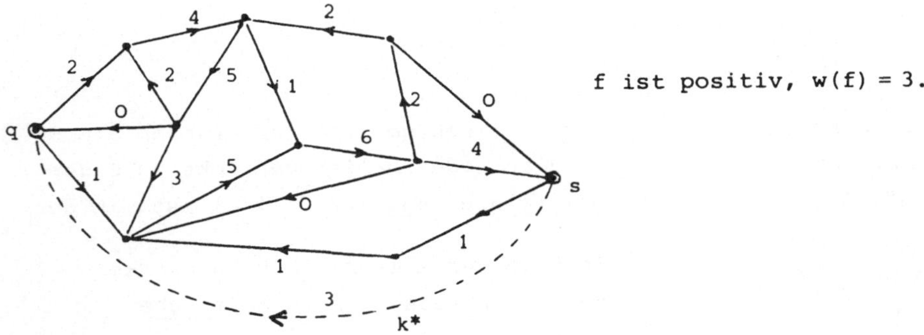

f ist positiv, w(f) = 3.

Satz

(VII.3.22) *Ein positiver Fluß ist Summe positiver elementarer Flüsse und positiver elementarer Zyklen.*

Beweis

Wir adjungieren zu $\vec{G}(q,s)$ eine neue Kante $k^* = (s,q)$, und definieren $f^* : S \to W$ durch

$$f^*(k) := \begin{cases} f(k) & \text{falls } k \in S, \\ w(f) & k = k^*. \end{cases}$$

f^* ist offenbar Zyklus und kann analog zu (VII.2.27) in elementare positive Zyklen zerlegt werden, woraus die Behauptung folgt. □

Das Hauptproblem der Flußtheorie besteht in folgendem: Wir haben eine
Kapazität c auf den Kanten des Netzwerkes vorgegeben und suchen einen
Fluß f, welcher unter der Voraussetzung, daß er die Kapazität niemals
übersteige, den größten Wert erreicht. Man denke sich etwa die Kanten
als Einbahnstraßen zwischen Städten, die Kapazität als die mögliche
Verkehrsbelastung. Gesucht ist dann die optimale Auslastung dieses
Straßensystems.

Definition

(VII.3.23) Sei eine Kapazität $c : S \to W^+$ gegeben. Der Fluß f heißt zulässig, falls $O \leq f(k) \leq c(k)$, f.a. $k \in S$. f heißt optimal, falls f zulässig ist und $w(f) \geq w(f')$ für alle zulässigen Flüsse f' gilt. Ein
Schnitt von $\vec{G}(q,s)$ ist eine Partition $E = X \cup Y$ mit $q \in X$, $s \in Y$, und
wir definieren die Kapazität des Schnittes

$$c(X,Y) := \sum_{k \in S} c(k) \text{ über alle k mit } k^- \in X, k^+ \in Y.$$

Satz

(VII.3.24) *Für jeden zulässigen Fluß f und Schnitt (X,Y) gilt*

$$w(f) \leq c(X,Y).$$

Beweis

Wir setzen $K(A,B) := \{k \in S : k^- \in A, k^+ \in B\}$ für eine Partition $E = A \cup B$.
Wegen $(\partial f)(v) = O$ für $v \in E - \{q,s\}$ gilt nun:

$$w(f) = (\partial f)(s) = \sum_{y \in Y} (\partial f)(y) = \sum_{k \in K(X,Y)} f(k) - \sum_{\ell \in K(Y,X)} f(\ell)$$

$$\leq \sum_{k \in K(X,Y)} f(k) \leq \sum_{k \in K(X,Y)} c(k) = c(X,Y). \quad \square$$

Die Existenz eines optimalen Flusses kann über den reellen Zahlen
durch Stetigkeitsüberlegungen nachgewiesen werden. Ist $W = \mathbf{Z}$, so gibt
es nur eine endliche Anzahl von zulässigen Flüssen, und die Existenz-
frage ist trivial. Der folgende Satz ist die zentrale Maximum-Minimum
Aussage der Netzwerktheorie und leitet über zu unserem abschließenden
Kapitel über Transversaltheorie.

Wann kann der Wert eines zulässigen Flusses f vergrößert werden?
Offenbar dann, wenn folgende Situation vorliegt: Wir nennen einen

Weg $A = \{q, v_1, v_2, \ldots, v_t = x\}$ __zunehmend__, falls für jede __Vorwärtskante__
$k_i = (v_{i-1}, v_i)$, d.h. $k_i^+ = v_i$, $k_i^- = v_{i-1}$, gilt: $f(k_i) < c(k_i)$, und für jede __Rückwärtskante__ $k_j = (v_j, v_{j-1})$, $k_j^- = v_j$, $k_j^+ = v_{j-1}$ gilt: $0 < f(k_j)$. Ist
f ein Fluß, so definieren wir die Partition (X_f, Y_f):

$$X_f := \{v \in E : \exists \text{ ein zunehmender Weg von q nach v}\} \cup \{q\},$$

$$Y_f := E - X_f.$$

Satz (Ford-Fulkerson)

(VII.3.25) *Sei* $\vec{G}(q, s)$ *Netzwerk,* $c : S \to W^+$ *Kapazitätsfunktion. Dann
sind die folgenden Bedingungen äquivalent:*

    a) f *ist optimaler Fluß.*

    b) Es existiert kein zunehmender Weg von q *nach* s.

    c) (X_f, Y_f) *ist Schnitt.*

Ist f *optimal, so gilt*

$$w(f) = c(X_f, Y_f),$$

also

$$\boxed{\begin{array}{ll} \max\limits_{f \text{ zulässig}} w(f) &= \min\limits_{(X,Y) \text{ Schnitt}} c(X, Y). \end{array}}$$

__Beweis__

a) $\to$ b). Ist A ein zunehmender Weg von q nach s, so definieren wir
den elementaren Fluß $f_A : S \to W$ durch

$$f_A(k) := \begin{cases} 1 & k \in A \text{ ist Vorwärtskante,} \\ -1 & k \in A \text{ ist Rückwärtskante,} \\ 0 & k \notin A. \end{cases}$$

Wir setzen $\lambda_1 := \min \{c(k) - f(k) : k \in A \text{ Vorwärtskante}\}$,
$\lambda_2 := \min \{f(k) : k \in A \text{ Rückwärtskante}\}$, und $\lambda := \min (\lambda_1, \lambda_2)$. Es gilt
$\lambda > 0$, und ferner ist $f' = f + \lambda f_A$ ein zulässiger Fluß mit $w(f') = w(f) + \lambda$.

b) $\to$ c). Trivial.

c) $\to$ a). Nach Definition von (X_f, Y_f) gilt:

$$c(k) = f(k) \text{ für } k \in S, \ k^- \in X_f, \ k^+ \in Y_f,$$
$$f(k) = 0 \quad \text{ für } k \in S, \ k^- \in Y_f, \ k^+ \in X_f.$$

Definieren wir K(A,B) wie im Beweis von (VII.3.24), so ergibt dies:

$$w(f) = \sum_{k \in K(X,Y)} f(k) - \sum_{\ell \in K(Y,X)} f(\ell) = \sum_{k \in K(X,Y)} c(k) = c(X_f, Y_f).$$

Nach (VII.3.24) ist f also optimal, womit gleichzeitig auch die Maximum-Minimum Formel bewiesen ist. □

Man beachte, daß für W = **Z** aus dem Beweis von (VII.3.25) auch ein Algorithmus resultiert. Wir beginnen mit dem Nullfluß und addieren elementare Flüsse, solange zunehmende Wege von q nach s existieren.

Beispiel

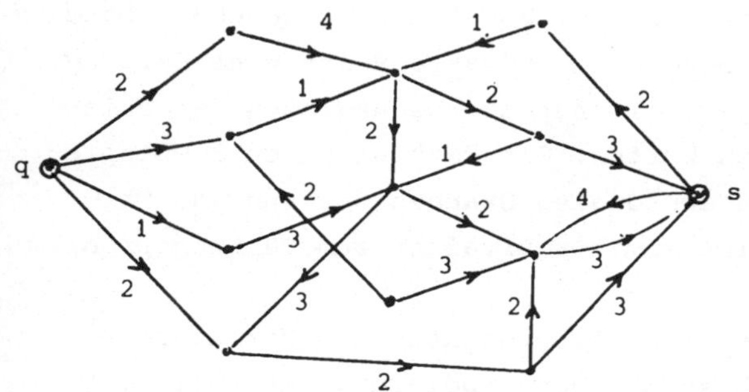

$\vec{G}(q,s)$ mit Kapazität über **Z**

Netzwerk mit Kapazitätsfunktion. Wir beginnen mit dem Nullfluß und konstruieren einen optimalen Fluß f vom Wert 6. Die elementaren Flüsse sind jeweils fett gezeichnet.

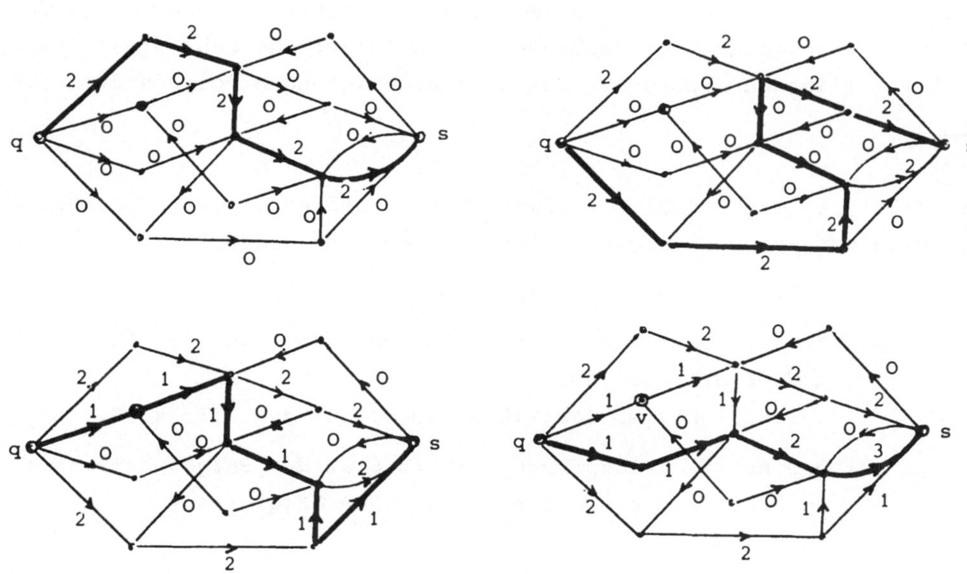

Der Schnitt {q,v}, E-{q,v} hat Kapazität 6.

Nehmen wir in (VII.3.25) als Wertebereich $W = \mathbb{Z}$, so reduziert die Max
Fluß - Min Schnitt Formel zu einer reinen Anzahlbestimmung. Diese
Formel wird den Ausgangspunkt des nächsten Kapitels bilden.

C. Färbungen

Wir erinnern uns, daß eine <u>Färbung</u> f eines ungerichteten Graphen
$G(E,S)$ eine Funktion $f : E \to F$ (= Farbmenge) ist, so daß $\{v,w\} \in S \to$
$f(v) \neq f(w)$ (siehe Präl., Abschnitt B). Damit ein Graph eine Färbung
besitzt, muß er daher als schlingenlos vorausgesetzt werden. Kann
$G(E,S)$ mit n Farben gefärbt werden, so sagen wir, $G(E,S)$ ist <u>n-färb</u>-
<u>bar</u>. Die <u>chromatische</u> <u>Zahl</u> chrom(G) ist die Minimalzahl von Farben,
die nötig ist, um $G(E,S)$ zu färben. Es sei $\mathfrak{L} = (E,S,R)$ eine ebene Landkarte mit dem Gerüst G. Eine <u>Färbung</u> <u>der</u> <u>Landkarte</u> $\mathfrak{L}$ ist eine Färbung
der Regionen von $\mathfrak{L}$ derart, daß je zwei angrenzende Regionen verschiedene Farben erhalten. Mit anderen Worten: Die Färbungen von $\mathfrak{L}$ entsprechen genau den Graphen-Färbungen des dualen Graphen G*, und das Färbungsproblem ebener Landkarten ist somit äquivalent zum Färbungsproblem
ebener Graphen.
Wir wollen in diesem Abschnitt einige Färbungssätze und Vermutungen
von unserem algebraischen Gesichtspunkt aus studieren. Aus (VII.3.18)
wissen wir, daß die graphischen und cographischen Matroide regulär
sind und somit in die Vektorraummatroide $G(V(n,K))$ eingebettet werden
können. Der folgende Satz verbindet die chromatische Zahl eines Graphen
mit dem kritischen Exponenten des korrespondierenden Polygonmatroides.

$\boxed{\text{Satz}}$

(VII.3.26) *Es sei* $G(E,S)$ *ein Graph,* $\vec{G}$ *eine beliebige Orientierung,*
q Primzahlpotenz. Die folgenden Bedingungen sind äquivalent:

    a) $G(E,S)$ *ist* q^{ℓ}*-färbbar,* $\ell \in \mathbb{N}$.

    b) *Es existiert ein ℓ-tupel von Corändern* $(\delta c_1, \ldots, \delta c_{\ell})$ *in*
       $\mathbb{C}(\vec{G}, GF(q))$, *so daß*
       $((\delta c_1)(k), \ldots, (\delta c_{\ell})(k)) \neq (0, \ldots, 0)$ *für alle* $k \in S$.

    c) *Der kritische Exponent* $c(\mathbf{P}(G(E,S)))$ *des Polygonmatroides*
       in bezug auf eine Darstellung über GF(q) ist $\leq \ell$.

<u>Beweis</u>

a) $\to$ b). Wir wählen als Farbmenge F alle ℓ-tupel $(a_1, \ldots, a_{\ell})$, $a_i \in GF(q)$,
und stellen eine Abbildung $f : E \to F$ durch das ℓ-tupel von O-Ketten

$c_1, \ldots, c_\ell$ von E nach GF(q) dar, mit

$$f(v) = (c_1(v), \ldots, c_\ell(v)), \quad v \in E.$$

Es gilt dann

f Färbung von G(E,S) $\leftrightarrow$ $f(v) \neq f(w)$, für alle $\{v,w\} \in S$,

$\qquad\qquad\qquad \leftrightarrow \forall\ k \in S$ existiert i mit $(\delta c_i)(k) \neq 0$,

$\qquad\qquad\qquad \leftrightarrow ((\delta c_1)(k), \ldots, (\delta c_\ell)(k)) \neq (0, \ldots, 0)$

$\qquad\qquad\qquad\qquad$ für alle $k \in S$.

b) $\leftrightarrow$ c). Wir wissen aus (VII.1.28), daß der kritische Exponent unabhängig von der Einbettung ist. Aus $P(G(E,S)) \cong G(\mathbb{C}(\vec{G},GF(q)))$ schließen wir daher folgendes: Stellen wir $P(G(E,S))$ im Vektorraum $V(n,q)$, $n = |E| - k(G)$, durch $\mathbb{C}(\vec{G},GF(q))$ dar, so entsprechen die Coränder h den linearen Funktionalen auf $V(n,q)$. Die Behauptung folgt nun unmittelbar. $\square$

<u>Folgerung</u>

(VII.3.27) *Es sei* c *der kritische Exponent von* $P(G(E,S))$ *in bezug* GF(q). *Dann gilt:*
$$q^{c-1} < \text{chrom}\ (G) \leq q^c.$$

Die Äquivalenz von a) und b) in (VII.3.26) macht die folgende Definition plausibel.

<u>Definition</u>

(VII.3.28) Sei $G(S) = G(F(S,GF(q)))$ ein GF(q)-lineares Matroid. Eine <u>ℓ-Färbung</u> von G(S) ist ein ℓ-tupel $(c_1, \ldots, c_\ell)$, $c_i \in F(S,GF(q))$, mit

$$(c_1(p), \ldots, c_\ell(p)) \neq (0, \ldots, 0) \text{ für alle } p \in S.$$

Die <u>1-färbbaren</u> Matroide (über GF(q)) sind also gerade die <u>affin einbettbaren</u>.

Wir leiten einige Folgerungen aus (VII.3.26) für die Färbung graphischer und cographischer Matroide ab. Zunächst die Spezialisierung von (VII.2.15).

Folgerung

(VII.3.29)   *a)* $\mathbf{P}(G(E,S))$ *ist* 1-*färbbar über* GF(2),

      ⟷ $G(E,S)$ *ist* 2-*färbbar*,

      ⟷ $G(E,S)$ *ist bipartit*,

      ⟷ *Alle Polygone haben gerade Länge.*

    b) $\mathbf{B}(G(E,S))$ *ist* 1-*färbbar über* GF(2),

      ⟷ $G(E,S)$ *ist Eulerscher Graph.*

    c) *Eine ebene Landkarte* $\mathfrak{L} = (E,S,R)$ *ist* 2-*färbbar*,

      ⟷ *Das Gerüst* $G(\mathfrak{L})$ *ist ein Eulerscher Graph.*

Zum Unterschied vom binären Fall müssen wir über Primkörpern der Charakteristik $\neq 2$ den Graphen $G(E,S)$ zuerst orientieren, bevor wir eine Aussage über die Affinität machen können. Die Bedeutung von (VII.3.26) ist somit darin zu sehen, daß die Existenz eines Corandes h mit $h(k) \neq 0$ f.a. $k \in S$, in bezug auf <u>irgendeine</u> Orientierung $\vec{G}$ dieselbe für <u>jede beliebige</u> Orientierung sichert. Wir werden also im konkreten Fall eine geeignete Orientierung wählen, welche Aussagen über den ungerichteten Graphen zuläßt. Der Leser möge als Beispiel Sätze über die 1-Färbbarkeit von Polygonmatroiden über GF(3) aufstellen.

Eines der berühmtesten offenen Probleme der gesamten Mathematik betrifft die 4-Färbung von Graphen. Es wird vermutet, daß jeder plättbare schlingenlose Graph mit höchstens 4 Farben gefärbt werden kann.[1] Daß für manche plättbaren Graphen 4 Farben tatsächlich benötigt werden, sieht man am Beispiel K_4. Nach (VII.3.26) haben wir hierzu folgende Äquivalenz:

Folgerung

(VII.3.30)   *Die folgenden Bedingungen sind äquivalent:*

    a) $G(E,S)$ *ist* 4-*färbbar.*

    b) $\mathbf{P}(G(E,S))$ *ist* 2-*färbbar über* GF(2).

    c) *Es existiert ein Paar von bipartiten Untergraphen* $G_1(E,S_1)$, $G_2(E,S_2)$ *mit* $S = S_1 \cup S_2$.

Die <u>4-Farben</u> <u>Vermutung</u> für plättbare Graphen lautet in unserer Formulierung nun folgendermaßen:

    a)   Jeder schlingenlose plättbare Graph ist 4-färbbar.

    b)   Jede brückenlose ebene Landkarte ist 4-färbbar.

---

1) Zur Zeit der Drucklegung wird ein Beweis der 4-Farben Vermutung von Appel und Haken angekündigt.

c) Jedes schlingenlose ebene Matroid ist 2-färbbar über GF(2).

d) Jeder schlingenlose plättbare Graph ist Vereinigung
    zweier bipartiter Graphen.

e) Jeder brückenlose plättbare Graph ist Vereinigung zweier
    Eulerscher Graphen.

Offenbar hat die Existenz paralleler Kanten keinen Einfluß auf die
Färbung. Außerdem bemerken wir, daß jeder ebene einfache Graph $G(E,S)$
mit $|E| \geq 3$ durch Hinzufügen neuer Kanten in einen <u>maximal</u> ebenen
Graphen eingebettet werden kann, in welchem dann jede Region von genau
3 Kanten begrenzt ist. Ist die 4-Farben Vermutung für diese maximal
ebenen Graphen richtig, so hat sie ersichtlich Gültigkeit für alle
ebenen Graphen. Der duale Graph eines maximal ebenen Graphen hat nun
die Eigenschaft, daß er 3-regulär ist, d.h. daß der Grad jeder Ecke
3 ist. Nach dem bisher Gesagten genügt also zur Verifikation der
4-Farben Vermutung der Nachweis für alle <u>einfachen</u> <u>3-regulären</u> <u>plätt-</u>
<u>baren</u> Graphen.

<u>Definition</u>

(VII.3.31) Eine <u>Kantenfärbung</u> des Graphen $G(E,S)$ ist eine Abbildung
$\bar{c} : S \to F$ (Farbmenge) mit

$$k \cap \ell \neq \emptyset \;\Rightarrow\; \bar{c}(k) \neq \bar{c}(\ell), \text{ für alle } k \neq \ell \in S.$$

Ist $|F| = s$, so sprechen wir von einer <u>s-Färbung</u>.

Kanten, die einen gemeinsamen Eckpunkt besitzen, sollen also verschiedene Farben erhalten. Wir können auch so vorgehen: Zu $G(E,S)$ definieren
wir den <u>Kantengraphen</u> $\bar{G}(\bar{S},\bar{U})$, wobei die Ecken aus $\bar{G}$ bijektiv den Kanten aus G entsprechen, und $\{\bar{k},\bar{\ell}\} \in \bar{U} :\Leftrightarrow k \cap \ell \neq \emptyset$ in G. Die Kantenfär-
bungen von G entsprechen dann genau den üblichen (Ecken-) Färbungen
von $\bar{G}$.

<u>Beispiele</u>

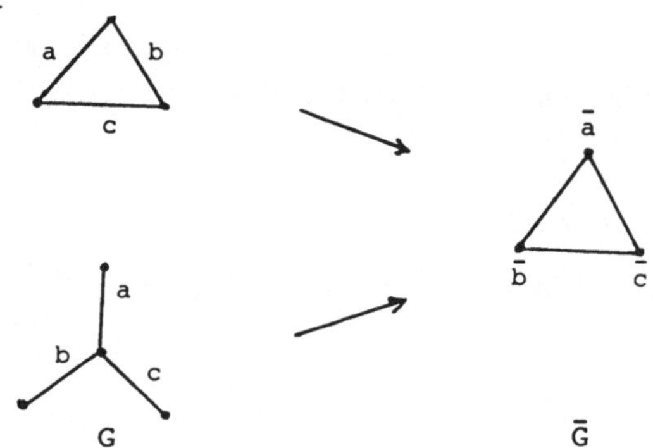

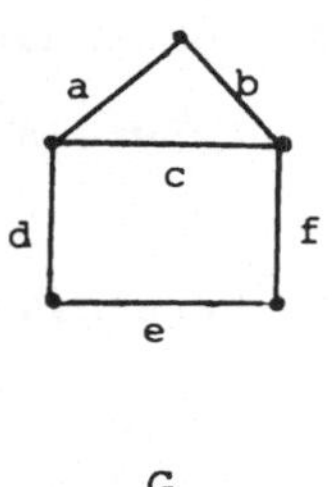

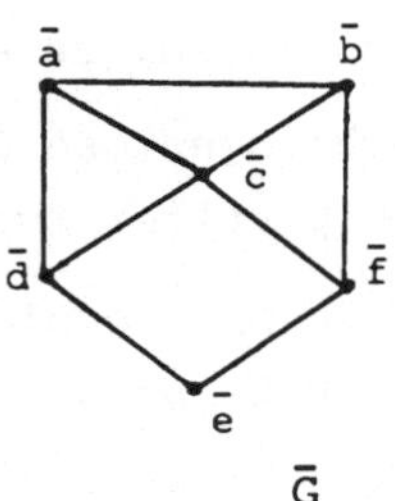

Satz

(VII.3.32) *Es sei* G(E,S) *3-regulär (Schlingen werden doppelt gezählt).
Das Bondmatroid* B(G(E,S)) *ist genau dann 2-färbbar über* GF(2), *wenn
die Kanten von* G(E,S) *3-färbbar sind.*

Beweis

Besitzt G(E,S) eine Schlinge, dann existiert auch eine Brücke, und es
gibt keine Färbungen. Im anderen Fall nehmen wir an, daß B(G(E,S))
2-färbbar ist. Nach (VII.3.26) existieren zwei <u>Eulersche Untergraphen</u>
$G_1(E,S_1)$, $G_2(E,S_2)$ mit $S = S_1 \cup S_2$. Wir definieren $\bar{c} : S \to$
$\{(1,0),(0,1),(1,1)\}$

$$
\bar{c}(k) := \begin{cases} (1,0) & \text{falls } k \in S_1 - S_2, \\ (0,1) & \text{falls } k \in S_2 - S_1, \\ (1,1) & \text{falls } k \in S_1 \cap S_2. \end{cases}
$$

Angenommen $k = \{v,w\}$, $\ell = \{v,u\}$, $k \neq \ell$, und $\bar{c}(k) = \bar{c}(\ell)$. Da G_1 wie G_2
Eulersch sind, enthalten sie entweder keine oder genau zwei der drei
mit v inzidenten Kanten, und die dritte wäre weder in S_1 noch in S_2.
Der gesamte Beweis ist umkehrbar. □

Für ebene Graphen erhalten wir daraus zwei bekannte Färbungssätze der
Graphentheorie.

Folgerung (Heawood-Tait)

(VII.3.33) *Es sei* $\mathfrak{L} = (E,S,R)$ *ebene Landkarte, das Gerüst* G($\mathfrak{L}$) *3-re-
gulär. Dann sind die folgenden Aussagen äquivalent:*

    a) Die Regionen sind **4**-*färbbar.*

    b) Die Kanten sind **3**-*färbbar.*

    c) Es existiert eine Funktion $h : E \to \{1,-1\}$, *so daß* $\sum_{v \in C} h(v) \equiv 0$
    (mod 3) *für jeden Kreis* C.

<u>Beweis</u>

Die Äquivalenz von a) und b) ist in (VII.3.32) enthalten. Um b) ↔ c)
zu beweisen, betrachten wir den Kantengraphen $\bar{G}(\mathfrak{L})$. Man sieht sofort,
daß $\bar{G}(\mathfrak{L})$ wieder eben ist, und ferner, daß die von $\bar{G}(\mathfrak{L})$ induzierte
Landkarte $(\bar{E},\bar{S},\bar{R})$ genau $|R| + |E|$ Regionen besitzt, wobei die erste
Gruppe genau den Regionen von $\mathfrak{L}$ entspricht, die zweite den durch die
einzelnen Ecken v erzeugten Dreiecken.

Beispiel

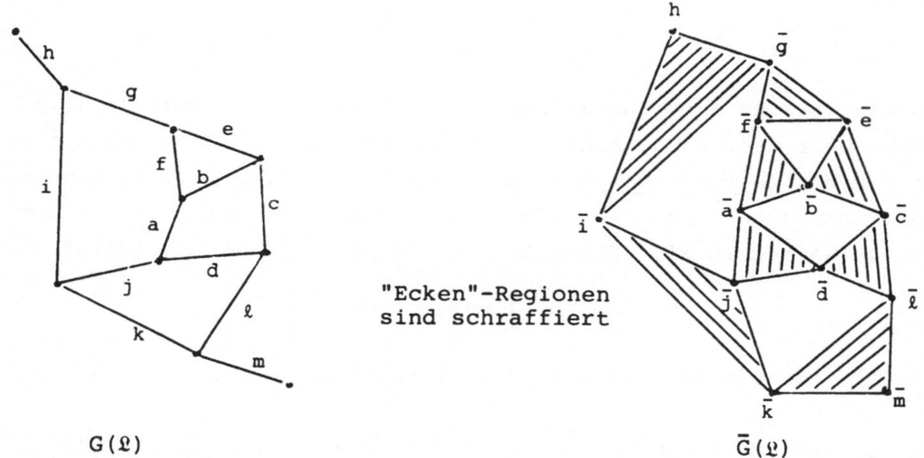

Wir stellen fest: Je zwei "Ecken"-Regionen sind kantendisjunkt, und
eine Kante von $\bar{G}(\mathfrak{L})$ ist in genau einer Region der ersten und einer
der zweiten Gruppe enthalten. Orientieren wir daher alle "Ecken"-
Regionen zyklisch im Uhrzeigersinn, so sind auch die Regionen der
zweiten Gruppe zyklisch orientiert (im Gegensinn) mit Ausnahme der
äußeren, welche ebenfalls im Uhrzeigersinn orientiert ist. Nach (VII.
3.26) gilt nun:

> Die Kanten von $G(\mathfrak{L})$ sind 3-färbbar ↔ $\bar{G}(\mathfrak{L})$ ist
> 3-färbbar ↔ $P(\bar{G}(\mathfrak{L}))$ ist 1-färbbar über GF(3) ↔
> ∃Abbildung $\bar{h} : \bar{K} \to \{1,-1\}$ mit $\sum_{\bar{k}\in\partial\bar{C}} \bar{h}(\bar{k}) \equiv 0 \pmod 3$
> für alle Regionen $\bar{C}$ in $\bar{G}(\mathfrak{L})$.

Offenbar muß aber $\bar{h}$ denselben Wert für <u>alle</u> Kanten einer Eckenregion
$\bar{v}$ annehmen, d.h. wir können $h : E \to \{1,-1\}$ unzweideutig durch $h(v) :=$
$\bar{h}(\bar{k})$, $\bar{k} \in \bar{v}$, definieren und erhalten die gewünschte Äquivalenz. □

Wie bei unseren bisherigen Kennzeichnungen (binär, regulär, graphisch)
ist die Frage nach den "Obstruktionen" von größtem Interesse. Im vorliegenden Fall fragen wir also nach den schlingenlosen, in bezug auf
Minorenbildung minimalen K-linearen Matroiden, welche über K nicht
k-färbbar sind. Nach (VII.3.26) haben wir dazu:

<u>Satz</u>

(VII.3.34) *Sei* G(S) *ein schlingenloses* q-*lineares Matroid.* G(S) *ist
genau dann nicht* k-*färbbar, wenn in jeder Darstellung* S → S' *von* G(S)
in G(V(n,q)) *die Menge* S' *jeden* (n-k)-*dimensionalen Unterraum von*
V(n,q) *trifft.*

Wir spezialisieren auf binäre Matroide. Ist G(S) schlingenlos, nicht
k-färbbar über GF(2), und minimal mit diesen Eigenschaften, so nennen
wir G(S) einen <u>achromatischen</u> <u>k-Block</u>. Offensichtlich ist ein achromatischer Block eine Geometrie, d.h. wir können ihn eingebettet in die
projektive Geometrie **PG**(n,2) auffassen. Für k = 1 folgt aus (VII.2.15):

<u>Satz</u>

(VII.3.35) *Der einzige achromatische* 1-*Block ist der Kreis* K(3).

Wenden wir uns den 2-Blöcken zu. Eine vollständige Aufzählung würde
natürlich unter anderem die 4-Farbenvermutung beweisen (oder wider-
legen). In diesem Zusammenhang erwähnen wir noch zwei Vermutungen.
Es ist klar, daß das Polygonmatroid $P(K_5)$ des vollständigen Graphen
auf 5 Ecken ein achromatischer 2-Block ist.

<u>Hadwigers Vermutung</u> (für n = 5): $P(K_5)$ ist der <u>einzige</u> <u>graphische</u>
achromatische 2-Block.

In der Sprache der Graphentheorie besagt die Vermutung also, daß jeder nicht 4-färbbare schlingenlose Graph einen zu K_5 isomorphen Minor
besitzt. (Allgemein lautet die Vermutung: G nicht (n-1)-färbbar ➡ K_n
ist Minor von G.) Man beachte, daß nach (VI.4.18) Hadwigers Vermutung
die 4-Farben Vermutung implizieren würde.

Wir haben ein Gegenstück für cographische Matroide. Der <u>Petersen-Graph</u>
P ist brückenlos und 3-regulär. Wie man leicht sieht, sind die Kanten

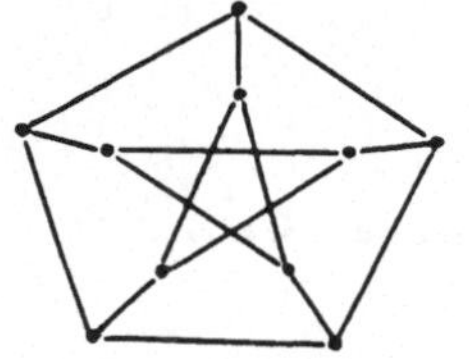

Petersen Graph P
$r(B(P)) = 6$

nicht 3-färbbar, somit nach (VII.3.32) das Bondmatroid **B(P)** nicht 2-färbbar, und ferner **B(P)** achromatischer 2-Block. (Übungen)

Tutte's Vermutung: **B(P)** ist der <u>einzige</u> <u>cographische</u> achromatische 2-Block.

Ein weiterer achromatischer 2-Block ist natürlich die Fano Ebene **F**, und es ist bekannt, daß **F**, $P(K_5)$ und **B(P)** die einzigen achromatischen 2-Blöcke über GF(2) vom Rang ≤ 6 sind. (Tutte)

Noch ein Wort zu 5-Färbungen: Es ist bekannt, daß jeder schlingenlose plättbare Graph 5-färbbar ist. In unserer Terminologie heißt dies: Jedes schlingenlose ebene Matroid ist 1-färbbar über GF(5). Es gibt natürlich (nichtebene) graphische Matroide, die nicht 1-färbbar über GF(5) sind (z.B. $P(K_n)$, für $n \geq 6$), jedoch besagt eine weitere Vermutung von Tutte, daß <u>jedes</u> schlingenlose <u>cographische</u> Matroid 1-färbbar über GF(5) ist. Anders ausgedrückt: Zu <u>jedem</u> brückenlosen orientierten Graphen $\vec{G}(E,S)$ existiert eine Funktion $f : S \to GF(5) - \{0\}$ (genannt ein <u>5-Fluß</u>), so daß für alle $v \in E$ gilt:

$$\sum_{\substack{k \in S \\ \overset{+}{k=v}}} f(k) \; - \; \sum_{\substack{\ell \in S \\ \ell = v}} f(\ell) \; \equiv \; 0 \pmod 5 .$$

ÜBUNGEN ZU ABSCHNITT 3

→ 1. Eine Ecke v in einem Graphen G(E,S) heißt <u>Schnittecke</u>, falls der Untergraph G - v (nach Entfernen von v und aller inzidenten Kanten) mehr Komponenten besitzt als G(E,S). Wir erklären zwei Operationen auf G(E,S): (A) Wir trennen (oder fügen zusammen) zwei Teilmengen $E',E'' \subseteq E$ an einer Schnittecke. (B) Wir trennen E',E'' an einer trennenden Eckenmenge $\{v,w\}$ und fügen sie in umgekehrter Richtung zusammen. (Vgl. das Beispiel vor (VII.3.1), der Teil rechts von e wird umgedreht und so G' erhalten.) Jeder Graph G', der aus G mittels einer Folge von Operationen A) B) hervorgeht, heißt <u>2-isomorph</u> zu G. Beweise: $P(G(E,S)) \cong P(G'(E',S')) \leftrightarrow G'$ ist 2-isomorph zu G. (Whitney)

2. Zeige: Ist G 3-fach zusammenhängender plättbarer Graph, so gilt dies auch für jeden zu G dualen Graphen.

→ 3. Es sei G(S) endliche zusammenhängende Geometrie. Zeige: G(S) ist graphisch ↔ ∃ Familie $\mathfrak{H}$ von Copunkten, so daß gilt:

a) Jedes $p \in S$ ist genau in 2 Copunkten von $\mathfrak{H}$ <u>nicht</u> enthalten.

b) $r(\inf \mathfrak{H}') \leq |\mathfrak{H} - \mathfrak{H}'| - 1$ für alle $\mathfrak{H}' \subsetneq \mathfrak{H}$. (Sachs)

4. Bestimme alle (irreduziblen) Landkarten mit ≤ 5 Kanten und zeige, daß sie alle Charakteristik $\chi = 2$ haben. (Es gibt 12.)

→ 5. Beweise Satz (VII.3.10).

→ 6. Es sei $\vec{G}(E,S)$ gerichteter Graph. Beweise:

a) Jeder Zyklus $f \in \mathfrak{Z}(\vec{G},W)$ ist Summe elementarer Zyklen f_i mit $\|f_i\| \subseteq \|f\|$, jeder Corand $h \in \mathbb{C}(\vec{G},W)$ ist Summe elementarer Coränder h_i mit $\|h_i\| \subseteq \|h\|$.

b) Jeder positive Zyklus (Corand) von $\vec{G}(E,S)$ über $\mathbb{Z}$ ist Summe elementarer positiver Zyklen (Coränder).

c) Zerlege den Zyklus der Figur in elementare positive Zyklen.

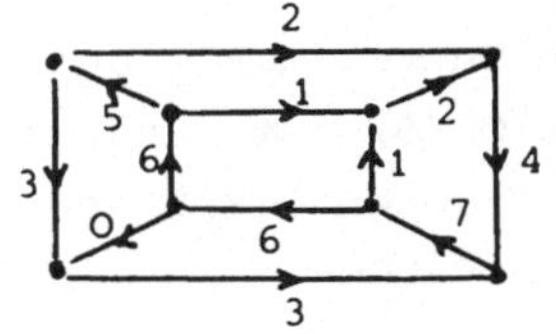

7. Sei $\vec{G}(E,S)$ zusammenhängender Graph, $T \subseteq S$ die Kantenmenge eines spannenden Baumes. Zeige:

a) Zu jedem $k \in T$ existiert ein eindeutiger Corand $h_k \in \mathbb{C}$ mit $\|h_k\| \subseteq (S - T) \cup k$, h_k primitiv.

b) Zu jedem $\ell \in S - T$ existiert ein eindeutiger Zyklus $f_\ell \in \mathfrak{Z}$ mit $f_\ell(\ell) = 1$, $\|f_\ell\| \subseteq T \cup b$, f_ℓ primitiv.

c) Jede Wertezuordnung $T \to W$ kann eindeutig zu einem Corand erweitert werden.

d) Jede Wertezuordnung $S - T \to W$ kann eindeutig zu einem Zyklus erweitert werden.

→ 8. Ein Polygon C in $\vec{G}(E,S)$ heißt <u>konsistent orientiert</u>, falls $C = \|f\|$ für einen positiven primitiven Zyklus $f \in \mathfrak{Z}$ ist, analog für Bonds. Beweise:

a) Für jede Kante $k \in S$ trifft genau eine der beiden Möglichkeiten

zu: k ist in einem konsistent orientierten Polygon oder in
einem konsistent orientierten Bond enthalten.

b) Sei $v \neq w \in E$, dann existiert ein gerichteter Weg von v nach w
oder ein konsistent orientiertes Bond (E_1, E_2) mit $v \in E_1$, $w \in E_2$.

c) Ein zusammenhängender Graph $\vec{G}(E,S)$ enthält kein konsistent
orientiertes Polygon (= azyklisch) $\leftrightarrow$ jedes Paar $v, w \in E$ ist
durch ein konsistent orientiertes Bond getrennt. Analog für
Bonds.

→ 9. Sei $G(E,S)$ ein ungerichteter Graph und $S = S_R \cup S_B \cup \{k\}$ eine Partition der Kanten in rote Kanten S_R, blaue Kanten S_B und eine einzelne grüne Kante k. Beweise: Genau eine der beiden Möglichkeiten
trifft zu:

a) $\exists$ Polygon C mit $k \in C \subseteq S_R \cup k$,

b) $\exists$ Bond D mit $k \in D \subseteq S_B \cup k$. (Minty)

10. Wir stellen uns die Aufgabe, ein Rechteck mit ganzzahligen Seiten
in Quadrate zu zerschneiden mit lauter <u>verschiedenen</u> ganzzahligen
Seitenlängen. Beispiel:

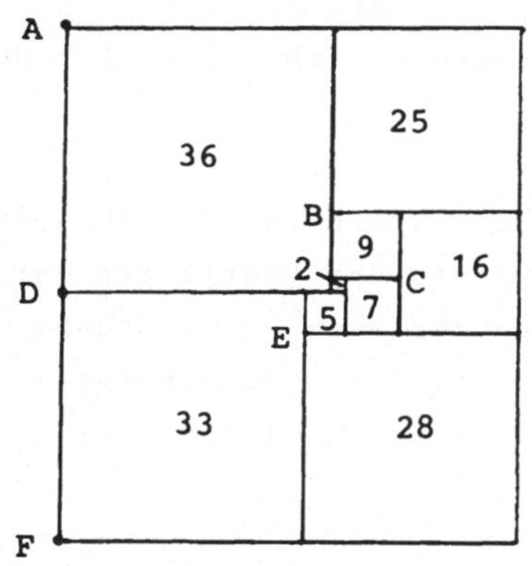

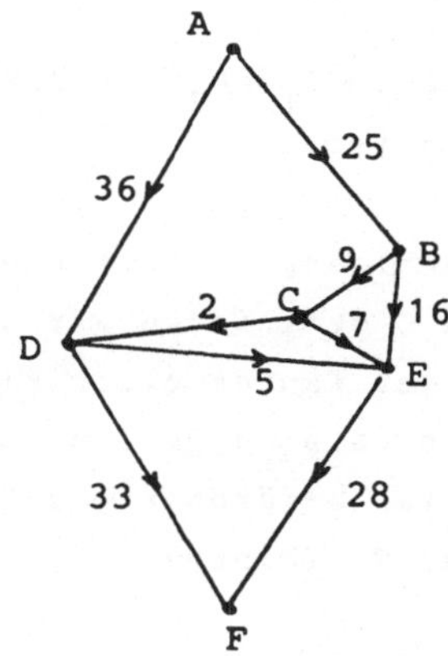

Repräsentiere wie in der Figur jede Horizontale durch eine Ecke,
q = obere Horizontale, s = untere Horizontale und zeichne $X \overset{w}{\to} Y$,
falls ein Quadrat existiert mit X als oberer und Y als unterer
Begrenzung, wobei wir die Seitenlänge als Wert w der Kante ein-
tragen (vgl. Figur). Zeige:

a) Die auf diese Weise definierte Funktion f erfüllt beide Kirchhoff'schen Gesetze (für $v \neq q, s$). Insbesondere ist $\vec{G}(q,s)$ Netzwerk mit $w(\vec{G})$ = Horizontallänge. (Tutte)

b) Kein Rechteck kann in weniger als 9 verschiedene Quadrate zer-
schnitten werden, und es gibt genau eine weitere nichtisomorphe
Zerlegung neben obiger Figur mit 9 Quadraten (minimale Seitenlängen 32 und 33).

11. Es sei $\vec{G}(E,S)$ endlicher gerichteter Graph, $q \neq s \in E$. Ein Wegsystem
W von q nach s ist eine Familie $W = \{W_i\}$ kantendisjunkter gerichteter Wege von q nach s. Ein q,s-Schnitt $C(q,s) = \{k_j \in S\}$ ist eine
Teilmenge von Kanten, nach deren Entfernung kein gerichteter Weg
von q nach s möglich ist. Zeige: $\max\limits_{W \text{ Wegsystem}} |W| = \min\limits_{C \text{ Schnitt}} |C|$, jeweils in
bezug auf q,s. (Menger) Beweise die Äquivalenz dieses Satzes mit
(VII.3.25) über $\mathbf{Z}$.

→ 12. Verifiziere die Äquivalenz folgender Aussagen für einen Graphen
$G(E,S)$:

a) $\mathbf{P}(G(E,S))$ ist 1-färbbar über $GF(3)$.

b) $G(E,S)$ ist 3-färbbar.

c) Zu jeder Orientierung $\vec{G}$ existiert eine Funktion $h : S \to \{1,-1\}$,
so daß für jedes Polygon C gilt: $\sum\limits_{k \in C_1} h(k) - \sum\limits_{\ell \in C_2} h(\ell) \equiv 0 \bmod 3$,
wobei $C = C_1 \cup C_2$ die Partition in die beiden richtungsgleichen
Teile ist.

13. Sei $G(E,S)$ ungerichtet und $\vec{G}$ eine beliebige Orientierung. Für ein
Polygon C definieren wir den Fluß $f(C) = \frac{p}{q}$ als den Quotienten der
Anzahl der Kanten einer Richtung zu denen der anderen Richtung,
wobei stets $p \geq q$ gelten soll mit $f(C) = \infty$, falls $q = 0$. Beweise:
$G(E,S)$ ist k-färbbar $\Leftrightarrow \exists$ Orientierung mit $f(C) \leq k - 1$ für alle
Polygone C. (Minty)

14.* Sei $G(E,S)$ ungerichtet, und $\bar{G}$ der Kantengraph. Zeige:

a) G zusammenhängend $\Rightarrow \bar{G}$ zusammenhängend.

b) G zusammenhängend und $\bar{G} \cong \bar{H} \Rightarrow G \cong H$ mit einer Ausnahme (welcher?).
(Hinweis: Beweis ähnlich wie von (VII.3.2).) (Whitney)

→ 15. Es sei $\mathfrak{L} = (E,S,R)$ ebene Landkarte mit 3-regulärem Gerüst $G(\mathfrak{L})$.
Zeige, daß $\mathfrak{L}$ genau dann 3-färbbar ist, wenn jede Region von einer
geraden Anzahl von Kanten begrenzt ist. (Kempe)

→ 16. Beweise (VII.3.34) und zeige ferner: $G(S)$ ist ein achromatischer
     k-Block über $GF(q)$ ↔ $G(S)$ eingebettet in $PG(n,q)$, $n \geq r(G)$, hat
     die Eigenschaft, daß zu jedem $U \subseteq S$ mit $r(U) \leq n-k$ ein Unterraum W
     von $PG(n,q)$ mit $r(W) = n-k$ existiert, so daß $S \cap W = \bar{U}$. (Tutte)

17. Beweise: Die in bezug auf die Reduktion minimalen, binären, über
    $GF(2)$ nicht 1-färbbaren Matroide sind genau die ungeraden Kreise
    $K(2n+1)$, $n \geq 1$. Verallgemeinerung auf $GF(q)$?

18.* Zeige, daß $P(K_5)$ der einzige achromatische 2-Block vom Rang 4 über
     $GF(2)$ ist. (Tutte)

→ 19. Zeige für den Petersen Graph P:

    a) P ist nicht plättbar.

    b) Die Kanten sind nicht 3-färbbar.

    c)* Das Bondmatroid $B(P)$ ist ein achromatischer 2-Block über $GF(2)$
        (vom Rang 6).

20. Orientiere den Petersengraphen auf beliebige Weise und konstru-
    iere dann einen 5-Fluß.

4. INVARIANTEN

Dieser Abschnitt weicht vom Generalthema des Kapitels etwas ab, da
wir uns wieder mit beliebigen Matroiden beschäftigen und Anwendungen
auf binäre und reguläre Matroide erst am Schluß besprechen. Wir interessieren uns für <u>Strukturinvarianten</u> von Matroiden, d.h. Abbildungen
f von der Menge aller Matroide in einen Wertebereich (den wir vor-
läufig offen lassen), so daß $f(G) = f(H)$ gilt, wann immer G und H
<u>isomorphe</u> Matroide sind. Beispiele hierfür liegen auf der Hand: Rang,
Anzahl der Basen, Niveauzahlenfolge, Möbiusfunktion (falls die Matroide endlich sind) etc. Ein Überblick über alle möglichen Invarianten
ist natürlich nicht zu erwarten, doch für eine Klasse spezieller
<u>arithmetischer Invarianten</u> können wir tatsächlich genaue Auskunft
geben.

<u>Definition</u>

(VII.4.1) Für ein Matroid G bezeichne $[G]$ die Klasse aller zu G isomorphen Matroide, oder mit anderen Worten den Isomorphietyp von G,

und $\mathfrak{G}$ die Menge der Isomorphietypen <u>endlicher</u> Matroide.

Wir studieren zwei Typen von Zerlegungen: Zunächst bedeutet

$$G = G_1 \times G_2$$

wie bisher die Zerlegung des Matroides G in das (direkte) <u>Produkt</u> $G_1 \times G_2$ (siehe (VI.3.15)). Ist $G = G(S)$ und $q \in S$ kein Separator, d.h. ist q weder Schlinge noch Brücke, so definieren wir die <u>T-Summe</u>:

$$G = G.(S - q) + G(S)/q.$$
$$(T)$$

Die T-Summe zerlegt G somit in zwei kleinere Matroide, die <u>Reduktion</u> sowie die <u>Kontraktion</u> auf $S - q$. Der Kürze halber werden wir meist

$$G = (G - q) + G/q$$
$$(T)$$

schreiben. Man beachte, daß die T-Summe stets nur für <u>Nichtseparatoren</u> q erklärt ist.

$\boxed{\text{Definition}}$

(VII.4.2) Es sei R ein beliebiger kommutativer Ring, dann heißt $f : \mathfrak{G} \to R$ eine <u>chromatische</u> (Ring-) <u>Invariante</u> in R, falls gilt:

    a) $G = G_1 \times G_2 \;\Rightarrow\; f[G] = f[G_1] \cdot f[G_2]$,

    b) $G = (G - q) + G/q \;\Rightarrow\; f[G - q] + f[G/q]$.
$$(T)$$

Die Definition besagt also: Zerfällt ein endliches Matroid in der angegebenen Weise in ein Produkt bzw. T-Summe, so zerfallen die chromatischen Invarianten in der entsprechenden Weise in Produkt bzw. Summe in R.

Manchmal wird es von Vorteil sein, allein die T-Summe zu betrachten. Eine <u>chromatische Gruppen-</u> Invariante oder kurz <u>T-Invariante</u> f nimmt in diesem Fall Werte in einer <u>abelschen Gruppe</u> an mit

$$G = (G - q) + G/q \;\Rightarrow\; f[G] = f[G - q] + f[G/q].$$
$$(T)$$

Das Wort "chromatisch" deutet auf den Ausgangspunkt dieser Überlegungen hin. In Übung (VI.3.4) wurde bereits gezeigt, daß $(-1)^{r(G)} \chi(G;\lambda)$ eine chromatische Invariante im Polynomring $\mathbf{Z}[\lambda]$ ist. Wegen des Zusammenhanges zwischen dem charakteristischen und chromatischen Polynom im Fall der graphischen Matroide wurde der Name "chromatische" Invariante gewählt (siehe Übung (VII.1.16)).

Leser des 1. Bandes werden die Analogie zum Begriff der Bewertungen aus Abschnitt IV.4 erkennen. Ebenso wie dort besteht unsere Methode darin, den universellen (Invarianz-) Ring zu konstruieren und dann jede chromatische Invariante als Homomorphismus aus diesem Ring auszuweisen.

In Abschnitt A bestimmen wir die Struktur dieses universellen Ringes. Abschnitt B bringt eine Erörterung der wichtigsten Beispiele, während Abschnitt C der universellen chromatischen Invariante gewidmet ist.

A. Tutte-Grothendieck Ring

Unser Ziel ist die Bestimmung des universellen Invarianzringes TG und der universellen Einbettung $t : \mathfrak{G} \to$ TG. Wir nehmen vorweg, daß TG isomorph zum Ring $\mathbf{Z}_O[z,x]$ aller Polynome in zwei Variablen über $\mathbf{Z}$ mit konstantem Glied O ist. Demnach ordnet t jedem Matroid ein Polynom $t(G)$ in den Variablen z und x zu, welches das Tutte-Polynom genannt wird.

Um den folgenden Existenz- und Strukturbeweis besser zu verstehen, überlegen wir uns zunächst, wie ein vorgegebenes Matroid G durch Produkt und T-Summe in kleinste Bestandteile zerfällt. Offenbar besteht ein in bezug auf die T-Summe nicht weiter zerlegbares Matroid G(S) vollständig aus Brücken und Schlingen. Wir setzen $G = B_{ij}$, falls G genau i Brücken und j Schlingen enthält, und nennen die Matroide B_{ij} verallgemeinerte Boole'sche Algebren. Es gilt:

$$r(B_{ij}) = i, \text{ Anzahl der Elemente} = i + j,$$

insbesondere also $B_{ij} \cong B_{k\ell} \leftrightarrow i = k, \ j = \ell$.

B_{1O} und B_{O1}, d.h. eine einzelne Brücke bzw. Schlinge, sind somit genau jene Matroide, welche sowohl in bezug auf das Produkt wie auch die T-Summe unzerlegbar sind. In diese muß also jedes Matroid zerfallen.

Beispiel

(VII.4.3) Es sei G das 7-elementige Matroid, dessen zugrundeliegende Geometrie $P(K_4)$ ist, mit einem Paar paralleler Elemente. Zur Abkürzung ordnen wir einer Brücke das Symbol z zu, einer Schlinge das Symbol x. Durch schrittweises Entfernen der Elemente aus S in der Reihenfolge

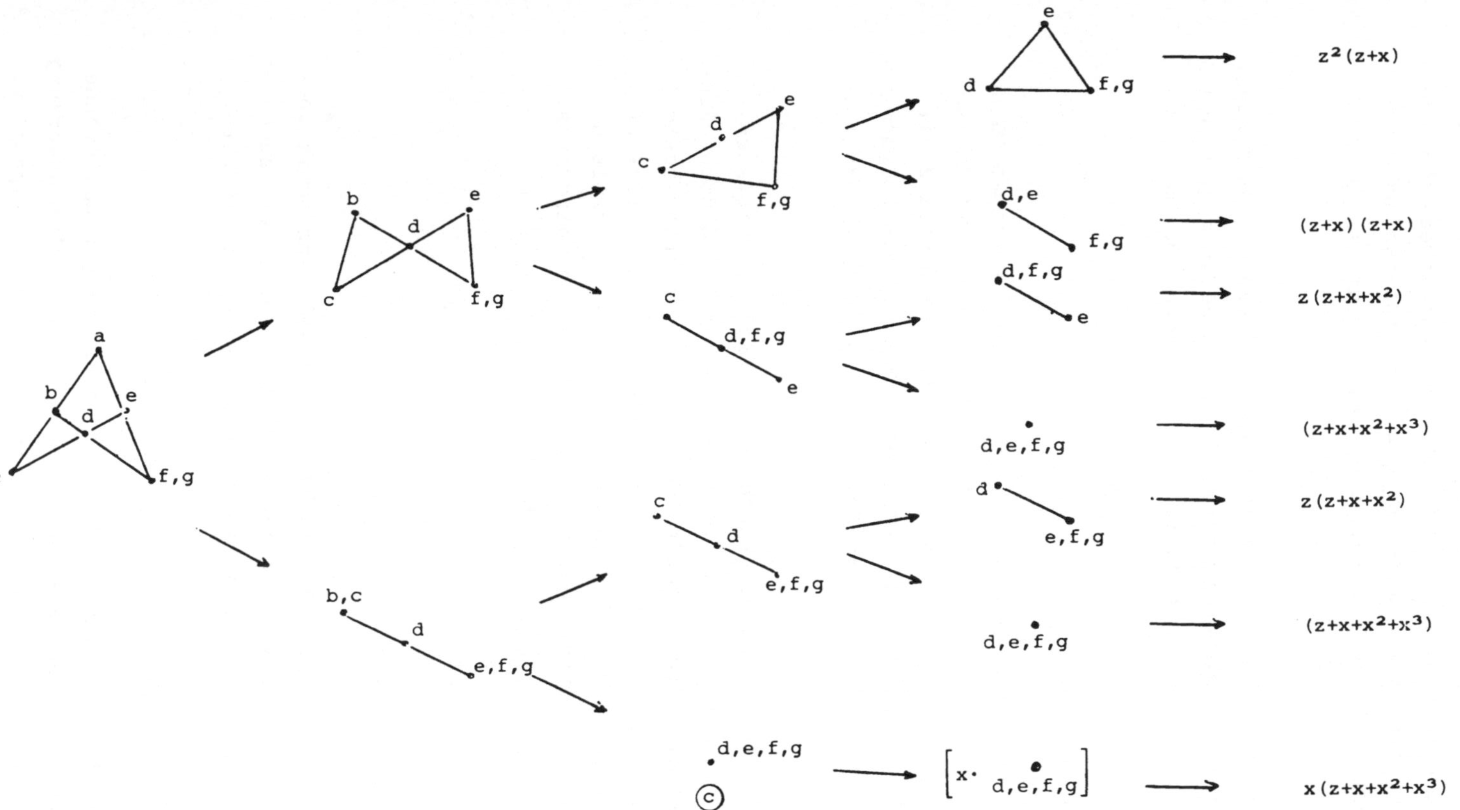

a,b,c,d,e,f,g erhalten wir die Zerlegung von **G**, wobei ein Pfeil nach oben Reduktion, nach unten Kontraktion, waagrecht Faktorisierung bedeutet, und $\widehat{p}$: p ist Schlinge. Besteht z.B. **H** aus n parallelen Elementen, so gilt $\mathbf{H} = (\mathbf{H} - p) \underset{(\mathbf{T})}{+} x^{n-1}$, wobei $\mathbf{H} - p$ aus $n - 1$ parallelen Elementen besteht, woraus durch Induktion $\mathbf{H} = z + \sum_{i=1}^{n-1} x^i$ folgt. Die Ausdrücke ganz rechts ergeben die gewünschte Zerlegung. Ihre Summe ist das Tutte Polynom $t(\mathbf{G}) = z^3 + 3z^2 + z^2x + 2z + 5zx + 2zx^2 + 2x + 4x^2 + 3x^3 + x^4$.

Aus dem Beispiel ist klar, wie der analoge Zerlegungsprozeß für ein beliebiges Matroid vor sich geht. Daß dabei die Reihenfolge, in welcher die Elemente entfernt werden, keine Rolle spielt, müssen wir allerdings erst nachweisen.

Formal betrachten wir Polynome in den Isomorphieklassen endlicher Matroide (d.h. den Elementen aus $\mathfrak{G}$) über $\mathbf{Z}$. Es sei $G(S)$ ein endliches Matroid und $S = \{p_1 < p_2 < \ldots < p_n\}_\omega$ eine gewisse lineare Ordnung auf S. Wir wenden der Reihe nach die Operatoren $T_{p_i} : \mathbf{Z}[\mathfrak{G}] \to \mathbf{Z}[\mathfrak{G}]$, $i = 1, \ldots, n$, an, welche durch folgende Festsetzung erklärt sind:

$$(*) \qquad T_{p_1}[G] = \begin{cases} [G - p_1] + [G/p_1], & \text{falls } p_1 \text{ Nichtseparator ist,} \\ [p_1] \cdot [G/p_1], & \text{falls } p_1 \text{ Separator ist.} \end{cases}$$

Ist $T_{p_i} T_{p_{i-1}} \ldots T_{p_1}[G] \in \mathbf{Z}[\mathfrak{G}]$ bereits definiert,

$$T_{p_i} \ldots T_{p_1}[G] = \sum \prod [G_{ij}],$$

wobei G_{ij} gewisse Matroide auf der Punktmenge $S - \{p_1, \ldots, p_i\}$ bzw. Brücken oder Schlingen sind, so wird $T_{p_{i+1}}\left(\sum \prod [G_{ij}]\right)$ auf jedem einzelnen Glied gemäß der Vorschrift $(*)$ mit jedem $G_{ij} \neq B_{10}, B_{01}$ anstelle G durchgeführt und dann linear erweitert. Setzen wir schließlich

$$x := [\text{Schlinge}] \in \mathfrak{G},$$
$$z := [\text{Brücke}] \in \mathfrak{G},$$

so ist $T_\omega[G] := T_{p_n} \ldots T_{p_1}[G]$ ein Polynom in den Variablen z, x über $\mathbf{Z}$ mit konstantem Glied O. Wir werden meist kurz $T_\omega(G)$ schreiben.

<u>Satz</u>

(VII.4.4) *Es sei $G(S)$ ein endliches Matroid, ω und ω' zwei lineare Ordnungen auf S. Dann gilt:*

a) $T_\omega(G)$ ist in $\mathbf{Z}_0[z,x]$ mit nichtnegativen Koeffizienten.

b) $T_\omega(G) = T_{\omega'}(G)$.

<u>Beweis</u>

a) Wir führen Induktion nach $n = |S|$. Für $n = O$ ist $T_\omega(G) = O$, für $n = 1$ gilt $T_\omega(G) = z$ oder $= x$. Die Behauptung sei richtig für alle Matroide und alle linearen Ordnungen auf weniger als n Elementen. Ist

$$S = \{p_1 < \ldots < p_n\}_\omega, \quad S' = \{p_2 < \ldots < p_n\}_{\omega_1}, \quad \text{so gilt}$$

$$T_\omega(G) = T_{\omega_1}(T_{p_1}[G]) = T_{\omega_1}([G - p_1] + [G/p_1])$$

$$\text{oder} \quad = [p_1] T_{\omega_1}([G - p_1]).$$

Nach Induktionsvoraussetzung sind sowohl $T_{\omega_1}[G - p_1]$ wie $T_{\omega_1}[G/p_1]$ nichtnegative ganzzahlige Polynome in z und x mit konstantem Glied O, und das Resultat folgt durch Addition bzw. Multiplikation mit z oder x.

b) Es genügt, wenn wir $T_{p_2} T_{p_1}[G] = T_{p_1} T_{p_2}[G]$ nachprüfen. Dazu ergeben sich 3 Fälle, deren jeder einzelne leicht zu erledigen ist:

    α) p_1 ist Separator von G.

    β) p_1 ist kein Separator von G und p_2 ist kein Separator von
       $G - p_1$ und G/p_1.

    γ) p_1 und p_2 sind keine Separatoren von G, aber p_2 ist Schlinge
       in G/p_1 (oder Brücke in $G - p_1$). □

Definition

(VII.4.5)   Es sei G(S) ein endliches Matroid. Dann heißt das durch eine beliebige lineare Ordnung ω auf S gegebene Polynom $t(G) := T_\omega(G)$ das <u>Tutte-Polynom</u> von G.

Bevor wir die angekündigte Konstruktion des Tutte-Grothendieck Ringes durchführen, überlegen wir uns die Eindeutigkeit der Zerlegung eines Matroides in Produkt bzw. T-Summe. Nach (VI.4.33) zerfällt jedes Matroid bis auf die Reihenfolge in eindeutiger Weise in seine bezüglich des Produktes unzerlegbaren Bestandteile. Die entsprechende Aussage gilt auch für die T-Summe.

<u>Satz</u>

(VII.4.6)   *Es sei G(S) ein endliches Matroid. Dann gilt:*

    a)   *G(S) ist genau dann unzerlegbar in bezug auf die T-Summe,*
       wenn $G(S) \cong \mathbf{B}_{ij}$ eine verallgemeinerte Boolesche Algebra ist.

    b)   *Es existiert eine Zerlegung $G = \sum_{(T)} a_{ij} \mathbf{B}_{ij}$, $a_{ij} \in \mathbf{N}_0$, und*
       je zwei solche Zerlegungen stimmen bis auf die Reihenfolge
       überein. Das heißt, G ist eindeutig in eine T-Summe be-
       stehend aus $\mathbf{B}_{ij}$'s zerlegbar.

c) Ist $t(G) = \sum\limits_{i,j} t_{ij} z^i x^j$, *so gilt* $G = \sum\limits_{(T)} t_{ij} B_{ij}$.

Beweis

Nur b) ist zu zeigen. Diese Behauptung folgt aber unmittelbar aus
(VII.4.4), da t(G) (d.h. die Zerlegung in eine T-Summe) unabhängig
von der gewählten Ordnung ist, auch innerhalb der einzelnen Glieder.

Beispiel:

$$t(G) = T_{p_n} \cdots T_{p_2}\Big([G - p_1] + [G/p_1]\Big)$$

$$= T_{p_n} \cdots T_{p_2}([G - p_1]) + T_{p_n} \cdots T_{p_4} T_{p_2} T_{p_3}([G/p_1]),$$

etc. □

Zum Nachweis der Ringeigenschaft unserer universellen Struktur benötigen wir noch die folgende "Distributivität" von Produkt und T-Summe. (Beweis in den Übungen)

Hilfssatz

(VII.4.7) *Es sei* $G(S)$ *ein endliches Matroid,* $G(S) = G_1(S_1) \times G_2(S_2)$,
$G_1(S_1) = (G_1 - q) \underset{(T)}{+} G_1/q.$ *Dann gilt:*

$$G = [(G_1 - q) \times G_2] \underset{(T)}{+} [G_1/q \times G_2].$$

Folgerung

(VII.4.8) *Es seien* $G_1 = \sum\limits_{(T)} a_{mn} B_{mn}$, $G_2 = \sum\limits_{(T)} b_{k\ell} B_{k\ell}$ *die jeweiligen T-Zer-*
legungen, und $G = G_1 \times G_2$. *Dann gilt für die eindeutige T-Zerlegung*
von G:

$$G = \sum c_{ij} B_{ij} \; mit \; c_{ij} = \sum\limits_{\substack{m+k=i \\ n+\ell=j}} a_{mn} b_{k\ell}.$$

Satz (Tutte)

(VII.4.9) *Es sei* $\mathfrak{G}$ *die Menge der Isomorphieklassen endlicher Matroide.*
Dann existiert ein kommutativer Ring TG, *genannt der* Tutte-Grothendieck-Ring *(kurz TG-Ring) und eine Abbildung* $t : \mathfrak{G} \to$ TG, *so daß gilt:*

a) TG *ist isomorph zu* $\mathbf{Z}_0[z,x]$.

b) t *ist chromatische Invariante in* TG. *Bezeichnet ferner*
$\tilde{h} : $ TG $\to \mathbf{Z}_0[z,x]$ *den Isomorphismus aus a), so ist* $\tilde{h} \cdot t[G] =$
Tutte Polynom von G, *für alle* $[G] \in \mathfrak{G}$, *und das Tutte Polynom*
ist chromatische Invariante in $\mathbf{Z}_0[z,x]$.

c) Ist f beliebige chromatische Invariante von $\mathfrak{G}$ in einem kommutativen Ring R, so existiert ein eindeutiger Homomorphismus h : TG → R, so daß f = h.t ist.

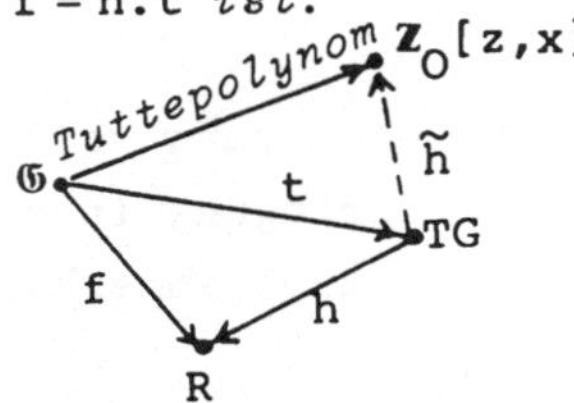

Umgekehrt ist jede Abbildung h.t, h ∈ Hom(TG,R) chromatische Invariante in R.

Beweis

Es sei F der freie kommutative Ring erzeugt von $\mathfrak{G}$, also
$$F = \left\{ \sum a[G_1]^{\ell_1} \ldots [G_s]^{\ell_s} : a \in \mathbf{Z},\ a \neq 0 \text{ für nur endlich viele Glieder} \right\}$$
mit komponentenweiser Addition und Multiplikation und neutralem Element O. Mit I bezeichnen wir das Ideal aus F, erzeugt von allen Elementen der Form

$$[G] - [G_1].[G_2], \text{ falls } G = G_1 \times G_2,$$
$$[G] - \left([G-q] + [G/q] \right), \text{ falls } G = G - q + G/q. \tag{T}$$

Der Tutte-Grothendieck-Ring TG wird nun definiert als Faktorring $TG = F/_I$.

In dem folgenden Diagramm sei i : $\mathfrak{G}$ → F die Injektion i[G] = [G], e : F → TG der kanonische Epimorphismus e[G] = [G] + I und t = e.i.

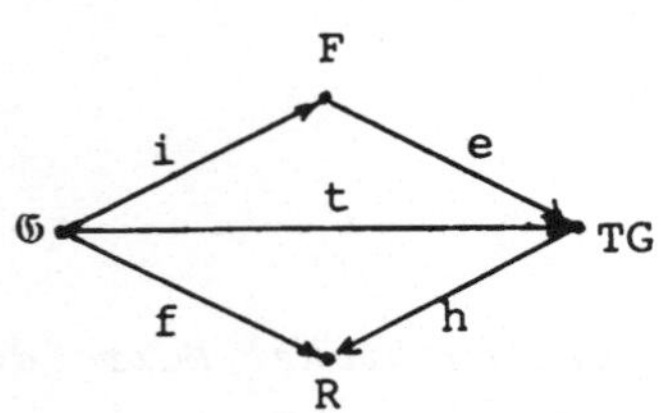

Nach Definition von TG ist klar, daß t : $\mathfrak{G}$ → TG chromatische Invariante in TG ist. Wir weisen zunächst die Universalbedingung c) für (TG,t) nach, und zeigen danach a) und b).

Ist h : TG → R Homomorphismus, so ist h durch die Werte auf [G] + I, [G] ∈ $\mathfrak{G}$, vollständig determiniert. Für f = h.t haben wir dann

$$G = G_1 \times G_2 \Rightarrow f[G] = h([G] + I) = h([G_1][G_2] + I)$$
$$= h(([G_1] + I)([G_2] + I)) = h([G_1] + I)h([G_2] + I)$$
$$= f[G_1]f[G_2].$$

Analog für $G = (G-q) \underset{(T)}{+} G/q$.

Ist umgekehrt $f : \mathfrak{G} \to R$ chromatische Invariante, so definieren wir $h_1 : F \to R$ durch $h_1[G] := f[G]$ und erweitern h_1 linear auf ganz F. Sei $G = G_1 \times G_2$, dann gilt $h_1[G] = f[G] = f[G_1]f[G_2] = h_1[G_1]h_1[G_2] = h_1([G_1][G_2])$ und analog $h_1[G] = h_1[G-q] + h_1[G/q]$ für eine T-Summe. Daraus folgt, daß $h : TG \to R$

$$h([G] + I) := h_1[G]$$

einen Homomorphismus von TG nach R induziert mit $f = h.t$.

Es sei nun $R = \mathbb{Z}_0[z,x]$ und $\tilde{f} : \mathfrak{G} \to R$ definiert durch

$$\tilde{f}[G] = \text{Tutte-Polynom von } G.$$

Wir zeigen, daß $\tilde{f}$ chromatische Invariante in $\mathbb{Z}_0[z,x]$ ist. Sei $G = (G-q) \underset{(T)}{+} G/q$, dann gilt nach (VII.4.4) oder (VII.4.6c)

$$\tilde{f}[G] = \tilde{f}[G-q] + \tilde{f}[G/q].$$

Ebenso haben wir für $G = G_1 \times G_2$ mit

$$G = \sum_{(T)} a_{mn} B_{mn}, \quad G_1 = \sum_{(T)} b_{ij} B_{ij}, \quad G_2 = \sum_{(T)} c_{k\ell} B_{k\ell}$$

wegen der Distributivität (VII.4.8)

$$G = \sum_{(T)} b_{ij} c_{k\ell} B_{i+k,j+\ell} \; ,$$

also ist nach (VII.4.6c)

$$\tilde{f}[G] = \sum b_{ij} c_{k\ell} z^{i+k} x^{j+\ell} = \sum b_{ij} z^i x^j \cdot \sum c_{k\ell} z^k x^\ell = \tilde{f}[G_1]\tilde{f}[G_2].$$

Es existiert somit $\tilde{h} \in \text{Hom}(TG, \mathbb{Z}_0[z,x])$ mit $\tilde{f} = \tilde{h}.t$, und $\tilde{h}$ ist gegeben durch

$$\tilde{h}([G] + I) = \text{Tutte Polynom von } G.$$

Es bleibt zu zeigen, daß $\tilde{h}$ Isomorphismus ist, woraus b) ebenfalls folgen wird. Für ein beliebiges Element $H = \sum a[G_1]^{\ell_1} \ldots [G_s]^{\ell_s} \in F$ gilt: $H \in I \Leftrightarrow \sum a(\sum a_{ij} B_{ij})^{\ell_1} \ldots (\sum c_{ij} B_{ij})^{\ell_s} \in I \Leftrightarrow \sum a \, \tilde{f}[G_1]^{\ell_1} \ldots \tilde{f}[G_s]^{\ell_s} = $ Null-polynom von $\mathbb{Z}_0[z,x]$, d.h. $\tilde{h}$ ist injektiv. Die Surjektivität ist klar. $\square$

Was ist nun die Bedeutung dieses Satzes? Identifizieren wir den Tutte-Grothendieck-Ring mit $\mathbf{Z}_0[z,x]$ und die universelle chromatische Invariante mit dem Tutte Polynom $t(G)$, so entspricht _jede_ chromatische Invariante f in R einem Homomorphismus $h : \mathbf{Z}_0[z,x] \to R$. Nun ist aber h klarerweise durch seine Werte auf den Variablen z und x festgelegt, und wir erhalten in Zusammenfassung:

a) Jede chromatische Invariante $f : \mathfrak{G} \to R$ ist _Evaluation_

$$z \to a \in R$$
$$x \to b \in R$$

mit $f[G] = t(G;z,x) \Big|_{z=a,\ x=b}$.

b) Umgekehrt ist jede solche Evaluation des Tutte Polynoms chromatische Invariante.

Für die Praxis heißt dies: Wissen wir von einer Funktion f, daß sie chromatische Invariante ist, so haben wir nur ihre Werte auf einer Brücke bzw. Schlinge zu bestimmen und dann für ein beliebiges Matroid die entsprechende Evaluation durchzuführen. Dies wird das Programm des folgenden Abschnittes sein.

Eine völlig analoge Aussage erhalten wir im Falle der chromatischen <u>Gruppen</u>-Invarianten. Die universelle Struktur heißt die <u>Tutte-Grothendieck-Gruppe</u> TG_A mit der Abbildung $t_A : \mathfrak{G} \to TG_A$. TG_A ist isomorph zur freien abelschen Gruppe, erzeugt von den verallgemeinerten Boole'schen Algebren B_{ij} (und konstantem Glied O), t_A ist T-Invariante in TG_A mit $t_A[G] = \sum_{ij} t_{ij} B_{ij}$, wobei $t(G) = \sum_{ij} t_{ij} z^i x^j$ das Tutte-Polynom ist, und wir erhalten sämtliche T-Invarianten in einer abelschen Gruppe A durch Evaluation $B_{ij} \to c_{ij} \in A$.

<u>Beispiel</u>

Für das Matroid G aus (VII.4.3) gilt

$$t_A(G) = B_{30} + 3B_{20} + B_{21} + 2B_{10} + 5B_{11} + 2B_{12} + 2B_{01} + 4B_{02} + 3B_{03} + B_{04}.$$

B. Chromatische Invarianten

Das Tutte-Polynom eines endlichen Matroides G werden wir stets mit $t(G) = t(G;z,x) = \sum_{ij} t_{ij} z^i x^j$ ansetzen. Die beiden interessantesten Beispiele chromatischer Invarianten sind die rangerzeugende Funktion $\sigma(G)$ und das charakteristische Polynom $\chi(G)$.

<u>Definition</u>

(VII.4.10) Es sei $G = G(S)$ ein endliches Matroid. Die <u>rangerzeugende Funktion</u> $\sigma(G) = \sigma(G;u,v)$ von G ist

$$\sigma(G) := \sum a_{ij} u^i v^j \in \mathbf{Z}[u,v],$$

wobei

$$a_{ij} := \left| \left\{ T \subseteq S : r(S) - r(T) = i, \ |T| - r(T) = j \right\} \right|.$$

$\sigma(G)$ kann also auch

$$\sigma(G) = \sum_{\substack{T \\ T \subseteq S}} u^{r(S) - r(T)} v^{|T| - r(T)}$$

geschrieben werden.

$\boxed{\text{Satz}}$

(VII.4.11) *Die rangerzeugende Funktion ist eine chromatische Invariante auf $\mathfrak{G}$ in $\mathbf{Z}[u,v]$, und es gilt:*

$$\sigma(G;u,v) = t(G;u+1,v+1).$$

<u>Beweis</u>

Es sei $G(S) = G_1(S_1) \times G_2(S_2)$, dann haben wir

$$\sigma(G_1 \times G_2) = \sum_{T \subseteq S_1 \cup S_2} u^{r(S_1 \cup S_2) - r(T)} v^{|T| - r(T)}$$

$$= \sum_{\substack{T \subseteq S_1 \cup S_2 \\ T_1 = S_1 \cap T,\, T_2 = S_2 \cap T}} u^{r(S_1) + r(S_2) - r(T_1) - r(T_2)} v^{|T_1| - r(T_1) + |T_2| - r(T_2)}$$

$$= \sum_{A \subseteq S_1} u^{r(S_1) - r(A)} v^{|A| - r(A)} \sum_{B \subseteq S_2} u^{r(S_2) - r(B)} v^{|B| - r(B)}$$

$$= \sigma(G_1) \cdot \sigma(G_2).$$

Für einen Nichtseparator $q \in S$ gilt:

$$\sigma(G) = \sum_{\substack{T \\ T \subseteq S}} u^{r(G) - r(T)} v^{|T| - r(T)} = \sum_{\substack{T \\ T \subseteq S-q}} u^{r(G-q) - r(T)} v^{|T| - r(T)}$$

$$+ \sum_{\substack{T \\ q \in T \subseteq S}} u^{r(G/q) - r(T) + 1} v^{|T-q| - r(T) + 1}.$$

Der erste Summand ist offenbar $\sigma(G-q)$. Der zweite ist mittels der Bijektion $T \to T-q$ von $\{T \subseteq S : q \in T\}$ auf 2^{S-q} gleich

$$\sum_{\substack{A \\ A \subseteq S-q}} u^{r(G/q)-r_{G/q}(A)} \; v^{|A|-r_{G/q}(A)} = \sigma(G/q).$$

Zur zweiten Behauptung berechnen wir

$$\sigma(\text{Brücke}) = u^1 v^0 + u^0 v^0 = u+1,$$

$$\sigma(\text{Schlinge}) = u^0 v^0 + u^0 v^1 = v+1,$$

und wenden (VII.4.9) an. $\square$

<u>Folgerung</u>

(VII.4.12) *Es sei* $t(G;z,x)$ *das Tutte-Polynom eines endlichen Matroides G. Dann sind die folgenden Größen chromatische Invarianten mit den korrespondierenden Evaluationen:*

> *a)   Anzahl der Basen in* $G = t(G;1,1)$.
> *Diese Invariante heißt die* Komplexität *von* G.
>
> *b)   Anzahl der spannenden Mengen in* $G = t(G;1,2)$.
>
> *c)   Anzahl der unabhängigen Mengen in* $G = t(G;2,1)$.
>
> *d)   Anzahl aller Untermengen von* $S = t(G;2,2)$.

<u>Beweis</u>

Wir weisen b) nach, die anderen Behauptungen werden analog verifiziert. Es sei $\sigma(G) = \sum a_{ij} u^i v^j$, dann gilt:

$$t(G;1,2) = \sigma(G;0,1) = \sum_{j \geq 0} a_{0j} = \left| \left\{ T \subseteq S : r(T) = r(S) \right\} \right|. \quad \square$$

Aus der Dualität von spannenden und unabhängigen Mengen (siehe (VI.4.3) und (VII.4.12)) ergibt sich der Hinweis, daß das Tutte Polynom des zu G orthogonalen Matroides $G^\perp$ durch Vertauschung der Variablen z und x aus t(G) berechnet wird.

<u>Satz</u>

(VII.4.13) *Für ein endliches Matroid G bezeichne* $t(G;z,x)$ *das Tutte Polynom und* $G^\perp$ *das orthogonale Matroid. Dann haben wir:*

> *a)* $t^\perp : \mathfrak{G} \to \mathbf{Z}_0[z,x]$, $t^\perp[G] := t(G^\perp;z,x)$ *ist chromatische Invariante.*
> *variante.*

$b)$ $t(G^\perp;z,x) = t(G;x,z)$.

Beweis

Nach (VI.4.9b) gilt für $G = G_1 \times G_2$ auch $G^\perp = G_1{}^\perp \times G_2{}^\perp$, und somit

$$t^\perp[G] = t(G^\perp) = t(G_1{}^\perp) \; t(G_2{}^\perp) = t^\perp[G_1] \; t^\perp[G_2].$$

Laut (VI.4.38) ist $q \in S$ genau dann Separator von G, wenn q Separator von $G^\perp$ ist. Mit den Formeln (VI.4.9) folgern wir somit aus
$$G = \underset{(T)}{(G-q)} + G/q$$

$$t^\perp[G] = t(G^\perp) = t(G^\perp - q) + t(G^\perp/q) = t((G/q)^\perp) + t((G-q)^\perp)$$
$$= t^\perp(G/q) + t^\perp(G-q).$$

Zu b) brauchen wir nur zu bemerken, daß Brücken orthogonal zu Schlingen sind, und umgekehrt. □

Beispiel

Für das Tutte Polynom $t(G) = \sum t_{ij} z^i x^j$ eines selbstorthogonalen Matroides muß $t_{ij} = t_{ji}$, f.a. $i,j \in \mathbb{N}_0$, gelten. Zum Beispiel ist, wie man leicht nachrechnet, $t(P(K_4)) = z^3 + 3z^2 + 2z + 4zx + 2x + 3x^2 + x^3$. (Der Leser verifiziere die Formeln (VII.4.12) an $t(P(K_4))$.)

Die folgende Definition des charakteristischen Polynoms $\chi(G;\lambda)$ eines beliebigen endlichen Matroides G ist etwas anders als in (VII.1.26), um die Möglichkeit von Schlingen miteinzuschließen.

Definition

(VII.4.14) Sei $G = G(S)$ ein endliches Matroid. Das <u>charakteristische Polynom</u> $\chi(G;\lambda)$ (in der Unbekannten λ) ist

$$\chi(G;\lambda) = \sum_{T \subseteq S} (-1)^{|T|} \lambda^{r(S)-r(T)}.$$

Satz

(VII.4.15) *Es sei* $G(S)$ *ein endliches schlingenloses Matroid mit Unterraumverband* L *und* μ_L *die Möbiusfunktion von* L. *Dann gilt:*

$$\chi(G;\lambda) = \sum_{a \in L} \mu_L(O,a) \lambda^{r(1)-r(a)}.$$

Das heißt, in diesem Fall erhalten wir genau die Definition (VII.1.26).

Beweis

Es sei μ die Möbiusfunktion auf $B(S)$. Definieren wir für $x \in L$

$$f(x) = \sum_{\substack{A \subseteq S \\ \bar{A} = x}} \mu(\emptyset, A),$$

so erhalten wir nach (VII.1.25)

$$g(y) = \sum_{\substack{x \in L \\ x \leq y}} f(x) = \sum_{\substack{A \subseteq S \\ \bar{A} \subseteq y}} \mu(\emptyset, A) = \delta_{\emptyset, y},$$

und daraus durch Möbiusinversion

$$(*) \qquad \sum_{\bar{A} = S} \mu(\emptyset, A) = f(1) = \sum_{x \in L} \mu_L(x, 1) g(x) = \mu_L(0, 1).$$

Laut (VII.1.27b) gilt nun $\mu(\emptyset, A) = (-1)^{|A|}$ für alle $A \subseteq S$, und wir folgern aus $(*)$ $\chi(G; \lambda) = \sum_T (-1)^{|T|} \lambda^{r(S) - r(T)} =$

$$= \sum_{a \in L} (\sum_{\bar{A} = a} (-1)^{|A|}) \lambda^{r(1) - r(a)} = \sum_{a \in L} \mu_L(0, a) \lambda^{r(1) - r(a)}. \qquad \square$$

$\boxed{\text{Satz}}$

(VII.4.16) *Die Größe* $(-1)^{r(G)} \chi(G; \lambda)$ *ist eine chromatische Invariante von* $\mathbb{G}$ *im Ring* $\mathbb{Z}[\lambda]$, *und es gilt:*

$$(-1)^{r(G)} \chi(G; \lambda) = t(G; 1 - \lambda, 0).$$

Beweis

Daß $(-1)^{r(G)} \chi(G; \lambda)$ chromatische Invariante ist, verifiziert man genau so wie im Beweis von (VII.4.11). Schließlich haben wir

$$(-1) \cdot \chi(\text{Brücke}; \lambda) = 1 - \lambda,$$

$$\chi(\text{Schlinge}; \lambda) = (1 - 1) = 0. \qquad \square$$

Folgerung

(VII.4.17) *Für ein endliches schlingenloses Matroid* **G** *mit Unterraumverband* L *setzen wir* $\mu(G) := \mu_L(0, 1)$. *Dann gilt*

$$\mu(G) = (-1)^{r(G)} t(G;1,0),$$

und insbesondere ist $(-1)^{r(G)} \mu(G)$ *eine chromatische Invariante in* $\mathbb{Z}$.

Das Beispiel des charakteristischen Polynoms wie der Möbiusfunktion zeigt, daß das Tutte-Polynom $t(G;z,x)$ durch die Evaluation $x = 0$ in eine Invariante der zugrundeliegenden Geometrie übergeht. Genaueres darüber in den Übungen.

Zum Abschluß betrachten wir eine interessante T-Invariante.

Definition

(VII.4.18) Die β-Invariante $\beta(G)$ eines endlichen nichtleeren Matro-ides $G = \sum\limits_{(T)} t_{ij} B_{ij}$ ist definiert durch die Evaluation in $\mathbb{Z}$.

$$B_{10} \to 1,$$

$$B_{ij} \to 0, \text{ für alle } (i,j) \neq (1,0).$$

Es gilt also $\beta(G) = t_{10}$.

Satz (Crapo)

(VII.4.19) *Es sei* $G = G(S)$ *ein endliches nichtleeres Matroid*, $t(G) = \sum t_{ij} z^i x^j$ *das Tutte Polynom. Dann gilt:*

a) $\beta(Brücke) = 1$, $\beta(Schlinge) = 0$.

b) *Ist* $|S| \geq 2$, *so haben wir* $t_{10} = t_{01}$, *insbesondere also* $\beta(G) = \beta(G^{\perp})$.

c) $\beta(G) \geq 0$, *und* $\beta(G) = 0 \leftrightarrow G$ *ist Schlinge oder, falls* $|S| \geq 2$, G *ist nicht zusammenhängend.*

d) *Ist* f *beliebige T-Invariante in der abelschen Gruppe* A, *so daß* f(Schlinge) = 0 *und* f(G) = 0 *für jedes nichtzu-sammenhängende Matroid* G *ist, so gilt* $f = c \cdot \beta(G)$ *mit* $c \in A$. *Insbesondere also* $f(G) = f(G^{\perp})$, *wann immer* $|S| \geq 2$ *ist.*

Beweis

Behauptung a) ist klar. Zu b) bemerken wir, daß in der T-Zerlegung von $G = G(S)$, $|S| \geq 2$, ein Beitrag zum Koeffizienten von B_{10} entsteht, falls $H = H(T)$ auftritt mit

$$(*) \qquad H = (H-q) + H/q,$$
$$(T)$$

wobei $H-q$ oder H/q Brücke ist. In beiden Fällen ist $|T| = 2$, $r(T) = 1$, und H besteht aus einem Paar paralleler Elemente. Daraus folgt, daß in einer Zerlegung (*) jeweils ein Summand eine Brücke, der andere eine Schlinge ist, und somit $t_{10} = t_{01}$ gelten muß.

Zum Beweis von c) betrachten wir das nichttriviale Produkt $G = G_1 \times G_2$. Nach (VII.4.9) haben wir dann $t(G) = t(G_1) t(G_2)$, woraus $t_{10} = 0$ in $t(G)$ folgt. Die umgekehrte Implikation zeigen wir durch Induktion nach $|S|$. Für $|S| = 2$ muß ein zusammenhängendes Matroid $G = G(S)$ aus einem Paar paralleler Elemente bestehen, so daß $t(G) = z + x$, somit $t_{10} = 1 \neq 0$ gilt. Es sei $G(S)$ zusammenhängend mit $|S| = n + 1$. Nach Induktionvoraussetzung und (VII.4.9) genügt es, ein $q \in S$ zu finden, für welches eines der beiden Matroide $G - q$, G/q zusammenhängend ist. Aus (VI.4.37) ersehen wir, daß ein Element $q \in S$ existiert, für welches die Kontraktion $G/\bar{q}$ zusammenhängend ist. Ist $q = \bar{q}$, so sind wir fertig. Im anderen Fall sei $p \in \bar{q}$, $p \neq q$ und M Separator von $G - q$, wobei wir $p \in M$ annehmen können. Für einen Kreis C von $G(S)$ mit $q \notin C$ gilt dann $C \subseteq M \cup q$ oder $C \subseteq S - (M \cup q)$. Im Fall $q \in C$ ist aber auch $(C - q) \cup p$ ein Kreis von $G(S)$, und es folgt $(C - q) \cup p \subseteq M$, also insgesamt wieder $C \subseteq M \cup q$. Dies bedeutet, $M \cup q$ ist Separator von $G(S)$, und wir erhalten nach Voraussetzung $M \cup q = S$, somit $M = S - q$, d.h. $G - q$ ist zusammenhängend. (Vgl. auch Übung (VI.4.15))

Eine T-Invariante f mit den Eigenschaften aus d) ist Evaluation

$$B_{10} \to c,$$

$$B_{ij} \to 0, \text{ für alle } (i,j) \neq (1,0).$$

Es gilt somit $f[G] = c \cdot t_{10} = c \cdot \beta(G)$. $\square$

Es fehlt noch eine effektive Formel für die β-Invariante.

<u>Satz</u>

(VII.4.20) *Für ein endliches nichtleeres Matroid G(S) mit Rangfunktion r und Unterraumverband L gilt:*

$$\beta(G) = (-1)^{r(G)} \sum_{\substack{T \\ T \subseteq S}} (-1)^{|T|} r(T).$$

Ist G schlingenlos, so haben wir

$$\beta(G) = (-1)^{r(G)} \sum_{a \in L} \mu_L(O,a) r(a).$$

Beweis

Ist $t(G;z,x) = \sum t_{ij} z^i x^j$ das Tutte Polynom von G, so gilt ersichtlich

$$\beta(G) = \left. \frac{\partial t}{\partial z} \right|_{z=x=0} \quad ,$$

und daher laut (VII.4.11)

$$\beta(G) = \left. \frac{\partial \sigma(G;u-1,v-1)}{\partial u} \right|_{u=v=0} \ .$$

Mit $\sigma(G;u,v) = \sum a_{ij} u^i v^j$ erhalten wir daraus

$$\beta(G) = t_{10} = \sum_{i,j} i a_{ij} (-1)^{i+j-1} \ .$$

Nach Definition von $\sigma(G)$ gilt

$$i = r(S) - r(T), \quad j = |T| - r(T),$$

somit

$$i + j = r(S) - 2r(T) + |T|,$$

und wir folgern

$$\beta(G) = \sum_{T \subseteq S} (-1)^{r(S)+|T|} (r(T)-r(S)) = (-1)^{r(G)} \sum_{T \subseteq S} (-1)^{|T|} r(T)$$

$$+ (-1)^{r(G)+1} r(S) \sum_{T \subseteq S} (-1)^{|T|} \ .$$

Der zweite Summand ist $= 0$, und die Formel resultiert. $\square$

Folgerung

(VII.4.21) *Je zwei endliche schlingenlose Matroide mit demselben Unterraumverband besitzen gleiche β-Invariante.*

Beispiel

(VII.4.22) Für das Polygonmatroid $P(K_n)$, $n \geq 2$, gilt:

$$\beta(P(K_n)) = (n-2)! \ .$$

Wir führen Induktion nach n. Für $n = 2$ ist $t(P(K_2)) = z + x$, somit $\beta(P(K_2)) = 1$. Es bezeichne v die $(n+1)$-te Ecke von K_{n+1} und $K_n^{(j)}$ einen

Untergraphen von K_{n+1}, welcher aus dem vollständigen Untergraphen $H \cong K_n$ auf den Ecken $\neq v$ besteht, und in dem genau j Ecken aus H zu v benachbart sind. Offenbar gilt für jede dieser j Kanten q, $j \geq 2$:

$$P(K_n^{(j)}) - q \cong P(K_n^{(j-1)}),$$
$$L(P(K_n^{(j)})/q) \cong L(P(K_n)).$$

Somit erhalten wir aus (VII.4.21) und der Induktionsvoraussetzung

$$\begin{aligned}
\beta(P(K_{n+1})) &= \beta(P(K_n^{(n-1)})) + \beta(P(K_n)) \\
&= \beta(P(K_n^{(n-2)})) + 2\beta(P(K_n)) \\
&= \beta(P(K_n^{(1)})) + (n-1)\beta(P(K_n)) \\
&= (n-1)\beta(P(K_n)) = (n-1)!,
\end{aligned}$$

da $K_n^{(1)}$ nicht 2-fach zusammenhängt, d.h. $P(K_n^{(1)})$ nicht zusammenhängend ist.

Wir fassen die wichtigsten chromatischen Invarianten nochmals in einer Tabelle zusammen.

<u>Tafel</u>

(VII.4.23) *Chromatische Invarianten durch Evaluation des Tutte Polynoms* $t(G;z,x)$.

z \ x	-i	0	1	2
-i		$(-1)^{r(G)}\chi(G;i+1)$		
0	$(-1)^{r(G^\perp)}\chi(G^\perp;i+1)$	0	$\lvert\mu(G^\perp)\rvert$	
1		$\lvert\mu(G)\rvert$	Komplexität	Anzahl der spannenden Mengen
2			Anzahl der u.a. Mengen	$2^{\lvert S\rvert}$

C. Tutte Polynom

Wir wollen abschließend etwas genauer auf das Tutte Polynom eingehen
und insbesondere die Bedeutung einzelner Koeffizienten aufzeigen. Inwieweit eine Klasse von Matroiden durch das Tutte Polynom gekennzeichnet wird, ist eine interessante (ungelöste) Frage, die wir ebenfalls
kurz erörtern. Im allgemeinen ist das Tutte Polynom <u>allein</u> keine vollständige Invariante von $\mathfrak{G}$ (siehe Übungen).

Satz

(VII.4.24) *Es sei* $t(G;z,x) = \sum t_{ij} z^i x^j$ *das Tutte Polynom eines endlichen Matroides* $G(S)$. *Angenommen,* m_0 *ist der höchste* z-*Exponent mit*
$t_{m_0,j} \neq 0$, *und analog* n_0 *der höchste* x-*Exponent mit* $t_{i,n_0} \neq 0$. *Dann
gilt:*

$$a)\quad m_0 = r(S), \quad n_0 = |S| - r(S), \quad |S| = m_0 + n_0,$$

$$b)\quad t_{r(S),n} = \begin{cases} 1 & \textit{falls } G \textit{ n Schlingen besitzt,} \\ 0 & \textit{sonst.} \end{cases}$$

$$t_{m,|S|-r(S)} = \begin{cases} 1 & \textit{falls } G \textit{ m Brücken enthält,} \\ 0 & \textit{sonst.} \end{cases}$$

Beweis

Unmittelbar aus (VII.4.11). □

Satz

(VII.4.25) *Es seien* $t(G;z,x) = \sum t_{ij} z^i x^j$ *und* $\sigma(G;u,v) = \sum a_{ij} u^i v^j$
Tutte Polynom bzw. rangerzeugende Funktion des endlichen Matroides
$G(S)$. *Dann gilt für alle* $m,n \in \mathbb{N}_0$:

$$a)\quad a_{mn} = \sum_{i,j} \binom{i}{m}\binom{j}{n} t_{ij},$$

$$b)\quad t_{mn} = \sum_{i,j} (-1)^{i+j-m-n}\binom{i}{m}\binom{j}{n} a_{ij},$$

$$c)\quad \sum_{i,j} \binom{i+j}{k+j} t_{ij} = \binom{|S|}{r(S)-k} \quad \textit{für alle } k \in \mathbb{Z},\ -(|S|-r(S)) \leq k \leq r(S).$$

Beweis

Die Formeln a) und b) folgen durch Koeffizientenvergleich aus

$$\sum_{i,j} t_{ij} z^i x^j = \sum_{i,j} a_{ij} (z-1)^i (x-1)^j \ .$$

In c) schließen wir mittels der bekannten Identität für die Binomialzahlen

$$\sum_{\ell=0}^{k} \binom{a}{\ell} \binom{b}{k-\ell} = \binom{a+b}{k}$$

folgendermaßen:

$$\sum_{i,j} \binom{i+j}{k+j} t_{ij} = \sum_{i,j} \sum_{\ell=0}^{j} \binom{i}{k+j-\ell} \binom{j}{\ell} t_{ij} = \sum_{i,j} \sum_{\ell} \binom{i}{k+j-\ell} \binom{j}{j-\ell} t_{ij}$$

$$= \sum_{i,j} \sum_{\ell} \binom{i}{k+\ell} \binom{j}{\ell} t_{ij} = \sum_{\ell} \left(\sum_{i,j} \binom{i}{k+\ell} \binom{j}{\ell} t_{ij} \right) = \sum_{\ell} a_{k+\ell,\ell}$$

$$= \sum_{\ell} \left| \left\{ T \subseteq S : r(S) - r(T) = k + \ell, \ |T| - r(T) = \ell \right\} \right|$$

$$= \left| \left\{ T \subseteq S : r(S) - |T| = k \right\} \right| = \binom{|S|}{r(S)-k} \ . \quad \square$$

Formel (VII.4.25c) ist am besten geeignet, durch verschiedene Wahl
von k Zusammenhänge zwischen den Koeffizienten aufzuzeigen. Wir
geben im folgenden einige Beispiele.

Satz

(VII.4.26) *In einem endlichen Matroid* **G(S)** *ist genau dann jede* p-*Untermenge von S unabhängig, wenn* t_{ij} = 0 *ist für alle* (i,j) *mit*
i > r(S) - p, j > 0.

Beweis

Gilt t_{ij} = 0 für alle (i,j) mit i > r(S) - p, j > 0, so haben wir in
(VII.4.25a) für m = r(S) - p, n = 0:

$$a_{r(S)-p,0} = \left| \left\{ T \subseteq S : |T| = p, \ T \text{ unabhängig} \right\} \right| = \sum_{i,j} \binom{i}{r(S)-p} t_{ij}$$

$$= \sum_{i,j} \binom{i+j}{r(S)-p+j} t_{ij} = \binom{|S|}{p} \qquad \text{(nach (VII.4.25c),}$$

also ist <u>jede</u> p-Menge aus S unabhängig.

Ist umgekehrt jede p-Menge unabhängig, so gilt

$$a_{r(S)-p,0} = \sum_{i,j} \binom{i}{r(S)-p} t_{ij} = \binom{|S|}{p},$$

und ferner

$$\sum_{i,j} \binom{i+j}{r(S)-p+j} t_{ij} = \binom{|S|}{p}.$$

Nun ist aber stets

$$\binom{i}{r(S)-p} \le \binom{i+j}{r(S)-p+j},$$

mit Gleichheit genau dann, wenn $i = r(S) - p$ oder $j = 0$, woraus $t_{ij} = 0$ resultiert, für alle (i,j) mit $i > r(S) - p$, $j > 0$. □

<u>Folgerung</u>

(VII.4.27)   *Für ein endliches nichtleeres Matroid* G(S) *gilt:*

a)   **G(S)** *ist schlingenlos* ↔ $t_{r(S),j} = 0$,   *für alle* $j > 0$.

b)   **G(S)** *ist Geometrie* ↔ $t_{r(S),j} = t_{r(S)-1,j} = 0$, *f.a.* $j > 0$.

c)   **G(S)** *ist Überlagerungssystem* ↔ $t_{ij} = 0$,

   für alle (i,j) *mit* $i \ge 2, j \ge 1$.

Manche Matroide sind durch ihr Tutte Polynom eindeutig determiniert. Als Beispiel überlegen wir uns, daß ein endliches Matroid G(S) genau dann isomorph zum Kreis K(n) der Länge n ist, wenn

$$t(G;z,x) = \sum_{i=1}^{n-1} z^i + x \text{ ist.}$$

Aus der Rekursion

$$K(n) = FG_{n-1} + K(n-1)$$
$$\phantom{K(n) = FG_{n-1} } {}_{(T)}$$

folgt nämlich

$$K(n) = \sum_{i=1}^{n-1} FG_i + \text{Schlinge}, \quad t(K(n);z,x) = \sum_{i=1}^{n-1} z^i + x.$$
$$\phantom{K(n) = \sum_{i=1}^{n-1} FG_i }{}_{(T)}$$

Gilt umgekehrt $t(G;z,x) = \sum_{i=1}^{n-1} z^i + x$, so ersehen wir zunächst

$$r(G) = n - 1, \quad |S| = n.$$

Wegen $t_{ij} = 0$ für alle (i,j) mit $i \geq 1$, $j \geq 1$ folgern wir nun aus (VII. 4.26), daß alle $(n-1)$-Untermengen von S unabhängig sind. Dies bedeutet aber $G(S) \simeq K(n)$.

ÜBUNGEN ZU ABSCHNITT 4

→ 1. Berechne die Tutte Polynome aller Matroide mit ≤ 5 Elementen.

2. Zeige, daß im Beweis von (VII.4.4) die drei angeführten Fälle übrigbleiben und prüfe diese Fälle nach.

3. Beweise (VII.4.7) und erweitere dann auf (VII.4.8).

→ 4. Führe die Konstruktion des TG-Ringes für die Klasse $\mathfrak{G}_0$ der <u>Geometrien</u> durch. Die beiden Operationen werden folgendermaßen erklärt:
$G = G_1 \times G_2$ wie bisher (G_1, G_2 sind jedenfalls Geometrien!),
$G = (G - q) + G/q$, wobei rechts die jeweils zugrundeliegenden Geo-
$\qquad\qquad$ (T)
metrien genommen werden. Zeige:

a) Es existiert eine universelle Struktur (R', t'), $t' : \mathfrak{G}_0 \to R'$.

b) $R' \simeq \mathbf{Z}_0[z]$ (konstantes Glied 0).

c) $t'(G) = t(G)\big|_{x=0}$, wobei $G \in \mathfrak{G}_0$, $t(G)$ das Tutte Polynom von G ist, und R' mit $\mathbf{Z}_0[z]$ identifiziert ist.

5. Beweise: Eine Funktion f ist chromatische Invariante auf $\mathfrak{G}$ <u>und</u> $\mathfrak{G}_0 \leftrightarrow f[\text{Schlinge}] = 0 \leftrightarrow f$ ist Evaluation des charakteristischen Polynoms $\chi(G; \lambda)$. (Brylawski)

→ 6. Berechne das Tutte-Polynom dieser Geometrie G und bestimme die Anzahl der unabhängigen Mengen, der spannenden Mengen, der Basen, $\mu(G)$.

G

→ 7. Gib einen neuen Beweis von (VII.1.28). Es sei $\mathfrak{G}_q$ die Klasse der endlichen GF(q)-linearen Matroide. Für $G(S) \subseteq G(V(n,q))$, $r(G) = n$, $0 \notin S$, sei $N(G,k)$ die Anzahl der geordneten Folgen von k Funktionalen f_i mit $S \cap (\bigcap_i \text{Kern } f_i) = \emptyset$. Zeige:

a) $(-1)^{r(S)} N(G,k)$ ist chromatische Invariante auf $\mathfrak{G}_q$,

b) $N(G,k) = \chi(G;q^k)$.

8. Es sei $\mathfrak{G}_2$ die Klasse der endlichen binären Matroide. Zeige, daß $f : \mathfrak{G}_2 \to \mathbf{Z}$, $f(G) = (-1)^{r(G)}$, falls G nur Kreise gerader Länge enthält, $= 0$ sonst, chromatische Invariante ist.

9. Folgere aus 8): Es sei $G \in \mathfrak{G}_2$. Dann ist $\chi(G;2) = 1 \leftrightarrow G$ ist bipartit $(= \text{affin})$, $= 0$ sonst.

10.* Es sei $G(S)$ endliches reguläres Matroid. Wir stellen $G(S)$ wie üblich als Matrixmatroid $M(R)$ dar, mit den Gliedern $= 0,\pm 1$. Die Zeilen entsprechen primitiven Funktionen f_i, die Spalten den Elementen $s_j \in S$. In Verallgemeinerung von (VII.3.16) definieren wir: Eine Abbildung $h : S \to W$ heißt ein <u>Corand</u>, falls $h = \sum a_i f_i, a_i \in W$. Das heißt, $f_1,\dots,f_r$ erzeugen linear den Corandmodul $\mathbb{C}(G(S))$. Analog wird $3(G(S))$ definiert. Beweise:

a) Die Anzahl der Coränder $h \in \mathbb{C}(G(S))$ über dem Restklassenring $\mathbf{Z}/{}_{k\mathbf{Z}}$ mit $\|h\| = S$ ist $\chi(G;k)$.

b) Die Anzahl der Zyklen $g \in 3(G(S))$ über $\mathbf{Z}/{}_{k\mathbf{Z}}$ mit $\|g\| = S$ ist $\chi(G^\perp;k)$. (Hinweis: Es sei $f(G)$ die Anzahl der Coränder h mit $\|h\| = S$. Zeige, daß $(-1)^{r(G)} f(G)$ chromatische Invariante ist.) (Crapo)

11. Diskutiere einige Spezialfälle von 10). Leite insbesondere Färbungssätze für Graphen ab.

12. Zeige: $\beta(O_k(FG_n)) = \binom{n-2}{k-1}$, insbesondere also $\beta(K(n)) = 1$.

13. Es sei W_k der Graph bestehend aus einem Kreis der Länge k und einem Zentrum, das zu allen Kreisecken verbunden ist. $\left(W_4 = \boxtimes \right)$

Die Graphen W_k heißen <u>Räder</u>. Zeige: $\beta(P(W_k)) = k - 1$ für alle k.

14. Zeige: Ein endliches Matroid G ist genau dann regulär, wenn $\beta(H) \leq 1$ für alle 4-elementigen Minoren und $\beta(H) \leq 2$ für alle 7-elementigen Minoren gilt. (Hinweis: Benutze (VII.2.24)) (Brylawski)

15. Leite umgekehrt die Charakterisierung (VII.2.24) regulärer Matroide aus Übung 14) ab.

→ 16. Bestimme zwei nichtisomorphe Geometrien vom Rang 3 und 6 Punkten, welche das gleiche Tutte-Polynom besitzen.

17. Es sei $G(S)$ endliches schlingenloses Matroid, $t(G;z,x) = \sum t_{ij} z^i x^j$ das Tutte-Polynom. Beweise:

a) $\displaystyle\sum_j t_{r(S)-1,j} = |S| - r(S)$.

b) $t_{r(S)-1,0} + r(S)$ = Anzahl der Unterräume vom Rang 1.

c) $\displaystyle\sum_j j t_{r(S)-1,j} + \sum_j t_{r(S)-2,j} = \binom{|S|-r(S)+1}{2}$.

d) $t_{r(S)-2,0} = (r(S)-1)\left(\dfrac{r(S)}{2} - p\right) + \displaystyle\sum_{r(A)=2} (-1)^{|A|}$, p = Anzahl der

Unterräume vom Rang 1.

e) Entsprechende Formeln für $G^{\perp}(S)$.

18. Beweise: Gilt in $t(G;z,x) = \sum t_{ij} z^i x^j$, daß $t_{kj} = 0$ ist für alle $j > p$, aber $t_{kp} > 0$ ist, so existiert ein Unterraum H mit $r(H) = r(G) - k = |H| - p$.

19.[*] Zeige: Ist H Minor des endlichen zusammenhängenden Matroides G, dann gilt $t(H) \leq t(G)$, d.h. t_{ij} in $t(H) \leq t_{ij}$ in $t(G)$ für alle i,j. Leite daraus einen neuen Beweis von (VII.4.19c) ab. (Brylawski)

→ 20.[*] Verifiziere folgende kombinatorische Interpretation des Tutte-Polynoms: Im Matroid $G(S)$ sei $S = \{p_1 < \ldots < p_n\}_\omega$ linear geordnet, B Basis. Wir nennen $q \notin B$ <u>extern</u> <u>aktiv</u> relativ zu B und ω, falls in dem eindeutigen Kreis K mit $q \in K \subseteq B \cup q$, $q \underset{\omega}{>} p$ für alle $p \in K - q$ gilt. Wir nennen $q \in B$ <u>intern</u> <u>aktiv</u>, falls in dem eindeutigen Cokreis $C \subseteq (S - B) \cup q$ gilt: $q \underset{\omega}{>} p$, f.a. $p \in C - q$. Zeige: t_{ij} = Anzahl der Basen mit genau i intern aktiven Elementen und j extern aktiven Elementen. (Tutte)

BEMERKUNGEN UND LITERATUR

Ausgehend von den Arbeiten von Tutte, welche in [14] zusammengefaßt sind, hat die Koordinatisierungstheorie in den letzten Jahren einen großen Aufschwung genommen. Tiefere Ergebnisse sind jedoch bisher im wesentlichen nur für die Klasse der binären Matroide erzielt worden. Es existiert wohl eine Charakterisierung der linearen Matroide (Vamos), doch sind die Bedingungen kompliziert und für Anwendungen schwer zu verifizieren. Wünschenswert wäre vor allem eine Übertragung der eleganten Kennzeichnungen von Tutte durch "verbotene Minoren" auf andere Matroidklassen (etwa q-lineare Matroide oder Transversalmatroide). Tutte beweist Satz (VII.2.24) durch Konstruktion einer Homotopie, doch ist auch ein direkter Beweis möglich, wie im Anschluß an (VII.2.23) ausgeführt wurde. Besonders fruchtbar ist unsere gegenwärtige Theorie in der algebraischen Behandlung von Problemstellungen aus der Graphentheorie. Abschnitt 3 und die Übungen haben dazu einen Überblick vermittelt (vgl. hierzu [1], Kap. 1,2). Dem Leser sei empfohlen, die "rein graphentheoretischen" Beweise einiger unserer Sätze vergleichend zu studieren (z.B. in [7] oder [16]).

1. Biggs, Algebraic Graph Theory. Cambridge University Press (1974).

2. T. Brylawski, The Tutte-Grothendieck Ring. Thesis, Dartmouth College (1970). (Gibt eine gute Übersicht über Abschnitt 4)

3. H. Crapo, The Tutte Polynomial. Aequationes Math. 3 (1969).
   (Zu Abschnitt 4)

4. H. Crapo - G.C. Rota, On the Foundations of Combinatorial Theory II: Combinatorial Geometries. MIT-Press (1970).
   (Kap. 15 bringt einige Koordinatisierungssätze zu Abschnitt 1.A, Kap. 16 zu Abschnitt 1.C)

5. T. Dowling, Codes, Packings and the Critical Problem. Atti del Convegno di Geom. Combinatoria, Univ. Perugia (1971).
   (Zu Abschnitt 1.C)

6. L. Ford, D. Fulkerson, Flows in Networks. Princeton (1963).
   (Standardwerk über Netzwerktheorie)

7. F. Harary, Graph Theory. Addison-Wesley (1969).
(Kap. 11 zur Einbettung von Graphen, Kap. 12 zur Färbung)

8. A. Ingleton, Representation of Matroids. Combinatorial Mathematics and its Application, Welsh ed., Academic Press (1971).
(Übersicht über Abschnitt 1.A,B)

9. G. Minty, On the Axiomatic Foundations for the Theories of Direc-
ted Linear Graphs, Electrical Networks and Network Programming.
J. Math. Mech. 15 (1966). (Bringt eine Axiomatik regulärer Matroide und Graphen durch Orientierung, siehe Satz (VII.2.23))

10. R. Rado, A Note on Independence Functions. Proc. London Math.
Soc. 7 (1957). (Zu Abschnitt 1.A)

11. S. Stein, Mathematics, The Man-Made Universe. Freeman (1963).
(Kap. 7 und 8 bringen eine schöne Übersicht über das Zerschneiden
von Rechtecken in ungleiche Quadrate und den Zusammenhang zu
Netzwerken, siehe Übung (VII.3.10))

12. W. Tutte, A Ring in Graph Theory. Proc. Camb. Phil. Soc. 43 (1947).
(TG-Ring für graphische Matroide)

13. W. Tutte, A Contribution to the Theory of Chromatic Polynomials.
Canad. J. Math. 6 (1954). (Zu Abschnitt 4)

14. W. Tutte, Lectures on Matroids. J. Res. Nat. Bur. Standards 69B
(1965). (Bringt die Charakterisierungssätze regulärer und graphischer Matroide aus Abschnitt 2,3)

15. W. Tutte, On the Algebraic Theory of Graph Colorings. J. Comb.
Theory 1 (1966). (Zu Abschnitt 3.C)

16. K. Wagner, Graphentheorie, BI Hochschultaschenbücher 248 (1969).
(Kap. 2 zur Einbettung von Graphen, Kap. 3 zur Färbungstheorie
und Hadwigers Vermutung)

VIII. Transversaltheorie

Es sei $\mathfrak{A} = \{A_i : i \in I\}$ eine Familie von Untermengen einer Menge S. Wir nannten eine Teilmenge $T \subseteq S$ eine Transversale von $\mathfrak{A}$, falls eine Bijektion $\phi : I \to T$ existiert mit $\phi(i) \in A_i$ für alle $i \in I$. Transversaltheorie kann einmal als Studium solcher <u>Mengensysteme</u> und ihrer <u>Transversalen</u> verstanden werden. Ein anderer Ausgangspunkt ist das Gebiet der <u>Maximum-Minimum Sätze</u>, von denen wir Beispiele in Kapitel VI.3.B (Summe von Matroiden) und VII.3.C (Netzwerke) bereits kennengelernt haben.

Wir werden im Lauf des Kapitels sehen, daß diese beiden Gesichtspunkte eng miteinander verbunden sind, und daß die grundlegenden Sätze auf einer vorgegebenen Transversalstruktur zueinander äquivalent sind[1]. Dabei werden wir es immer mit zwei Typen von Sätzen zu tun haben: Aussagen vom <u>Hall'schen Typ</u> geben notwendige und hinreichende Bedingungen für die <u>Existenz</u> einer Transversalen (Zerlegung etc.) mit vorgeschriebenen Eigenschaften. Sätze vom <u>König'schen Typ</u> geben an, <u>wie groß</u> eine partielle Transversale sein kann, wobei dieses Maximum stets als Minimum einer anderen Größe ausgedrückt wird.

Betrachten wir als Beispiel die Summe von Matroiden. Satz (VI.3.22) ist vom Hall'schen Typ: S kann genau dann in disjunkte spannende Mengen B_i von $G_i(S)$ zerlegt werden, wenn $|S - B| \geq \sum (r_i(S) - r_i(B))$, f.a. $B \subseteq S$. (VI.3.19) ist vom König'schen Typ: Die maximale Mächtigkeit $r(S)$ einer disjunkten Vereinigung $\bigcup A_i \subseteq S$, A_i unabhängig in $G_i(S)$, ist $r(S) = \min_{B \subseteq S} (\sum r_i(B) + |S - B|)$. (VI.3.22) ist natürlich der Spezialfall von (VI.3.19) für $r(S) = \sum r_i(S)$. Umgekehrt werden wir aber sehen, daß die Hall'schen Sätze auch die (scheinbar allgemeineren) König'schen Sätze implizieren. Unter den diversen Maximum-Minimum Aussagen haben

---

[1] Äquivalenz bedeutet hier, daß jeder dieser Sätze jeden anderen direkt impliziert.

sich als besonders interessant Korrespondenzsätze mit ihren Anwendungen
auf Transversalstrukturen sowie Sperner-Sätze für Ordnungen mit Rangfunktion erwiesen. Diesen Fragen sind die Abschnitte 2 und 3 gewidmet.

Als Abschluß unserer Untersuchungen führen wir in Abschnitt 4 ein de-
tailliertes Studium der in Kapitel VI eingeführten <u>Transversalmatroide</u>
und <u>Korrelationsmatroide</u> durch. Auch hier werden wir auf Sätze beider
Typen stoßen, da die Berechnung der Rangfunktion solcher Matroide für
gewöhnlich auf die Lösung eines Maximum-Minimum Problems hinausläuft.

1. MAXIMUM-MINIMUM SÄTZE

Einer der fruchtbarsten Aspekte der Transversaltheorie ist die Tatsache, daß sie von Fragestellungen aus den verschiedensten Gebieten
herrührt (Graphentheorie, Netzwerke, 0,1-Matrizen, Ordnungen), und
daß umgekehrt allgemeine Resultate auf vielfältige Weise interpretiert
werden können. Jedem einzelnen dieser Gebiete liegt ein fundamentaler
Satz zugrunde, und diese Sätze sind, wie wir sehen werden, alle untereinander äquivalent. Von einem anderen Gesichtspunkt aus handelt es
sich um "diskrete" Abzählsätze, d.h. Aussagen über den Bereich der
ganzen Zahlen. Wesentlich allgemeiner und daher Ausgangspunkt unserer
Überlegungen ist der "Max Fluß - Min Schnitt"-Satz aus Abschnitt VII.3,
welcher einen beliebigen geordneten Integritätsbereich (insbesondere
$\mathbb{Z}$) zugrundelegt.

Der vorliegende Abschnitt ist entsprechend den einzelnen Teilgebieten
gegliedert, wobei wir jeweils den grundlegenden Satz an den Beginn
stellen und dann Folgerungen, Anwendungen und gegenseitige Abhängigkeit studieren.

A. Graphensätze

In unserer Diskussion der Netzwerke haben wir bereits bemerkt, daß
die Spezialisierung des Max Fluß - Min Schnitt Satzes (VII.3.25) für
den Bereich der ganzen Zahlen auf die Lösung eines Anzahlproblems in
gerichteten Graphen hinausläuft. Diese Spezialisierung und dazu äquivalente Sätze über gerichtete und ungerichtete Graphen wollen wir nun
studieren.

Definition

(VIII.1.1) Es sei $\vec{G}(E,K)$ ein gerichteter Graph, $q \neq s \in E$. Die <u>lokale</u> <u>Kantenzusammenhangszahl</u> $\lambda_{\vec{G}}(q,s)$ ist die Minimalzahl von Kanten k_j, die entfernt werden müssen, so daß nach Entfernung der k_j kein gerichteter Weg von q nach s mehr existiert. Allgemein nennen wir solch eine Menge $\{k_j\}$ (ob minimal oder nicht) eine q von s <u>trennende Kantenmenge</u>. Analog definieren wir für $q \neq s \in E$, $(q,s) \notin K$, die <u>lokale</u> Eckenzu<u>sammenhangszahl</u> $\kappa_{\vec{G}}(q,s)$ als die Minimalzahl von Ecken $\neq q,s$, die entfernt werden müssen (samt den inzidenten Kanten), um alle gerichteten Wege von q nach s zu zerstören. Wir sagen wieder, solch eine Eckenmenge <u>trennt</u> q von s.

Die beiden folgenden Sätze weisen die Zahlen $\lambda_{\vec{G}}(q,s)$ und $\kappa_{\vec{G}}(q,s)$ als Maxima gewisser anderer Grapheninvarianten aus. Der Leser studiere sorgfältig die angeführten Beweismethoden, sie werden in verschiedenen Varianten durch das ganze Kapitel hindurch vorkommen. Noch ein Wort zur Terminologie: Sind v,w Ecken eines gerichteten (oder ungerichteten) Graphen, so heißen zwei v,w-Wege eckendisjunkt, falls sie nur die Endecken v und w gemeinsam haben.

Satz (Kantenversion)

(VIII.1.2) *Es sei $\vec{G}(E,K)$ ein gerichteter Graph, $q \neq s \in E$. Dann ist $\lambda_{\vec{G}}(q,s)$ gleich der Maximalzahl kantendisjunkter gerichteter Wege von q nach s.*

<u>Beweis</u>

Wir fassen $\vec{G}(E,K)$ als Netzwerk $\vec{G}(q,s)$ über $\mathbf{Z}$ auf, mit der Quelle q und Senke s, und der konstanten Kapazität $c = 1$. Ist (X,Y) Schnitt in $\vec{G}(q,s)$, so setzen wir wie bisher

$$K(X,Y) := \left\{ k \in K : k^- \in X, k^+ \in Y \right\}.$$

Es gilt dann $c(X,Y) = |K(X,Y)|$. Offenbar trennt jede solche Kantenmenge $K(X,Y)$ die Ecken q und s, und wir folgern

$$\lambda_{\vec{G}}(q,s) \;\leq\; \min_{(X,Y)\ \text{Schnitt}} c(X,Y).$$

Trennt umgekehrt die Kantenmenge $K' \subseteq K$ die Ecken q und s, so definieren wir den Schnitt (X,Y) durch

$$X := \left\{ v \in E : \exists \text{ gerichteter Weg von q nach v, der } K' \right.$$
$$\left. \text{nicht trifft} \right\},$$
$$Y := E - X.$$

Daraus folgt sofort $K(X,Y) \subseteq K'$, somit

$$\lambda_{\vec{G}}(q,s) = \min_{(X,Y) \text{ Schnitt}} c(X,Y).$$

Laut (VII.3.25) ist noch zu zeigen, daß $\max_{f \text{ zulässig}} w(f)$ gleich der Maximalzahl kantendisjunkter gerichteter Wege von q nach s ist. Ist f ein zulässiger Fluß mit $w(f) = \ell$, so gilt nach (VII.3.22), daß $f = \sum_{i=1}^{\ell} e_i +$
elementare Zyklen, wobei die e_i positive elementare Flüsse sind. Die
elementaren Flüsse entsprechen offensichtlich bijektiv den gerichteten
Wegen von q nach s, d.h. es existieren in $\|f\|$ wegen $c = 1$ ℓ kantendis-
junkte gerichtete Wege von q nach s. Existieren umgekehrt ℓ solche
Wege, so definieren sie einen Fluß f mit Wert ℓ. □

$\boxed{\text{Satz (Eckenversion)}}$

(VIII.1.3) *Es sei $\vec{G}(E,K)$ ein gerichteter Graph, $q \neq s \in E$, wobei q und s
durch keine Kante in $\vec{G}$ verbunden sind. Dann ist $\kappa_{\vec{G}}(q,s)$ gleich der
Maximalzahl eckendisjunkter gerichteter Wege von q nach s.*

Beweis

Klarerweise gilt $\kappa_{\vec{G}}(q,s) \geq$ Maximalzahl dieser Wege. Zum Beweis der
umgekehrten Ungleichung definieren wir folgenden gerichteten Graphen
$\vec{H}(E',K')$:

$$E' := \{q,s\} \cup \left\{ v^{(1)}, v^{(2)} : v \in E - \{q,s\} \right\},$$

$$K' := \begin{cases} (q,v^{(1)}), & \text{falls } (q,v) \in K, \; q \neq v, \\ (v^{(2)},s), & \text{falls } (v,s) \in K, \; v \neq s, \\ (v^{(2)},w^{(1)}), & \text{falls } (v,w) \in K, \; v,w \neq q,s, \\ (v^{(1)},v^{(2)}), & \text{für alle } v \in E - \{q,s\}. \end{cases}$$

Beispiel

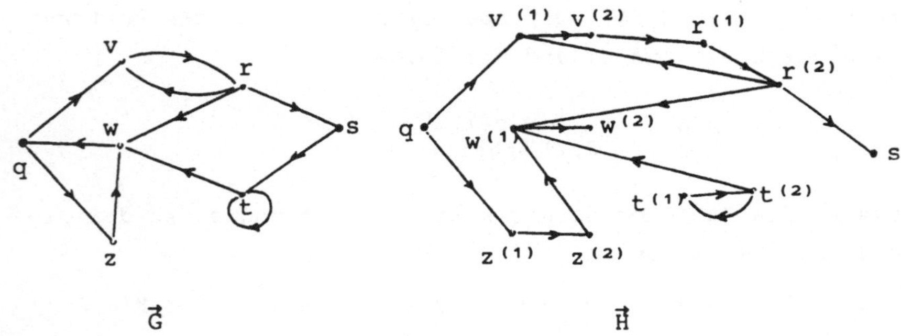

Die Kapazität c auf $\vec{H}$ wird wieder identisch $= 1 \in \mathbf{Z}$ gewählt. Genau wie in (VIII.1.2) ist für einen zulässigen Fluß f auf $\vec{H}(q,s)$ der Wert $w(f)$ gleich der Anzahl elementarer Flüsse in einer Zerlegung (VII.3.22) von f. Je zwei elementare Flüsse f_1, f_2 sind wegen der Konstruktion von $\vec{H}$ kantendisjunkt und bis auf q,s eckendisjunkt. Ist demnach $w(f) = \ell$, so existieren in $\vec{G}(E,K)$ ℓ eckendisjunkte gerichtete Wege von q nach s. Umgekehrt sieht man sofort, daß ℓ solche Wege in $\vec{G}(E,K)$ die Existenz eines zulässigen Flusses f vom Wert ℓ in $\vec{H}(q,s)$ implizieren.

Nach (VII.3.25) bleibt zu zeigen, daß $\kappa_{\vec{G}}(q,s) \leq c(X,Y)$ ist, für jeden Schnitt (X,Y) von $\vec{H}(q,s)$. Es sei (X,Y) ein minimaler Schnitt, $K'(X,Y):=$ $\{k \in K' : k^- \in X, k^+ \in Y\}$. Angenommen, es existiert in $K'(X,Y)$ eine Kante $k = (v^{(2)}, w^{(1)})$. Für den Schnitt (X',Y'), mit

$$X' = (X - v^{(2)}) \cup v^{(1)}, \qquad Y' = (Y - v^{(1)}) \cup v^{(2)}$$

gilt dann $c(X',Y') \leq c(X,Y)$, da nur eine einzige Kante $\ell \in K'$ mit $\ell^+ = v^{(2)}$ existiert, nämlich $\ell = (v^{(1)}, v^{(2)})$. Durch mehrfaches Austauschen dieses Typs gelangen wir schließlich zu einem minimalen Schnitt $(\widetilde{X}, \widetilde{Y})$ mit $K'(\widetilde{X}, \widetilde{Y}) = \{k : k = (v^{(1)}, v^{(2)})$ für gewisse $v \in E - \{q,s\}\}$. (Hier wird die Voraussetzung $(q,s) \notin K$ benützt!) Offenbar ist dann $\{k^- : k \in K'(\widetilde{X}, \widetilde{Y})\}$ eine q,s-trennende Eckenmenge in $\vec{G}(E,K)$, und wir erhalten

$$\kappa_{\vec{G}}(q,s) \leq c(\widetilde{X}, \widetilde{Y}) = \min c(X,Y). \quad \square$$

Bemerkung

(VIII.1.4) Die beiden eben bewiesenen Graphensätze implizieren ihrerseits den Max Fluß – Min Schnitt Satz (VII.3.25) über $\mathbf{Z}$, d.h. alle drei Sätze sind untereinander äquivalent. Wir skizzieren kurz den Beweis, die genauen Details seien den Übungen vorbehalten.

Zunächst zeigen wir: (VIII.1.3) $\rightarrow$ (VIII.1.2). Wir konstruieren aus $\vec{G}(E,K), q \neq s \in E$, einen <u>gerichteten Kantengraphen</u> $\vec{\vec{G}}(\bar{E}, \bar{K})$. (Man vergleiche die entsprechende Definition nach (VII.3.31) für ungerichtete Graphen.) Die Ecken $\bar{k} \in \bar{E}$ entsprechen bijektiv den Kanten $k \in K$, außerdem adjungieren wir zwei neue Ecken q^*, s^*. $\bar{K}$ ist folgendermaßen erklärt:

$$u \in \bar{K} :\Leftrightarrow \begin{cases} u = (\bar{k}, \bar{\ell}), & \text{falls } k^+ = \ell^-, \ k, \ell \in K, \\ u = (q^*, \bar{k}), & \text{falls } k^- = q, \ k \in K, \\ u = (\bar{k}, s^*), & \text{falls } k^+ = s, \ k \in K. \end{cases}$$

223

Beispiel

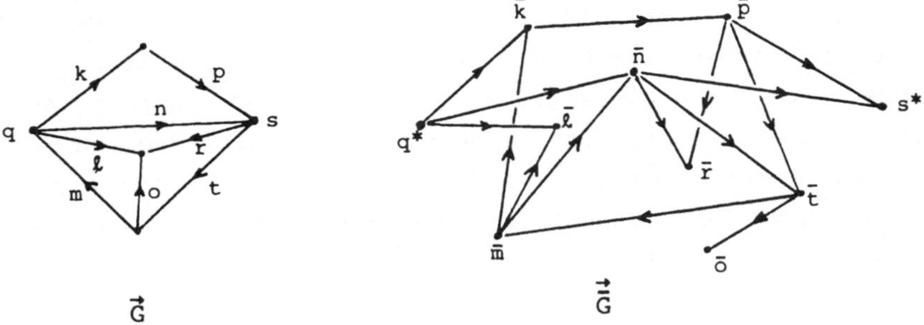

Wendet man (VIII.1.3) auf $\vec{G}$ an, so erhält man die Kantenversion (VIII.
1.2) für $\vec{G}(E,K)$.

Zur Implikation (VIII.1.2) → Max Fluß = Min Schnitt über **Z** ersetzen
wir im Netzwerk $\vec{G}(q,s)$ mit Kapazität c jede Kante k durch c(k) gleich-
gerichtete Kanten bzw. entfernen k, falls c(k) = O ist. Wenden wir auf
dieses neue Netzwerk den Graphensatz (VIII.1.2) an, so resultiert
(VII.3.25).

Einen weiteren interessanten Satz (äquivalent zu den bisherigen) erhalten wir, indem wir Wegesysteme aus beliebigen Eckenmengen nach
Eckenmengen (anstelle einzelner Ecken q,s) betrachten und den entsprechenden Max-Min Satz formulieren.

Definition

(VIII.1.5) Es sei $\vec{G}(E,K)$ ein gerichteter Graph, $S,U \subseteq E$ (S und U müssen
nicht disjunkt sein). Wir sagen, $C \subseteq E$ trennt S von U, falls jeder gerichtete Weg aus einer Ecke von S nach einer Ecke von U durch C passieren muß.

Man beachte, daß diese Definition etwas verschieden von (VIII.1.1) ist,
da hier eine trennende Eckenmenge C nicht disjunkt zu S oder U sein
muß. Daraus resultiert auch die Tatsache, daß im folgenden Satz (VIII.
1.6) keine Voraussetzungen über S und U aufscheinen.

Satz (Korrelationssatz)

(VIII.1.6) *Es sei $\vec{G}(E,K)$ ein gerichteter Graph, $S,U \subseteq E$. Dann ist die
Maximalzahl eckendisjunkter gerichteter Wege aus Ecken von S nach
Ecken von U (kurz von S nach U) gleich der minimalen Mächtigkeit einer
S von U trennenden Eckenmenge. (Da S und U nicht notwendig disjunkt
sind, können auch triviale Wege der Länge O vorkommen.)*

<u>Beweis</u>

Wir adjungieren zwei neue Ecken $q^* \neq s^*$ und die Kanten $\{(q^*,v) : v \in S\} \cup \{(w,s^*) : w \in U\}$. Anwendung von (VIII.1.3.) ergibt das Resultat. □

Umgekehrt impliziert natürlich (VIII.1.6) durch Spezialisierung die früheren Sätze (VIII.1.2) und (VIII.1.3).

Als <u>Menger's</u> <u>Graphensatz</u> wird für gewöhnlich das ungerichtete Analogon von (VIII.1.3) bezeichnet. Die Ableitung dieses Satzes erfolgt wiederum durch Anwendung des Max Fluß - Min Schnitt Satzes auf ein spezielles Netzwerk. Ist die Eckenversion einmal bewiesen, so folgt die Kantenversion wie in (VIII.1.4).

$\boxed{\text{Satz (Menger)}}$

(VIII.1.7) *Es sei* $G(E,K)$ *ein ungerichteter Graph,* $q \neq s \in E$ *mit* $\{q,s\} \notin K$. *Mit* $\kappa_G(q,s)$ *bezeichnen wir die minimale Mächtigkeit einer* q,s-*trennenden Eckenmenge (welche* q,s *nicht enthält). Dann ist* $\kappa_G(q,s)$ *gleich der Maximalzahl eckendisjunkter Wege von* q *nach* s.

<u>Beweis</u>

Wir definieren den gerichteten Graphen $\vec{G}(E',K')$ wie folgt:

$$E' := \{q,s\} \cup \bigcup_{v \in E - \{q,s\}} \{v^{(1)},v^{(2)}\},$$

$$K' := \begin{cases} (v^{(1)},v^{(2)}), & \text{f.a. } v \in E - \{q,s\}, \\ (v^{(2)},w^{(1)}), \ (w^{(2)},v^{(1)}), & \text{falls } \{v,w\} \in K, \ v,w \neq q,s, \\ (q,v^{(1)}), & \text{falls } \{q,v\} \in K, \ v \neq q, \\ (w^{(2)},s), & \text{falls } \{w,s\} \in K, \ w \neq s. \end{cases}$$

Wenden wir (VIII.1.3) auf $\vec{G}$ an, so resultiert die Behauptung. □

<u>Beispiel</u>

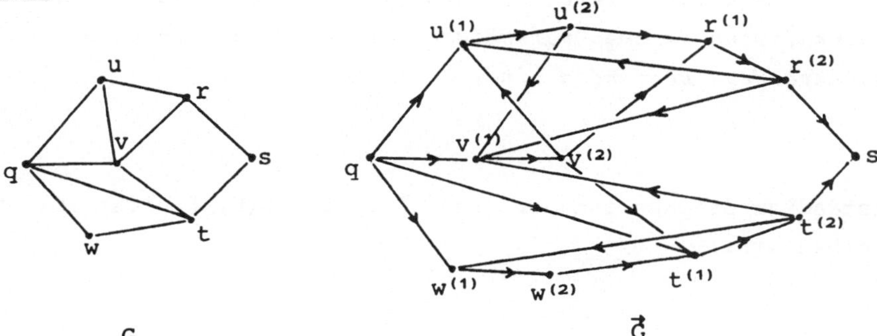

Satz

(VIII.1.8) *Es sei* G(E,K) *ein ungerichteter Graph,* $q \neq s \in E$. *Die Minimalzahl* $\lambda_G(q,s)$ *von Kanten, deren Entfernung nötig ist, um q von s zu trennen, ist gleich der Maximalzahl kantendisjunkter Wege von q nach s.*

Wir können als Anwendung ein nützliches Kriterium für den k-fachen Zusammenhang von Graphen angeben. Die **Zusammenhangszahl** $\kappa(G)$ eines ungerichteten Graphen G(E,K) ist definiert durch

$$\kappa(G) := \min_{T \subseteq E} \left(|T| : T \text{ trennende Eckenmenge} \right),$$

mit der Zusatzdefinition

$$\kappa(K_n) := n - 1, \quad n \geq 1.$$

Da Mehrfachkanten oder Schlingen die Trennbarkeitseigenschaften nicht beeinflussen, kann G als einfacher Graph vorausgesetzt werden. Der Begriff des k-fachen Zusammenhanges aus VI.4.C kann nun folgendermaßen erklärt werden:

Definition

(VIII.1.9) Ein ungerichteter Graph G(E,K) heißt **k-fach zusammenhängend**, falls $\kappa(G) \geq k$ ist.

Aus der Definition erhalten wir sofort:

Hilfssatz

(VIII.1.10) *Für alle nichtvollständigen Graphen* G(E,K) *gilt*

$$\kappa(G) = \min_{\substack{u \neq v \\ \{u,v\} \notin K}} \kappa_G(u,v).$$

Satz (Whitney)

(VIII.1.11) *Ein ungerichteter Graph* G(E,K) *ist genau dann k-fach zusammenhängend, wenn je zwei verschiedene Ecken durch mindestens k eckendisjunkte Wege verbunden sind.*

Beweis

Für vollständige Graphen ist der Satz klar. Ist G(E,K) nicht vollständig, so haben wir:

G k-fach zusammenhängend $\leftrightarrow$ $\kappa(G) \geq k$ $\leftrightarrow$ $\kappa_G(u,v) \geq k$ für alle $\{u,v\} \not\subseteq K$ $\leftrightarrow$ je zwei verschiedene nicht benachbarte Ecken sind durch k eckendisjunkte Wege verbunden $\leftrightarrow$ je zwei verschiedene Ecken sind durch k eckendisjunkte Wege verbunden.

Nur die letzte Implikation $\rightarrow$ ist noch zu zeigen, sie sei den Übungen vorbehalten. □

<u>Folgerung</u>

(VIII.1.12)   *Ein ungerichteter Graph G(E,K) mit mindestens 3 Ecken ist genau dann 2-fach zusammenhängend, wenn je zwei verschiedene Ecken auf einem Kreis liegen.*

B. Korrespondenzsätze

In diesem Abschnitt kehren wir zur Definition (VI.1.23) der Transversalmatroide zurück. Bei der damaligen Diskussion blieben einige Fragen offen, die wir nun beantworten wollen.

$\boxed{\text{Definition}}$

(VIII.1.13)   Es sei G(E,R) ein endlicher bipartiter Graph. Die definierenden Eckenmengen von G werden für gewöhnlich mit S und U bezeichnet. G wird stets als einfach vorausgesetzt, d.h. R kann als binäre Relation $R \subseteq S \times U$ aufgefaßt werden. Unter einer <u>Korrespondenz</u> auf G verstehen wir eine Menge $M \subseteq R$ von Kanten, so daß je zwei Kanten aus M <u>eckendisjunkt</u> sind. Die Menge der mit M inzidierenden Ecken aus S bezeichnen wir mit $\text{korr}_S(M)$, analog ist $\text{korr}_U(M)$ erklärt. Es gilt somit

$$|\text{korr}_S(M)| = |M| = |\text{korr}_U(M)| \leq \min(|S|, |U|).$$

Ist $A \subseteq S$, so sagen wir, A ist <u>inzident</u> <u>mit</u> <u>einer</u> <u>Korrespondenz</u>, falls eine Korrespondenz $M \subseteq R$ existiert mit $\text{korr}_S(M) = A$, analog für $B \subseteq U$. Offenbar ist $A \subseteq S$ genau dann inzident mit einer Korrespondenz, wenn eine Injektion $\phi : A \rightarrow U$ mit $(a, \phi(a)) \in R$ für alle $a \in A$ existiert. Damit ist der Zusammenhang zu den Überlegungen aus (VI.1.23) hergestellt: Eckenmengen, welche mit einer Korrespondenz inzidieren, sind nichts anderes als die <u>partiellen Transversalen</u> von G(E,R) (vgl. die Definition (VI.2.11)). Für $A \subseteq S$ setzen wir wie bisher
$R(A) := \{v \in U : \exists u \in A \text{ mit } (u,v) \in R\}$, analog ist $R^{-1}(B) :=$
$\{u \in S : \exists v \in B \text{ mit } (u,v) \in R\}$ für $B \subseteq U$ erklärt.

Beispiel

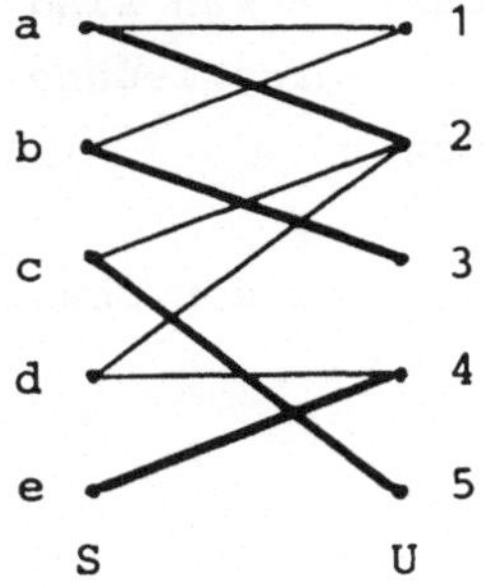

Die fettgedruckten Kanten
bilden eine Korrespondenz M
mit $\text{korr}_S(M) = \{a,b,c,e\}$,
$\text{korr}_U(M) = \{2,3,4,5\}$.

Die Frage, die wir uns stellen und die zur Lösung der Probleme aus
(VI.1.23) führen wird, lautet: Wann existiert in dem bipartiten Graphen G(E,R) eine maximal große Korrespondenz M, d.h. für die gilt

$$|M| = \min(|S|,|U|)?$$

Wir sprechen dann von einer <u>vollen</u> <u>Korrespondenz</u> (im Englischen
"matching").

Wir erinnern an die Definition (VI.2.13d) eines <u>Trägers</u> D von G(E,R)
als einer Eckenmenge, welche jede Kante trifft.

<u>Satz (König)</u>

(VIII.1.14) *Sei* G(E,R) *ein endlicher bipartiter Graph mit den definierenden Eckenmengen* S *und* U. *Dann gilt:*

$$\max_{M\,\text{Korresp.}} |M| = \min_{D\,\text{Träger}} |D|.$$

<u>Beweis</u>

Wir adjungieren zu E zwei weitere Ecken q*,s* und zu R sämtliche Kanten k

$$k = \begin{cases} \{q^*,u\}, & u \in S, \\ \{v,s^*\}, & v \in U. \end{cases}$$

Wenden wir den Menger'schen Satz (VIII.1.7) auf den neuen Graphen G'
an, so gilt offenbar

$$\max_{M\,\text{Korr}} |M| = \text{Maximalzahl eckendisjunkter Wege}$$
$$\text{von } q^* \text{ nach } s^*$$

$$= \kappa_{G'}(q,s) = \min_{D\,\text{Träger}} |D|. \quad \square$$

Beispiel

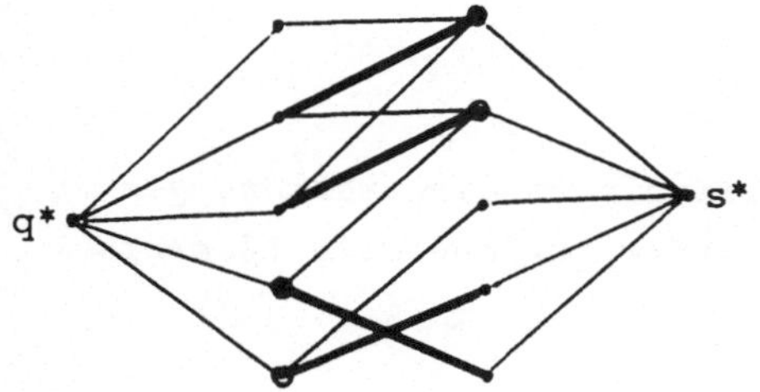

$|M| = 4 = \min |D|$, wobei die
Kanten aus M fett gezeichnet
und die Ecken aus einem minimalen Träger D umrandet sind.

Definieren wir wie in (VI.2.13c) den _Defekt_ $\delta(A) := |A| - |R(A)|$ für
$A \subseteq S$, und analog $\delta(B) := |B| - |R^{-1}(B)|$ für $B \subseteq U$, so ersehen wir wie
dort:

Folgerung

(VIII.1.15) _Für einen endlichen bipartiten Graphen_ G(E,R) _mit definierenden Eckenmengen_ S,U _gilt:_

$$\max_{M \, \mathrm{Korr}} |M| \;=\; |S| - \max_{A \subseteq S} \delta(A) \;=\; |U| - \max_{B \subseteq U} \delta(B).$$

Eine interessante Interpretation von (VIII.1.14) erhalten wir für
Matrizen. Wir nennen eine Familie M von Elementen $\neq$ O in einer Matrix
A _unabhängig_, falls keine zwei Elemente aus M in derselben Zeile oder
Spalte erscheinen. Eine _Linie_ der Matrix sei entweder eine Zeile oder
Spalte, und wir sagen, eine Menge D von Linien _bedeckt_ alle Elemente
$\neq$ O, falls jedes Element $\neq$ O auf mindestens einer Linie aus D er-
scheint.

Beispiel

$$\begin{bmatrix} 0 & 0 & 1 & 0 & 0 & 0 \\ 1 & \boxed{-1} & 0 & 2 & 0 & -3 \\ 0 & 0 & 4 & 0 & 0 & \boxed{-1} \\ 0 & 4 & 5 & 0 & \boxed{-2} & 0 \\ 0 & 0 & \boxed{-3} & 0 & 0 & -6 \end{bmatrix}$$

Die Zeilen 2 und 4 plus die
Spalten 3 und 6 bedecken alle
Elemente $\neq$ O. Die umrandeten
Elemente sind unabhängig.

Wir fassen nun die Matrix A als bipartiten Graphen G(E,R) auf, indem
wir als definierende Eckenmengen die Zeilenmenge Z bzw. Spaltenmenge
S nehmen, und als Kanten k

$$k = \{z_i, s_j\} \in R \quad :\leftrightarrow \quad \text{in der Position } (i,j) \text{ von A}$$
$$\text{steht ein Element} \neq O.$$

Wenden wir darauf den Satz von König an, so erhalten wir sofort das nachstehende Resultat.

<u>Satz</u>

(VIII.1.16) *In jeder Matrix A ist die Maximalzahl der unabhängigen Elemente $\neq$ O gleich der Minimalzahl von Linien, welche alle Elemente $\neq$ O bedecken.*

Natürlich kann auch umgekehrt jeder bipartite Graph G(E,R) als Matrix A aufgefaßt werden, deren Zeilen und Spalten den definierenden Mengen S,U entsprechen mit

$$A(i,j) := \begin{cases} 1 & \text{falls } \{i,j\} \in R, \\ O & \text{sonst.} \end{cases}$$

<u>Folgerung</u>

(VIII.1.17) *Es sei A eine $n \times n$ Matrix über einem Körper K. Genau dann verschwinden alle Summanden in* $\det A = \sum_{\sigma \in S_n} \text{sign } \sigma\, a_{1,\sigma(1)} a_{2,\sigma(2)} \cdots a_{n,\sigma(n)},$ *wenn für ein r, $1 \leq r \leq n$, gilt: A besitzt eine Null-Untermatrix vom Typ $r \times (n - r + 1)$.*

<u>Beweis</u>

Es sei m = Maximalzahl der unabhängigen Elemente $\neq$ O in A = Minimalzahl bedeckender Linien. Genau dann verschwinden alle Summanden in der Determinantenexpansion, wenn n > m ist, d.h. genau dann, wenn i Zeilen plus j Spalten existieren mit i + j < n, welche alle Elemente $\neq$ O bedecken. Dies ist aber gleichbedeutend mit der Existenz einer Null-Untermatrix vom Typ $(n-i) \times (n-j)$ mit $(n-i)+(n-j) = 2n - (i+j) > n$. $\square$

Im Sinne der Überlegungen eingangs dieses Kapitels hat der Satz von König Antwort auf die Frage gegeben, <u>wie groß</u> eine Korrespondenz sein kann. Der folgende Satz von Hall sagt aus, <u>unter welchen Bedingungen</u> eine <u>maximal große</u> Korrespondenz vorhanden ist.

<u>Satz (Hall)</u>

(VIII.1.18) *Es sei G(E,R) ein endlicher bipartiter Graph mit den definierenden Eckenmengen S und U. Dann gilt:*

$$\max_{M\,\text{Korr}} |M| = |S| \;\leftrightarrow\; |A| \leq |R(A)| \;,\; \textit{für alle } A \subseteq S.$$

Die linke Seite besagt somit, daß ganz S *mit einer Korrespondenz inzidiert.*

<u>Beweis</u>

Die linke Seite ist laut (VIII.1.15) äquivalent zu $\delta(A) \leq 0$ für alle $A \subseteq S$, woraus die Behauptung resultiert. □

Damit ist die Lücke in (VI.1.23) geschlossen. Genau dann ist $A \subseteq S$ unabhängige Menge im Transversalmatroid $T(S,R,U)$, wenn eine Injektion $\phi : A \to U$ existiert mit $(a,\phi(a)) \in R$ für alle $a \in A$, d.h. wenn A partielle Transversale ist. Die in (VI.1.23) bzw. (VI.2.12) definierten Matroide sind somit identisch.

Satz (VIII.1.18) wird auch als <u>Heiratssatz</u> bezeichnet aufgrund folgender Interpretation: S und U seien Mengen von Damen bzw. Herren, und wir setzen $\{u,v\} \in R$, falls die Dame u und der Herr v einer gemeinsamen Heirat nicht abgeneigt wären, wobei die ideale Situation vorausgesetzt wird, daß der Heiratswunsch stets beiderseitig besteht. Genau dann können <u>alle Damen</u> passende Partner finden (ohne Bigamie zu treiben), wenn zu je k Damen immer mindestens k Herren existieren, die einer oder mehrerer dieser Damen Heiratsabsichten entgegenbringen.

Eine für Anwendungen wichtige Situation ergibt sich, wenn der bipartite Graph G(E,R) auf den Eckenmengen S bzw. U konstante Eckengrade $d \neq 0$ bzw. $e \neq 0$ besitzt. Ist o.B.d.A. $|S| \leq |U|$, so gilt dann $d \geq e$. Zählen wir die Kanten zwischen $A \subseteq S$ und R(A) auf zwei Arten, so erhalten wir

$$d \cdot |A| \leq e \cdot |R(A)| \leq d \cdot |R(A)| \,,$$

d.h. Hall's Bedingung in (VIII.1.18) ist trivial erfüllt, und wir notieren:

<u>Satz</u>

(VIII.1.19) *In einem endlichen bipartiten Graph G(E,R) mit den definierenden Eckenmengen S und U, welcher regulär vom Grad $d \neq 0$ auf S und regulär vom Grad $e \neq 0$ auf U ist, existiert stets eine volle Korrespondenz.*

Die Interpretation von Korrespondenzen als <u>Transversalen</u> von Mengenfamilien erweist sich als besonders fruchtbar, da sie interessante weitergehende Fragen motiviert und in einer Vielzahl von Problemen Anwendung findet. Dieser Sonderstellung wird in einem eigenen Abschnitt Rechnung getragen.

Wir gehen nun wie in (VI.1.24) einen Schritt weiter und studieren bipartite Graphen G(E,R), in denen auf S zusätzlich ein Matroid H(S) definiert ist. Aus den zu beweisenden Sätzen (VIII.1.21) und (VIII.1.22) resultieren dann die Sätze von König und Hall durch die Spezialisierung H(S) = Freie Geometrie auf S.

Definition

(VIII.1.20) Es sei G(E,R) ein bipartiter Graph mit den definierenden Eckenmengen U und S[1], H(S) ein Matroid auf S. Eine <u>Korrespondenz</u> M auf G ist hier eine Menge von paarweise eckendisjunkten Kanten, für die korr_S(M) <u>unabhängige</u> <u>Menge</u> in H(S) ist. Eine Korrespondenz M ist also stets endlich mit $|M| \leq \min (|U|, r(H(S)))$. Daß eine Menge $A \subseteq U$ inzident mit einer Korrespondenz ist, bedeutet nun: Es existiert eine <u>Injektion</u> $\phi : A \to S$ mit $(a, \phi(a)) \in R$ und $\phi(A)$ unabhängig in H(S).

Wir sehen, daß durch die Spezialisierung H(S) = Freie Geometrie auf S die bisherigen Definitionen resultieren. Wir beweisen diesmal zuerst die Verallgemeinerung von (VIII.1.18) und leiten daraus die von (VIII.1.14) ab. Da die umgekehrte Implikation trivial ist, sind die beiden Verallgemeinerungen und somit auch die Sätze von König und Hall äquivalent.

Satz (Rado)

(VIII.1.21) *Es sei* G(E,R) *ein bipartiter Graph auf den definierenden Eckenmengen* U *und* S, *wobei* U *als endlich vorausgesetzt wird,* H(S) *ein Matroid auf* S *mit Rangfunktion* r. *Dann gilt:*

$$\max_{\text{M Korr}} |M| = |U| \iff |A| \leq r(R(A)) \text{ für alle } A \subseteq U.$$

Beweis

Die Implikation $\Rightarrow$ ist wiederum klar. Zum Beweis der Umkehrung bemerken wir zunächst, daß $R(p) \neq \emptyset$ für alle $p \in U$ sein muß, und daß die Aussage trivial ist, falls $|R(p)| = 1$ für alle $p \in U$ ist.

Fall A. $|R(p)| < \infty$ für alle $p \in U$: Es sei $p_0 \in U$ so gewählt, daß $|R(p_0)| \geq 2$ ist. Seien $q_1 \neq q_2 \in R(p_0)$, dann definieren wir

---

[1] Ebenso wie in (VI.1.24) nehmen wir aus Bezeichnungsgründen hier umgekehrt $R \subseteq U \times S$ an.

$$R_1 := R - (p_0, q_1), \quad R_2 := R - (p_0, q_2),$$

und entsprechend für $A \subseteq U$

$$R_1(A) := \{q \in S : \exists\, p \in A \text{ mit } (p,q) \in R_1\},$$
$$R_2(A) := \{q \in S : \exists\, p \in A \text{ mit } (p,q) \in R_2\}.$$

Angenommen, keiner der beiden Graphen $G(E, R_1)$, $G(E, R_2)$ erfüllt die Bedingung des Satzes. Dann existieren $A_1, A_2 \subseteq U$ mit

$$r(R_1(A_1)) < |A_1|, \quad r(R_2(A_2)) < |A_2|.$$

Daraus folgt $p_0 \in A_1 \cap A_2$ und

$$r\big((R(p_0) - q_1) \cup R(A_1 - p_0)\big) \leq |A_1| - 1, \quad r\big((R(p_0) - q_2) \cup R(A_2 - p_0)\big) \leq |A_2| - 1.$$

Aus der Halbmodularität von r schließen wir

$$\begin{aligned}
|A_1| + |A_2| - 2 \geq\ & r\Big(R(p_0) \cup R(A_1 - p_0) \cup R(A_2 - p_0)\Big) + \\
& r\Big([R(p_0) - \{q_1, q_2\}] \cup [(R(p_0) - q_1) \cap R(A_2 - p_0)] \cup \\
& \cup [R(A_1 - p_0) \cap (R(p_0) - q_2)] \cup [R(A_1 - p_0) \cap R(A_2 - p_0)]\Big) \\
\geq\ & r\Big(R(p_0) \cup R(A_1 \cup A_2 - p_0)\Big) + r\Big(R[(A_1 - p_0) \cap (A_2 - p_0)]\Big) \\
\geq\ & |A_1 \cup A_2| + |A_1 \cap A_2 - p_0| \\
=\ & |A_1| + |A_2| - 1,
\end{aligned}$$

was unmöglich ist.

Durch mehrfache Anwendung dieses Reduktionsschlusses erhält man schließlich einen Untergraphen $G(E, R_t)$ mit $|R_t(p)| = 1$ für alle $p \in U$, und die gewünschte Korrespondenz existiert wie oben bemerkt trivialerweise.

Fall B. Im allgemeinen Fall konstruieren wir einen Untergraphen $G(E, R')$ mit $|R'(p)| < \infty$, der ebenfalls die Bedingung des Satzes erfüllt, und führen so den Beweis auf Fall A zurück. Zu jeder Menge $C \subseteq U$ und $p \in C$ wählen wir eine Basis $B_{p,C}$ von $R(C)$ mit $B_{p,C} \cap R(p) \neq \emptyset$ (dies ist möglich wegen $R(p) \neq \emptyset$) und erklären $R' \subseteq R$ durch

$$R'(p) := \bigcup_{q,C} B_{q,C} \cap R(p), \quad \text{für alle } p \in U.$$

Wegen $|U| < \infty$ gilt dann $|R'(p)| < \infty$ für alle $p \in U$, ferner

$$R'(A) \supseteq \bigcup_{q \in A} B_{q,A'}$$

und somit

$$r(R'(A)) \geq r(B_{p,A}) = r(R(A)) \geq |A|. \quad \square$$

Der Satz von Rado schließt die zweite Lücke aus Kapitel VI, nämlich
(VI.1.24). Ist $R \subseteq U \times S$ binäre Relation, U endlich und $H(S)$ Matroid
auf S, so ist für $A \subseteq U$ die Bedingung $|B| \leq r(R(B))$ für alle $B \subseteq A$ äqui-
valent zur Existenz einer Injektion ϕ von A auf eine unabhängige Menge
von $H(S)$ mit $(a, \phi(a)) \in R$ für alle $a \in A$. Die in (VI.1.24) bzw. (VI.2.
16) definierten Matroide sind somit identisch.

Die entsprechende Verallgemeinerung des Satzes von König ist nun nichts
anderes als die Rangformel aus (VI.1.22) angewandt auf diesen Fall und
wir notieren:

<u>Satz</u>

(VIII.1.22) *Es sei* $G(E,R)$ *ein bipartiter Graph auf den definierenden
Eckenmengen* U *und* S*,* $H(S)$ *ein Matroid auf* S*. Dann gilt:*

$$\max_{M \text{ Korr}} |M| = \min_{A \subseteq U} \left(|U - A| + r(R(A)) \right).$$

<u>Bemerkung</u>

Es ist ein leichtes, den Satz von König direkt aus dem Satz von Hall
herzuleiten, ohne die Kenntnisse über submodulare Funktionen aus Kapitel VI zu benützen. Näheres in den Übungen.

Als letzten Korrespondenzsatz besprechen wir schließlich die allgemeine
Situation, wenn wir sowohl auf S wie auf U Matroide $H_1(S)$ bzw. $H_2(U)$
gegeben haben. In diesem Fall verstehen wir unter einer <u>Korrespondenz</u>
$M \subseteq R$ eine Menge von Kanten, für die $\text{korr}_S(M)$ unabhängig in $H_1(S)$ und
$\text{korr}_U(M)$ unabhängig in $H_2(U)$ ist.

$\boxed{\text{Satz}}$

(VIII.1.23) *Es sei* $G(E,R)$ *ein bipartiter Graph auf den definierenden
Eckenmengen* S *und* U *mit endlicher Kantenmenge, ferner* $H_1(S), H_2(U)$ *Matroide auf* S *bzw.* U *mit den Rangfunktionen* r_1 *und* r_2*. Dann gilt:*

$$\max_{M \text{ Korr}} |M| = \min_{A \subseteq S} \left(r_1(S - A) + r_2(R(A)) \right).$$

<u>Beweis</u>

Die Ungleichung max $|M| \leq \min \left(r_1(S-A) + r_2(R(A)) \right)$ ist wiederum unschwer einzusehen. Zum Beweis der Umkehrung definieren wir folgendes Matroid $L_1(R)$ auf der Kantenmenge R: Die unabhängigen Mengen von $L_1(R)$ sind $\emptyset$ und alle Mengen $\left\{ \{p_1,q_1\},\ldots,\{p_k,q_k\} \right\} \subseteq R$, so daß $\{p_1,\ldots,p_k\}$ unabhängig in $H_1(S)$ ist. Die Axiome (VI.1.11) sind leicht nachzuprüfen. Auf analoge Weise definieren wir ein Matroid $L_2(R)$ mit Hilfe der unabhängigen Mengen von $H_2(U)$. Offenbar gilt dann:

$$M \subseteq R \text{ ist Korrespondenz } \leftrightarrow M \text{ ist unabhängig sowohl in}$$
$$L_1 \text{ wie in } L_2.$$

Nach (VI.4.4) erhalten wir daraus

$$\max_{M \text{ Korr}} |M| = \min_{B \subseteq R} \left(r'_1(B) + r'_2(R-B) \right),$$

wobei r'_1, r'_2 die Rangfunktionen von L_1 bzw. L_2 bezeichnen. Ist $B \subseteq R$ eine Kantenmenge, welche das Minimum annimmt, und $A = \{p \in S : p \text{ inzi-}$ dent mit keiner Kante aus $B\}$, so gilt nach Definition von L_1, daß $r_1(S-A) = r'_1(B)$ ist. Entsprechend haben wir $r_2(R(A)) \leq r'_2(R-B)$, also insgesamt

$$\max_{M \text{ Korr}} |M| \geq \min_{A \subseteq S} \left(r_1(S-A) + r_2(R(A)) \right). \quad \square$$

Es sei erwähnt, daß (VIII.1.23) auch für beliebige bipartite Graphen seine Gültigkeit behält, allerdings muß dann eine andere Beweisführung vorgenommen werden. Entsprechend dem bisherigen vermerken wir noch den zu (VIII.1.23) gehörenden Hall'schen Satz.

<u>Satz</u>

(VIII.1.24) *Es sei G(E,R) ein bipartiter Graph auf den definierenden Eckenmengen S und U, $H_1(S),H_2(U)$ Matroide auf S bzw. U mit den Rang-funktionen r_1 und r_2. Dann gilt:*

$$\max_{M \text{ Korr}} |M| = |S| \leftrightarrow |S| \leq r_1(S-A) + r_2(R(A)), \text{ f.a. } A \subseteq S.$$

<u>C. Kodierungssätze</u>

In diesem Abschnitt ergänzen wir das Studium der Maximum - Minimum Sätze mit einer Diskussion diesbezüglicher Probleme aus der kombinatorischen Ordnungstheorie. Den Ausgangspunkt hierzu bildet die Tatsache, daß jeder endliche distributive Verband L als Unterverband in ein Produkt von Ketten eingebettet werden kann (siehe Präl., Abs.D). Jede solche Einbettung nennen wir eine <u>Kodierung</u> von L und die Anzahl der Ketten die <u>Dimension</u> der Kodierung. Gesucht ist die minimal mögliche Dimension - oder mit anderen Worten die optimalen Kodierungen. Es wird sich zeigen, daß das entsprechende Ergebnis äquivalent zu den bisher bewiesenen Maximum - Minimum Sätzen ist.

$\boxed{\text{Definition}}$

(VIII.1.25)   Ein Verband L heißt <u>distributiv</u>, falls für alle $x,y,z \in L$ gilt:

$$x \wedge (y \vee z) = (x \wedge y) \vee (x \wedge z),$$
$$x \vee (y \wedge z) = (x \vee y) \wedge (x \vee z).$$

Ketten sind trivialerweise distributiv. Aus der Definition folgt ferner unmittelbar, daß das direkte Produkt distributiver Verbände wieder distributiv ist, ebenso die Unterverbände. Wir wollen nun zeigen, daß umgekehrt auch jeder endliche distributive Verband isomorph zu einem Unterverband eines Kettenproduktes ist.

<u>Definition</u>

(VIII.1.26)   Ein Element a eines Verbandes L heißt <u>irreduzibel</u> (genauer supremums-irreduzibel), falls $a = x \vee y$ impliziert $a = x$ oder $a = y$. $P \subseteq L$ bezeichne die Teilmenge der irreduziblen Elemente $\neq O$.

<u>Hilfssatz</u>

(VIII.1.27)   *Es sei L ein distributiver Verband,* $a \in P$. *Dann gilt* $a \leq x_1 \vee x_2 \vee \ldots \vee x_t \Rightarrow a \leq x_i$ *für ein i.*

<u>Beweis</u>

Es genügt, $t = 2$ zu betrachten. Wir haben $a = a \wedge (x_1 \vee x_2) = (a \wedge x_1) \vee (a \wedge x_2) \Rightarrow a = a \wedge x_1$ oder $a = a \wedge x_2 \Rightarrow a \leq x_1$ oder $a \leq x_2$. □

$\boxed{\text{Satz (Birkhoff)}}$

(VIII.1.28)   *Es sei L ein endlicher distributiver Verband, P die Teilordnung der irreduziblen Elemente $\neq O$ und $P = \bigcup_{i=1}^{k} P_i$ eine beliebige Partition von P in Ketten P_i. Setzen wir $C_i := P_i \cup \{O\}$ für alle i, so existiert ein Isomorphismus $\phi : L \to \prod_{i=1}^{k} C_i$ von L auf einen Unterverband des Produktes $\prod_{i=1}^{k} C_i$.*

<u>Beweis</u>

Für $x \in L$ setzen wir

$$\phi(x) = (x_1,\ldots,x_k) \text{ mit } x_i = \sup\{z \in C_i : z \leq x\}.$$

Da jedes Element $x \in L$ offenbar Supremum von irreduziblen Elementen ist, haben wir $x = x_1 v \ldots v x_k$, woraus die Injektivität von ϕ folgt. Weiter gilt nach (VIII.1.27) für alle i

$$(x \vee y)_i = \sup\{z \in C_i : z \leq x \vee y\} = \sup\{z \in C_i : z \leq x$$
$$\text{oder } z \leq y\} = x_i \vee y_i,$$

also $\phi(x \vee y) = \phi(x) \vee \phi(y)$, und analog $\phi(x \wedge y) = \phi(x) \wedge \phi(y)$. $\square$

Um eine Kodierung übersichtlich darzustellen, repräsentieren wir die Ketten C_i durch die Mengen $\{0,1,\ldots,c_i\}, c_i = |P_i|$, mit der natürlichen Ordnung.

<u>Beispiel</u>

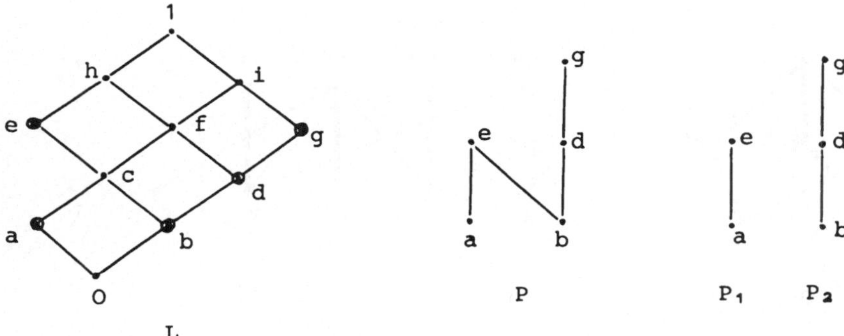

Wir erhalten die Kodierung

$$
\begin{array}{lll}
0 \to (0,0) & d \to (0,2) & h \to (2,2) \\
a \to (1,0) & e \to (2,0) & i \to (1,3) \\
b \to (0,1) & f \to (1,2) & 1 \to (2,3). \\
c \to (1,1) & g \to (0,3) &
\end{array}
$$

Nach dem eben bewiesenen Satz liefert also <u>jede</u> Partition von P in disjunkte Ketten eine Kodierung von L. Umgekehrt ist aber nach Definition der Irreduzibilität klar, daß bei jeder Kodierung $\phi : L \to \prod C_i$ genau die Elemente aus P (und das Nullelement) auf die Ketten C_i abgebildet werden. Wir haben somit das Kodierungsproblem auf folgende Frage zurückgeführt: Wie groß ist die Minimalzahl $d(P)$ disjunkter Ketten, in welche eine Ordnung $P_<$ zerlegt werden kann? $d(P)$ heißt die <u>Dilworth-Zahl</u> von $P_<$.

Satz (Dilworth)

(VIII.1.29) *Es sei* $P_<$ *eine endliche Ordnung. Dann gilt: Die minimale Anzahl* d(P) *von Ketten, in welche P zerlegt werden kann, ist gleich der maximalen Mächtigkeit der Antiketten in* $P_<$.

Beweis

Da die Elemente einer Antikette bei jeder Ketten-Partition von P in verschiedenen Ketten aufscheinen müssen, gilt offenbar $d(P) \geq \max_{A\,\text{Antikette}} |A|$. Die umgekehrte Ungleichung leiten wir aus dem Satz von König her. Dazu erklären wir folgenden bipartiten Graphen G(E,R): Als definierende Eckenmengen nehmen wir jeweils P, wobei wir zur Unterscheidung

$$P' := \{x' : x \in P\}, \quad P'' := \{x'' : x \in P\}$$

schreiben, und setzen

$$\{x',y''\} \in R \;:\leftrightarrow\; x < y \text{ in } P_< .$$

Beispiel

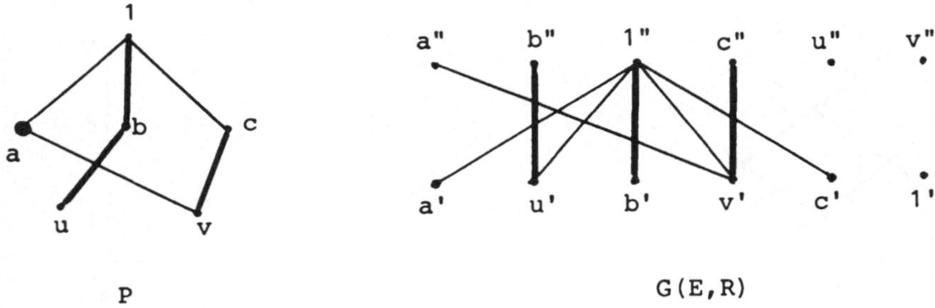

Es sei $P = P_1 \cup P_2 \cup \ldots \cup P_\ell$ eine disjunkte Kettenzerlegung von P, $P_i = \{x_{i,1} < x_{i,2} < \ldots < x_{i,t_i}\}$, $i = 1,\ldots,\ell$. Wir erhalten eine Korrespondenz M auf G(E,R) durch

$$M = \bigcup_{i=1}^{\ell} \left\{ \{x'_{i,1},x''_{i,2}\}, \{x'_{i,2},x''_{i,3}\}, \ldots, \{x'_{i,t_i-1},x''_{i,t_i}\} \right\}$$

mit

$$|M| = \sum_{i=1}^{\ell} (t_i - 1) = |P| - \ell.$$

(Siehe Zeichnung: $P = \{u < b < 1\} \cup \{v < c\} \cup \{a\}$.)

Ist umgekehrt M eine Korrespondenz auf G(E,R), so erzeugt M auf dieselbe Weise eine Kettenzerlegung von P, da für jedes $x \in P$ höchstens ein $y \in P$ existiert mit $\{x',y''\} \in M$, und entsprechend höchstens ein

$z \in P$ mit $\{z',x''\} \in M$. Die minimalen Elemente w dieser Ketten sind genau jene $w \in P$ mit $w'' \notin \mathrm{korr}_{P''}(M)$, und analog die maximalen Elemente jene $v \in P$ mit $v' \notin \mathrm{korr}_{P'}(M)$. Daraus folgt für die Anzahl ℓ der durch M induzierten Ketten

$$\ell = |P| - |M|.$$

Insgesamt erhalten wir somit

$$\max_{M \,\mathrm{Korr\ in}\ G} |M| = \max_{\mathrm{Ketten\text{-}Partition}} (|P| - \ell) = |P| - d(P).$$

Entsprechend bringen wir nun die maximalen Antiketten von $P_<$ in Zusammenhang mit den minimalen Trägern von $G(E,R)$. Es sei $D = (P' - B') \cup R(B')$ ein Träger minimaler Mächtigkeit. Angenommen, es existiert $x \in P$ mit $x' \in P' - B'$, $x'' \in R(B')$. Wegen der Minimalität von D gibt es ein $y'' \in P'' - R(B')$ mit $\{x',y''\} \in R$, und ein $z' \in B'$ mit $\{z',x''\} \in R$. Daraus folgt aber $z < x < y$, somit $\{z',y''\} \in R$ und $y'' \in R(B')$, Widerspruch. Wir schließen, daß $C' = \{x' : x'' \in R(B')\} \subseteq B'$ ist. Es sei $A \subseteq P$ mit $A' = B' - C'$, dann behaupten wir, A ist Antikette. Gäbe es nämlich $x,y \in A$ mit $x < y$, so wären $x',y' \in B', y'' \in R(B')$, somit $y' \in C' = B' - A'$, im Widerspruch zu $y' \in A'$. Aus

$$|A| = |A'| = |B'| - |C'| = |B'| - |R(B')| = |P| - |D|$$

erhalten wir daher

$$d(P) = |P| - \max_{M \,\mathrm{Korr\ in}\ G} |M| = |P| - \min_{D \,\mathrm{Träger}} |D| \leq \max_{A \,\mathrm{Antikette}} |A|,$$

und der Satz ist bewiesen. $\square$

Bemerkung: Vertauschen wir in der Aussage von (VIII.1.29) die Wörter Kette und Antikette, so ergibt sich ein neuer Satz, dessen Beweis überraschenderweise nahezu trivial ist.

<u>Satz</u>

(VIII.1.30) *Die maximale Mächtigkeit einer Kette C (= Länge von C plus 1) in einer endlichen Ordnung $P_<$ ist gleich der minimalen Anzahl disjunkter Antiketten, in die P zerlegt werden kann.*

<u>Beweis</u>

Man klassifiziere die Elemente x nach ihrer Länge $\ell(x)$ (siehe Präl., Abs.C). Elemente derselben Länge bilden dann offensichtlich eine Antikette. $\square$

<u>Bemerkung</u>

(VIII.1.31) Aus dem Satz von Dilworth läßt sich umgekehrt der Satz
von König (VIII.1.14) mühelos herleiten, indem man in einem bipartiten Graphen $G(E,R), E = S \cup U$, die Ordnung

$$x < y \quad :\Leftrightarrow \quad x \in S, y \in U \text{ mit } \{x,y\} \in R$$

definiert und dann (VIII.1.29) anwendet.

Eine interessante graphentheoretische Formulierung von (VIII.1.29)
gewinnen wir durch folgende Überlegung. Zu einer beliebigen endlichen
Ordnung $P_<$ konstruieren wir den <u>Vergleichbarkeitsgraphen</u> $G(P,V)$,
dessen Ecken die Elemente von P sind, und in dem zwei Ecken $x \neq y$ genau dann benachbart sind, wenn sie vergleichbar sind, also $x < y$ oder
$y < x$ gilt. Die <u>vollständigen</u> Untergraphen von $G(P,V)$ entsprechen
offenbar bijektiv den Ketten in P, und die <u>vollständig unzusammen-
hängenden</u> Untergraphen (d.h. mit leerer Kantenmenge) den Antiketten.
Aus (VIII.1.29) folgt daher für die Klasse V der Vergleichbarkeitsgraphen:

(*)
     Die Minimalzahl eckendisjunkter vollständiger Unter-
graphen, in welche $G(E,K) \in V$ zerlegt werden kann, ist
gleich der maximalen Mächtigkeit eines vollständig un-
zusammenhängenden Untergraphen.

Aus (VIII.1.30) erhalten wir die entsprechende Aussage für den <u>kom-
plementären</u> Graphen $G^C(E',K')$ definiert durch $E' = E$, $K' = E^{(2)} - K$.
Übersetzt auf $G(E,K) \in V$ heißt dies:

(**)
     Die <u>chromatische Zahl</u> von $G \in V$ (= Minimalzahl ecken-
disjunkter vollständig unzusammenhängender Untergraphen,
in die G zerlegt werden kann) = <u>Clique Zahl</u> von G
(= Maximale Eckenzahl eines vollständigen Untergraphen).

Man beachte, daß die Ungleichung min $\geq$ max in (*) wie auch in (**)
für <u>jeden</u> Graphen gültig ist.

In der Graphentheorie nennt man Graphen G mit der Eigenschaft, daß G
selbst wie auch jeder volle Untergraph Bedingung (*) erfüllen, <u>perfekt</u>.
Es gilt nun der allgemeine Satz (Lovasz): Ein einfacher Graph G ist
genau dann perfekt, wenn G^C perfekt ist. Aus diesem Satz und dem
trivialen Resultat (VIII.1.30) ergibt sich somit ein weiterer Beweis

des Dilworth'schen Satzes, der in dieser neuen Formulierung besagt:
Vergleichbarkeitsgraphen sind perfekt.

Beispiele

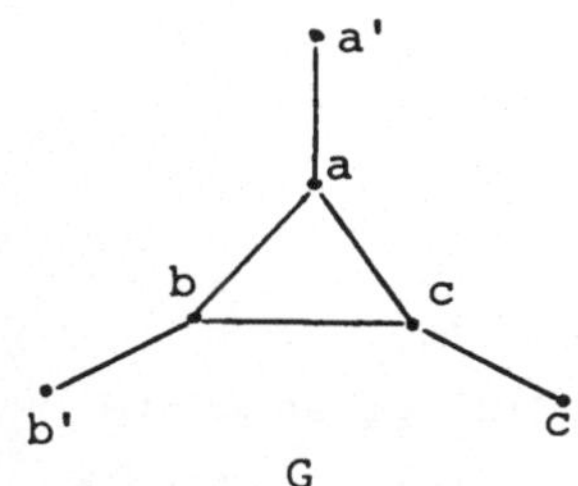

G ist perfekt, wie man sofort sieht,
aber nicht Vergleichbarkeitsgraph.
Denn wäre $G \in V$, so könnten wir o.B.d.A.
$a < b < c$ annehmen. Das Element b' ist
mit b vergleichbar, woraus entweder
$b' < c$ oder $a < b'$ folgte, im Widerspruch
zu $\{b',c\}, \{b',a\} \notin K$.

Das kleinste Beispiel eines nichtperfekten Graphen ist der

Kreis C_5 der Länge 5 mit chrom $(C_5) =$
$3 > 2 =$ Clique Zahl.

Wir kommen zu unserem eigentlichen Vorhaben, dem Beweis der Kodierungs-
formel für endliche distributive Verbände. In (VIII.1.28) haben wir
gesehen, daß die Dimension einer Kodierung mit der Zerlegungszahl d(P)
in Verbindung steht. Um Satz (VIII.1.29) anwenden zu können, müssen
wir noch die Antiketten aus $P_<$ mit Begriffen aus dem Verband L in Zusammenhang bringen.

Hilfssatz

(VIII.1.32) *Es sei L ein endlicher distributiver Verband, $P_<$ die
Teilordnung der irreduziblen Elemente $\neq 0$, und P(x) :=
$\{p \in P : p \leq x, p \text{ max}\}$ für $x \in L$. Es bezeichne ferner $\mathfrak{A}(P)$ die Familie
der Antiketten von $P_<$, dann gilt:*

a) *Die Antiketten von $P_<$ sind genau die Mengen P(x).*

b) *A → sup A, x → P(x) ist eine Bijektion zwischen $\mathfrak{A}(P)$ und L.
   (Die leere Antikette entspricht dabei dem Nullelement von L.)*

c) *x bedeckt in L genau $|P(x)|$ Elemente, für alle $x \in L$.*

Beweis

Offenbar ist $P(x) \in \mathfrak{A}(P)$ für alle $x \in L$. Es sei umgekehrt $A \in \mathfrak{A}(P)$,
$x =$ sup $A \in L$. Für ein beliebiges $p \in P$ mit $p \leq x$ folgt nach (VIII.1.27),
daß $p \leq q$ ist für ein $q \in A$. Wegen der Maximalität der Elemente aus
P(x) schließen wir $P(x) \subseteq A$ und somit $P(x) = A$, woraus auch b) folgt.
Behauptung c) resultiert nun unmittelbar aus der Bijektion in b). □

Satz (Kodierungssatz von Dilworth)

(VIII.1.33) *Es sei* L *ein endlicher distributiver Verband, und*
$C(x) := \{q \in L : q \lessdot x\}$ *für alle* $x \in L$. *Dann gilt:*

$$\min_{\phi \text{ Kodierung}} \dim \phi = \max_{x \in L} |C(x)|.$$

Beweis

Ist ϕ eine Kodierung von L der Dimension k und $\phi(x) = (x_1, \ldots, x_k)$,
so folgt, daß $|C(x)| \leq k$ ist, da es ansonsten $y \neq z \in C(x)$ geben müßte
mit $y_i < x_i, z_i < x_i$ für ein i. Dann gälte aber $y_i \vee z_i = \max(y_i, z_i) < x_i$,
und wir hätten $y \vee z < x$, was unmöglich ist. Also gilt min $\geq$ max. Zum
Beweis der umgekehrten Ungleichung haben wir nach (VIII.1.28), (VIII.
1.29) und (VIII.1.32a)

$$\min_{\phi \text{ Kodierung}} \dim \phi \leq d(P) = \max_{A \in \mathfrak{A}(P)} |A| = \max_{x \in L} |P(x)|.$$

Nun gilt aber nach (VIII.1.32c) stets $|P(x)| = |C(x)|$, und der Beweis
ist beendet. □

Umgekehrt impliziert der eben bewiesene Kodierungssatz offenbar auch
Satz (VIII.1.29).

Wir fassen unsere fundamentalen Maximum - Minimum Sätze und ihre gegenseitige Abhängigkeit zusammen:

A. Die folgenden Sätze sind alle untereinander äquivalent:

 Satz von König (VIII.1.14),
 Satz von Hall (VIII.1.18),
 Satz von Dilworth (VIII.1.29),
 Kodierungssatz (VIII.1.33).

B. Satz von Menger für ungerichtete Graphen (VIII.1.7), und B) impliziert die Sätze aus A).

C. Die folgenden Sätze für gerichtete Graphen sind untereinander
äquivalent:

 Satz von Menger, Eckenversion (VIII.1.3),
 Satz von Menger, Kantenversion (VIII.1.2),
 Korrelationssatz   (VIII.1.6),
 Maximum Fluß - Minimum Schnitt Satz über $\mathbf{Z}$ (VII.3.25),

und die Sätze aus C) implizieren den aus B) (und a fortiori jene aus A)).

In Abschnitt 4 werden wir umgekehrt aus dem Satz von König den Korrelationssatz herleiten, so daß dann die Äquivalenz aller angeführten Sätze bewiesen sein wird.

ÜBUNGEN ZU ABSCHNITT 1

1. Führe im Detail die Implikationen in (VIII.1.4) aus.

2. Zeige für einen ungerichteten Graphen $G(E,K), q \neq s \in E$.

   a) $\kappa_G(q,s) \leq \lambda_G(q,s) \leq \min(\gamma(q),\gamma(s))$,

   b) $\kappa(G) \leq \lambda(G) \leq \min_{v \in E} \gamma(v)$.

   Konstruiere einen Graphen G mit $\kappa(G) < \lambda(G) < \min_{v \in E} \gamma(v)$.

3. Finde einen direkten Beweis für (VIII.1.8) $\rightarrow$ (VIII.1.7).

→ 4. Beweise den Korrelationssatz für ungerichtete Graphen.

→ 5. Beweise die in (VIII.1.11) offengebliebene Implikation. (Hinweis: Angenommen $\kappa(G) \geq k, \{u,v\} \in K$. Entferne $\{u,v\}$ und zeige, daß in $G - \{u,v\}$ die Ecken u,v durch $k - 1$ disjunkte Wege verbunden sind.)

6. Zeige: Der größtmögliche Zusammenhangskoeffizient $\kappa(G)$ für einen Graphen G auf p Ecken und q Kanten ist

   $$0 \qquad \text{falls } q < p - 1,$$
   $$[2q/p] \qquad \text{falls } q \geq p - 1. \quad \text{(Harary)}$$

7. Berechne $\kappa(K_{m,n}), \lambda(K_{m,n})$.

8.* Verallgemeinere (VIII.1.12): Ist $G(E,K)$ k-fach zusammenhängend, so geht durch jede k-Menge von Ecken ein Kreis. (Dirac) Gilt auch die Umkehrung?

9. Zeige: Es existiert kein 3-fach zusammenhängender Graph mit genau 7 Kanten.

→ 10. Es sei G(E,K) Graph mit $|E| \geq 2k$. Zeige: $\kappa(G) \geq k \leftrightarrow$ zu je zwei
disjunkten k-Mengen $A,B \subseteq E$ existieren k eckendisjunkte Wege von
A nach B.

→ 11. Verallgemeinere (VIII.1.21) auf beliebige submodulare Funktionen
$f : 2^S \to \mathbb{Z}$ anstelle der Rangfunktion. Es sei U endlich, dann gilt:
Es existiert eine Korrespondenz M in $G(E,R), R \subseteq U \times S$, mit
$\text{korr}_S(M) = C, \text{korr}_U(M) = U$ und $f(B) \geq |B|$ für alle $B \subseteq C \leftrightarrow f(R(A)) \geq$
$|A|$ für alle $A \subseteq U \leftrightarrow \min_{D \subseteq R(A)} \left(f(D) + |R(A) - D| \right) \geq |A|$ für alle $A \subseteq U$.

12. Leite den Satz von König direkt aus dem Satz von Hall ab. (Hin-
weis: Es sei $D = X \cup Y, X \subseteq S, Y \subseteq U$, Träger minimaler Mächtigkeit.
Betrachte die Untergraphen $G(E,R'), G(E,R'')$ mit $R' = R \cap (X \times (U - Y))$,
$R'' = R \cap ((S - X) \times Y)$.)

13.* Verallgemeinere (VIII.1.24) auf beliebige bipartite Graphen.
(Aigner-Dowling-Brualdi)

14. Definiere für den Graphen G(E,R) und die Matroide $H_1(S), H_2(U)$
einen Träger $D = A \cup B$ als Paar von Unterräumen $A \subseteq H_1(S), B \subseteq H_2(U)$,
welche jede Kante treffen, und als den Rang von D $r(D) = r_1(A) +$
$r_2(B)$. Zeige: $\max_{M \text{ Korr}} |M| = \min_{D \text{ Träger}} r(D)$.

→ 15. Es ist naheliegend, zu einer Relation $R \subseteq S \times U$ und Matroiden
$H_1(S), H_2(U)$ ein neues Matroid G' auf S zu definieren suchen durch:

   A unabhängig in G'(S) $\leftrightarrow$ A unabhängig in $H_1(S)$ und
   $\exists$ Injektion $\phi : A \to U$ mit ϕA
   unabhängig in $H_2(U)$.

Zeige anhand eines Beispieles, daß für ein nichtfreies Matroid
$H_1(S)$ dies im allgemeinen <u>kein</u> Matroid ergibt, selbst wenn $H_2(U)$
frei ist.

→ 16. In (VIII.2.21) wird gezeigt, daß der Satz von Dilworth (VIII.1.29)
auch für unendliche Ordnungen $P_<$ gültig bleibt, solange die Mächtigkeit der Antiketten nach oben beschränkt ist. Zeige an einem
Beispiel, daß (VIII.1.29) für beliebige Ordnungen falsch ist.

→ 17. Beweise den Satz von Dilworth direkt. (Hinweis: Induktion nach
der Zahl der Elemente)

18. Zeige mit Hilfe von (VIII.1.30): Es sei $P_<$ endliche Ordnung,
    $|P| = rs + 1$. Dann besitzt P eine Kette der Mächtigkeit $r + 1$ oder
    eine Antikette der Mächtigkeit $s + 1$. Folgere daraus: Jede Folge
    von $rs + 1$ verschiedenen reellen Zahlen enthält entweder eine wach-
    sende Teilfolge von $r + 1$ Zahlen oder eine fallende Teilfolge von
    $s + 1$ Zahlen. (Erdös-Szekeres)

19. Es sei $P_<$ eine endliche Ordnung, $\mathfrak{A}(P)$ die Familie der Antiketten
    (inklusive die leere Menge). Zeige:

    a) Durch $A \leq B :\leftrightarrow \forall p \in A$ existiert ein $q \in B$ mit $p \leq q$, wird eine
       Ordnung $<$ auf $\mathfrak{A}(P)$ erklärt, und $\mathfrak{A}(P)_<$ ist distributiver Verband.

    b) $\bar{\mathfrak{A}}(P) := \left\{ A \in \mathfrak{A}(P) : |A| = d(P) \right\}$ ist mit $<$ ein Unterverband von
       $\mathfrak{A}(P)$, also ebenfalls distributiv. (Dilworth)

20. Verallgemeinere den Begriff einer Antikette folgendermaßen: Es
    sei $P_<$ endliche Ordnung. Wir nennen $A \subseteq P$ h-Familie, falls in A
    alle Ketten eine Mächtigkeit $\leq h$ haben (Länge $\leq h - 1$). $\mathfrak{A}_h(P)$ be-
    zeichne die Menge aller h-Familien.
    Zeige:
    a) Für $A \in \mathfrak{A}_h(P)$ und $x \in A$ sei $d_A(x)$ die Mächtigkeit der längsten
       Kette in A mit Anfangsglied x. Setzen wir $A_i := \{x \in A : d_A(x) = i\}$,
       so bilden die Mengen $A_1, \ldots, A_h$ eine Partition von A in h Anti-
       ketten.
    b) Unter allen Partitionen von A in h Antiketten ist die von a)
       ausgezeichnet durch $A_h \leq A_{h-1} \leq \cdots \leq A_1$, wobei $\leq$ die Ordnungs-
       relation in $\mathfrak{A}(P)$ aus 19) ist.
    c) Mit der Ordnungsrelation $A \leq B :\leftrightarrow A_i \leq B_i$, $i = 1, \ldots, h$, für
       $A, B \in \mathfrak{A}_h(P)$ ist $\mathfrak{A}_h(P)$ ein halbmodularer (im allgemeinen aber
       nicht distributiver) Verband. (Greene - Kleitman)

2. KORRESPONDENZEN

Unter all den in Abschnitt 1 angeführten Maximum-Minimum Sätzen ist
die Interpretation des Problems als Suche nach den maximalen Korrespondenzen, und hier insbesondere nach den Transversalen von Mengenfamilien, am fruchtbarsten - sowohl im Hinblick auf Anwendungen wie
auch als Quelle für weitere Fragestellungen.

Der vorliegende Abschnitt zerfällt in 3 Teile. Zunächst besprechen
wir einige Fragen, die sich aus dem ursprünglichen Transversalproblem
in natürlicher Weise anbieten. Die meisten dieser Sätze setzen stets
die Endlichkeit der betrachteten Mengen voraus. Als Illustration, wie
auch "unendliche" Transversalsätze gewonnen werden können, führen wir
im zweiten Teil ein fundamentales Prinzip ein, welches in vielen Situationen erlaubt, von der Gültigkeit einer Aussage für endliche Mengen auf die Richtigkeit für unendliche Mengen zu schließen. Insbesondere wird dieses Prinzip uns ein Mittel an die Hand geben, die fundamentalen Transversalsätze unter gewissen Einschränkungen auf den unendlichen Fall zu übertragen. Die ersten beiden Teile sind also der
Weiterführung der Theorie gewidmet. Der letzte Teil schließlich versucht, an einer Reihe von Anwendungen die Vielseitigkeit des Korres-
pondenzbegriffes zu demonstrieren.

A. Transversalen von Mengenfamilien

Wir erhalten die Standardinterpretation der Korrespondenztheorie, indem wir den bipartiten Graphen $G(E,R)$ als Inzidenzgraphen eines Men-
gensystems mit Grundmenge S und einer Mengenfamilie $\mathfrak{A} \subseteq 2^S$ (korrespondierend zu U) auffassen (siehe Kap. 0, Abs. B).

Überlegen wir uns die Bedeutung der bisherigen Begriffe in dieser Formulierung. Gegeben sei eine Menge S und eine Familie $\mathfrak{A} = \{A_1, \ldots, A_n\}$
von Untermengen von S, die nicht alle verschieden zu sein brauchen.
Wir wählen als kurze Bezeichnung $T(S;\mathfrak{A})$ oder $T(S;A_1, \ldots, A_n)$ und nennen
$T(S;\mathfrak{A})$ ein _Transversalsystem_ (oder _Mengensystem_). Die Eckenmenge E
entspricht also $S \cup \mathfrak{A}$, und wir können und werden oft die Menge A_i als
Ecke mit dem Index $i \in \mathbb{N}_n$ identifizieren. Mit dieser Vereinbarung gilt
dann: $\{p,i\} \in R \leftrightarrow p \in A_i$. Ferner haben wir für $B \subseteq S$, daß $R(B) =$
$\{i \in \mathbb{N}_n : B \cap A_i \neq \emptyset\}$, bzw. für $J \subseteq \mathbb{N}_n$, daß $R^{-1}(J) = \bigcup_{j \in J} A_j$ ist.

Eine _Korrespondenz_ entspricht einem Paar (B,J), $B \subseteq S, J \subseteq \mathbb{N}_n$, so daß
eine Bijektion $\phi : J \to B$ existiert mit $\phi(j) \in A_j$ für alle $j \in J$. Das heißt
$B = \{\phi(j) : j \in J\}$ ist eine _Transversale_ der Teilfamilie $\{A_j : j \in J\}$, oder
wie wir sagen, eine _partielle Transversale_ von $\mathfrak{A}$. Die partiellen Transversalen sind also genau jene Untermengen von S, welche mit Korrespondenzen inzidieren, und auf der anderen Seite sind es genau jene Teilfamilien von $\mathfrak{A}$, welche eine Transversale besitzen.

Da die beiden definierenden Eckenmengen eines bipartiten Graphen völlig
gleichberechtigt sind, impliziert in $T(S;\mathfrak{A})$ jede Aussage über die
Grundmenge S eine "duale" Aussage über $\mathfrak{A}$, und umgekehrt. Wir werden
später diese Dualität an einigen Beispielen erläutern.

Die Sätze von König und Hall lauten in der Formulierung für Transversalsysteme nun folgendermaßen (wobei wir ersichtlich S als beliebige
Menge voraussetzen können):

$\boxed{\text{Satz (König)}}$

(VIII.2.1) *Es sei* $T(S;A_1,\ldots,A_n)$ *ein Mengensystem. Dann gilt: Die
maximale Mächtigkeit einer partiellen Transversalen von* $\mathfrak{A}$ *ist*

$$n - \max_{J \subseteq \mathbb{N}_n} \left(|J| - \left| \bigcup_{j \in J} A_j \right| \right).$$

$\boxed{\text{Satz (Hall)}}$

(VIII.2.2) *Es sei* $T(S;A_1,\ldots,A_n)$ *ein Mengensystem.* $\mathfrak{A}$ *besitzt genau
dann eine Transversale (auch* System von verschiedenen Vertretern *oder*
verschiedenen Repräsentanten *genannt), wenn*

$$\left| \bigcup_{j \in J} A_j \right| \geq |J|, \textit{ für alle } J \subseteq \mathbb{N}_n.$$

Wir nennen diese Bedingung Hall's Bedingung.

Weitere Existenzsätze über Transversalen und die dazu dualen Aussagen
haben wir in (VI.2.14) zusammengefaßt.

Entsprechend formuliert man die allgemeine Situation des Rado'schen
Satzes (VIII.1.21).

$\boxed{\text{Satz (Rado)}}$

(VIII.2.3) *Es sei* $T(S;A_1,\ldots,A_n)$ *ein Mengensystem und* $G(S)$ *ein Matroid
auf* S *mit Rangfunktion* r. $\mathfrak{A}$ *besitzt genau dann eine* unabhängige *Transversale, wenn*

$$r\left(\bigcup_{j \in J} A_j \right) \geq |J|, \textit{ für alle } J \subseteq \mathbb{N}_n.$$

Der Hall'sche Satz (VIII.2.2) hat eine <u>unsymmetrische</u> Aussage zum Inhalt. Wir suchen Bedingungen, unter welchen <u>ganz</u> $\mathfrak{A}$ eine Transversale
besitzt, bzw. in der dualen Form <u>ganz</u> S eine partielle Transversale
darstellt. Wir werden später versuchen, diese Aussage auf eine sym-

metrische Form zu bringen.

Was Verallgemeinerungen und Verschärfungen des Hall'schen Satzes betrifft, wenden wir uns vor allem drei Fragen zu: Wir untersuchen zunächst die Existenz partieller Transversalen von <u>vorgeschriebener Länge</u>, dann mit <u>vorgeschriebenen</u> <u>Untermengen</u>, und schließlich von Mengen, welche <u>gemeinsame Transversale</u> zweier vorgegebener Mengenfamilien sind.

Als erstes notieren wir die Übersetzung von (VIII.1.19) für Mengensysteme.

<u>Satz</u>

(VIII.2.4) *Es sei* $T(S;A_1,\ldots,A_n)$ *ein Mengensystem, für welches* $|A_j|=k$ *für alle* $j \in \mathbb{N}_n$ *ist, und in dem jedes Element* $p \in S$ *in genau* ℓ *der Mengen* A_j *enthalten ist, mit* $\ell \leq k$. *Dann besitzt* $\mathfrak{A} = \{A_i : i \in \mathbb{N}_n\}$ *eine Transversale.*

<u>Definition</u>

(VIII.2.5) $T(S;A_1,\ldots,A_n)$ sei Mengensystem. Wir sagen, $B \subseteq S$ ist eine Transversale mit <u>Defekt</u> d, falls B partielle Transversale von $\mathfrak{A}$ ist mit $|B| = n - d$. Transversalen mit Defekt 0 sind also gerade die Transversalen im bisherigen Sinn.

Wir stellen die Frage nach der Existenz von <u>paarweise disjunkten</u> Transversalen mit vorgeschriebenen Defekten. Offenbar ist dieses Problem gleichwertig mit der Auffindung unabhängiger Mengen vorgeschriebener Größe in gewissen Transversalmatroiden und kann daher mit den Sätzen aus (VI.3.B) beantwortet werden. Wir geben hier einen direkten Beweis, eine genaue Diskussion des Zusammenhanges all dieser Fragen mit dem Begriff der Summe von Matroiden folgt in Abschnitt 4.C.

<u>Satz</u>

(VIII.2.6) *Es sei* $T(S;A_1,\ldots,A_n)$ *ein Mengensystem und* $G(S)$ *ein Matroid auf* S *mit Rangfunktion* r. *Genau dann existieren* m *paarweise disjunkte Transversalen* $B_1,\ldots,B_m$ *mit Defekten* $d_1,\ldots,d_m$, *deren Vereinigung* $B_1 \cup \ldots \cup B_m$ *unabhängig in* $G(S)$ *ist, wenn*

$$r\left(\bigcup_{j \in J} A_j\right) \geq \left(|J| - d_1\right)^+ + \ldots + \left(|J| - d_m\right)^+, \text{ für alle } J \subseteq \mathbb{N}_n,$$

wobei $x^+ = \max(x,0)$.

Beweis

Die Notwendigkeit der Bedingung ist unschwer einzusehen. Zum Beweis
der Umkehrung definieren wir Mengen D_i mit $|D_i| = d_i$, $i = 1, \ldots, m$, so
daß $S, D_1, \ldots, D_m$ paarweise disjunkt sind. Auf D_i betrachten wir jeweils
die freie Geometrie FG_{d_i} und erklären auf $M = S \cup \bigcup_{i=1}^{m} D_i$ das Matroid

$$H(M) = G(S) \times \prod_{i=1}^{m} FG_{d_i}.$$

Wir wollen aus der Voraussetzung des Satzes die Rado'sche Bedingung
(VIII.2.3) für das Mengensystem $T(M; A_1 \cup D_1, A_1 \cup D_2, \ldots, A_1 \cup D_m, \ldots, A_n \cup D_m)$
zusammen mit dem Matroid $H(M)$ ableiten. Es seien $A_{j_1} \cup D_{i_1}, \ldots, A_{j_k} \cup D_{i_k}$
k dieser Mengen und J die Menge der verschiedenen Indizes j_ℓ, ebenso
I die Menge der verschiedenen Indizes i_ℓ. Es gilt dann $|J| \cdot |I| \geq k$
(warum?), und wir erhalten

$$r_H\left(\bigcup_{\ell=1}^{k} (A_{j_\ell} \cup D_{i_\ell})\right) = r\left(\bigcup_{j \in J} A_j\right) + \sum_{i \in I} d_i \geq \sum_{j \notin I}\left(|J| - d_j\right)^+ +$$

$$+ \sum_{i \in I} \max\left(|J|, d_i\right) \geq k.$$

Laut (VIII.2.3) existiert eine in $H(M)$ unabhängige Menge
$\{t_{ij} : i = 1, \ldots, m, j = 1, \ldots n\}$ mit $t_{ij} \in D_i \cup A_j$. Für ein festes i ist
$\{t_{ij} : j = 1, \ldots, n\} \cap S$ somit Transversale vom Defekt $\leq d_i$, und das Resultat folgt. $\square$

Als nächstes studieren wir die Existenz von Transversalen, welche eine
vorgeschriebene Menge enthalten.

Satz

(VIII.2.7) *Es sei $T(S; A_1, \ldots, A_n)$ ein Mengensystem auf der endlichen
Menge S, $X \subseteq S$. Eine Transversale B mit $X \subseteq B$ existiert genau dann, wenn
gilt:*

$$a) \quad \left|\bigcup_{j \in J} A_j\right| \geq |J| \quad \textit{für alle } J \subseteq N_n,$$

$$b) \quad \left|\{i \in N_n : A_i \cap C \neq \emptyset\}\right| \geq |C| \quad \textit{für alle } C \subseteq X.$$

Beweis

Bedingung a) ist gleichbedeutend mit $r(T(S, \mathfrak{A})) = n$.
Bedingung b) besagt, X ist unabhängig (d.h. partielle Transversale)
in $T(S, \mathfrak{A})$ und kann somit zu einer Basis (= Transversale) erweitert
werden. $\square$

Der letzte Satz legt das folgende symmetrische Problem nahe: Es sei $X \subseteq S$ vorgegeben und ebenso die Teilfamilie $\mathfrak{B} = \{A_j : j \in J\} \subseteq \mathfrak{A}$. Angenommen X ist partielle Transversale, und analog $\mathfrak{B}$ Familie, welche eine Transversale besitzt. Ist es dann immer möglich, gewisse $X_0, \mathfrak{B}_0$ mit $X \subseteq X_0 \subseteq S$, $\mathfrak{B} \subseteq \mathfrak{B}_0 \subseteq \mathfrak{A}$ zu finden, so daß X_0 Transversale von $\mathfrak{B}_0$ ist?

Für die Beweisführung ist es von Vorteil, den Satz für bipartite Graphen G zu formulieren und dann G als Mengensystem zu interpretieren.

> **Satz (Mendelsohn-Dulmadge)**

(VIII.2.8) *Es sei $G(E,R)$ ein endlicher bipartiter Graph auf den definierenden Eckenmengen S,U. Angenommen, $X \subseteq S$ und $Y \subseteq U$ inzidieren jeweils mit einer gewissen Korrespondenz. Dann existiert eine Korrespondenz $M \subseteq R$ mit*

$$\mathrm{korr}_S(M) \supseteq X, \quad \mathrm{korr}_U(M) \supseteq Y.$$

<u>Beweis</u>

Wir bezeichnen die zu den Korrespondenzen von X bzw. Y gehörenden Injektionen mit $\phi : X \to U$, $\psi : Y \to S$. Für eine beliebige Untermenge $A \subseteq S$ definieren wir $A' \subseteq S$ durch

$$A' := S - \psi(Y - \phi(A \cap X)).$$

Klarerweise gilt: $A \subseteq B \to A' \subseteq B'$. Wir setzen nun $\mathfrak{F} := \{A \subseteq S : A' \subseteq A\}$ und $X_1^* := \bigcap_{A \in \mathfrak{F}} A$. Man beachte, daß $S \in \mathfrak{F}$ ist, also $\mathfrak{F}$ nicht leer ist.

Wegen der Monotonie des Operators $A \to A'$ haben wir

$$X_1^{*'} \subseteq A' \quad \text{für alle } A \in \mathfrak{F},$$

somit

$$X_1^{*'} \subseteq X_1^* \quad \text{und} \quad X_1^{*''} \subseteq X_1^{*'}.$$

Die Menge $X_1^{*'}$ ist daher in $\mathfrak{F}$ und wir erhalten $X_1^{*'} = X_1^*$, d.h.

$$(*) \qquad X_1^* = S - \psi(Y - \phi(X_1^* \cap X)).$$

Wir definieren schließlich

$$X_1 := X_1^* \cap X, \quad X_2 := S - X_1^*, \quad X_0 := X_1 \cup X_2.$$

Offenbar haben wir $X \subseteq X_0$, $X_1 \cap X_2 = \emptyset$, und ferner $X_2 = \psi(Y - \phi(X_1))$ nach $(*)$. Die Elemente von X_2 sind also in $\psi(Y)$, und es gilt

$$\psi^{-1}(X_2) \cap \phi(X_1) = \emptyset.$$

Die Abbildung $\sigma : X_O \to U$

$$\sigma(v) := \begin{cases} \phi(v) & \text{falls } v \in X_1, \\ \psi^{-1}(v) & \text{falls } v \in X_2, \end{cases}$$

ist somit injektiv und induziert wegen $X \subseteq X_O$, $Y = (Y - \phi(X_1)) \cup$
$(\phi(X_1) \cap Y) \subseteq \psi^{-1}(X_2) \cup \phi(X_1) = \sigma(X_O)$ die gewünschte Korrespondenz. $\square$

Satz

(VIII.2.9) *Es sei* $T(S;A_1,\ldots,A_n)$ *eine Mengenfamilie auf der endlichen
Menge* S, $X \subseteq S$, $\mathfrak{B} = \{A_i : i \in I\} \subseteq \mathfrak{A}$. *Dann sind die folgenden Bedingungen
äquivalent:*

> *a)* X *ist partielle Transversale und*
> $\mathfrak{B}$ *besitzt eine Transversale.*

> *b)* *Es existieren* $X_O, \mathfrak{B}_O$ *mit* $X \subseteq X_O \subseteq S$, $\mathfrak{B} \subseteq \mathfrak{B}_O \subseteq \mathfrak{A}$,
>   *so daß* X_O *Transversale von* $\mathfrak{B}_O$ *ist.*

Für $\mathfrak{B} = \mathfrak{A}$ erhalten wir wiederum die Aussage (VIII.2.7).

Als letzte, vom Hall'schen Satz motivierte Variante studieren wir
__zwei__ Mengenfamilien $\mathfrak{A}$ und $\mathfrak{B}$ auf S und ihre möglichen gemeinsamen Ver-
tretersysteme.

Definition

(VIII.2.10) Es seien $T(S;A_1,\ldots,A_n)$, $T(S;B_1,\ldots,B_n)$ zwei Mengenfamilien. Wir sagen $\{x_i : i \in \mathbb{N}_n\}$, $x_i \in S$, ist ein __System gemeinsamer Ver-
treter__ für $\mathfrak{A}$ und $\mathfrak{B}$, falls eine Permutation $\theta : \mathbb{N}_n \to \mathbb{N}_n$ existiert mit

$$x_i \in A_i \cap B_{\theta(i)}, \quad i = 1,\ldots,n.$$

Sind die Elemente $x_i \in S$ alle __verschieden__, so nennen wir $X = \{x_1,\ldots,x_n\}$
eine __gemeinsame Transversale__ von $\mathfrak{A}$ und $\mathfrak{B}$.

Satz

(VIII.2.11) *Die Mengenfamilien* $T(S;A_1,\ldots,A_n)$ *und* $T(S;B_1,\ldots,B_n)$ *besitzen genau dann ein System gemeinsamer Vertreter, wenn die Vereini-
gung von je k Mengen aus* $\mathfrak{A}$ *mit mindestens k Mengen aus* $\mathfrak{B}$ *einen nichtleeren Durchschnitt hat, für* $k = 1,\ldots,n$.

Beweis

Wir fassen $\mathfrak{A}$ und $\mathfrak{B}$ als definierende Eckenmengen eines bipartiten Graphen G(E,R) auf, und setzen

$$\{A_i, B_j\} \in R \quad :\leftrightarrow \quad A_i \cap B_j \neq \emptyset.$$

Die Korrespondenzen in G(E,R) entsprechen dann bijektiv den partiellen Systemen gemeinsamer Repräsentanten. Ist ferner $\mathfrak{A}' = \{A_j : j \in J\}$ Teilfamilie von $\mathfrak{A}$, so ist

$$R(\mathfrak{A}') = \{B_\ell : B_\ell \text{ hat mit einer Menge aus } \mathfrak{A}'$$
$$\text{einen nichtleeren Durchschnitt}\}.$$

Anwendung von (VIII.1.18) erbringt nun das Resultat. □

Folgerung

(VIII.2.12)   *Es seien* $S = A_1 \cup A_2 \cup \ldots \cup A_n$, $S = B_1 \cup B_2 \cup \ldots \cup B_n$ *zwei Partitionen der Menge S. Die Familien $\mathfrak{A}$ und $\mathfrak{B}$ besitzen genau dann ein System gemeinsamer Repräsentanten (= gemeinsame Transversale), wenn die Vereinigung von je k Mengen aus $\mathfrak{A}$ höchstens k der Mengen aus $\mathfrak{B}$ enthält, k = 1,...,n. Insbesondere besitzen also zwei Partitionen mit* $|A_i| = |B_i| = t$, $i = 1,...,n$, *eine gemeinsame Transversale.*

Die letzte Aussage hat ein interessantes Resultat für endliche Gruppen zur Folge.

Folgerung

(VIII.2.13)   *Es sei G eine endliche Gruppe, $H \subseteq G$ Untergruppe. Dann besitzen die Familien der Linksnebenklassen bzw. der Rechtsnebenklassen von G nach H eine gemeinsame Transversale.*

Zum Existenzsatz für eine gemeinsame <u>Transversale</u> zweier beliebiger Mengenfamilien verwenden wir den Rado'schen Satz (VIII.2.3).

Satz

(VIII.2.14)   *Die beiden Mengensysteme* $T(S; A_1,...,A_n)$, $T(S; B_1,...,B_n)$ *besitzen genau dann eine gemeinsame Transversale, wenn für alle Paare* $I, J \subseteq N_n$ *gilt:*

$$\left| \bigcup_{i \in I} A_i \cap \bigcup_{j \in J} B_j \right| \geq |I| + |J| - n.$$

Beweis

Die Notwendigkeit ist wiederum unmittelbar einsichtig. Zum Beweis der

Umkehrung betrachten wir das Transversalmatroid $G(S) = T(S,\mathfrak{B})$. ($G(S)$ ist genau genommen nicht unbedingt ein Matroid, da S auch unendlich sein kann. Da aber nur <u>endlich</u> viele Mengen B_j vorliegen, induzieren die partiellen Transversalen von $\mathfrak{B}$ ein Matroid.) Im Mengensystem $T(S,\mathfrak{A})$ zusammen mit $G(S)$ sind die <u>unabhängigen partiellen Transversalen</u> somit genau jene Untermengen $C \subseteq S$, welche partielle Transversalen von $\mathfrak{A}$ sind und unabhängig in $G(S)$, d.h. auch partielle Transversalen von $\mathfrak{B}$, somit <u>gemeinsame</u> partielle Transversalen sind.

Sei nun die Bedingung des Satzes erfüllt und $I \subseteq N_n$. Wir definieren die Mengenfamilie

$$\mathfrak{B}^* := \{B_j^* : j \in N_n\}, \quad B_j^* := B_j \cap (\bigcup_{i \in I} A_i).$$

Für beliebiges $J \subseteq N_n$ gilt dann

$$\left| \bigcup_{j \in J} B_j^* \right| = \left| \bigcup_{j \in J} B_j \cap \bigcup_{i \in I} A_i \right| \geq |I| + |J| - n = |J| - (n - |I|).$$

Nach (VIII.2.6) besitzt daher $\mathfrak{B}^*$ eine partielle Transversale der Mächtigkeit $|I|$. Dies aber bedeutet, daß $\bigcup_{i \in I} A_i$ eine partielle Transversale von $\mathfrak{B}$ der Mächtigkeit $|I|$ enthält, d.h. daß

$$r(\bigcup_{i \in I} A_i) \geq |I|$$

gilt, wobei r die Rangfunktion in $G(S)$ bezeichnet. Satz (VIII.2.3) liefert nun die Behauptung. $\square$

Für gemeinsame Transversalen können nun wiederum Aussagen über vorgeschriebene Untermengen und Defekte analog zu den bisherigen Sätzen bewiesen werden. Mehr darüber in den Übungen.

B. Rado's Auswahlprinzip

Bis jetzt haben wir uns stets mit <u>endlichen</u> Mengenfamilien beschäftigt und die Existenz und Größe partieller Transversalen studiert. Entsprechend wurde der Zerlegungssatz (VIII.1.29) für <u>endliche</u> Ordnungen bewiesen. In diesem Abschnitt wollen wir kurz die Frage anschneiden, inwieweit unsere Resultate auf <u>unendliche</u> Familien (bzw. unendliche Ordnungen) erweitert werden können. Zur Diskussion dieses Problemkreises bietet sich als gemeinsamer Obersatz das folgende Auswahlprinzip an, welches sich als ein Fundamentalsatz der Transversaltheorie erwiesen hat.

Zunächst ein paar Vereinbarungen zur Terminologie.

<u>Definition</u>

(VIII.2.15) Es sei $\mathfrak{A} = \{A_i : i \in I\}$ eine im allgemeinen unendliche Familie von Untermengen einer Menge S. Mit $J := \{J : J \subseteq I, |J| < \infty\}$ bezeichnen wir das System aller <u>endlichen</u> Untermengen der Indexmenge I. Ist $J \in J$, so nennen wir eine Abbildung $\theta_J : J \to S$ mit $\theta_J(j) \in A_j$ für alle $j \in J$, eine <u>lokale</u> Auswahlfunktion. Entsprechend heißt $\theta : I \to S$ mit $\theta(i) \in A_i$, f.a. $i \in I$, eine <u>globale Auswahlfunktion</u>.

Unser Ziel ist der Nachweis, daß zu jedem System $\{\theta_J : J \in J\}$ lokaler Auswahlfunktionen stets eine globale Funktion θ existiert, welche - reduziert auf J - das Verhalten von θ_J imitiert. Kurz ausgedrückt: Das folgende Auswahlprinzip schließt von der Existenz gewisser <u>endlicher Konfigurationen</u> auf eine entsprechende <u>unendliche Konfiguration</u>.

$\boxed{\text{Satz (Rado)}}$

(VIII.2.16) *Es sei $\mathfrak{A} = \{A_i : i \in I\}$ eine Familie endlicher Untermengen A_i von S. Für jedes $J \in J$ existiere eine lokale Auswahlfunktion θ_J. Dann existiert eine globale Auswahlfunktion θ mit folgender Eigenschaft: Für jedes $J \in J$ gibt es $K \in J$ mit $J \subseteq K$ derart, daß $\theta(j) = \theta_K(j)$ ist, für alle $j \in J$.*

<u>Beweis</u>

Es sei Ω die Gesamtheit der Familien $\mathfrak{B} = \{B_i : i \in I\}$ mit $B_i \subseteq A_i$ für alle $i \in I$, so daß für jedes $J \in J$ ein K existiert mit $J \subseteq K \in J$ und $\theta_K(j) \in B_j$, für alle $j \in J$. Ω ist nicht leer, da $\mathfrak{A}$ in Ω ist. Wir ordnen Ω durch

$$\mathfrak{B} \leq \mathfrak{C} \quad :\leftrightarrow \quad B_i \subseteq C_i \text{ für alle } i \in I.$$

Der Beweis besteht nun darin, durch Anwendung des Zorn'schen Lemmas auf die Existenz einer <u>minimalen</u> Familie $\mathfrak{M} \in \Omega$ zu schließen und daraus die gewünschte globale Funktion zu konstruieren. Es sei $\{\mathfrak{B}(\kappa) : \kappa \in K\}$ Kette in Ω. Für $\kappa \in K$ setzen wir

$$\mathfrak{B}(\kappa) = \{B_i(\kappa) : i \in I\}, \ B_i(\kappa) \subseteq A_i.$$

Als nächstes definieren wir $\mathfrak{B}^* = \{B_i^* : i \in I\}$ durch

$$B_i^* := \bigcap_{\kappa \in K} B_i(\kappa) \subseteq A_i,$$

und weisen $\mathfrak{B}^* \in \Omega$ nach. Wegen der Endlichkeit der A_i's gilt für jedes $i \in I$, daß

$$B_i^* = B_i(\kappa_i) \text{ für ein } \kappa_i \in K.$$

Wir schließen, daß für jedes $J \in J$ mit $\kappa_0 = \min(\kappa_j : j \in J)$

$$B_j(\kappa_0) \subseteq B_j(\kappa_j) = B_j^* \subseteq B_j(\kappa_0),$$

gilt, und somit

$$B_j^* = B_j(\kappa_0) \text{ für alle } j \in J.$$

Wegen $\mathfrak{B}(\kappa_0) \in \Omega$ existiert zu $J \in J$ eine Menge $K \in J$ mit $J \subseteq K$ und

$$\theta_K(j) \in B_j(\kappa_0) = B_j^*, \text{ für alle } j \in J.$$

Dies bedeutet aber gerade $\mathfrak{B}^* \in \Omega$, und nach dem Lemma von Zorn existiert in Ω eine minimale Familie $\mathfrak{M} = \{M_i : i \in I\}$.

Wir wollen $|M_i| = 1$ für alle $i \in I$ nachweisen. Das Gegenteil sei richtig, dann gibt es $i_0 \in I$, so daß $x \neq y \in M_{i_0}$. Da $\mathfrak{M} \in \Omega$ ist, wissen wir, daß zu jedem $J \in J$ ein $K \in J$ existiert mit $\theta_K(j) \in M_j$, f.a. $j \in J$. Alle solchen Mengen K nennen wir <u>Assoziierte</u> von J. Betrachten wir nun $\mathfrak{M}' = \{M_i' : i \in I\}$,

$$M_i' := \begin{cases} M_i & \text{für } i \neq i_0, \\ M_{i_0} - \{x\} & \text{für } i = i_0. \end{cases}$$

Aus der Minimalität von $\mathfrak{M}$ folgt dann: Es existiert $J_x \in J$ mit $i_0 \in J_x$, so daß für alle Assoziierten K von J_x stets $j_x \in J_x$ existiert mit $\theta_K(j_x) \notin M_{j_x}'$. Daraus schließen wir sofort, daß $j_x = i_0$ sein muß, d.h. daß

$$\theta_K(i_0) = x \text{ ist, für alle Assoziierten } K \text{ von } J_x.$$

Analog existiert $J_y \in J$ mit $i_0 \in J_y$, so daß

$$\theta_L(i_0) = y \text{ ist, für alle Assoziierten } L \text{ von } J_y.$$

Ist schließlich N Assoziierte von $J_x \cup J_y$, so ist N auch assoziiert zu J_x und J_y, und wir erhalten

$$\theta_N(i_0) = x, \quad \theta_N(i_0) = y,$$

und damit den gewünschten Widerspruch.

Es sei nun $\mathfrak{M} = \{M_i : i \in I\}$, $M_i = \{z_i\}$. Wir definieren die globale Auswahlfunktion $\theta : I \rightarrow S$ durch

$$\theta(i) = z_i .$$

Da $\mathfrak{M} \in \Omega$ ist, besitzt jedes $J \in \mathfrak{J}$ ein Assoziiertes $K \in \mathfrak{J}$, und für diese Menge K gilt

$$\theta_K(j) = z_j = \theta(j), \text{ für alle } j \in J. \quad \square$$

Folgerung

(VIII.2.17) *Es seien dieselben Voraussetzungen wie in (VIII.2.16) gegeben. Sind alle lokalen Auswahlfunktionen θ_J injektiv, so auch die globale Funktion θ.*

Beweis

Es sei $i \neq j \in I$. Zu $J = \{i,j\}$ existiert $K \supseteq J$ mit $\theta(i) = \theta_K(i)$, $\theta(j) = \theta_K(j)$. Da aber θ_K injektiv ist, muß $\theta(i) \neq \theta(j)$ sein. $\quad \square$

Als Anwendungen des Auswahlprinzips besprechen wir zunächst die direkten Verallgemeinerungen der fundamentalen Transversalsätze und anschließend einige damit verwandte Fragen.

Satz (M. Hall)

(VIII.2.18) *Es sei $\mathfrak{A} = \{A_i : i \in I\}$ eine beliebige Familie endlicher Untermengen von S. Dann sind die folgenden Bedingungen äquivalent:*

> *a) $\mathfrak{A}$ besitzt eine Transversale.*

> *b) Jede endliche Teilfamilie $\mathfrak{A}_J = \{A_j : j \in J\}$ besitzt eine Transversale.*

> *c) Jede endliche Teilfamilie $\mathfrak{A}_J$ erfüllt Hall's Bedingung.*

Beweis

Wir wissen aus (VIII.2.2), daß (b) $\leftrightarrow$ (c) ist, außerdem gilt klarerweise (a) $\rightarrow$ (b). Die Implikation (b) $\rightarrow$ (a) schließlich steht in (VIII.2.17). $\quad \square$

Die Verallgemeinerung des Satzes von Hall auf beliebige Familien beliebiger Mengen ist ungelöst. Die naheliegende Vermutung, daß die notwendige Bedingung (VIII.2.18c) auch hier hinreichend ist, erweist sich als falsch. Z.B. besitzt in $\mathfrak{A} = \{\mathbb{N}, \{1\}, \{2\}, \ldots\}$ jede endliche Unterfamilie eine Transversale, jedoch nicht die gesamte Familie $\mathfrak{A}$.

Um den Satz von Rado (VIII.2.3) auf unendliche Familien zu erweitern, müssen wir zunächst die Definition eines Matroides so abschwächen, daß auch unendliche unabhängige Mengen zugelassen sind.

Definition

(VIII.2.19) $G(S)$ heißt ein Matroid von <u>finitem Charakter</u>, falls eine nichtleere Familie $\mathfrak{U} \subseteq 2^S$ (der unabhängigen Mengen) existiert, für die gilt:

    a) $I \in \mathfrak{U}, J \subseteq I \rightarrow J \in \mathfrak{U}$.

    b) Sind $I, J \in \mathfrak{U}$ mit $|I| < |J| < \infty$, so existiert $p \in J - I$ mit $I \cup p \in \mathfrak{U}$.

    c) $I \in \mathfrak{U} \leftrightarrow J \in \mathfrak{U}$ für alle $J \subseteq I$, $|J| < \infty$.

Der Beweis des folgenden Satzes für unabhängige Transversalen verläuft nun ähnlich wie der von (VIII.2.16).

Satz

(VIII.2.20) *Es sei $G(S)$ ein Matroid von finitem Charakter und $\mathfrak{U} = \{A_i : i \in I\}$ eine Familie von Untermengen A_i endlichen Ranges. Dann sind die folgenden Bedingungen äquivalent:*

    a) $\mathfrak{U}$ besitzt eine unabhängige Transversale.

    b) Jede endliche Teilfamilie $\mathfrak{U}_J = \{A_j : j \in J\}$ besitzt eine unabhängige Transversale.

    c) Jede endliche Teilfamilie $\mathfrak{U}_J$ erfüllt Rado's Bedingung (VIII.2.3).

Es erhebt sich die Frage, ob analog zu (VI.2.12) die partiellen Transversalen einer beliebigen Familie $\mathfrak{U} = \{A_i : i \in I\}$ endlicher Untermengen von S ein Matroid von finitem Charakter induzieren. Daß in (VIII.2.19) a) und b) gelten, ist klar. Bedingung c) ist aber allgemein nicht erfüllt, wie das folgende Beispiel zeigt:

$$\mathfrak{U} = \Big\{ \{1,2\}, \{1,3\}, \{1,4\}, \ldots \Big\} \subseteq 2^{\mathbb{N}} \ .$$

Jede endliche Untermenge von $\mathbb{N}$ (sogar <u>jede</u> echte Untermenge) ist partielle Transversale, nicht aber $\mathbb{N}$.

Als nächstes demonstrieren wir eine Verallgemeinerung des Dilworth' schen Satzes (VIII.1.29) auf unendliche Ordnungen.

<u>Satz</u> (Dilworth)

(VIII.2.21) *Es sei $P_<$ eine Ordnung beliebiger Mächtigkeit, in der die Mächtigkeit der Antiketten nach oben beschränkt sind. Dann gilt:*

$$d(P) = \max_{A\,\text{Antikette}} |A|.$$

<u>Beweis</u>

Für endliche Ordnungen $P_<$ haben wir den Satz bereits in (VIII.1.29) bewiesen. Es sei P nun unendlich, $m = \max_{A\,\text{Antikette}} |A|$. Die Ungleichung $d(P) \geq \max |A|$ ist wiederum klar. Zum Beweis der Umkehrung definieren wir die Familie $\mathfrak{A} = \{A_p : p \in P\}$ mit $A_p := \{1,\ldots,m\}$ für alle $p \in P$. Es sei $J \subseteq P$, $|J| < \infty$. Nach (VIII.1.29) können wir $J_<$ in disjunkte Ketten $J = J_1 \cup \ldots \cup J_m$ zerlegen (von denen einige leer sein mögen). Schließlich definieren wir die Auswahlfunktionen $\theta_J : J \to \{1,\ldots,m\}$

$$\theta_J(p) := k, \text{ wobei } k \text{ die eindeutige Zahl in } \mathbb{N}_m \text{ ist mit } p \in J_k.$$

Sind $p,q \in J$ mit $\theta_J(p) = \theta_J(q)$, so sind p,q in $P_<$ offenbar vergleichbar.

Haben wir auf diese Weise für alle endlichen Teilordnungen $J_< \subseteq P_<$ eine Auswahlfunktion θ_J festgelegt, so existiert eine globale Funktion $\theta : P \to \{1,\ldots,m\}$, die den Bedingungen aus (VIII.2.16) genügt. Um den Beweis zu beenden, zeigen wir, daß $P_1 \cup \ldots \cup P_m$ mit

$$P_i := \{p \in P : \theta(p) = i\}$$

eine Ketten-Partition von P ist. Seien also $p,q \in P_i$, so gilt $\theta(p) = \theta(q)$. Andererseits existiert nach (VIII.2.16) eine endliche Teilordnung $K_< \subseteq P_<$ mit $\{p,q\} \subseteq K$ und $\theta(p) = \theta_K(p)$, $\theta(q) = \theta_K(q)$. Dies bedeutet $\theta_K(p) = \theta_K(q)$, d.h. p,q sind vergleichbar. $\square$

Die letzte Anwendung des Auswahlprinzips bezieht sich auf die Graphentheorie, einige weitere sind in den Übungen enthalten.

<u>Satz</u> (de Bruijn-Erdös)

(VIII.2.22) *Ein beliebiger Graph $G(E,K)$ ist genau dann k-färbbar, wenn jeder endliche Teilgraph k-färbbar ist.*

<u>Beweis</u>

Es gelte $\mathrm{chrom}(H) \leq k$ für jeden endlichen Teilgraphen H. Wir definieren $\mathfrak{A} = \{A_v : v \in E\}$,

$$A_v := \{1,\ldots,k\} \text{ für alle } v \in E.$$

Es sei $J \subseteq E$, $|J| < \infty$. Nach Voraussetzung existiert $\theta_J : J \to \{1,\ldots,k\}$ mit $\{u,v\} \in K \to \theta_J(u) \neq \theta_J(v)$, für alle $u,v \in J$. Die globale Funktion $\theta : E \to \{1,\ldots,k\}$ ist dann die gewünschte Färbung. $\square$

C. Anwendungen

Die für konkrete Probleme grundlegende Bedeutung der Korrespondenzsätze liegt in der einfachen Formulierung der Voraussetzungen und des Schlusses. Es ist in vielen Situationen möglich, eine sinnvolle Mengenfamilie aufzustellen und nach den Transversalen zu fragen. Der Satz von Hall behauptet dann entweder die __Bijektion__ zwischen zwei Unterstrukturen oder die __Existenz__ einer gewissen Konfiguration. Im folgenden werden Beispiele für beide Interpretationen gegeben.

Gleichmächtigkeit von Basen in Matroiden

Wir wollen den fundamentalen Satz (VI.1.4a) über die Gleichmächtigkeit der Basen in Matroiden mit Hilfe des Hall'schen Satzes neu beweisen. Es seien $B = \{b_1,\ldots,b_n\}$ und B' zwei Basen des Matroides $G(S)$. Wir konstruieren die Mengenfamilie $\mathfrak{A} = \{A_i : i \in \mathbb{N}_n\} \subseteq 2^B$ folgendermaßen. In (VI.1.14) wurde aus der Definition von Basen und Kreisen gefolgert, daß für $b \notin B'$ ein eindeutiger Kreis $C_b(B')$ mit $b \in C_b(B') \subseteq B' \cup b$ existiert. Für $i = 1,\ldots,n$ sei nun $A_i \subseteq B'$ definiert durch

$$A_i := \begin{cases} C_{b_i}(B') - b_i & \text{falls } b_i \notin B', \\ \{b_i\} & \text{falls } b_i \in B'. \end{cases}$$

Für $J \subseteq \mathbb{N}_n$ gilt dann:

$$\left|\bigcup_{j \in J} A_j\right| \geq r\left(\overline{\bigcup_{j \in J} A_j}\right) = r\left(\overline{\bigcup_{j \in J} (A_j \cup b_j)}\right) \geq |J|,$$

da $\{b_j : j \in J\} \subseteq B$ ist. Es existiert somit eine Injektion $\theta : B \to B'$, woraus $|B| \leq |B'|$, und aus Symmetriegründen $|B| = |B'|$ folgt.

Dieselbe Methode kann auch zum Beweis der Gleichmächtigkeit von Basen in beliebigen Matroiden von finitem Charakter herangezogen werden.

Stochastische Matrizen

In der Statistik spielen Matrizen eine Rolle, deren Zeilensummen oder
Spaltensummen (oder beide) konstant sind. Wir wollen den Satz von
König zum Studium dieser Matrizen verwenden. Zunächst eine Definition:
Eine $n \times n$-Matrix P heißt __Permutationsmatrix__, falls in jeder Zeile und
jeder Spalte genau eine 1 steht, und sonst lauter Nullen.

Satz

(VIII.2.23) *Es sei $M = [a_{ij}]$ eine $n \times n$-Matrix, deren Glieder nichtnegative reelle Zahlen sind. Die Zeilensummen und Spaltensummen seien
alle gleich s. Dann gilt*

$$M = c_1 P_1 + \ldots + c_t P_t,$$

*wobei jede Matrix P_i Permutationsmatrix ist und die c_i nichtnegative
reelle Zahlen sind mit $\sum_{i=1}^{t} c_i = s$. Ist insbesondere M nicht Nullmatrix,
so existieren n Glieder $\neq 0$ in M, von denen keine zwei in derselben
Zeile oder Spalte aufscheinen.*

Beweis

Ist M die Nullmatrix, so ist nichts zu beweisen. Andernfalls behaupten wir die Existenz einer unabhängigen Menge (siehe (VIII.1.16)) von
n Gliedern $\neq 0$ in M. Wäre dies nicht der Fall, so könnten wir nach
(VIII.1.16) die Glieder $\neq 0$ von M durch c Zeilen und d Spalten bedecken mit $c + d < n$. Dann gälte aber

$$n\,s = \sum_{i,j=1}^{n} a_{ij} \leq (c+d)s < ns.$$

Der letzte Teil der Aussage ist somit bewiesen.

Es bezeichne P_1 die Permutationsmatrix mit den 1'en in genau jenen
Positionen wie die der eben bestimmten unabhängigen Elemente $\neq 0$. Ist
c_1 die kleinste dieser positiven reellen Zahlen, so erfüllt die Matrix

$$M - c_1 P_1$$

wiederum die Bedingungen des Satzes mit konstanter Zeilen-und Spaltensumme $s - c_1$. $M - c_1 P_1$ enthält nach Konstruktion mindestens ein Null-
glied mehr als M. Wenden wir denselben Schluß auf $M - c_1 P_1$ an, usf.,
so kommen wir nach endlich vielen Schritten auf die Gleichung

$$M - c_1 P_1 - \ldots - c_t P_t = 0. \;\square$$

Aus dem eben bewiesenen Satz ziehen wir eine wichtige Folgerung.

<u>Definition</u>

(VIII.2.24)   Eine n × n-Matrix M heißt <u>doppelstochastisch</u>, falls die Glieder von M nichtnegative reelle Zahlen sind, und die Zeilen-und Spaltensummen jeweils 1 sind.

<u>Folgerung (Birkhoff)</u>

(VIII.2.25)   *Eine Matrix M ist genau dann doppelstochastisch, wenn*

$$M = \sum_{i=1}^{t} c_i P_i \text{ ist mit } \sum_{i=1}^{t} c_i = 1 \text{ für gewisse Permutationsmatrizen } P_i$$

und nichtnegative reelle Zahlen c_i.

Für quadratische Matrizen $M = [a_{i,j}]$ definiert man die <u>Permanente</u> per (M) durch

$$\text{per}(M) := \sum_{\sigma \in S_n} a_{1,\sigma(1)} a_{2,\sigma(2)} \cdots a_{n,\sigma(n)} \; ,$$

wobei die rechte Summe über alle Permutationen von N_n erstreckt wird. Nach (VIII.2.23) existiert für eine doppelstochastische Matrix $M \neq O$ stets eine unabhängige Menge von n Gliedern $\neq O$, d.h. für jede solche Matrix ist

$$O < \text{per}(M) \leq 1,$$

wobei die rechte Ungleichung wegen per (M) $\leq$ Produkt der Zeilensummen gilt. (Beweis?)

Die n × n-Matrix $N = [n_{ij}]$ mit $n_{ij} = \frac{1}{n}$ für alle i,j ist doppelstochastisch mit

$$\text{per}(N) = \frac{n!}{n^n} \; ,$$

und eine Vermutung von Van der Waerden besagt, daß

$$\text{per}(M) \geq \frac{n!}{n^n}$$

für jede doppelstochastische n × n-Matrix M gilt.

<u>Lateinische Quadrate</u>

Wir betrachten die Ziffern 1,2,...,n (oder jede beliebige n-Menge). Ein <u>lateinisches Quadrat</u> der Ordnung n ist eine n × n-Matrix, in der in jeder Zeile und jeder Spalte die Ziffern 1,...,n genau einmal vorkommen. Allgemeiner ist ein <u>lateinisches Rechteck</u> über N_n vom Typ r × n, r ≤ n, eine r × n-Matrix, in der die Elemente $1,...,n$ in jeder Zeile und Spalte <u>höchstens</u> einmal vorkommen.

<u>Satz</u>

(VIII.2.26) *Gegeben sei ein lateinisches Rechteck L über* $\mathbb{N}_n$ *vom Typ* r × n, r ≤ n. *Dann kann L durch Anhängen von weiteren* $n - r$ *Zeilen zu einem lateinischen Quadrat ergänzt werden.*

<u>Beweis</u>

Für $j = 1,...,n$ sei A_j die Menge aller Ziffern aus $\mathbb{N}_n$, welche <u>nicht</u> in der j-ten Spalte von L erscheinen. Offenbar gilt $|A_j| = n - r$, $j = 1,...,n$, und ferner ist jedes $i \in \mathbb{N}_n$ in genau $n - r$ der Mengen A_j enthalten. Nach (VIII.2.4) besitzt $\mathfrak{A} = \{A_j : j \in \mathbb{N}_n\}$ eine Transversale B, und diese kann als $r + 1$-ste Zeile an L angehängt werden. Durch Wiederholung dieses Schlusses kann L letztlich zu einem lateinischen Quadrat ergänzt werden. □

<u>Ungleichungen zwischen symmetrischen Funktionen</u>

Es seien $x_1,...,x_n$ nichtnegative reelle Zahlen. Die wohlbekannte Ungleichung zwischen dem <u>geometrischen</u> und <u>arithmetischen</u> Mittel der x_i besagt:

$$\sqrt[n]{x_1 x_2 \cdots x_n} \leq \frac{1}{n} \sum_{i=1}^{n} x_i .$$

Ist $b = (b_1,...,b_n) \in \mathbb{R}^n$ mit nichtnegativen Koordinaten, so bezeichnen wir mit [b] die folgende symmetrische Funktion in $x_1,...,x_n$:

$$[b] := \frac{1}{n!} \sum_{\sigma \in S_n} x_1^{b_{\sigma(1)}} x_2^{b_{\sigma(2)}} \cdots x_n^{b_{\sigma(n)}} .$$

Zum Beispiel gilt für die Vektoren $g = (\frac{1}{n}, \frac{1}{n}, ..., \frac{1}{n})$, $a = (1, 0, ..., 0)$:

[g] = geometrisches Mittel, [a] = arithmetisches Mittel.

Allgemein heißt jeder Ausdruck [b] ein <u>symmetrisches Mittel</u> der x_i. Wir nennen den Vektor c einen <u>Durchschnitt</u> des Vektors d (beide mit nichtnegativen Koordinaten), falls eine doppelstochastische Matrix M existiert mit

$$c = M.d .$$

Als Beispiel haben wir

$$g = M.a$$

mit $M = [a_{ij}]$, $a_{ij} = \frac{1}{n}$ für alle i, j.

Das geometrische Mittel ist also Durchschnitt des arithmetischen
Mittels. Die Verallgemeinerung der eingangs erwähnten Ungleichung auf
beliebige symmetrische Mittel ist Inhalt des folgenden Satzes.

<u>Satz</u> (Muirhead)

(VIII.2.27) *Gegeben symmetrische Mittel* [c],[d]. *Ist c Durchschnitt
von d, so gilt*

$$[c] \leq [d]$$

für alle nichtnegativen Werte der Variablen $x_1,\ldots,x_n$.

<u>Beweis</u>

Ein symmetrisches Mittel [c] kann auch

$$[c] = \frac{1}{n!} \sum_Q e^{\sum_{i=1}^{n} (Qc)_i \log x_i}$$

geschrieben werden, wobei Q alle Permutationsmatrizen durchläuft.
(Wir setzen $x_i > 0$ voraus, die allgemeine Situation folgt dann aus
Stetigkeitsüberlegungen.) Die entscheidende Stelle des Beweises ist
die bekannte Konvexitätseigenschaft der Exponentialfunktion

$$e^{\sum \lambda_i x_i} \leq \sum \lambda_i e^{x_i} \quad \text{für alle } x_1,\ldots,x_n \geq 0,\ \lambda_i \geq 0,\ \sum \lambda_i = 1.$$

Nach Voraussetzung existiert eine doppelstochastische Matrix M mit
c = Md. Laut (VIII.2.25) gilt somit

$$c = \sum_P \lambda_P Pd, \quad \lambda_P \geq 0,\ \sum_P \lambda_P = 1,$$

wobei P alle Permutationsmatrizen durchläuft. Daraus schließen wir

$$n![c] = \sum_Q e^{\sum_{i=1}^{n} (Qc)_i \log x_i} = \sum_Q e^{\sum_{i=1}^{n} \sum_P \lambda_P (QPd)_i \log x_i}$$

$$\leq \sum_Q \sum_P \lambda_P e^{\sum_{i=1}^{n} (QPd)_i \log x_i}$$

$$= \sum_P \lambda_P \sum_Q e^{\sum_{i=1}^{n} (Qd)_i \log x_i} = \sum_P \lambda_P n![d]$$

$$= n![d],$$

da für festes P auch QP alle Permutationsmatrizen durchläuft, und
$\sum_P \lambda_P = 1$ ist. $\square$

Übungen zu Abschnitt 2

1. Es sei $T(S;A_1,\ldots,A_n)$ endliches Mengensystem. Wir nennen zwei Transversalen B,B' von $\mathfrak{A}$ <u>verschieden</u>, falls $B = \{x_1,\ldots,x_n\}$, $B' = \{x_1',\ldots,x_n'\}$ mit $x_i, x_i' \in A_i$ für alle i, und $x_i \neq x_i'$ für ein i. Zeige: Ist $m \leq |A_1| \leq |A_2| \leq \ldots \leq |A_n|$, so ist die Anzahl der verschiedenen Transversalen mindestens

$$\prod_{k=1}^{\min(m,n)} (|A_k| - k + 1). \quad \text{(Rado)}$$

→ 2. Löse das Harem-Problem: Gegeben sind n Damen und eine Anzahl befreundeter Herren. Jede der Damen wünscht unter ihren Bekanntschaften einen Harem einzurichten, wobei die i-te Dame genau p_i Herren um sich scharen möchte. Wann ist dies möglich, unter der Voraussetzung, daß jeder Herr höchstens einer Dame zugeteilt wird?

3. Gegeben das Mengensystem $\mathfrak{A} = \{A_i : i \in I\} \subseteq 2^S$, wobei wir annehmen, daß alle A_i endlich sind, falls $|I| = \infty$. Zeige: $\mathfrak{A}$ besitzt ein System $\{x_i : i \in I\}$ von Repräsentanten $x_i \in A_i$, in dem jedes Element von S höchstens r-mal vorkommt $\leftrightarrow$ $\left|\bigcup_{j\in J} A_j\right| \geq |J|\big/r$ für alle $J \subseteq I, |J| < \infty$.

→ 4. Zeige mit Hilfe von (VIII.2.6): Es seien $r_1,\ldots,r_m \in \mathbb{Z}$, $0 \leq r_i \leq n$ für alle i, und $A_1,\ldots,A_n$ paarweise disjunkte Mengen mit $|A_i| = s_i$. $\mathfrak{A}$ besitzt genau dann m paarweise disjunkte partielle Transversalen der Längen $r_1,\ldots,r_m$, wenn

$$\sum_{j=n-k+1}^{n} \bar{s}_j \geq \sum_{j=n-k+1}^{n} r_j^* \quad \text{für } k = 1,\ldots,n,$$

wobei $\bar{s}_1 \geq \bar{s}_2 \geq \ldots \geq \bar{s}_n$ die Zahlen s_i geordnet nach Größe sind und $r_j^* := |\{k \in \mathbb{N}_m : r_k \geq j\}|$.

→ 5. Es seien $(x_1,\ldots,x_n),(y_1,\ldots,y_n) \in \mathbb{R}^n$ und $\bar{x}_1 \geq \bar{x}_2 \geq \ldots \geq \bar{x}_n$ die Umordnung der x_i nach ihrer Größe, ebenso $\bar{y}_1 \geq \ldots \geq \bar{y}_n$. Wir definieren:

$$(x_1,\ldots,x_n) \prec (y_1,\ldots,y_n) \; :\leftrightarrow \; \sum_{i=1}^{k} \bar{x}_i \leq \sum_{i=1}^{k} \bar{y}_i \quad \text{für } k = 1,\ldots,n$$

mit Gleichheit für $k = n$.
Beweise mit Hilfe von 4): Es seien $r_1,\ldots,r_m \in \mathbb{Z}$, $0 \leq r_i \leq n$ für alle i, und $s_1,\ldots,s_n \in \mathbb{N}_0$. Dann existiert eine $m \times n$-Matrix, deren Glieder 0 oder 1 sind, mit den Zeilensummen $r_1,\ldots,r_m$ und den Spalten-

summen $s_1, \ldots, s_n$ genau dann, wenn $(s_1, \ldots, s_n) \langle (r_1^*, \ldots, r_m^*)$ mit r_i^* definiert wie in 4). (Gale-Ryser)

6. Zeige an Hand eines Beispieles, daß die folgende Verallgemeinerung von (VIII.2.14) auf 3 Familien $\mathfrak{A} = \{A_i\}$, $\mathfrak{B} = \{B_j\}$, $\mathbb{C} = \{C_k\} \subseteq 2^S$ mit $|\mathfrak{A}| = |\mathfrak{B}| = |\mathbb{C}| = n$ falsch ist: $\mathfrak{A}, \mathfrak{B}, \mathbb{C}$ besitzen eine gemeinsame Transversale $\leftrightarrow |\bigcup_{i \in I} A_i \cap \bigcup_{j \in J} B_j \cap \bigcup_{k \in K} C_k| \geq |I| + |J| + |K| - 2n$, für alle I, J, K aus $\mathbb{N}_n$.

7. Es seien $T(S; A_1, \ldots, A_n)$, $T(S; B_1, \ldots, B_m)$ endliche Mengenfamilien. Zeige: $\mathfrak{A}$ und $\mathfrak{B}$ besitzen genau dann eine gemeinsame partielle Transversale der Mächtigkeit k, wenn

$$|\bigcup_{i \in I} A_i \cap \bigcup_{j \in J} B_j| \geq |I| + |J| - (n + m - k) \text{ für alle } I \subseteq \mathbb{N}_n, J \subseteq \mathbb{N}_m.$$

8.* Eine Korrespondenz in $G(E, R)$ kann auch als 1-regulärer Untergraph von G interpretiert werden. Ist $G(E, K)$ beliebiger ungerichteter Graph, so definieren wir einen <u>1-Faktor</u> H als einen 1-regulären Untergraphen von G, der alle Ecken enthält (d.h. jede Ecke hat Grad 1 in H). Beweise: $G(E, K)$ besitzt einen 1-Faktor $\leftrightarrow |E|$ ist gerade und es existiert keine Teilmenge $S \subseteq E$, so daß die Anzahl der Komponenten von $G - S$ mit ungerader Eckenzahl größer als $|S|$ ist. (Tutte)

→ 9. Wir sagen, $G(E, K)$ ist <u>1-faktorisierbar</u>, falls eine Familie von kantendisjunkten 1-Faktoren existiert, welche jede Kante (genau einmal) enthalten. Zeige mit Hilfe von 8): K_{2n} und $K_{n,n}$ sind 1-faktorisierbar.

10. Beweise den Satz von Szpilrajn mit Hilfe des Auswahlprinzips: Jede Ordnung $P_{<}$ kann zu einer totalen Ordnung (auf P) erweitert werden. (Das heißt, es existiert eine totale Ordnung $\langle$ mit $x < y \rightarrow x \langle y$.)

→ 11. Beweise mit Hilfe des Auswahlprinzips: Ein unendlicher Graph $G(E, K)$ ist genau dann ein Vergleichbarkeitsgraph, wenn jeder volle endliche Teilgraph von G Vergleichbarkeitsgraph ist. (Wolk)

12. Verallgemeinere (VIII.2.18): Es sei $\mathfrak{A} = \{A_i : i \in I\} \subseteq 2^S$ unendliche Mengenfamilie, in der genau eine Menge, z.B. A_{i_0}, unendlich ist. $\mathfrak{A}$ besitzt Transversale $\leftrightarrow \mathfrak{A}$ erfüllt Hall's Bedingung und es gilt

$$A_{i_0} \not\subseteq \bigcup_{j \in J} A_j \quad \text{für alle } J \subseteq I, \ |J| < \infty, \ \text{mit } \left| \bigcup_{j \in J} A_j \right| = |J|. \quad \text{(Jung-Rado)}$$

→ 13. Beweise: a) Matroide von finitem Charakter besitzen Basen (= unabhängig + spannend).

   b) Je zwei Basen sind gleichmächtig.

(Hinweis: Auswahlprinzip)

→ 14. Es sei M eine $n \times n$-Matrix, deren Glieder nichtnegative reelle Zahlen sind, mit konstanter Zeilen- und Spaltensumme. Zeige, daß in (VIII.2.23) für die Anzahl t der Permutationsmatrizen $t \leq n^2 - 2n + 2$ möglich ist, und daß diese Schranke bestmöglich ist. (Wielandt)

15. Zeige: Eine doppelstochastische Matrix M ist genau dann Permutationsmatrix, wenn per(M) = 1 ist.

→ 16. Ein Tanz wird von n Damen und n Herren besucht. Jede der Damen ist mit k Herren bekannt, und jeder der Herren mit k Damen. Zeige, daß k Tänze hintereinander arrangiert werden können, so daß jede Dame mit jedem ihrer bekannten Herren genau einmal tanzt.

17. Zeige: Es gibt mindestens $n!(n-1)! \ldots (n-r+1)!$ lateinische Rechtecke vom Typ $r \times n$, $r \leq n$.

→ 18. Es seien $a = (a_1, \ldots, a_n)$, $b = (b_1, \ldots, b_n) \in \mathbb{R}^n$ mit $a_1 \geq \ldots \geq a_n \geq 0$, $b_1 \geq \ldots \geq b_n \geq 0$ und $(a_1, \ldots, a_n) \langle (b_1, \ldots, b_n)$ im Sinne von Übung 5). Zeige, daß eine doppelstochastische Matrix M existiert mit a = Mb.

19*. Beweise mittels 18) die Umkehrung von (VIII.2.27).

20. Es sei $c = (c_1, \ldots, c_n) \in \mathbb{R}^n$ mit nichtnegativen Koordinaten und $\sum c_i = 1$. Zeige, daß für das symmetrische Mittel [c] gilt: Geometrisches Mittel $\leq$ [c] $\leq$ arithmetisches Mittel.

3. SPERNER THEORIE

In diesem Abschnitt setzen wir die Diskussion kombinatorischer Probleme auf Ordnungen fort. Die zentrale Aussage aus Abschnitt 1.C war der Satz von Dilworth: Für eine endliche Ordnung P gilt $d(P) = \max_{A \in \mathfrak{A}(P)} |A|$.
Während wir uns dort hauptsächlich für <u>minimale</u> Kettenzerlegungen

(Dimensionen etc.) interessiert haben, konzentrieren wir nun das Studium auf die Antiketten $\mathfrak{A}(P)$ von P und deren <u>maximale</u> Mächtigkeit. Wir definieren die <u>Sperner-Zahl</u> von P

$$s(P) := \max_{A \in \mathfrak{A}(P)} |A|.$$

Satz (VIII.1.29) besagt dann gerade, daß $d(P) = s(P)$ gilt, für jede endliche Ordnung $P_<$. Hauptgegenstand des vorliegenden Abschnittes sind Ordnungen mit Rangfunktion, für die wir eine Reihe interessanter Ergebnisse zu diesem Fragenkreis herleiten.

<u>Definition</u>

(VIII.3.1) Es sei $P_<$ eine endliche Ordnung mit Rangfunktion r, $N_k := \{a \in P : r(a) = k\}$ das <u>k-Niveau</u> und $W_k(P) := |N_k|$ die k-te <u>Niveauzahl</u>, $k = 0,\ldots,r(P)$. Wir sagen $P_<$ besitzt die <u>Sperner Eigenschaft</u> (S), falls gilt

$$s(P) = \max_k W_k(P).$$

Da jedes Niveau Antikette ist, gilt stets $s(P) \geq \max_k W_k(P)$ und wegen (VIII.1.29) ist die Sperner Eigenschaft (S) äquivalent zur Eigenschaft (D): P kann in $\max_k W_k(P)$ disjunkte Ketten zerlegt werden.

<u>Beispiel</u>

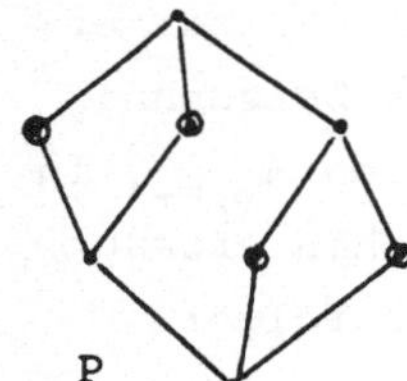

$P_<$ ist eine Ordnung mit Rangfunktion, erfüllt aber nicht (S), da die umrandeten Elemente eine Antikette bilden, während $\max_k W_k(P) = 3$ ist.

Die zu (S) äquivalente Eigenschaft (D) weist auf die Methode hin, mit der wir für eine gegebene Ordnung $P_<$ die Sperner Eigenschaft nachweisen wollen. Wir studieren gewisse kanonische Ketten-Partitionen von P und versuchen, eine minimale (d.h. in $\max_k W_k(P)$ Ketten) darunter aufzufinden. Im allgemeinen werden wir also nicht nur die Eigenschaft (D) nachweisen, sondern sogar die Existenz einer <u>speziellen</u> minimalen Kettenzerlegung.

Für eine klare Gliederung unserer Sätze ist es von Vorteil, einige weitere Eigenschaften zu postulieren.

<u>Definition</u>

(VIII.3.2) Es sei $P_<$ eine endliche Ordnung mit Rangfunktion $r, r(P) = n$,

$\{W_k(P) : k = 0,\ldots,n\}$ die Niveauzahlen. Wir sagen

a) $P_<$ besitzt die <u>Unimodalitätseigenschaft</u> (U), falls
$\{W_k(P) : k = 0,\ldots,n\}$ eine unimodale Folge ist, d.h. falls
$W_k \geq \min (W_{k-1}, W_{k+1})$ für $k = 1,\ldots,n-1$. Mit anderen Worten,
die Folge $\{W_k\}$ steigt bis zu einem gewissen Maximum und fällt
dann.

b) $P_<$ besitzt die <u>Korrespondenzeigenschaft</u> (K), falls für je
zwei benachbarte Niveaux N_k, N_{k+1} in der Bedeckungsrelation
zwischen N_k und N_{k+1} eine volle Korrespondenz enthalten ist.

c) $P_<$ ist <u>symmetrisch zerlegbar um das Mittelniveau</u> - wir sagen,
$P_<$ besitzt die Eigenschaft (SZ) -, falls eine Partition von
P in disjunkte nicht weiter unterteilbare Ketten $P_i =$
$\{a_i \lessdot \ldots \lessdot b_i\}$ mit $r(a_i) + r(b_i) = n$ existiert.

<u>Beispiel</u>

Es ist bekannt, daß die Boole'schen Algebren $B(n)$, die linearen Verbände $L(n,q)$ und die Partitionsverbände $P(n)$ die Eigenschaft (U) besitzen (siehe Übungen). Die ne-
benstehende Zerlegung zeigt, daß
$B(4)$ auch (SZ) erfüllt. Die entsprechende Zerlegung beliebiger
Boolescher Algebren wird in Abschnitt C behandelt. Ferner ermitteln wir aus der Zeichnung
volle Korrespondenzen $M_{k,k+1}$ in
den bipartiten Graphen erzeugt
von N_k und N_{k+1} wie folgt:

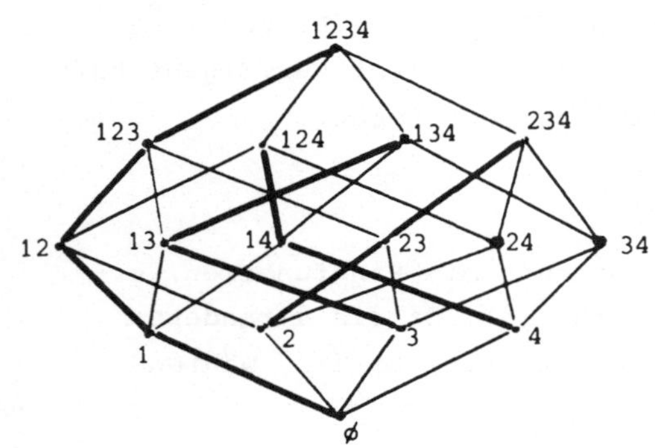

$$M_{0,1} = \Big\{(\emptyset,1)\Big\}, \quad M_{1,2} = \Big\{(1,12),(2,23),(3,13),(4,14)\Big\},$$

$$M_{2,3} = \Big\{(12,123),(13,134),(14,124),(23,234)\Big\},$$

$$M_{3,4} = \Big\{(123,1234)\Big\}.$$

<u>Satz</u>

(VIII.3.3) *Für eine endliche Ordnung* $P_<$ *mit Rangfunktion gelten die
folgenden Implikationen:*

$$(SZ) \Rightarrow (U) \wedge (K) \Rightarrow (S) \quad (\Leftrightarrow (D)).$$

<u>Beweis</u>

Die Äquivalenz von (S) und (D) haben wir bereits erwähnt. $P_<$ erfülle

(U) $\wedge$ (K) mit der Folge

$$W_O \le W_1 \le \cdots \le W_m \ge W_{m+1} \ge \cdots \ge W_n.$$

Es bezeichne $G_{k,k+1}$ den bipartiten Graphen mit N_k, N_{k+1} als definierenden Eckenmengen und den Kanten entsprechend der Bedeckungsrelation
zwischen N_k und N_{k+1}. Laut (K) existieren volle Korrespondenzen $M_{k,k+1}$
auf $G_{k,k+1}$ für $0 \le k \le n-1$. Hängen wir die Kanten aus den $M_{k,k+1}$ (d.h.
die Bedeckungsrelationen) aneinander, so erhalten wir wegen der Unimodalität von P eine disjunkte Kettenzerlegung von P in W_m Ketten.

Es sei schließlich P in disjunkte symmetrische Ketten P_i zerlegt.
Jedes Element $x \in P$ mit $r(x) = k < \frac{n}{2}$ ist in einer nicht weiter unter-
teilbaren Kette enthalten, deren Endglied einen Rang $\ge n-k > \frac{n}{2}$ hat.
Das heißt, wir haben $W_k \le W_{k+1}$ für $0 \le k < \frac{n}{2}$, und analog $W_k \ge W_{k+1}$ für
$n-1 \ge k > \frac{n}{2}$. P ist somit unimodal, wobei die maximalen Niveaux in der
Mitte liegen, und ersichtlich $W_k = W_{n-k}$ für alle k gelten muß. Daraus
folgt aber wie im ersten Teil des Beweises, daß die P_i's volle Korrespondenzen auf den einzelnen Graphen $G_{k,k+1}$ induzieren. $\square$

Wir merken an, daß weder (U) allein noch (K) allein die Sperner Eigenschaft (S) implizieren. Ein Beispiel für (U) $\not\Rightarrow$ (S) erschien am Anfang
des Abschnittes. Die folgende Ordnung beweist (K) $\not\Rightarrow$ (S).

Beispiel

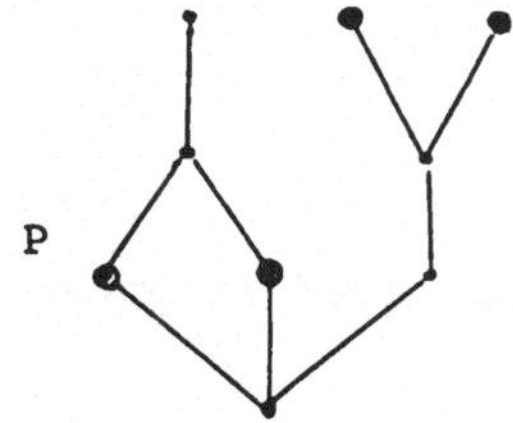

P

$P_<$ erfüllt (K), aber nicht (U),
und es gilt $s(P) = 4 > 3 = \max_k W_k$.

Aufgrund des letzten Satzes gliedern wir den vorliegenden Abschnitt
in 3 Teile: Zunächst Studium der Sperner Eigenschaft, dann der Unimodalität und der Korrespondenzen und schließlich der symmetrischen
Zerlegbarkeit.

A. Sperner Sätze

Der ursprüngliche Satz von Sperner hat genau die Verifikation der
Eigenschaft (S) für die Klasse der Booleschen Algebren zum Inhalt.
Gemäß unserem Programm geben wir hierfür 3 Beweise, je einen in jedem

Abschnitt, und nehmen dann die jeweiligen Beweise zum Ausgangspunkt
unserer Untersuchungen.

Satz (Sperner)

(VIII.3.4) *Die Boolesche Algebra* $B(n)$ *erfüllt die Sperner Eigenschaft*
(S) *für jedes* n.

<u>Beweis</u> (Lubell)

Wir zählen die maximalen.Ketten in $B(S)$ mit $|S| = n$ ab. Jede solche
Kette wird durch eine Permutation der n Elemente eindeutig determiniert (in welcher Reihenfolge die einzelnen Elemente von S hinzuge-
fügt werden), und umgekehrt bestimmt jede Permutation eine maximale
Kette. Das heißt, es gibt genau n! solche Ketten. Ist $\{A_i,\dots,A_m\}$
eine beliebige Antikette in $B(S)$, so kann keine dieser n! maximalen
Ketten mehr als ein A_i enthalten. Offenbar ist $|A_i|! \, (n - |A_i|)!$ die
Anzahl der maximalen Ketten, welche durch A_i passieren, und wir erhalten

$$\sum_{i=1}^{m} |A_i|! \, (n - |A_i|)! \leq n!,$$

und daraus

$$\sum_{i=1}^{m} \frac{1}{\binom{n}{|A_i|}} \leq 1.$$

Bezeichnen wir mit d_k die Anzahl der A_i's mit $|A_i| = k$, so ergibt dies

$$(*) \qquad \sum_{k=0}^{n} \frac{d_k}{\binom{n}{k}} \leq 1.$$

Die Niveauzahlen von $B(n)$ sind nun gerade die Binomialkoeffizienten
$\binom{n}{k}$, und wir folgern

$$\frac{m}{\max_k W_k} \leq 1,$$

oder

$$m \leq \max_k W_k . \quad \square$$

Man beachte, daß wir bei diesem Beweis weder (U) noch (K) benützt
haben, sondern durch bloßes Abzählen der Ketten die <u>stärkere</u> Ungleichung (*) bewiesen haben. Für Binomialzahlen gilt

$\max_k \binom{n}{k} = \binom{n}{[n/2]}$, und wir erhalten aus (*):

Folgerung

(VIII.3.5) *Die einzigen Antiketten A von $B(n)$ mit $|A| = s(B(n)) = \binom{n}{[n/2]}$ sind die beiden Mittelniveaux $N_{[n/2]}$ und $N_{\{n/2\}}$ (welche natürlich für gerades n zusammenfallen).*

Wir vermerken zwei interessante Anwendungen in der Zahlentheorie und Analysis, die später nützliche Verallgemeinerungen der Sperner Eigenschaft motivieren werden.

Satz

(VIII.3.6) *Es sei $m = p_1 \ldots p_n$ eine quadratfreie natürliche Zahl. Dann ist die Maximalzahl von Teilern von m, von denen keiner einen anderen teilt, gleich $\binom{n}{[n/2]}$.*

Beweis

Es sei $T(m) := \{k \in \mathbb{N} : k | n\}$ die Menge der Teiler von m. Mit der Teilerrelation $k \le \ell :\leftrightarrow k | \ell$ gilt ersichtlich $T(m) \cong B(n)$. Jeder Teiler von m korrespondiert bei dieser Isomorphie zur Teilmenge seiner Primteiler aus $\{p_1, \ldots, p_n\}$. □

Satz

(VIII.3.7) *Es seien $a_1, \ldots, a_n \in \mathbb{R}$ mit $a_i \ge 1$, und $I = (b, b+2)$ ein offenes Intervall in $\mathbb{R}$. Dann liegen von den 2^n Zahlen $\sum_{i=1}^{n} \varepsilon_i a_i$, $\varepsilon_i = \pm 1$, höchstens $\binom{n}{[n/2]}$ in I.*

Beweis

Es seien $a = \sum \varepsilon_i a_i$, $a' = \sum \varepsilon_i' a_i \in I$, $a \ne a'$. Wir setzen $A = \{i : \varepsilon_i = 1\}$, $A' = \{i : \varepsilon_i' = 1\}$. Wäre $A \subseteq A'$, so hätten wir

$$a' - a = \sum \varepsilon_i' a_i - \sum \varepsilon_i a_i = 2 \sum_{i \in A'-A} a_i \ge 2.$$

Die so definierten Indizesmengen bilden also eine Antikette in $B(n)$, und die Behauptung folgt aus (VIII.3.4). □

Die Beweismethode des Sperner'schen Satzes läßt sich verbatim auf lineare Verbände übertragen.

Satz

(VIII.3.8) *Die linearen Verbände $L(n,q)$ besitzen die Sperner Eigen-*

schaft (S), *wobei die einzigen Antiketten maximaler Mächtigkeit die Mittelniveaux* $N_{[n/2]}$ *und* $N_{\{n/2\}}$ *sind.*

Ähnlich könnte man (S) für beliebige Kettenprodukte verifizieren, doch werden wir in Abschnitt C sogar die stärkere Eigenschaft (SZ) ableiten, die interessanterweise leichter nachzuweisen ist. Ob auch die Partitionsverbände P(n) die Sperner Eigenschaft besitzen, ist ein ungelöstes Problem. Nach Übung (VIII.3.1) ist jedenfalls die Folge der Niveauzahlen unimodal, d.h. Eigenschaft (K) würde (S) implizieren (vgl. hierzu Übung (VIII.3.9)).

Neben den Übertragungen des Sperner'schen Satzes auf andere Ordnungen sind auch Verallgemeinerungen der Sperner Eigenschaft selbst von Interesse. Anstelle von Antiketten betrachten wir Unterordnungen, in welchen Ketten von höchstens der Mächtigkeit h (= Länge h - 1) auftreten, und fragen wieder nach der maximalen Mächtigkeit solcher Unterordnungen. Wir nennen diese Unterordnungen <u>h-Familien</u> (siehe Übung (VIII.1. 20)). 1-Familien sind also gerade Antiketten. Nach (VIII.1.30) sind die h-Familien einer endlichen Ordnung gerade jene Unterordnungen, welche in $\leq$ h disjunkte Antiketten zerlegt werden können. Es ist somit zu erwarten, daß die gesuchte maximale Mächtigkeit gleich der Summe der h größten Niveauzahlen ist.

<u>Hilfssatz</u>

(VIII.3.9)   *Es seien* $c_i, x_i \in \mathbb{Z}$, $i = 0, 1, \ldots, n$, *mit*

$$c_0 \geq c_1 \geq \ldots \geq c_n > 0$$
$$c_i \geq x_i \geq 0, \quad i = 0, \ldots, n.$$

Aus

(*) $$x_0 + x_1 + \ldots + x_n > c_0 + c_1 + \ldots + c_{h-1}, \quad h \geq 1,$$

folgt

(**) $$\sum_{k=0}^{n} \frac{x_k}{c_k} > h.$$

<u>Beweis</u>

Es sei $x_0, x_1, \ldots, x_n$ eine Folge von nichtnegativen ganzen Zahlen mit $x_i \leq c_i$, $i = 0, \ldots, n$, welche unter der Voraussetzung (*) den Ausdruck $\sum_{k=0}^{n} \frac{x_k}{c_k}$ minimisiert. Wegen (*) existiert $j \geq h$ mit $x_j > 0$; es sei j_0 der größte Index $\geq$ h mit dieser Eigenschaft. Ist (**) falsch, so gibt es $i \leq h - 1$ mit $x_i < c_i$; es sei i_0 der kleinste solche Index $\leq$ h - 1. Angenommen $c_{i_0} = c_{j_0}$, dann haben wir $c_{i_0} = c_{i_0+1} = \ldots = c_{j_0}$, $x_k = c_k$ für alle $k \leq i_0 - 1$ und $x_\ell = 0$ für alle $\ell > j_0$. Daraus folgt aber

$$\sum_{k=0}^{n} x_k = \sum_{k=0}^{i_0-1} c_k + \sum_{k=i_0}^{i_0} x_k \overset{(*)}{\geq} \sum_{k=i_0}^{i_0} x_k > c_{i_0} + \ldots + c_{h-1} = (h - i_0) c_{i_0},$$

$$\sum_{k=0}^{n} \frac{x_k}{c_k} = i_0 + \sum_{k=i_0}^{i_0} \frac{x_k}{c_k} = i_0 + \frac{\sum_{k=i_0}^{i_0} x_k}{c_{i_0}} > h,$$

im Widerspruch zur Negation von (**).

Es gilt somit $c_{i_0} > c_{j_0}$.

Fall A. $x_{i_0} + x_{j_0} \leq c_{i_0}$. Wir definieren $y_0, y_1, \ldots, y_n$ durch

$$y_k = \begin{cases} x_{i_0} + x_{j_0} & \text{für } k = i_0, \\ 0 & \text{für } k = j_0, \\ x_k & \text{sonst,} \end{cases}$$

und erhalten

$$\frac{y_{i_0}}{c_{i_0}} + \frac{y_{j_0}}{c_{j_0}} = \frac{x_{i_0} + x_{j_0}}{c_{i_0}} < \frac{x_{i_0}}{c_{i_0}} + \frac{x_{j_0}}{c_{j_0}}.$$

Fall B. $x_{i_0} + x_{j_0} > c_{i_0}$. Wir definieren $y_0, \ldots, y_n$ durch

$$y_k = \begin{cases} c_{i_0} & \text{für } k = i_0, \\ x_{i_0} + x_{j_0} - c_{i_0} & \text{für } k = j_0, \\ x_k & \text{sonst,} \end{cases}$$

und erhalten durch eine leichte Umformung wiederum

$$\frac{y_{i_0}}{c_{i_0}} + \frac{y_{j_0}}{c_{j_0}} < \frac{x_{i_0}}{c_{i_0}} + \frac{x_{j_0}}{c_{j_0}}.$$

In beiden Fällen existiert also eine Folge $y_0, y_1, \ldots, y_n$ mit $0 \leq y_i \leq c_i$ für $i = 0, \ldots, n$ und

$$\sum_{k=0}^{n} \frac{y_k}{c_k} < \sum_{k=0}^{n} \frac{x_k}{c_k},$$

im Widerspruch zur Minimalität der Folge $x_0, x_1, \ldots, x_n$. $\square$

Satz

(VIII.3.10) *Die maximale Mächtigkeit einer* h-*Familie in der Boole'-schen Algebra* B(n) *ist gleich der Summe der* h *größten Binomialkoeffizienten* $\sum_{\ell=1}^{h} \binom{n}{[(n+\ell)/2]}$.

Beweis

Wir gehen wie im Beweis von (VIII.3.4) vor. Eine maximale Kette in B(n) enthält höchstens h Glieder einer h-Familie A. Bezeichnet f_k die Anzahl der k-Mengen in A, so folgt

$$\sum_{k=0}^{n} f_k \, k! \, (n-k)! \;\leq\; n! \, h,$$

$$\sum_{k=0}^{n} \frac{f_k}{\binom{n}{k}} \;\leq\; h.$$

Wir ordnen die Binomialkoeffizienten der Größe nach und schreiben dann diese neue Folge $c_0 \geq c_1 \geq \ldots \geq c_n$. Dementsprechend ordnen wir $f_0, \ldots, f_n$ um und bezeichnen die neue Folge mit $g_0, g_1, \ldots, g_n$. In Zusammenfassung erhalten wir

$$0 \leq g_i \leq c_i, \quad i = 0, \ldots, n,$$

$$\sum_{k=0}^{n} \frac{g_k}{c_k} \;\leq\; h,$$

und somit aus (VIII.3.9)

$$|A| \;\leq\; c_0 + c_1 + \ldots + c_{h-1}. \quad \square$$

Die zu (VIII.3.10) analoge Aussage für lineare Verbände beweist man entsprechend. Ebenso sind die Extremalfamilien für beide Verbandsklassen durch die Vereinigungen der h größten Niveaux gegeben.

Folgerung

(VIII.3.11) *Es sei* $\{A_1, \ldots, A_m\}$ *eine Familie von Untermengen der* n-*Menge* S, $h \in \mathbb{N}$. *Angenommen*

$$A_j \supseteq A_i \;\; \text{impliziert stets} \;\; |A_j - A_i| \leq h-1,$$

dann gilt

$$m \;\leq\; \sum_{\ell=1}^{h} \binom{n}{[n+\ell/2]}.$$

Satz (VIII.3.10) kann nun zu einer allgemeinen Behandlung der anfangs erwähnten Probleme herangezogen werden. Beispielsweise wird die in (VIII.3.7) aufgeworfene Frage für Intervalle I der Länge 2h gelöst. (Näheres in den Übungen)

B. Korrespondenz und Unimodalität

Wir haben schon bemerkt, daß die Folgen $\left\{\binom{n}{k}\right\}, \left\{\binom{n}{k}_q\right\}$ und $\left\{S_{n,k}\right\}$ unimodal sind, oder mit anderen Worten, daß die Verbände $B(n)$, $L(n,q)$ und $P(n)$ die Eigenschaft (U) besitzen. Die folgenden Sätze haben die Korrespondenzeigenschaft (K) für die Boole'schen Algebren und linearen Verbände zum Inhalt, für die Partitionsverbände ist (K) noch unbewiesen.

$\boxed{\text{Satz}}$

(VIII.3.12) *Die Boole'schen Algebren $B(n)$ besitzen die Korrespondenz-Eigenschaft (K).*

Beweis

Es sei $G_{k,k+1}$ der bipartite Graph mit den Niveaux N_k, N_{k+1} als definierenden Eckenmengen und den Kanten entsprechend der Bedeckungsrelation. Jede Menge $A \in N_k$, d.h. $|A| = k$, ist in $G_{k,k+1}$ zu $n-k$ Mengen $B \in N_{k+1}$ benachbart, und umgekehrt ist jede Menge $B \in N_{k+1}$ benachbart zu $k+1$ Mengen aus N_k. $G_{k,k+1}$ ist also regulär auf den definierenden Eckenmengen, und das Resultat folgt aus (VIII.1.19). □

Satz

(VIII.3.13) *Die linearen Verbände $L(n,q)$ besitzen die Korrespondenz-Eigenschaft (K).*

Beweis

Wie oben. □

Es ist interessant zu bemerken, daß die in den Beweisen von (VIII.3.12) und (VIII.3.13) benützte Regularitätseigenschaft der Graphen $G_{k,k+1}$ allein bereits ausreicht, um die Sperner Eigenschaft nachzuweisen (d.h. (U) muß in diesem Fall nicht vorausgesetzt werden). Analysieren wir noch einmal den Beweis von Lubell des Sperner'schen Satzes (VIII.3.4), so werden wir zu folgender wahrscheinlichkeits-

theoretischer Überlegung geführt: Angenommen, wir durchlaufen die
Boole'sche Algebra $\mathcal{B}(S)$ von $\emptyset$ nach S längs einer maximalen Kette, wobei alle n! Ketten gleich wahrscheinlich sind. Bezeichnen wir mit
$w(x)$ die Wahrscheinlichkeit, daß die Teilmenge x auf der zufällig gewählten maximalen Kette liegt, so gilt offenbar

$$\sum_{x \in A} w(x) \le 1$$

für jede Antikette A, da die einzelnen Ereignisse (Passage durch $x \in A$)
paarweise exklusiv sind. Die Beweise in (VIII.3.4) bzw. (VIII.3.5)
funktionieren, weil $w(A)$ lediglich von der Mächtigkeit von A abhängt.

Verallgemeinern wir nun diesen Gedanken: Es sei $P_<$ eine endliche Ordnung mit Nullelement O und Rangfunktion. Jedem Paar $(a,b) \in P^2$ mit
$a \lessdot b$ ordnen wir eine nichtnegative reelle Zahl $w(a,b)$ so zu, daß

$$(*) \qquad \sum_{\substack{b \\ a \lessdot b}} w(a,b) = 1$$

für alle $a \in P$ gilt, welche nicht maximales Element von $P_<$ sind. Wir
definieren nun $w : P \to \mathbb{R}^+$ induktiv durch

$$(**) \qquad \begin{aligned} w(O) &= 1, \\ w(b) &= \sum_{\substack{a \\ a \lessdot b}} w(a)w(a,b), \quad b \ne O. \end{aligned}$$

In der Terminologie der Wahrscheinlichkeitstheorie betrachten wir
Wege in $P_<$ ausgehend von O entlang maximalen Ketten. Die Werte $w(a,b)$
sind die Übergangswahrscheinlichkeiten von a nach b, und $w(b)$ ist die
Wahrscheinlichkeit, daß der Weg das Element b erreicht.

Ist $P_<$ eine endliche Ordnung mit Nullelement und Rangfunktion, so
nennen wir jede Funktion w auf $\{(a,b) \in P^2 : a \lessdot b\}$ mit Werten in $\mathbb{R}^+$,
welche (*) genügt, einen __Fluß__ auf $P_<$, wobei $w : P \to \mathbb{R}^+$ sodann gemäß
(**) erklärt wird.

Hilfssatz

(VIII.3.14) $P_<$ *sei eine endliche Ordnung mit Rangfunktion und Null*
element. Für $A \subseteq N_k$ *sei* $R(A) := \{b \in N_{k+1} : b \gtrdot a$ *für ein* $a \in A\}$, *und für*
$C \subseteq N_{k+1}$ *sei analog* $R^{-1}(C) := \{a \in N_k : a \lessdot c$ *für ein* $c \in C\}$. *Dann gilt*

a) $\displaystyle\sum_{a\in A} w(a) \leq \sum_{b\in R(A)} w(b)$, *falls* $A \subseteq N_k$ *kein maximales Element von* $P_<$ *enthält.*

b) $\displaystyle\sum_{c\in C} w(c) \leq \sum_{a\in R^{-1}(C)} w(a)$, $C \subseteq N_{k+1}$ *beliebig.*

<u>Beweis</u>

Wir haben

$$\sum_{a\in A} w(a) \overset{(*)}{=} \sum_{a\in A} w(a) \sum_{\substack{b\\ a\,<\!\cdot\,b}} w(a,b) = \sum_{b\in R(A)} \sum_{\substack{a\in A\\ a\,<\!\cdot\,b}} w(a)w(a,b) \overset{(**)}{\leq} \sum_{b\in R(A)} w(b).$$

Die zweite Ungleichung wird entsprechend bewiesen. □

Die wahrscheinlichkeitstheoretische Überlegung, welche wir eingangs im Zusammenhang mit Antiketten angestellt haben, wollen wir nun präzisieren.

<u>Satz</u>

(VIII.3.15) $P_<$ *sei eine endliche Ordnung mit Rangfunktion und Nullelement, und* w *ein Fluß auf* $P_<$. *Dann gilt für jede Antikette* A

$$\sum_{a\in A} w(a) \leq 1.$$

<u>Beweis</u>

Wir können A als nichtleer voraussetzen und führen Induktion nach dem maximalen Rang d der Elemente aus A. Für $d = 0$ ist $A = \{0\}$, und wir sind fertig. Es sei $d = k + 1 \geq 1$ und $C = A \cap N_{k+1}$. Offenbar ist $B = R^{-1}(C) \cup U\,(A - C)$ wieder Antikette, und wir erhalten nach (VIII.3.14b) und Induktion

$$\sum_{a\in A} w(a) = \sum_{c\in C} w(c) + \sum_{a\in A-C} w(a) \leq \sum_{b\in B} w(b) \leq 1. \quad □$$

<u>Definition</u>

(VIII.3.16) Eine endliche Ordnung $P_<$ heißt <u>normal</u>, falls sie ein Nullelement und eine Rangfunktion besitzt, und falls ein Fluß w auf $P_<$ existiert, so daß $w(a)$ nur vom Rang von a abhängt. Wir nennen w dann einen <u>normalen</u> Fluß. Für einen normalen Fluß w gilt somit $w(a) = f(r(a))$ für eine Funktion $f : N_0 \to \mathbb{R}^+$.

<u>Hilfssatz</u>

(VIII.3.17) $P_<$ *sei eine normale endliche Ordnung,* W_k *die k-te Niveau-*
zahl und U_k *die Anzahl der Elemente vom Rang k, welche nicht maximal*
in $P_<$ *sind. Dann gilt für die Funktion* f *aus* (VIII.3.16)

$$f(k) \;=\; \frac{1}{W_k} \prod_{j=0}^{k-1} \frac{U_j}{W_j}\;, \qquad k = 0,\dots,r(P).$$

<u>Beweis</u>

Offenbar gilt $f(0) = w(0) = 1$. Für $b \in N_1$ haben wir $f(1) = w(b) = w(0)w(0,b) =$
$w(0,b)$ und schließen aus $\displaystyle\sum_{b \in N_1} w(0,b) = 1$, daß $f(1) = \frac{1}{W_1}$ ist. Die Behaup-

tung folgt nun leicht durch Induktion. □

Die beiden letzten Sätze ergeben nun die folgende Verallgemeinerung
des Satzes von Sperner.

$\boxed{\text{Satz (Renyi)}}$

(VIII.3.18) $P_<$ *sei eine normale endliche Ordnung,* W_k *die k-te Niveau-*
zahl, U_k *die Anzahl der Elemente vom Rang k, welche nicht maximal sind.*
Es sei A beliebige Antikette in $P_<$ *und* $d_k = |\{a \in A : r(a) = k\}|$,
$k = 0,\dots,r(P)$. *Dann gilt*

$$\sum_{k=0}^{r(P)} \frac{d_k}{W_k} \prod_{j=0}^{k-1} \frac{U_j}{W_j} \;\leq\; 1.$$

Wir haben eingangs des Abschnittes durch ein Beispiel demonstriert,
daß (K) $\not\Leftarrow$ (S), selbst wenn die Ordnung ein Nullelement und eine Rangfunktion besitzt, und die maximalen Elemente alle gleichen Rang haben.
Aus (VIII.3.18) können wir jedoch schließen, daß die Normalität einer
Ordnung unter dieser Zusatzvoraussetzung sowohl (K) wie (S) impliziert.

$\boxed{\text{Folgerung}}$

(VIII.3.19)   *Eine normale endliche Ordnung* $P_<$, *in der alle maximalen*
Elemente Rang r(P) *haben, besitzt sowohl die Sperner Eigenschaft* (S)
wie die Korrespondenz Eigenschaft (K).

<u>Beweis</u>

In diesem Fall gilt $U_k = W_k$ für alle $k < r(P)$, und wir erhalten mit der
Bezeichnung aus (VIII.3.18)

$$\frac{|A|}{\max\limits_{k} W_k} \le \sum_{k=0}^{r(P)} \frac{d_k}{W_k} \le 1,$$

also gilt (S). Zum Nachweis von (K) vermerken wir zunächst

$$f(k+1) = \frac{W_k}{W_{k+1}} f(k), \quad k = 0, \ldots, r(P) - 1.$$

Es sei $W_k \le W_{k+1}$, dann gilt $f(k+1) \le f(k)$, und wir erhalten mittels (VIII.3.14a) für alle $A \subseteq N_k$

$$|A| f(k) = \sum_{a \in A} w(a) \le \sum_{b \in R(A)} w(b) = |R(A)| f(k+1) \le |R(A)| f(k),$$

d.h. $|A| \le |R(A)|$, und (K) resultiert aus (VIII.1.18). Der Fall $W_k \ge W_{k+1}$ wird analog erledigt. □

Normalität einer Ordnung $P_<$ ist somit (abgesehen von der Existenz maximaler Elemente vom Rang $< r(P)$) stärker als (K). Der folgende Satz zeigt, wie (K) zur Charakterisierung normaler Ordnungen verschärft werden muß.

$\boxed{\text{Satz (Renyi)}}$

(VIII.3.20) *Es sei $P_<$ eine endliche Ordnung mit Nullelement und Rangfunktion. N_k bezeichne das k-Niveau, M_k die Menge jener Elemente in N_k, welche nicht maximal sind, und wir setzen wie bisher $W_k = |N_k|$, $U_k = |M_k|$, $k = 0, \ldots, r(P)$. Dann gilt: $P_<$ ist genau dann normal, wenn für alle $k = 0, \ldots, r(P) - 1$ und alle $A \subseteq M_k$ gilt*

$$(*) \qquad \frac{|A|}{U_k} \le \frac{|R(A)|}{W_{k+1}}.$$

<u>Beweis</u> (Katona)

Die Notwendigkeit der Bedingung $(*)$ folgt sofort aus (VIII.3.14a) und $U_k f(k) = W_{k+1} f(k+1)$. Zum Beweis der Umkehrung konstruieren wir induktiv einen normalen Fluß w. Zunächst setzen wir $w(0,b) = \frac{1}{W_1}$ für alle b vom Rang 1. Dann gilt $w(b) = \frac{1}{W_1}$, also $f(1) = \frac{1}{W_1}$. Es seien die Werte $w(a,b)$ bis Rang k bereits so bestimmt, daß w normal ist für alle Elemente $c \in P$ mit $r(c) \le k$. Nach (VIII.3.17) bleibt zu zeigen, daß wir nichtnegative reelle Zahlen $w(a,b)$ für $a \in M_k, b \in N_{k+1}$ bestimmen können, so daß

$$\sum_{\substack{b \\ a \lessdot b}} w(a,b) = 1 \qquad \text{für alle } a \in M_k,$$

(**)

$$\sum_{\substack{a \\ a \lessdot b}} w(a,b) = \frac{U_k}{W_{k+1}} \qquad \text{für alle } b \in N_{k+1},$$

erfüllt ist.

Es seien $M_k = \{a_1, \ldots, a_{U_k}\}$, $N_{k+1} = \{b_1, \ldots, b_{W_{k+1}}\}$. Wir erklären den bipartiten Graphen $G^*(E^*,R^*)$ wie folgt: Die definierenden Eckenmengen sind

$$M^* = \{a_{ij} : 1 \leq i \leq U_k,\ 1 \leq j \leq W_{k+1}\},$$
$$N^* = \{b_{uv} : 1 \leq u \leq W_{k+1},\ 1 \leq v \leq U_k\},$$

und wir setzen

$$\{a_{ij}, b_{uv}\} \in R^* \ :\leftrightarrow\ a_i \lessdot b_u \text{ in } P_\lessdot.$$

Für $A^* \subseteq M^*$ sei wie üblich $R^*(A^*) = \left\{b_{uv} \in N^* : \{a_{ij}, b_{uv}\} \in R^* \text{ für ein } a_{ij} \in A^*\right\}$, und ferner $A \subseteq M_k$ die Menge jener Elemente $a_i \in P$, für die mindestens ein j mit $a_{ij} \in A^*$ existiert. Wir haben dann

$$|A^*| \leq W_{k+1}|A|, \quad |R^*(A^*)| = U_k|R(A)|,$$

und somit nach Voraussetzung (*)

$$|A^*| \leq |R^*(A^*)| \qquad \text{für alle } A^* \subseteq M^*.$$

Das ist aber genau Hall's Bedingung (VIII.1.18), d.h. in G^* existiert eine Korrespondenz L^* mit $\text{korr}_{M^*}(L^*) = M^*$. Es bezeichne $s(i,u)$ die Anzahl der a_{ij}, $1 \leq j \leq W_{k+1}$, welche in L^* zu einem $b_{u,v}$, $1 \leq v \leq U_k$, korrespondieren. Offenbar gilt dann

$$\sum_{u=1}^{W_{k+1}} s(i,u) = W_{k+1} \qquad i = 1, \ldots, U_k,$$

$$\sum_{i=1}^{U_k} s(i,u) = U_k \qquad u = 1, \ldots, W_{k+1}.$$

Setzen wir daher

$$w(a_i, b_u) = \frac{s(i,u)}{W_{k+1}} \qquad \text{für } a_i \lessdot b_u,$$

so erhalten wir genau die Gleichungen (**). $\square$

<u>Folgerung</u> (Baker)

(VIII.3.21) *Es sei* $P_<$ *eine endliche Ordnung mit Rangfunktion und Null-element. Jedes Element* $x \in N_k$ *werde von genau* a_k *Elementen bedeckt und bedecke seinerseits genau* b_k *Elemente,* $k = 0, \ldots, r(P)$. *Dann ist* $P_<$ *normal und besitzt die Eigenschaften* (S) *und* (K).

<u>Beweis</u>

Aus der Voraussetzung folgt $a_k W_k = b_{k+1} W_{k+1}$, somit

$$\frac{|A|}{W_k} = \frac{a_k |A|}{b_{k+1} W_{k+1}} \leq \frac{b_{k+1} |R(A)|}{b_{k+1} W_{k+1}} = \frac{|R(A)|}{W_{k+1}}, \quad \text{f.a. } A \subseteq N_k. \quad \square$$

Einige weitere Verbandsklassen wie beispielsweise die affinen Verbände oder die Überlagerungsverbände erfüllen ebenfalls (K) und (U), und somit (S). Für beliebige Kettenprodukte weisen wir dieselben Eigenschaften im nächsten Abschnitt nach. Für die Partitionsverbände ist (K) und somit (S) noch unbewiesen, vermutet wird sogar die stärkere Bedingung der Normalität. Daß (K) für beliebige endliche geometrische Verbände nicht gültig ist, wird in den Übungen nachgewiesen. Es wird jedoch vermutet, daß jeder endliche geometrische Verband unimodal ist.

Wir wollen nun ein Resultat über endliche Matroide beweisen, das in diesen Rahmen paßt: Die Anzahl der Punkte ist niemals größer als die der Copunkte. Anschließend verschärfen wir dieses Resultat, indem wir die Existenz gewisser Korrespondenzen nachweisen.

$\boxed{\text{Satz}}$

(VIII.3.22) *Es sei* L *ein endlicher geometrischer Verband,* S *die Punkt-menge,* C *die Copunktmenge. Dann gilt*

$$|S| \leq |C|.$$

<u>Beweis</u>

Wir führen Induktion nach dem Rang. Für $r(L) = 1$ ist nichts zu beweisen. Wir setzen $|S| = n$, $|C| = t$ und $\bar{p} := |\{h \in C : p \leq h\}|$ für $p \in S$, ebenso $\bar{h} := |\{p \in S : p \leq h\}|$ für $h \in C$. Es sei $p \nleq h$ und $q_1, \ldots, q_s$ die Punkte unterhalb h, $s = \bar{h}$. Dann sind $p \vee q_1, \ldots, p \vee q_s$ verschiedene Geraden in L. Nach Induktionsvoraussetzung enthält das Intervall $[p, 1]$ mindestens s Copunkte, d.h. es gilt $\bar{h} \leq \bar{p}$. Wäre nun $n > t$, so folgte

$$\frac{n - \bar{h}}{t - \bar{p}} > \frac{n}{t} \quad \text{für alle } p \nleq h,$$

und daraus (beachte $\bar{p} < t$, $\bar{h} < n$ für alle $p \in S$, $h \in C$ wegen (VI.1.32))

$$n = \sum_{p \in S} \frac{t - \bar{p}}{t - \bar{p}} = \sum_{p \in S} \sum_{\substack{h \\ p \not\leq h}} \frac{1}{t - \bar{p}} \geq \sum_{h \in C} \frac{n - \bar{h}}{t - a_h} \quad \text{mit } a_h = \min_{\substack{p \\ p \not\leq h}} \bar{p}$$

$$> \frac{n}{t} \cdot t = n. \quad \Box$$

<u>Folgerung</u> (Greene)

(VIII.3.23)   *Es sei L ein endlicher geometrischer Verband, S die Punktmenge, C die Copunktmenge. Dann existiert*

    a) $f : S \to C$, *f Injektion mit* $p \leq f(p)$, *für alle* $p \in S$,

    b) $g : S \to C$, *g Injektion mit* $p \not\leq g(p)$, *für alle* $p \in S$.

<u>Beweis</u>

Wir betrachten den bipartiten Graphen $G(E,R)$ mit definierenden Ecken-
mengen S,C und $\{p,h\} \in R :\leftrightarrow p \leq h$, $p \in S, h \in C$. Es sei $A = \{p_1, \ldots, p_k\} \subseteq S$.
Um a) zu verifizieren, müssen wir zeigen, daß $|\{h \in C : h \geq p_i \text{ für ein } i\}| \geq k$.
Ist $p_1 \vee \ldots \vee p_k = 1$, so betrachten wir die Reduktion $L(A)$ und wenden
(VIII.3.22) an. Ist aber $p_1 \vee \ldots \vee p_k = x < 1$, so sei x' ein minimales
Komplement von x in L. Wiederum nach (VIII.3.22), angewandt auf $L(A)$,
existieren mindestens k Copunkte c_i im Intervall $[0,x]$, so daß für jedes i gilt: $c_i \geq p_j$ für mindestens ein j. Da laut Übung (VI.1.18) auch
x minimales Komplement von x' ist, haben wir $c_i \vee x' < 1$, somit $x \not\leq c_i \vee x'$,
$c_i \leq x \wedge (c_i \vee x') < x$, also $c_i = x \wedge (c_i \vee x')$ für $i = 1, \ldots, k$. Wir folgern,
daß $c_1 \vee x', \ldots, c_k \vee x'$ k verschiedene Copunkte von L sind, und a) ist
bewiesen. Die Korrespondenz b) wird entsprechend verifiziert. $\Box$

Es kann gezeigt werden (Übungen), daß in Verschärfung von (VIII.3.23a)
in jedem endlichen geometrischen Verband $L(S)$ sogar $|S|$ disjunkte
<u>maximale</u> $0,1$-Ketten existieren.

Zum Schluß noch einige Bemerkungen zur Unimodalität von Ordnungen. Die
größte Schwierigkeit, die Eigenschaft (U) für eine gegebene Folge nachzuweisen, liegt darin, eine brauchbare <u>algebraische</u> Bedingung für die
Ungleichung

$$W_k \geq \min (W_{k-1}, W_{k+1})$$

zu finden. Man ersetzt deswegen (U) durch eine stärkere, aber leichter
zugängliche Bedingung.

Definition

(VIII.3.24) Eine Folge $\{W_k : 0 \le k \le n\}$ von nichtnegativen reellen Zahlen heißt <u>logarithmisch konkav</u>, falls

$$W_k^{\ 2} \ge W_{k-1}W_{k+1} \quad \text{für } k = 1,\ldots,n-1.$$

Offenbar ist jede logarithmisch konkave Folge unimodal. Ferner folgt aus der Definition

$$\frac{W_k}{W_{k+1}} \le \frac{W_{k+1}}{W_{k+2}} \le \frac{W_{k+2}}{W_{k+3}} \le \ldots,$$

somit allgemein

$$\frac{W_k}{W_{k+1}} \le \frac{W_{k+j}}{W_{k+1+j}} \ .$$

Wir haben weiter

$$\frac{W_k}{W_{k+2}} = \frac{W_k}{W_{k+1}} \cdot \frac{W_{k+1}}{W_{k+2}} \le \frac{W_{k+j}}{W_{k+1+j}} \cdot \frac{W_{k+1+j}}{W_{k+2+j}} = \frac{W_{k+j}}{W_{k+2+j}} \ ,$$

und allgemein

$$(*) \qquad \frac{W_k}{W_{k+\ell}} \le \frac{W_{k+j}}{W_{k+\ell+j}} \quad \text{für alle } k,\ell,j \ge 0.$$

Satz

(VIII.3.25) *Die Folgen* $\left\{\binom{n}{k} : 0 \le k \le n\right\}, \left\{\binom{n}{k}_q : 0 \le k \le n\right\}$ *und* $\{S_{n,k} : 1 \le k \le n\}$ *sind logarithmisch konkav.*

Beweis

Für die beiden ersten Folgen ist dies sofort den Formeln für $\binom{n}{k}$ und $\binom{n}{k}_q$ zu entnehmen (siehe Übung (O.D.2)). Für die Stirlingzahlen führt man Induktion nach n unter Benutzung der Rekursion aus Übung (VIII.3.1). Danach haben wir

$$S_{n+1,k}^2 = S_{n,k-1}^2 + k^2 S_{n,k}^2 + 2k\, S_{n,k-1}S_{n,k}$$

$$S_{n+1,k-1}S_{n+1,k+1} = S_{n,k}S_{n,k-2} + (k^2 - 1)\, S_{n,k+1}S_{n,k-1} +$$

$$+ \left[(k - 1)\, S_{n,k}S_{n,k-1} + (k + 1)S_{n,k+1}S_{n,k-2} \right].$$

Die Ungleichung $\ge$ folgt bei den ersten beiden Summanden nach Induktion, beim dritten Summanden aus (*) von oben. □

<u>Satz</u>

(VIII.3.26) *Sind* $P_<$, $Q_<$ *endliche Ordnungen mit Rangfunktion und logarithmisch konkaven Niveauzahlenfolgen, so gilt dies auch für das Produkt* $P \times Q$.

Der Beweis dieses Satzes ist nicht schwierig, man muß nur die Bedingung

$$W_k(P \times Q) = \sum_{i=0}^{k} W_i(P) \ W_{k-i}(Q)$$

ausnützen und die Koeffizienten sorgfältig zusammenfassen.

<u>Folgerung</u>

(VIII.3.27) *Die Folge der Niveauzahlen eines endlichen Kettenproduktes ist logarithmisch konkav.*

In Verschärfung der Bedingung (U) wird vermutet, daß <u>jeder</u> endliche
geometrische Verband eine logarithmisch konkave Niveauzahlenfolge hat,
ja es wird sogar aufgrund einer Diskussion geometrischer Verbände
kleiner Ränge angenommen, daß die Boole'schen Algebren den Quotienten

$$\frac{W_k^2}{W_{k-1} W_{k+1}}$$

unter allen geometrischen Verbänden gleichen Ranges minimisieren. Das
heißt, die Vermutung lautet: Es sei L ein geometrischer Verband auf
n Punkten, dann gilt:

$$W_k^2 \geq \frac{k+1}{k} \ \frac{n-k+1}{n-k} \ W_{k-1} \ W_{k+1} \ .$$

Die Beweismethode wird wohl in einer konsequenten Ausnützung des Aus-
tauschaxioms liegen, doch sind bisher nur Teilergebnisse bekannt.

C. Symmetrische Zerlegbarkeit

In diesem, die Sperner Theorie abschließenden, Abschnitt verfolgen wir
zwei Ziele: Einerseits wollen wir die Zerlegbarkeitseigenschaft (SZ)
untersuchen und Sätze darüber entsprechend den früheren Abschnitten
beweisen. Insbesondere soll dabei (SZ) für beliebige Kettenprodukte
nachgewiesen werden. Andererseits legen wir uns das Problem vor, in
der Boole'schen Algebra und allgemeiner in Kettenprodukten eine <u>kon-</u>

krete Formel für die Korrespondenzen zwischen benachbarten Niveaux zu
finden. Bisher wissen wir nur, daß solche Korrespondenzen existieren
(VIII.3.12). Dazu leiten wir einen allgemeinen Existenzsatz über
Korrespondenzen her und verifizieren dann, daß im Fall von Kettenprodukten genau die vorher induktiv konstruierte symmetrische Zerlegung
resultiert.

Zur Vereinfachung der Schreibweise führen wir folgende Konventionen
ein. Es sei $P_<$ eine endliche Ordnung mit Rangfunktion r und

$$C = \{c_0 \diamond c_1 \diamond \ldots \diamond c_\ell\},$$

eine nicht weiter unterteilbare Kette in $P_<$. Wir vereinbaren:

a) $C_{\leq j} := \{c_0 \diamond c_1 \diamond \ldots \diamond c_j\}, \quad C_{\geq j} := \{c_j \diamond c_{j+1} \diamond \ldots \diamond c_\ell\}$

b) Sind $C = \{c_0 \diamond c_1 \diamond \ldots \diamond c_\ell\}, \quad D = \{d_0 \diamond d_1 \diamond \ldots \diamond d_m\}$ Ketten
   mit $c_\ell \diamond d_0$, so setzen wir $C \cup D := \{c_0 \diamond c_1 \diamond \ldots \diamond c_\ell \diamond d_0 \diamond \ldots \diamond d_m\}$.

$\boxed{\text{Satz}}$

(VIII.3.28) *Es seien $P_<$ und $Q_<$ endliche Ordnungen mit Rangfunktion.
Erfüllen P,Q die Bedingung (SZ), so auch das Produkt $P \times Q$.*

<u>Beweis</u>

Es seien $P = C_1 \cup \ldots \cup C_m$, $Q = D_1 \cup \ldots \cup D_n$ symmetrische Zerlegungen.
Wir greifen ein Paar C,D von Ketten heraus

$$C = \{c_0 \diamond c_1 \diamond \ldots \diamond c_k\}, \quad D = \{d_0 \diamond d_1 \diamond \ldots \diamond d_\ell\}.$$

Es seien $r(c_0) = r$, $r(c_k) = R$, $r(d_0) = s$, $r(d_\ell) = S$, dann gilt nach
Definition

$$r + R = r(P), \quad s + S = r(Q).$$

Wir zerlegen nun das Produkt $C \times D$ auf folgende Weise in Ketten E_j.
Ist $C' \subseteq C$, $d \in D$, so soll

$$(C',d) := \{(c,d) : c \in C'\}$$

bedeuten, analog für (c,D'), $c \in C$, $D' \subseteq D$. Für $j = 0,\ldots,\ell$ definieren
wir

$$E_j := (C_{\leq k-j}, d_j) \cup (c_{k-j}, D_{\geq j+1}),$$

also

$$E_j = \{(c_0,d_j) \diamond \ldots \diamond (c_{k-j},d_j) \diamond (c_{k-j},d_{j+1}) \diamond \ldots \diamond (c_{k-j},d_\ell)\}.$$

Der Rang des kleinsten Elementes von E_j in $P \times Q$ ist $r+s+j$, der des größten Elementes $R-j+S$, also ist wegen

$$(r+s+j) + (R-j+S) = r(P) + r(Q) = r(P \times Q)$$

E_j eine symmetrische Kette in $P \times Q$. Ferner sind die E_j's paarweise disjunkt und füllen ganz $C \times D$ aus.

Beispiel

$C = \{2 \vartriangleleft 3 \vartriangleleft 4 \vartriangleleft 5 \vartriangleleft 6\}, \quad D = \{1 \vartriangleleft 2 \vartriangleleft 3 \vartriangleleft 4\}$

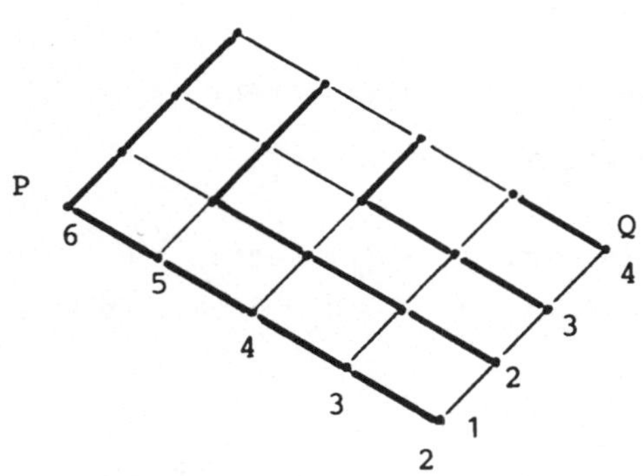

$$E_0 = \{(2,1) \vartriangleleft (3,1) \vartriangleleft (4,1) \vartriangleleft (5,1) \\ \vartriangleleft (6,1) \vartriangleleft (6,2) \vartriangleleft (6,3) \vartriangleleft (6,4)\},$$

$$E_1 = \{(2,2) \vartriangleleft (3,2) \vartriangleleft (4,2) \vartriangleleft (5,2) \\ \vartriangleleft (5,3) \vartriangleleft (5,4)\},$$

$$E_2 = \{(2,3) \vartriangleleft (3,3) \vartriangleleft (4,3) \vartriangleleft (4,4)\},$$

$$E_3 = \{(2,4) \vartriangleleft (3,4)\}.$$

Führen wir für jedes Paar von Ketten C_i, D_j diese E-Zerlegung von $C_i \times D_j$ durch, so resultiert eine symmetrische Zerlegung des Produktes, da jedes Element aus $P \times Q$ in genau einem Paar $C_i \times D_j$ enthalten ist. □

<u>Folgerung</u> (de Bruijn et al)

(VIII.3.29) *Endliche Kettenprodukte und insbesondere Boole'sche Algebren besitzen die Eigenschaft* (SZ).

Die analoge Aussage für lineare Verbände ist gültig, jedoch ist der Beweis wenig instruktiv und sei daher weggelassen.

Wenden wir uns dem Problem der <u>Konstruktion</u> von Korrespondenzen zu. Für unsere Zwecke ist dabei folgende Umformulierung der Definition (VIII.1.13) nützlich.

<u>Definition</u>

(VIII.3.30) Es sei $G(E,R)$ ein bipartiter Graph mit definierenden Eckenmengen S,U. Eine <u>Korrespondenz</u> M ist ein Paar von <u>injektiven</u> Abbildungen $(\phi_M, \psi_M), \phi_M : S \to U, \psi_M : U \to S$, deren jeweiliger Graph in R enthalten ist, so daß

$$\text{Bild } \phi_M = \text{Def } \psi_{M'}, \quad \text{Bild } \psi_M = \text{Def } \phi_{M'},$$

$$\psi_M \phi_M = \phi_M \psi_M = \text{Id}.$$

ϕ_M und ψ_M sind also Abbildungen **aus** einer Menge, d.h. Def ϕ_M ist möglicherweise echt in S enthalten, ebenso für ψ_M. Analog sind die Produkte $\phi_M\psi_M, \psi_M\phi_M$ eingeschränkt auf den jeweiligen Teilbereich zu verstehen. M ist mit dieser Definition genau dann eine **volle** Korrespondenz, wenn

$$\text{Def } \phi_M = S \quad \text{oder} \quad \text{Def } \psi_M = U.$$

Es seien auf S und U **totale** Ordnungen λ bzw. μ erklärt. Wir definieren $\phi_L : S \to U$ induktiv:

a) ϕ_L wird auf S gemäß der Ordnung λ Schritt für Schritt erklärt, beginnend mit dem λ-minimalen Element.

b) Sei $a \in S$, dann ist $\phi_L(a) = b$, wobei b μ-minimal in U ist unter allen $b \in U$ mit $\{a,b\} \in R$, die noch nicht Bild eines $a' \in S$ mit $a' \underset{\lambda}{\leqslant} a$ unter ϕ_L sind. Falls solche $b \in U$ nicht existieren, ist ϕ_L auf a nicht definiert.

Analog wird $\psi_L : U \to S$ erklärt.

Satz

(VIII.3.31) *Es sei G(E,R) ein bipartiter Graph und λ bzw. μ totale Ordnungen auf den definierenden Eckenmengen S und U. Dann ist (ϕ_L, ψ_L) eine Korrespondenz L auf G, genannt die lexikographische Korrespondenz bezüglich (λ, μ).*

Beweis

Resultiert mühelos durch Induktion nach λ bzw. μ. □

Da auch umgekehrt leicht gezeigt werden kann, daß **jede** Korrespondenz lexikographisch ist in bezug auf ein gewisses Paar von Ordnungen (λ, μ), reduziert Satz (VIII.3.31) die Frage nach der **Konstruktion** von Korrespondenzen auf die **Wahl** geeigneter totaler Ordnungen auf S und U. Für Kettenprodukte bietet sich folgende natürliche Ordnung an:

Es sei $P = \prod_{i=1}^{n} C(d_i)$ mit $C(m) = \{0 \lessdot 1 \lessdot \ldots \lessdot m\}$, $m \in \mathbb{N}_O$.

Jedes Element $x \in P$ läßt sich eindeutig in der Vektorform

$$x = (\ell_1, \ldots, \ell_n), \quad 0 \leq \ell_i \leq d_i,$$

darstellen, und es gilt

$$r(x) \; = \; \sum_{i=1}^{n} \ell_i \, .$$

Das t-Niveau N_t ist somit gegeben durch

$$N_t \; = \; \left\{ (\ell_1, \ldots, \ell_n) : \ell_i \leq d_i , \; \sum_{i=1}^{n} \ell_i = t \right\} .$$

Sind $x = (\ell_1, \ldots, \ell_n) \in N_t$, $y = (k_1, \ldots, k_n) \in N_{t+1}$, so gilt $x \diamond y$ genau dann, wenn x,y sich in genau einer Koordinate i unterscheiden, und $\ell_i + 1 = k_i$ ist.

Auf N_t definieren wir die lineare Ordnung λ_t durch

$$x = (\ell_1, \ldots, \ell_n) \; \underset{\lambda_t}{\leqslant} \; y = (k_1, \ldots, k_n) :\Leftrightarrow \quad \ell_i > k_i , \text{ wobei } i \text{ der klein-}$$
$$\text{ste Index ist mit } \ell_i \neq k_i .$$

Beispiel

Es sei $P = C(2) \times C(3) \times C(2)$. Wir sehen, daß die Paare $(\lambda_t, \lambda_{t+1})$ jeweils <u>volle</u> Korrespondenzen erzeugen und die dadurch induzierten Ketten symmetrisch sind.

```
(0,0,0)—(1,0,0)—(2,0,0)—(2,1,0)—(2,2,0)—(2,3,0)—(2,3,1)—(2,3,2)

        (0,1,0)—(1,1,0)   (2,0,1)—(2,1,1)—(2,2,1)—(2,2,2)
                        ╳
        (0,0,1)—(1,0,1)   (1,2,0)   (2,0,2)—(2,1,2)    (1,3,2)
                                  ╳                  ╱
            (0,2,0)   (1,1,1)   (1,3,0)—(1,3,1)
                    ╳         ╳
            (0,1,1)   (1,0,2)   (1,2,1)—(1,2,2)

            (0,0,2)   (0,3,0)   (1,1,2)   (0,3,2)
                    ╳         ╳         ╱
                (0,2,1)   (0,3,1)
                        ╳
                (0,1,2)   (0,2,2)
```

Unser Ziel ist es, diesen Sachverhalt für beliebige Kettenprodukte nachzuweisen.

Es sei $G_{t,t+1}$ der von den Niveaux N_t, N_{t+1} in $P = \prod_{i=1}^{n} C(d_i)$ induzierte bipartite Graph. Wir wollen die lexikographische Korrespondenz $L_{t,t+1} = (\lambda_t, \lambda_{t+1})$ auf $G_{t,t+1}$ durch eine konkrete Formel beschreiben.

Dazu konstruieren wir mittels einer explizit angegebenen Vorschrift eine Korrespondenz $M_{t,t+1}$ und zeigen dann $M_{t,t+1} = L_{t,t+1}$.

Wir definieren $\ell_0 = d_0 = \ell_{n+1} = 0$. Für $a = (\ell_1,\ldots,\ell_n) \in P$ setzen wir

$$(*) \qquad \begin{cases} f_0(a) := 0, \\ f_i(a) := \sum_{j=0}^{i-1} (d_j - \ell_j) - \sum_{j=0}^{i} \ell_j, \quad i = 1,\ldots,n+1. \end{cases}$$

Ferner seien

$$(**) \qquad \begin{cases} M(a) := \{i \in \{0,1,\ldots,n+1\} : f_i(a) = \min\}, \\ \\ \underline{m}(a) := \min_{i \in M(a)} i, \quad \bar{m}(a) := \max_{i \in M(a)} i. \end{cases}$$

Wir erklären nun das Paar (σ_t, τ_{t+1}) von Abbildungen $\sigma_t : N_t \to N_{t+1}$, $\tau_{t+1} : N_{t+1} \to N_t$ folgendermaßen: Für $a = (\ell_1,\ldots,\ell_n) \in N_t$, $b = (k_1,\ldots,k_n) \in N_{t+1}$ seien

$$\begin{cases} \sigma_t(a) := (\ell_1',\ldots,\ell_n') \text{ mit } \ell_j' = \ell_j \text{ für } j \neq \bar{m}(a), \\ \qquad\qquad\qquad \ell_{\bar{m}(a)}' = \ell_{\bar{m}(a)+1}, \text{ falls } 1 \leq \bar{m}(a) \leq n, \\ \sigma_t(a) \text{ undefiniert, falls } \bar{m}(a) = n+1. \end{cases}$$

$$\begin{cases} \tau_{t+1}(b) := (k_1'',\ldots,k_n'') \text{ mit } k_j'' = k_j \text{ für } j \neq \underline{m}(b), \\ \qquad\qquad\qquad k_{\underline{m}(b)}'' = k_{\underline{m}(b)} - 1, \text{ falls } 1 \leq \underline{m}(b) \leq n, \\ \tau_{t+1}(b) \text{ undefiniert, falls } \underline{m}(b) = 0. \end{cases}$$

Es ist leicht aus (*) und (**) zu entnehmen, daß diese Definitionen zulässig sind. Mittels der Formeln (*) für die Abbildungen f_i folgt daraus sofort:

Hilfssatz

(VIII.3.32) *Das Paar* (σ_t, τ_{t+1}) *ist eine* volle *Korrespondenz* $M_{t,t+1}$ *auf* $G_{t,t+1}$ *für alle* $t = 0,\ldots,r(P) - 1$.

Der folgende Satz bringt nun das angekündigte Ergebnis, daß die lexikographischen Korrespondenzen $L_{t,t+1}$ mit den eben konstruierten Korrespondenzen $M_{t,t+1}$ übereinstimmen.

$\boxed{\text{Satz}}$

(VIII.3.33) *Es sei* $P = \prod\limits_{i=1}^{n} C(d_i)$ *ein endliches Kettenprodukt, und*
$L_{t,t+1}$ *die lexikographischen Korrespondenzen* $(\lambda_t, \lambda_{t+1})$ *zwischen benachbarten Niveaux. Dann gilt:*

> *a)* $L_{t,t+1} = M_{t,t+1}$, $t = 0, \ldots, r(P) - 1$.

> *b) Die von den vollen Korrespondenzen* $L_{t,t+1}$ *induzierte Ketten-Partition von P ist symmetrisch.*

<u>Beweis</u>

Wir bezeichnen mit $\phi_t : N_t \to N_{t+1}$, $\psi_{t+1} : N_{t+1} \to N_t$ die zu $L_{t,t+1}$ korrespondierenden injektiven Abbildungen. Wir beschränken uns auf den Nachweis von $\phi_t = \sigma_t$. Für das λ_t-minimale Element ist dies klar. Es sei für $b \underset{\lambda_t}{\lessgtr} a$ bereits bewiesen, daß entweder $\phi_t(b) = \sigma_t(b)$ oder daß auf b weder ϕ_t noch σ_t definiert sind. Wir bemerken zunächst: $a \in \text{Def } \sigma_t \Rightarrow a \in \text{Def } \phi_t$. Sei umgekehrt $a = (\ell_1, \ldots, \ell_n) \in \text{Def } \phi_t$, $\phi_t(a) = (\ell_1, \ldots, \ell_s + 1, \ldots, \ell_n)$. Angenommen $s < \overline{m}(a)$, dann gilt:

$$f_j(\phi_t(a)) = f_j(a) \qquad \text{für } 0 \leq j \leq s-1,$$
$$f_s(\phi_t(a)) = f_s(a) - 1,$$
$$f_j(\phi_t(a)) = f_j(a) - 2 \quad \text{für } s+1 \leq j \leq n+1.$$

Wir erhalten somit $\underline{m}(\phi_t(a)) \geq s+1$, d.h. $\phi_t(a) \in \text{Def } \tau_{t+1}$. Daraus folgt nun $\tau_{t+1}(\phi_t(a)) \underset{\lambda_t}{\lessgtr} a$, und nach Induktionsvoraussetzung

$$\phi_t(a) = \sigma_t \tau_{t+1}(\phi_t(a)) = \phi_t\big(\tau_{t+1}(\phi_t(a))\big),$$

im Widerspruch zur Injektivität von ϕ_t. Es gilt also $s \geq \overline{m}(a)$, und mittels Induktion $s = \overline{m}(a)$, d.h. $\phi_t(a) = \sigma_t(a)$.

Zum Nachweis von b) bezeichnen wir mit a die eindeutige, von den $L_{t,t+1}$ erzeugte, nicht weiter unterteilbare Kette, welche a enthält. Das Anfangsglied von [a] habe Rang r, das Endglied Rang R. Zu zeigen ist $r + R = r(P)$. Ist nun $a = (\ell_1, \ldots, \ell_n) \in N_t$ und $a \in \text{Def } \phi_t$, $\phi_t(a) = (\ell_1', \ldots, \ell_n')$, so folgt aus (*) sofort

$$\min_i f_i(\phi_t(a)) = \min_i f_i(a) - 1,$$
$$f_{n+1}(\phi_t(a)) = f_{n+1}(a) - 2,$$

somit

$$R - r(a) = f_{n+1}(a) - \min_i f_i(a)$$
$$= r(P) - 2t - \min_i f_i(a).$$

Analog erhalten wir

$$r(a) - r = f_0(a) - \min_i f_i(a) = - \min_i f_i(a),$$

also insgesamt

$$r + R = r(P). \quad \square$$

Satz (VIII.3.33) liefert eine symmetrische Kettenzerlegung beliebiger Kettenprodukte, die wir <u>L-Zerlegung</u> nennen wollen. Andererseits haben wir bereits in (VIII.3.29) induktiv eine solche Zerlegung gewonnen, indem wir der Reihe nach

$$C(d_1), C(d_1) \times C(d_2), \ldots, C(d_1) \times \ldots \times C(d_n) = P$$

in Ketten $E_{i,j}$ laut (VIII.3.28) zerlegt haben. Wir wollen dies die I-Zerlegung nennen.

<u>Satz</u>

(VIII.3.34) *Die L-Zerlegung und I-Zerlegung beliebiger endlicher Kettenprodukte sind identisch.*

Der leichte Beweis erfolgt durch Induktion nach der Anzahl n der Basisketten.

ÜBUNGEN ZU ABSCHNITT 3

→ 1. Beweise die Unimodalität von $P(n)$: Die Niveauzahlen $W_{n-k}(P(n)) = S_{n,k}$ heißen die <u>Stirling-Zahlen</u> 2. Art. $S_{n,k}$ ist also die Anzahl der k-Partitionen einer n-Menge. Verifiziere nun die Rekursionen:

a) $S_{n+1,k} = S_{n,k-1} + k \cdot S_{n,k}$,

b) $S_{n+1,k} = \sum_{j=0}^{n} \binom{n}{j} S_{j,k-1}$,

und folgere daraus (U).

→ 2. Zeige: Es sei $\{A_1, \ldots, A_m\}$ Antikette in $B(n)$, dann gilt $\sum_{i=1}^{m} |A_i| \leq \{^n/2\} \binom{n}{\{n/2\}}$. Wie lautet die entsprechende Ungleichung für die Verbände $L(n,q)$?

3. Beweise (VIII.3.5) und (VIII.3.8).

4. Wir sagen, eine Boole'sche Funktion $f : \{0,1\}^n \to \{0,1\}$ ist <u>monoton steigend</u>, falls $f(a_1,\ldots,a_n) = 1$ und $a_1 \leq b_1,\ldots,a_n \leq b_n \Rightarrow$ $f(b_1,\ldots,b_n) = 1$. Angenommen wir fixieren r Werte der Variablen, z.B. $a_{i_1}^*,\ldots,a_{i_r}^*$. Die Menge $\{a_{i_1}^*,\ldots,a_{i_r}^*\}$ heißt ein <u>Implikant</u>, falls $f(a_1,\ldots,a_{i_1}^*,\ldots,a_{i_r}^*\ldots a_n) = 1$ für <u>alle</u> Werte der a_j's, $j \neq i_\ell$, $\ell = 1,\ldots,r$, gilt. Die minimalen Implikanten heißen <u>Primimpli-kanten</u>. Zeige: Die Maximalzahl von Primimplikanten einer monoton steigenden Boole'schen Funktion ist $\binom{n}{[n/2]}$.

$\rightarrow$ 5. Beweise die Sperner Eigenschaft für die affinen Verbände.

6.* Es seien S_1, S_2 disjunkte Mengen mit $|S_i| = n_i$, $n_1 \leq n_2$. Es gelte für $\{A_1,\ldots,A_m\} \subseteq 2^{S_1 \cup S_2}$ weder

$$A_i \cap S_1 = A_j \cap S_1, A_i \cap S_2 \supseteq A_j \cap S_2, \text{ für alle } i \neq j,$$

noch

$$A_i \cap S_1 \supseteq A_j \cap S_1, A_i \cap S_2 = A_j \cap S_2, \text{ für alle } i \neq j.$$

Zeige, daß dann $m \leq \binom{n}{[n/2]}$ mit $n = n_1 + n_2$.

7. Beweise mit Hilfe von 6) folgende Verallgemeinerung von (VIII.3.7): Es seien $a_1,\ldots,a_n \in \mathbb{C}$ mit $|a_i| > 1$. Dann liegen höchstens $\binom{n}{[n/2]}$ der 2^n Zahlen $\sum \varepsilon_i a_i$, $\varepsilon_i = \pm 1$, im Einheitskreis. (Katona-Kleitman)

$\rightarrow$ 8. Es sei P endliche Ordnung und G Permutationsgruppe auf P, welche die Ordnungsrelation erhält. Zeige: Es existiert eine Antikette $A \subseteq P$, $|A| = s(P)$, welche Vereinigung von G-Bahnen ist. (Hinweis: Verwende Übung (VIII.1.19))

9. Folgere aus 8): Im Partitionsverband $P(n)$ existiert eine Antikette A mit $|A| = s(P)$, welche aus allen Partitionen gewisser Typen $1^{b_1}\ldots n^{b_n}$ besteht. Ferner müssen diese Typen in dem Sinn unver-gleichbar sein, daß kein Paar $t \neq t'$ von Typen darunter existiert, für die es Partitionen $\pi,\sigma \in P(n)$ gibt mit $\mathrm{Typ}(\pi) = t$, $\mathrm{Typ}(\sigma) = t'$ und $\pi < \sigma$.

$\rightarrow$ 10. Es sei $G_n(E,K)$ der Graph mit $|E| = n + 1$, $|K| = 2n - 1$,

$n \geq 2$. Zeige mit Hilfe von 8), daß für den Unterraumverband L_n von

$P(G_n)$ gilt:

a) $W_k(L_n) = 2^k \binom{n-1}{k} + \binom{n-1}{k-1}$, $k = 1,\ldots,n$,

b) $s(L_n) = \max_k 2^k \binom{n-1}{k} + \max_k \binom{n-1}{k-1}$,

c) $s(L_n) > \max_k W_k(L_n)$ für $n \geq 11$.

Die Ordnungen L_n sind für $n \geq 11$ somit Beispiele geometrischer Verbände, welche nicht die Sperner Eigenschaft besitzen.
(Dilworth - Greene)

→ 11. Es sei $\mathfrak{A}$ eine Familie von geordneten r-tupeln disjunkter Teilmengen einer n-Menge S mit der Eigenschaft $(A_1,\ldots,A_r)$, $(B_1,\ldots,B_r) \in \mathfrak{A} \to A_i \not\subseteq B_i$ für mindestens ein i. Zeige mit Hilfe von (VIII.3.21),

daß $|\mathfrak{A}| \leq r^k \binom{n}{k}$ ist mit $k = \left[\dfrac{r(n+1)}{r+1}\right]$.

12.* Es sei $P_<$ endliche Ordnung und $\mathfrak{A}_h(P)$ der Verband der h-Familien (siehe Übung VIII.1.20)). Die h-Familien maximaler Mächtigkeit nennen wir <u>Sperner h-Familien</u> und bezeichnen deren Menge mit $\mathfrak{S}_h(P)$. Zeige: $\mathfrak{S}_h(P)$ ist ein (sogar distributiver) Unterverband von $\mathfrak{A}_h(P)$. (Greene - Kleitman)

→ 13. Beweise: Sind P,Q normale Ordnungen mit jeweils logarithmisch konkaven Niveauzahlenfolgen, so ist $P \times Q$ ebenfalls normal mit logarithmisch konkaver Niveauzahlenfolge. (Graham - Harper)

→ 14. Es sei $G(E,R)$ bipartiter Graph mit den definierenden Eckenmengen S und H, $|S| = n$, $|H| = t$. Wir setzen

$$\bar{p} := |\{h \in H: (p,h) \in R\}|, \quad \bar{h} := |\{p \in S: (p,h) \in R\}|.$$

Zeige:

a) $(p,h) \not\in R \to \bar{p} \geq \bar{h}$

b) $\bar{h} < n$ $\Big\} \to t \geq n.$ (Motzkin)

15.* Es sei $L(S)$ ein endlicher geometrischer Verband, $|S| = n$. Beweise:

a) Es existieren n paarweise disjunkte maximale Ketten in L. (Hinweis: Verwende (VIII.1.3) und dieselbe Fallunterscheidung wie im Beweis von (VIII.3.23).)

b) Derselbe Schluß gilt für halbmodulare Verbände, deren Einselement Supremum von Punkten ist.

c) Zeige mit einem Beispiel, daß auf die letzte Bedingung in b)
nicht verzichtet werden kann. (Mason)

16. Beweise (VIII.3.26).

17. Verifiziere die Bedingung $W_k^2 \geq \dfrac{k+1}{k} \dfrac{n-k+1}{n-k} W_{k-1} W_{k+1}$ für $P(n)$,
Kettenprodukte und affine Verbände.

→ 18. Führe die Details von (VIII.3.31) aus.

19. Beweise (VIII.3.34).

→ 20.* Es sei $P = \prod\limits_{i=1}^{n} C(d_i)$ Kettenprodukt. Wir verwenden als Symbole
Klammern "(" und ")", wobei "(" für "nein" steht und ")" für
"ja". Dem Element $a = \ell_1 \ldots \ell_n \in P$ ordnen wir den folgenden Klammer-
ausdruck der Länge $r(P) = \sum\limits_{i=1}^{n} d_i$ zu:

$$a = \ell_1 \ldots \ell_n \longleftrightarrow \underbrace{))..)}_{\ell_1} \; \underbrace{(...(\quad)...)}_{d_i-\ell_1 \qquad \ell_2} \; .....)\underbrace{....)}_{\ell_n} \; \underbrace{(...(}_{d_n-\ell_n} \quad ,$$

in kurzer Schreibweise

$$a =)^{\ell_1} \; (^{d_1-\ell_1})^{\ell_2} (^{d_2-\ell_2} ...)^{\ell_n} (^{d_n-\ell_n} .$$

Aus diesem Ausdruck entfernen wir iterativ jedes Paar ( ), wobei
die Originalpositionen erhalten bleiben. Damit bleibt ein reduzierter Ausdruck $\bar{a} =)^u \; (^v$ mit leeren Stellen übrig. Beispiel:
$)(()())(\; \to \;)(..())(\; \to \;)(....)(\; \to \;).......(.$ Die Kette $[a]$,
welche a enthält, wird durch Umdrehen der $u + v$ "freien" Klammern
gebildet:

$$[a] = \left\{ (^{u+v} \; <\cdot \;)^1 (^{u+v-1} \; <\cdot \;)^2 (^{u+v-2} <\cdot ... \; <\cdot)^{u+v} \right\}.$$

Zeige:

a) Wir erhalten auf diese Weise eine symmetrische Kettenzerlegung
von P, sie heiße die K-Zerlegung. (Leeb – Schönheim)

b) Die L-, I- und die K-Zerlegung sind identisch.

4. TRANSVERSALMATROIDE

In diesem Abschnitt kehren wir nochmals zur Theorie der Matroide zurück. Aufbauend auf den bisherigen Ergebnissen untersuchen wir die Klasse der Transversalmatroide $T(S;\mathfrak{A})$ und leiten eine geometrische Charakterisierung ab (Abschnitt A). Als nächstes erweitern wir die Konstruktion der Transversalmatroide von bipartiten Graphen auf beliebige Graphen. Diese größere Klasse der Korrelationsmatroide ist Gegenstand von Abschnitt B. Unter anderem wird dort gezeigt, daß die Korrelationsmatroide den Abschluß der Klasse der Transversalmatroide in bezug auf Minorenbildung bilden. Der letzte Abschnitt betrachtet schließlich die Definition der Transversalmatroide von einem anderen Gesichtspunkt aus und stellt die Verbindung zur Summe von Matroiden her, welche aus vielen ähnlichen Resultaten nahegelegt wird.

A. Charakterisierungen

Für das folgende setzen wir alle auftretenden Mengen als endlich voraus. Wir interpretieren ein Transversalmatroid immer als Matroid $T(S;\mathfrak{A})$. $T(S;\mathfrak{A})$ oder $T(S;A_1,\ldots,A_n)$ bezeichnet also das von den partiellen Transversalen von $\mathfrak{A}$ bzw. $\{A_1,\ldots,A_n\}$ auf S induzierte Matroid.

Wir beginnen mit einer Umformulierung des Kriteriums (VI.2.14a) für partielle Transversalen, die sich für unsere Zwecke als besonders nützlich erweisen wird. Die Äquivalenz folgt sofort aus der Regel $\bigcup_{j \in J} A_j = S - \bigcap_{j \in J} A_j^C$, wobei $A^C = S - A$ das Komplement von A bezüglich S bedeutet. Man beachte die Konvention $\bigcap_{j \in J} C_j = S$, falls $J = \emptyset$ ist.

Satz

(VIII.4.1) *Es sei* $T(S;A_1,\ldots,A_n)$ *ein Transversalmatroid. Dann gilt für* $B \subseteq S$:

B *ist partielle Transversale* $\leftrightarrow$ $\left| B \cap \bigcap_{j \in J} A_j^C \right| \leq n - |J|$, *für alle* $J \subseteq N_n$.

Definition

(VIII.4.2) Es sei $G(S)$ Transversalmatroid, dann heißt jede Familie $\mathfrak{A} \subseteq 2^S$ mit $G(S) \cong T(S;\mathfrak{A})$ eine <u>Repräsentierung</u> von $G(S)$.

Unser erstes Ziel ist es, eine möglichst einfache Repräsentierung eines vorgegebenen Transversalmatroides zu finden. Zum Beispiel wissen wir aus (VI.4.27b), daß die Minimalzahl von Mengen in einer Repräsentierung gleich dem Rang von $G(S)$ ist. Diese Tatsache wollen wir jetzt präzisieren.

<u>Satz</u>

(VIII.4.3) *Es sei* $G(S) = T(S;A_1,\ldots,A_n)$ *ein Transversalmatroid vom Rang* $r \leq n$*, und* $\mathfrak{B} = \{A_{i_1},\ldots,A_{i_r}\}$ *eine Unterfamilie, welche eine Transversale besitzt. Dann gilt*

$$G(S) \cong T(S;A_{i_1},\ldots,A_{i_r}).$$

<u>Beweis</u>

Es sei $G'(S) = T(S;\mathfrak{B})$. Klarerweise ist jede unabhängige Menge von $G'(S)$, d.h. jede partielle Transversale von $\mathfrak{B}$, auch unabhängig in $G(S)$. Ist umgekehrt X partielle Transversale von $\mathfrak{A} = \{A_1,\ldots,A_n\}$, so existiert nach (VIII.2.9) eine Teilfamilie $\mathfrak{B}_O$, $\mathfrak{B} \subseteq \mathfrak{B}_O \subseteq \mathfrak{A}$, welche eine Transversale X_O mit $X \subseteq X_O \subseteq S$ besitzt. Wegen $r(T(S;\mathfrak{A})) = r = |\mathfrak{B}|$ muß aber $\mathfrak{B} = \mathfrak{B}_O$ gelten. X ist also auch partielle Transversale von $\mathfrak{B}$ und somit unabhängig in $G'(S)$. $\square$

Wir wollen zusätzlich eine <u>minimale</u> Repräsentierung $\mathfrak{A} = \{A_i\}$ in dem Sinn finden, daß $G(S) \not\cong T(S;\mathfrak{B})$ ist, wann immer $\mathfrak{B} = \{B_i\}$, mit $B_i \subseteq A_i$ und $B_j \subsetneqq A_j$ für mindestens einen Index j, vorliegt.

<u>Hilfssatz</u>

(VIII.4.4) *Es sei* $G(S) = T(S;A_1,\ldots,A_n)$*, dann ist* $A_i^C = S - A_i$ *Unterraum von* $G(S)$*, für alle* $i \in \mathbb{N}_n$*.*

<u>Beweis</u>

Für $A_i = \emptyset$ ist nichts zu beweisen. Andernfalls betrachten wir die Reduktion

$$G(S).A_i^C \cong T(A_i^C;A_1-A_i,\ldots,A_n-A_i).$$

Eine Basis B von $G(S).A_i^C$ ist partielle Transversale von $\{A_j-A_i : j \in \mathbb{N}_n\}$, somit $B \cup \{p\}$ partielle Transversale von $\mathfrak{A} = \{A_j : j \in \mathbb{N}_n\}$ für alle $p \in A_i$. Daraus folgt $p \notin \bar{B} = \overline{A_i^C}$ für alle $p \notin A_i^C$, und somit $\overline{A_i^C} = A_i^C$. $\square$

(VIII.4.4) zeigt, daß die minimal möglichen Mengen $\neq \emptyset$ in einer Repräsentierung <u>Cokreise</u> des Matroides sind. Daß so eine Repräsentierung tatsächlich stets vorliegt, zeigt der folgende Satz.

Satz (Bondy-Welsh)

(VIII.4.5) *Es sei* $G(S) \cong T(S;A_1,\ldots,A_n)$ *ein Transversalmatroid mit* $A_i \neq \emptyset$ *für alle* i. *Dann existieren Cokreise* $C_1,\ldots,C_n$ *mit* $C_i \subseteq A_i$ *für alle* i *und* $G(S) \cong T(S;C_1,\ldots,C_n)$.

<u>Beweis</u>

Es sei Y Basis von A_1^C in $G(S)$. Wir erweitern Y zu einer Basis Z von $G(S)$, wobei wegen $A_1 \neq \emptyset$ und (VIII.4.4) $Y \neq Z$ gelten muß. Y ist partielle Transversale der Familie $\{A_2-A_1,\ldots,A_n-A_1\}$, und wir können $z \in Z \cap A_1$ so wählen, daß $X = Z - z$ partielle Transversale von $A_2,\ldots,A_n$ ist. Wir setzen $C_1 := A_1 - X$ und behaupten, daß C_1 Cokreis ist mit

$$G(S) \cong T(S;C_1,A_2,\ldots,A_n).$$

Es gilt $X \subseteq C_1^C$ und $B \not\subseteq C_1^C$ für jede Basis B von $G(S)$ mit $B \supsetneq X$, also ist $r(C_1^C) = r(G(S)) - 1$. Da X partielle Transversale von $\{A_2,\ldots,A_n\}$ ist, schließen wir aus (VIII.4.3)

$$G(S).C_1^C \cong T(C_1^C;C_1^C \cap A_1,\ldots,C_1^C \cap A_n) \cong T(C_1^C;C_1^C \cap A_2,\ldots,C_1^C \cap A_n).$$

Setzen wir $G'(S) = T(S;C_1,A_2,\ldots,A_n)$, so ist wieder jede unabhängige Menge in $G'(S)$ auch unabhängig in $G(S)$. Es sei umgekehrt D abhängig in $G'(S)$. Nach (VIII.4.1) können wir die Existenz von $J \subseteq N_n - \{1\}$ annehmen mit

$$\left| D \cap C_1^C \cap \bigcap_{j \in J} A_j^C \right| > n - 1 - |J|.$$

Es gilt nun:

$$D \cap C_1^C \cap \bigcap_{j \in J} A_j^C = (D \cap C_1^C) \cap \bigcap_{j \in J}(C_1 \cup A_j^C) = (D \cap C_1^C) \cap \bigcap_{j \in J}(C_1^C \cap A_j)^C.$$

Das heißt wiederum nach (VIII.4.1), daß $D \cap C_1^C$ abhängig in $G(S).C_1^C$ ist, also D abhängig in $G(S)$ ist. Laut (VIII.4.4) ist C_1 Cokreis, und wir erhalten die gewünschte Repräsentierung durch Wiederholung dieses Schlusses. □

Die Minimalrepräsentierungen ergeben eine schöne Charakterisierung der Transversalmatroide mit Hilfe der Copunkte, ähnlich der Kennzeichnung graphischer Matroide aus (VII.3.5).

Satz (Ingleton)

(VIII.4.6) *Es sei* $G(S)$ *ein endliches Matroid vom Rang* n. $G(S)$ *ist genau dann Transversalmatroid, wenn* n *Copunkte* $H_1,\ldots,H_n$ *existieren, so daß gilt:*

a) $r\left(\bigcap_{j\in J} H_j\right) \leq n - |J|$, *f.a.* $J \subseteq \mathbb{N}_n$.

b) Für jeden Kreis C existiert $J \subseteq \mathbb{N}_n$ *mit* $|J| = n - |C| + 1$ *und*
$C \subseteq \bigcap_{j\in J} H_j$.

Beweis

Ist $G(S)$ Transversalmatroid, so können wir nach (VIII.4.3) und (VIII. 4.5) Cokreise $C_1,\ldots,C_n$ finden mit

$$G(S) = T(S;C_1,\ldots,C_n).$$

Setzen wir $H_i = C_i^C$, $1 \leq i \leq n$, und ist B_J eine Basis von $\bigcap_{j\in J} H_j$, $J \subseteq \mathbb{N}_n$, so gilt laut (VIII.4.1)

$$r\left(\bigcap_{j\in J} H_j\right) = |B_J| = \left|B_J \cap \bigcap_{j\in J} C_j^C\right| \leq n - |J|,$$

also ist Bedingung a) erfüllt. Für einen Kreis C existiert wiederum nach (VIII.4.1) eine Teilmenge $J \subseteq \mathbb{N}_n$ mit

$$\left|C \cap \bigcap_{j\in J} H_j\right| > n - |J|.$$

Falls $C \not\subseteq \bigcap_{j\in J} H_j$ ist, wäre $C \cap \bigcap_{j\in J} H_j$ unabhängig, und wir hätten

$$\left|C \cap \bigcap_{j\in J} H_j\right| = r(C \cap \bigcap_{j\in J} H_j) \leq r(C) + r(\bigcap_{j\in J} H_j) - r(C \cup \bigcap_{j\in J} H_j)$$

$$\leq |C| - 1 + n - |J| - |C| + 1 = n - |J|.$$

Wir schließen $C \subseteq \bigcap_{j\in J} H_j$, und mittels (VIII.4.1)

$$|C - p| = \left|(C - p) \cap \bigcap_{j\in J} H_j\right| \leq n - |J| \text{ für alle } p \in C,$$

d.h.

$$|C| = n - |J| + 1.$$

Es seien umgekehrt Copunkte $H_1,\ldots,H_n$ gegeben, welche die Bedingungen des Satzes erfüllen. Wir behaupten:

$$G(S) \cong T(S;C_1,\ldots,C_n) \text{ mit } C_i := H_i^C, \; 1 \leq i \leq n.$$

Es sei B unabhängig in $G(S)$, dann gilt

$$\left|B \cap \bigcap_{j\in J} C_j^C\right| = \left|B \cap \bigcap_{j\in J} H_j\right| = r(B \cap \bigcap_{j\in J} H_j) \leq r(\bigcap_{j\in J} H_j)$$

$$\leq n - |J| \text{ für alle } J \subseteq \mathbb{N}_n,$$

also ist B nach (VIII.4.1) partielle Transversale von $\{C_i : i \in \mathbb{N}_n\}$.

Ist umgekehrt D ein Kreis von $G(S)$, so existiert nach b) eine Index-menge $J \subseteq \mathbb{N}_n$ mit $|J| = n - |D| + 1$ und $D \subseteq \bigcap_{j \in J} H_j$. Daraus folgt

$$|D \cap \bigcap_{j \in J} C_j^c| = |D \cap \bigcap_{j \in J} H_j| = |D| = n - |J| + 1 > n - |J|.$$

D ist somit nach (VIII.4.1) keine partielle Transversale von $\{C_i : i \in \mathbb{N}_n\}$, und der Satz folgt. □

<u>Beispiele</u>

(VIII.4.7) Das Polygonmatroid des vollständigen Graphen K_4 ist nicht

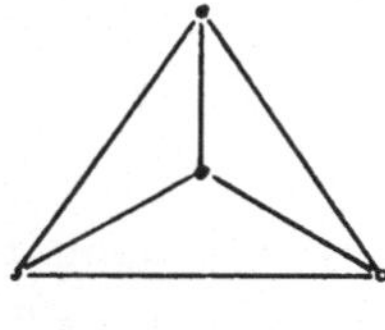

transversal. Nach (VIII.4.6b) müßte näm-lich jedes Polygon C der Länge 3 in einem Copunkt H_i enthalten sein, d.h. $C = H_i$ sein. Wir haben aber 4 verschiedene Poly-gone der Länge 3, während $r(P(K_4)) = 3$ ist.

Mit genau derselben Überlegung ist das Polygonmatroid des in (VI.3.14)

erwähnten Graphen nicht transversal. Wir haben 3 Polygone der Länge 2, aber der Rang ist 2.

Es ist klar, daß auf diese Weise eine ganze Klasse nichttransversaler Matroide konstruiert werden kann. Auf der anderen Seite leitet man aus (VIII.4.6) ohne Mühe die folgende positive Aussage her.

<u>Satz</u>

(VIII.4.8) *Ein endliches Matroid* $G(S)$ *vom Rang* $r(G(S)) \geq |S| - 2$ *ist transversal.*

Das nichttransversale Matroid $P(K_4)$ zeigt, daß (VIII.4.8) nicht mehr verschärft werden kann.

Noch ein Wort zum allgemeinen Transversalsystem $T(S,R,U)$, wenn wie in (VIII.1.23) sowohl auf S wie auf U Matroide $H_1(S)$ bzw. $H_2(U)$ gegeben sind. Induzieren dann die unabhängigen Mengen von $H_1(S)$, welche in Korrespondenz mit unabhängigen Mengen von $H_2(U)$ stehen, ein neues Matroid auf S? Die Antwort ist im allgemeinen nein, selbst wenn $H_2(U)$ frei ist.

Beispiel

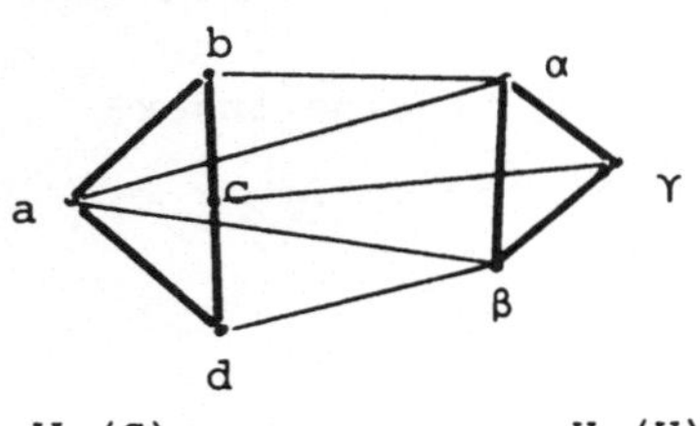

U besteht aus den Mengen A mit
$|A| \leq 2$ und {a,b,c}, {a,c,d}, d.h.
{b,d} könnte nicht zu einer 3-ele-
mentigen Basis erweitert werden.

$H_1(S)$ $H_2(U) \cong FG_3$

Eine Diskussion, wie die Sätze für diese allgemeine Situation geeignet
abgeschwächt werden müssen, ist in den Übungen enthalten.

B. Korrelationsmatroide

In (VI.2.18) haben wir auf die Möglichkeit hingewiesen, die Konstruktion der Transversalmatroide mit Hilfe des Korrelationsbegriffes von
(gerichteten) bipartiten Graphen auf beliebige gerichtete Graphen zu
verallgemeinern. Hauptergebnis dieses Abschnittes ist der Nachweis
des in (VI.2.18) angekündigten Satzes über Korrelationsmatroide. Die
zentrale Idee ist dabei eine Rückführung des Korrelationsbegriffes
auf Korrespondenzen eines gewissen bipartiten Graphen. Dies wird nicht
nur den Beweis des Satzes liefern, sondern die Klasse der Korrelationsmatroide als Abschluß der Transversalklasse in bezug auf Minorenbildung ausweisen.

Es sei $\vec{G}(E,K)$ ein endlicher gerichteter Graph. Wir ordnen $\vec{G}$ auf folgende Weise einen bipartiten Graphen $G'(E \cup E', K')$ zu: Die definierenden Eckenmengen von G' sind E und E', wobei E' eine Kopie von E ist,
und wir die zu $v \in E$ korrespondierende Ecke in E' mit v' bezeichnen,
und allgemein die zu $B \subseteq E$ gehörige Menge in E' mit B'. Die Kantenmenge
K' von G' ist

$$K' := \Big\{ \{v,v'\} : v \in E \Big\} \cup \Big\{ \{v,u'\} : (u,v) \in K \Big\}.$$

Beispiel

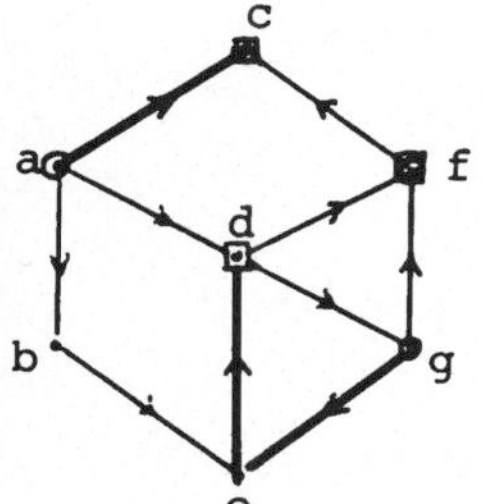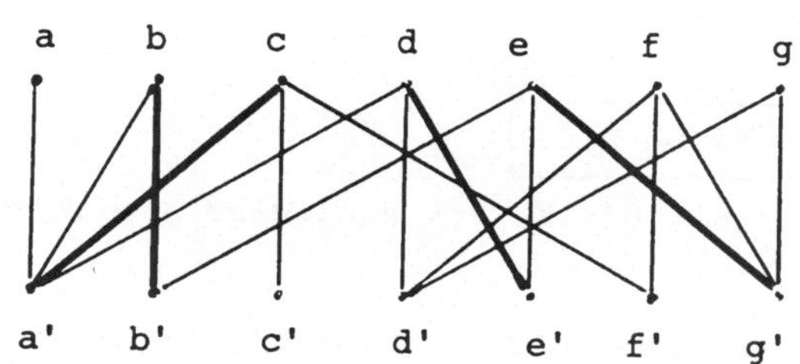

$A = \{a,f,g\}$

$B = \{c,d,f\}$

$E-A = \{b,c,d,e\}$,

$E'-B' = \{a',b',e',g'\}$,

$M = \Big\{\{c,a'\},\{b,b'\},\{d,e'\},\{e,g'\}\Big\}$.

<u>Satz</u> (Ingleton-Piff)

(VIII.4.9) *Es sei $\vec{G}(E,K)$ ein endlicher gerichteter Graph. Dann ist A genau dann mit B in $\vec{G}$ korreliert, wenn eine Korrespondenz $M \subseteq K'$ in $G'(E \cup E', K')$ existiert mit* $\mathrm{korr}_E M = E-A$, $\mathrm{korr}_{E'} M = E'-B'$.

<u>Beweis</u>

Es sei A in $\vec{G}$ durch $|A|$ eckendisjunkte gerichtete Wege P_i mit B verbunden. Wir definieren $\phi : E'-B' \to E-A$ folgendermaßen:

$$\phi u' := \begin{cases} u & \text{falls } u \text{ auf keinem Weg } P_i \text{ liegt,} \\ v & \text{falls } u \text{ auf einem Weg } P_i \text{ liegt (d.h.} \\ & \text{auf genau einem), und } v \text{ der Nachfolger} \\ & \text{von } u \text{ auf } P_i \text{ ist.} \end{cases}$$

Offenbar ist ϕ Bijektion, und es gilt

$$\{\phi u', u'\} \in K' \quad \text{für alle } u' \in E'-B'.$$

$M = \Big\{\{\phi u', u'\} : u' \in E'-B'\Big\}$ ist somit eine gewünschte Korrespondenz.

Es sei umgekehrt $\Big\{\{\phi u', u'\} : u' \in E'-B'\Big\}$ eine Korrespondenz zwischen E-A und E'-B'. Für $a \in A$ definieren wir folgenden gerichteten Weg P_a in $\vec{G}$ von a nach B. Ist $a \in A \cap B$, so sei $P_a = \{a\}$. Andernfalls ist $a' \in E'-B'$, $\phi a' \in E-A$, und wir erklären $a_1 = \phi a'$ zum Nachfolger von a. Ist $a_1 \in B$, so setzen wir $P_a = \{a, a_1\}$. Andernfalls ist wieder $a_2 = \phi a_1' \in E-A$ und $a_2 \neq a_1$, da ϕ injektiv ist. Wir setzen dieses Verfahren fort, bis wir zu einer Ecke $a_k \in B$ kommen, und definieren dann $P_a = \{a, a_1, \ldots, a_k\}$. Daß alle auf diese Weise konstruierten Wege disjunkt sind, folgt sofort aus der Injektivität von ϕ. $\square$

Im obigen Beispiel sind die drei Wege von A nach B $P_1 = \{a,c\}$, $P_2 = \{f\}$, $P_3 = \{g,e,d\}$ fett gedruckt, und ebenso die dadurch induzierte Korrespondenz auf G'.

Satz (Ingleton-Mason-Piff)

(VIII.4.10) *Es sei $\vec{G}(E,K)$ ein endlicher gerichteter Graph, $U \subseteq E$.*
Dann gilt:

> a) *Die Familie $\mathfrak{B} = \{A \subseteq E: A$ korreliert mit $U\}$ ist System von Basen*
> *eines Matroides $\mathbf{Kor}(E,\vec{G},U)$ auf E. $\mathbf{Kor}(E,\vec{G},U)$ heißt das <u>strikte</u>*
> *(oder <u>volle</u>) <u>Korrelationsmatroid</u> <u>von</u> $\vec{G}$ <u>in bezug auf</u> U.*

> b) *Die Klasse der strikten Korrelationsmatroide ist genau die*
> *Klasse der <u>cotransversalen</u> Matroide.*

<u>Beweis</u>

Wir zeigen zunächst, daß $\mathfrak{B}^{\perp} := \{E - A : A \in \mathfrak{B}\}$ Familie von Basen eines Transversalmatroides ist, woraus a) und eine Hälfte von b) folgen wird. Nach (VIII.4.9) haben wir:

> $A \in \mathfrak{B}$ ↔ A korreliert mit U in $\vec{G}$ ↔ E - A ist in Korrespondenz mit E' - U' in G' ↔ E - A ist Basis des Transversalmatroides auf G', induziert von den Eckenmengen
> E und E' - U'.

Es sei umgekehrt $G(E) = T(E,R,F)$ Transversalmatroid, induziert von der Relation R auf den Eckenmengen E und F, wobei laut (VIII.4.3) $|F| = r(\mathbf{G}(E))$ angenommen werden kann. Ist E - U Basis von G(E), so existiert eine Bijektion $\psi : E - U \to F$ mit $(a,\psi a) \in R$ für alle a. Wir setzen $\psi(v) = v'$ für $v \in E - U$ und definieren den gerichteten Graphen $\vec{G}(E,K)$ auf der Eckenmenge E durch

$$K := \{(u,v) : u \neq v, (v,u') \in R\}.$$

Es gilt nun:

> E - A ist Basis von G(E) ↔ ∃ Bijektion $\phi : F \to E - A$ mit $(\phi v', v') \in R$,
> für alle v'.

Daraus konstruieren wir wie in (VIII.4.9) eine Korrelation von A mit U in $\vec{G}(E,K)$, also ist A Basis von $\mathbf{Kor}(E,\vec{G},U)$. Die Umkehrung folgt genau so wie in (VIII.4.9). Insgesamt erhalten wir somit

$$G^{\perp}(E) \cong \mathbf{Kor}(E,\vec{G},U),$$

was zu beweisen war. □

Bevor wir diesen Zusammenhang Transversal ⟷ strikte Korrelation an
verschiedenen Anwendungen näher erläutern, wollen wir einige allgemeine Struktursätze über Korrelationsmatroide beweisen.

Definition

(VIII.4.11) Die Klasse der <u>Korrelationsmatroide</u> ist die Gesamtheit
der Reduktionen strikter Korrelationsmatroide.

$G(S)$ ist somit Korrelationsmatroid, falls ein gerichteter Graph $\vec{G}(E,K)$
existiert und Mengen $S, U \subseteq E$ (die nicht disjunkt zu sein brauchen), so
daß $A \subseteq S$ genau dann unabhängig ist, wenn A mit einer Teilmenge von U
korreliert ist. Wir erhalten also genau die Definition (VI.2.18) wieder,
und beschreiben diese allgemeine Situation mit

$$G(S) \cong \mathrm{Kor}\,(S, \vec{G}, U).$$

Das Matroid $G(S)$, bestehend aus 3 Paaren paralleler Elemente aus
(VIII.4.7), ist - wie schon vor (VI.4.23) erwähnt wurde - cotransversal, also Korrelationsmatroid, aber nicht transversal. Aus (VI.3.14)
wissen wir ferner, daß die Kontraktion eines Transversalmatroides
nicht wieder transversal zu sein braucht, desgleichen das orthogonale
Matroid. Die nächsten Sätze zeigen, daß die Klasse der Korrelationsmatroide sowohl in bezug auf Minorenbildung wie auch in bezug auf
Orthogonalität abgeschlossen ist, und zwar genau den Abschluß der
Transversalklasse bildet.

$\boxed{\text{Satz}}$

(VIII.4.12) *Ein Matroid $G(S)$ ist genau dann Korrelationsmatroid,
wenn es Kontraktion eines Transversalmatroides ist.*

Beweis

Da die Transversalmatroide in bezug auf die Reduktion abgeschlossen
sind (VI.3.13), so sind es die cotransversalen (= strikten Korrelationsmatroide) in bezug auf die Kontraktion (VI.4.9). Transversalmatroide sind jedenfalls Korrelationsmatroide, also ist eine Kontraktion
eines Transversalmatroides auch Kontraktion einer Reduktion oder nach
(VI.3.7) Reduktion einer Kontraktion eines cotransversalen Matroides,
d.h. nach obiger Bemerkung ein Korrelationsmatroid. Die Umkehrung
wird analog bewiesen. □

Folgerung

(VIII.4.13) *Die Klasse der Korrelationsmatroide ist abgeschlossen in
bezug auf Minorenbildung und Orthogonalität.*

Satz (VII.1.10) zusammen mit (VI.3.9) gibt nun Auskunft über die Koordinatisierung von Korrelationsmatroiden.

Satz

(VIII.4.14) *Ein Korrelationsmatroid ist koordinatisierbar über allen
genügend großen endlichen Körpern und insbesondere über allen unendlichen Körpern.*

Satz (VIII.4.9) und der darin enthaltene Zusammenhang "bipartiter
Graph ↔ gerichteter Graph" gibt uns ein nützliches Dualitätsprinzip
an die Hand. Jeder Satz über Transversalmatroide ergibt einen Satz
über Korrelationsmatroide und umgekehrt. Oder in der Sprache der Graphentheorie: Sätze über <u>bipartite</u> <u>Graphen</u> korrespondieren zu Sätzen
über beliebige <u>gerichtete</u> <u>Graphen</u>. Als Illustration dieser Dualität
zeigen wir, daß der Satz von König über bipartite Graphen den Korrelationssatz über beliebige gerichtete Graphen impliziert.

Satz

(VIII.4.15) *Der Satz von König (VIII.1.14) impliziert den Korrelationssatz (VIII.1.6).*

Beweis

Wir betrachten den gerichteten Graphen $\vec{G}(E,K)$ und definieren $G'(E \cup E',K')$
wie in (VIII.4.8). Ferner seien S,U Teilmengen von E. In (VIII.4.9)
haben wir festgestellt, daß die Matroide $\mathrm{Kor}(E,\vec{G},U)$ und $T(E,K',E'-U')$
orthogonal zueinander sind. Bezeichnen wir mit r und r' die Rangfunktionen von Kor bzw. T, so gilt offenbar:

$$r(S) = \text{Maximalzahl eckendisjunkter gerichteter}$$
$$\text{Wege aus S nach U.}$$

Nach (VI.4.3) und dem Satz von König (VIII.1.14) haben wir auch

$$r(S) = |S| - r'(E) + r'(E-S)$$
$$(*) \qquad = |S| - |E| + |U| + \min_{D} |D|, \text{ wobei D alle Träger des}$$
$$\text{bipartiten Untergraphen H' von G', induziert von den}$$
$$\text{Eckenmengen } E-S,\ E'-U',\ \text{durchläuft.}$$

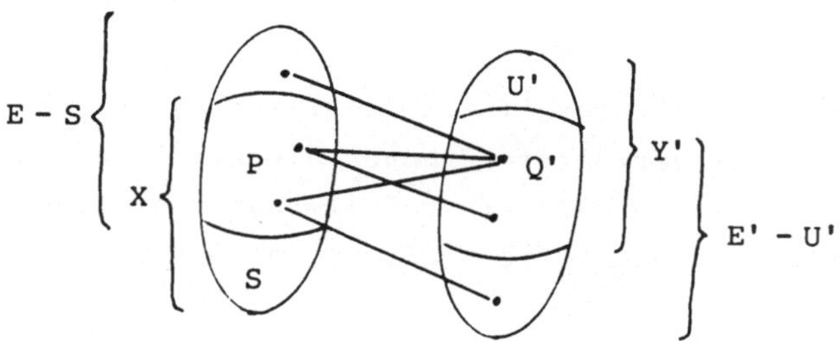

Es sei D solch ein Träger, D = P ∪ Q' mit P,Q ⊆ E, und X = S ∪ P,
Y = U ∪ Q. Angenommen, es existiert ein Ecke v ∈ E - (X ∪ Y), dann haben
wir v ∈ (E - S) - P, v' ∈ (E' - U') - Q', und der Träger D inzidiert nicht
mit der Kante {v,v'} ∈ K'. Es gilt somit E = X ∪ Y.

Wir behaupten: C = X ∩ Y trennt S von U in $\vec{G}(E,K)$. Dazu sei
$\{a_0, a_1, \ldots, a_k\}$ ein beliebiger gerichteter Weg von S nach U. Ist
$a_i \in S \cap U$, so gilt $a_i \in X \cap Y = C$. Wir können daher $a_0' \in E' - U'$ voraussetzen. Nach Definition von G' folgt daraus entweder $a_0 \in Q$ oder $a_1 \in X$.
Im ersten Fall ist $a_0 \in S \cap Q \subseteq C$, und wir sind fertig. Andernfalls haben
wir $a_1 \in C$ oder $a_1 \notin U \cup Q = Y$. Falls $a_1 \notin C$ ist, gilt $a_1' \in E' - U'$. Wiederum folgt daraus $a_1 \in Q$ oder $a_2 \in X$. Die erste Möglichkeit ist bereits
ausgeschaltet, also schließen wir $a_2 \in X$. Wiederholte Anwendung dieser
Überlegung führt somit entweder zu einem $a_i \in C$, oder es gilt $a_i \in X$,
$a_i \notin Y$, für i = 1,...,k - 1. Dann muß aber wegen $a_{k-1}' \in E' - U'$, $a_{k-1} \notin Q$
das Element a_k in X sein, d.h. $a_k \in X \cap U \subseteq C$ gelten.

Für die trennende Eckenmenge C gilt somit

(**)
$$|C| = |X \cap Y| = |X| + |Y| - |E| = |S| + |P| + |U| + |Q| - |E|$$
$$= |D| + |S| + |U| - |E|.$$

Umgekehrt zeigt man genauso, daß zu jeder S von U trennenden Eckenmenge C in $\vec{G}$ ein Träger D in G' existiert, so daß (**) erfüllt ist.
In Zusammenfassung erhalten wir aus (*) und (**)

$$r(S) = \min_{C} |C|, \text{ wobei C alle S von U trennenden Ecken-}$$
$$\text{mengen durchläuft,}$$

und dies war genau unsere Behauptung. □

Satz (VIII.4.15) hatte im Sinne der Einleitung die Äquivalenz zweier
Aussagen vom <u>König'schen Typ</u> zum Inhalt. Mit derselben Methode kann
auch die Äquivalenz der entsprechenden Sätze vom <u>Hall'schen Typ</u> verifiziert werden.

<u>Satz</u>

(VIII.4.16) *Der Hall'sche Satz (VIII.1.18) ist äquivalent zu folgendem Satz über endliche gerichtete Graphen* $\vec{G}(E,K)$: *Es seien* S,U $\subseteq$ E, *dann gilt:* S *ist korreliert mit einer Teilmenge von* U *genau dann, wenn* $|C| \geq |S|$ *gilt für jede Menge* C $\subseteq$ E, *welche* S *von* U *trennt.*

Damit ist die Diskussion der Maximum - Minimum Sätze und ihrer gegenseitigen Abhängigkeit abgeschlossen. Alle am Ende von Abschnitt 1 angeführten Sätze sind zueinander äquivalent, und sie werden sämtlich von dem gemeinsamen Obersatz (VII.3.25) impliziert.

C. Verallgemeinerte Transversaltheorie

Wir haben Transversaltheorie als das Studium von Mengensystemen und ihrer Transversalen verstanden, wobei wir bei speziellen Fragen noch zusätzliche Bedingungen an die Transversalen stellten. Wir können die Transversalen einer Mengenfamilie $\mathfrak{A} = \{A_i : i \in I\} \subseteq 2^S$ aber auch folgendermaßen interpretieren, wobei zur Vermeidung trivialer Fälle stets $A_i \neq \emptyset$ für alle i vorausgesetzt wird. Wir definieren die Matroide $G_i = G_i(S)$, indem wir als unabhängige Mengen von G_i die leere Menge und alle <u>einelementigen</u> Mengen $\{a\}, a \in A_i$, postulieren. T $\subseteq$ S ist mit dieser Definition genau dann Transversale von $\mathfrak{A}$, wenn eine Abbildung $\phi : T \to I$ existiert, so daß

$$\phi^{-1}(i) \quad \text{Basis von } G_i \text{ ist, für alle } i \in I.$$

Der Leser wird feststellen, daß wir diesen Gedanken schon beim Beweis von (VI.3.23) benützt haben.

Die verallgemeinerte Transversaltheorie untersucht nun die Situation, wenn diese speziellen Matroide vom Rang 1 durch <u>beliebige</u> Matroide ersetzt werden.

<u>Definition</u>

(VIII.4.17) Es sei $G = \{G_1, \ldots, G_n\}$ eine Familie von Matroiden auf der <u>endlichen</u> Menge S mit den Rangfunktionen r_i. Zur Abkürzung schreiben wir dafür (S;G) oder $(S;G_1, \ldots, G_n)$. Eine Teilmenge T $\subseteq$ S heißt <u>Transversale</u> von G, falls eine Abbildung $\phi : T \to N_n$ existiert mit

$$\phi^{-1}(i) \quad \text{Basis von } G_i, \quad i = 1, \ldots, n.$$

Allgemeiner nennen wir T eine <u>partielle Transversale</u>, falls $\phi : T \to N_n$ existiert, so daß $\phi^{-1}(i)$ unabhängig in G_i ist, für alle i.

Unser Ziel ist es, die wichtigsten Sätze der bisherigen Abschnitte auf die verallgemeinerte Transversaltheorie zu übertragen. Insbesondere interessieren die Sätze von Hall (VIII.1.18) über die <u>Existenz</u> von Transversalen und (VI.2.12), wo gezeigt wurde, daß die partiellen Transversalen als unabhängige Mengen ein Matroid induzieren.

Aus der Definition (VIII.4.17) folgt, daß $T \subseteq S$ genau dann Transversale ist, falls $T = \bigcup_{i=1}^{n} B_i$ disjunkte Vereinigung von Basen B_i von G_i ist, bzw. partielle Transversale, falls $T = \bigcup_{i=1}^{n} A_i$ disjunkte Vereinigung von unabhängigen Mengen A_i von G_i ist. Mit anderen Worten, die partiellen Transversalen sind genau die unabhängigen Mengen der <u>Summe</u> $\sum_{i=1}^{n} G_i$, und wir erhalten als Verallgemeinerung von (VI.2.12):

<u>Satz</u>

(VIII.4.18) *Es sei* $G = \{G_1, \ldots, G_n\}$ *eine Familie von Matroiden auf der endlichen Menge S. Dann induzieren die partiellen Transversalen von* $(S;G)$ *als unabhängige Mengen ein Matroid auf S, nämlich die Summe* $\sum_{i=1}^{n} G_i$.

Damit ist der Zusammenhang zwischen Transversaltheorie und der Summe von Matroiden hergestellt, welcher aus der Ähnlichkeit vieler Ergebnisse zu erwarten war. Im Fall $r(G_i) = 1$, $i = 1, \ldots, n$, reduziert (VIII.4.18) zu (VI.3.23).

Wie lautet nun die Verallgemeinerung des Hall'schen Satzes? Nach (VIII.4.17) ist die Existenz einer Transversalen äquivalent zur Existenz von disjunkten Mengen B_i, B_i Basis von G_i, und wir können somit (VI.3.22) zitieren.

<u>Satz</u>

(VIII.4.19) *Es sei* $G = \{G_1, \ldots, G_n\}$ *eine Familie von Matroiden auf der endlichen Menge S.* $(S;G)$ *besitzt genau dann eine Transversale, wenn*

$$|B| \geq \sum_{i=1}^{n} (r_i(S) - r_i(S - B)), \quad f.a. \ B \subseteq S.$$

Die Verallgemeinerung des König'schen Satzes fragt nach der maximalen Mächtigkeit einer partiellen Transversalen von $(S;G)$, d.h. nach dem Rang von S in $\sum_{i=1}^{n} G_i$ (siehe (VI.3.19)).

307

<u>Satz</u>

(VIII.4.20) *Es sei $G = \{G_1, \ldots, G_n\}$ eine Familie von Matroiden auf
der endlichen Menge S. Dann gilt:*

$$\max_{\substack{A \ \text{part. Tr. von } G}} |A| \;=\; \min_{B \subseteq S} \left(\sum_{i=1}^{n} r_i(B) + |S-B| \right).$$

Insbesondere ist $A \subseteq S$ genau dann partielle Transversale von G, wenn

$$|B| \;\leq\; \sum_{i=1}^{n} r_i(B), \quad f.a. \ B \subseteq A.$$

<u>Folgerung</u>

(VIII.4.21) *S ist genau dann Transversale der Familie $G = \{G_1, \ldots, G_n\}$,
wenn*

$$\sum_{i=1}^{n} \left(r_i(S) - r_i(S-A) \right) \;\leq\; |A| \;\leq\; \sum_{i=1}^{n} r_i(A), \quad f.a. \ A \subseteq S.$$

<u>Beweis</u>

Die rechte Ungleichung besagt, daß S partielle Transversale ist, und
die linke, daß eine Transversale existiert. □

Als nächstes fragen wir nach der Verallgemeinerung des Rado'schen
Satzes (VIII.1.21).

<u>Satz</u>

(VIII.4.22) *Es sei $G = \{G_1, \ldots, G_n\}$ eine Familie von Matroiden auf
der endlichen Menge S, und G(S) ein weiteres Matroid auf S mit Rangfunktion r. Dann besitzt G eine Transversale, welche unabhängig in
G(S) ist, genau dann, wenn*

$$r(A) \;\geq\; \sum_{i=1}^{n} \left(r_i(S) - r_i(S-A) \right), \quad f.a. \ A \subseteq S.$$

<u>Beweis</u>

Die Existenz solch einer Transversalen ist laut (VI.4.4) äquivalent
zu

$$r(A) + \min_{C \subseteq S-A} \left(\sum_{i=1}^{n} r_i(C) + |S-A| - |C| \right) \;\geq\; \sum_{i=1}^{n} r_i(S), \quad f.a. \ A \subseteq S.$$

Diese Ungleichung ist wiederum äquivalent zu

$$(*) \qquad \min_{\substack{A,C \\ A \cap C = \emptyset}} \left(r(A) + \sum_{i=1}^{n} r_i(C) + |S| - |A \cup C| \right) \;\geq\; \sum_{i=1}^{n} r_i(S).$$

Wegen $A \subseteq B \subseteq S - C \Rightarrow r(A) - |A \cup C| \geq r(B) - |B \cup C|$ erhalten wir aus (*) die äquivalente Bedingung

$$\min_{A \subseteq S} \left(r(A) + \sum_{i=1}^{n} r_i(S - A) \right) \geq \sum_{i=1}^{n} r_i(S). \quad \square$$

Ähnlich können die Defektsätze sowie die Aussagen über vorgeschriebene Untermengen einer Transversalen bzw. über gemeinsame Transversalen zweier Familien verallgemeinert werden (siehe Übungen). Als Beispiel führen wir die zu (VIII.2.14) analoge Aussage an.

<u>Satz</u>

(VIII.4.23) *Es seien* $G = \{G_1, \ldots, G_n\}$, $H = \{H_1, \ldots, H_m\}$ *zwei Familien von Matroiden auf der endlichen Menge* S *mit den Rangfunktionen* r_i *von* G_i, $i = 1, \ldots, n$, *und* ρ_j *von* H_j, $j = 1, \ldots, m$. *Ferner gelte* $\sum_{i=1}^{n} r_i(S) = \sum_{j=1}^{m} \rho_j(S)$. *Dann besitzen* G *und* H *genau dann eine gemeinsame Transversale, wenn*

$$|B| \geq \sum_{i=1}^{n} \left(r_i(S) - r_i(S - A) \right) - \sum_{j=1}^{m} \rho_j(A - B), \quad f.a. \quad B \subseteq A \subseteq S.$$

<u>Beweis</u>

Wir gehen genau so vor wie im Beweis von (VIII.2.14). Nach (VIII.4.17) induzieren die partiellen Transversalen von H das Matroid $H(S) := \sum_{i=1}^{m} H_i$. Die partiellen Transversalen von G, welche auch unabhängig in $H(S)$ sind, sind daher genau die <u>gemeinsamen</u> partiellen Transversalen. Wendet man (VIII.4.22) und die Rangformel (VIII.4.20) für $H(S)$ an, so erhält man nach einigen Umformungen genau die behauptete Ungleichung. $\square$

Abschließend geben wir noch zwei Beispiele, wie durch geeignete Wahl der Matroide G_i aus (VIII.4.19) interessante Varianten früher bewiesener Transversalsätze gewonnen werden können. Wählen wir beispielsweise G_i so, daß die unabhängigen Mengen genau alle Teilmengen der Untermenge $A_i \subseteq S$ der Mächtigkeit $\leq d_i$ sind, so erhalten wir folgende Aussage.

<u>Satz</u>

(VIII.4.24) *Es sei* $T(S; A_1, \ldots, A_n)$ *ein endliches Mengensystem. Dann existiert eine disjunkte Vereinigung* $X = \bigcup_{i=1}^{n} B_i$ *mit* $B_i \subseteq A_i$, $|B_i| = d_i$,

$i = 1, \ldots, n$, *genau dann, wenn* $|A_i| \geq d_i$ *für alle* i *ist, und*

$$|B| \geq \sum_{i=1}^{n} \max\, (0, d_i - |A_i - B|), \quad f.a.\ B \subseteq S.$$

Eine Verallgemeinerung von (VIII.4.24) gibt notwendige und hinreichende Bedingungen an, wann eine Transversale existiert, deren Schnitt
mit einer vorgegebenen Partition der Grundmenge zwischen vorgeschriebenen Grenzen liegt. Wir beweisen das Resultat sofort für die allgemeine Situation.

Satz (Brualdi)

(VIII.4.25) *Es sei* $G = \{G_1, \ldots, G_n\}$ *eine Familie von Matroiden auf
der endlichen Menge* S, $S = \bigcup_{j=1}^{p} X_j$ *eine Partition von* S. *Ferner seien*
$c_j, d_j \in \mathbb{Z}$, *mit* $0 \leq c_j \leq d_j \leq |X_j|$, $j = 1, \ldots, p$. *Dann besitzt* G *eine Transversale* E *mit*

$$c_j \leq |E \cap X_j| \leq d_j, \quad j = 1, \ldots, p,$$

genau dann, wenn

a) $\displaystyle \sum_{j=1}^{p} \min\!\left(d_j, |A \cap X_j|\right) \geq \sum_{i=1}^{n} \left(r_i(S) - r_i(S - A)\right), \quad f.a.\ A \subseteq S,$

b) $\displaystyle \sum_{i=1}^{n} r_i(B) + \left|\bigcup_{j \in J} X_j - B\right| \geq \sum_{j \in J} c_j, \quad f.a.\ J \subseteq \mathbb{N}_p,\ B \subseteq \bigcup_{j \in J} X_j.$

<u>Beweis</u>

Man zeigt genau so wie in (VIII.2.9), daß die Existenz einer solchen
Transversalen äquivalent ist zu den beiden folgenden Bedingungen:

a') Es existiert eine Transversale E' von G mit

$$|E' \cap X_j| \leq d_j, \quad j = 1, \ldots, p.$$

b') Es existiert eine partielle Transversale E'' von G mit

$$|E'' \cap X_j| \geq c_j, \quad j = 1, \ldots, p.$$

Wählen wir die Matroide H_j wie in (VIII.4.24) mit X_j anstelle A_j, so
ist eine Transversale E' aus a') unabhängig in $\sum_{j=1}^{p} H_j$, und a) folgt aus
(VIII.4.22). Zum Beweis der Äquivalenz von b) und b') wählen wir H_j
wie vorhin mit c_j anstelle von d_j und ferner $G(S) = \sum_{i=1}^{n} G_i$. Die Existenz einer partiellen Transversalen E'' laut b') ist dann äquivalent
zur Existenz einer Transversalen von H, welche unabhängig in $G(S)$ ist.

Anwendung von (VIII.4.22) und einige kleine Umformungen ergeben das Resultat. □

Wählen wir $c_j = 0$ und $d_j = |X_j|$, so erhalten wir wieder (VIII.4.19). Ebenso können Formeln über Transversalen mit vorgeschriebenen Teilmengen abgeleitet werden. Wir notieren zum Abschluß das korrespondierende Resultat innerhalb der eigentlichen Transversaltheorie. Die Äquivalenz der darin enthaltenen Formel zu (VIII.4.25) wird durch eine ähnliche Überlegung wie im Beweis von (VIII.2.14) verifiziert.

<u>Satz</u> (Hoffman - Kuhn)

(VIII.4.26) *Es sei* $T(S;A_1,\ldots,A_n)$ *ein endliches Mengensystem und* $S = \bigcup_{j=1}^{p} X_j$ *eine Partition. Ferner seien* $c_j, d_j \in \mathbb{Z}$ *mit* $0 \leq c_j \leq d_j \leq |X_j|$, $j = 1,\ldots,p$. *Dann besitzt* $\mathfrak{A}$ *eine Transversale* E *mit*

$$c_j \leq |E \cap X_j| \leq d_j \ \textit{für alle } j$$

genau dann, wenn

$$\Big|\big(\bigcup_{i \in I} A_i\big) \cap \big(\bigcup_{j \in J} X_j\big)\Big| \geq |I| - \min\Big(n - \sum_{j \in J} c_j, \ \sum_{j \notin J} d_j\Big),$$

für alle Paare I, J, $I \subseteq \mathbb{N}_n, J \subseteq \mathbb{N}_p$.

ÜBUNGEN ZU ABSCHNITT 4

→ 1. Beweise: Sind B_1, B_2 Basen des Transversalmatroides $G(S)$, so existiert eine Bijektion $\sigma : B_1 \to B_2$, so daß $(B_1 - p) \cup \sigma(p)$ und $(B_2 - \sigma(p)) \cup p$ Basen sind. (Brualdi-Scrimger)

2. Zeige mit Hilfe von 1), daß die Polygonmatroide der folgenden Graphen nicht transversal sind:

 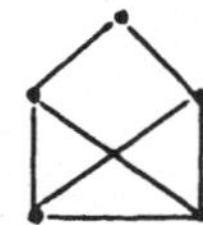 Konstruiere eine Klasse nichttransversaler Matroide mit dieser Methode.

→ 3. Beweise mit Hilfe von (VIII.4.6) den Koordinatisierungssatz (VII.1.10). (Hinweis: Für alle $p \in S$ existiert ein eindeutiges J mit $p \in \bigcap_{j \in J} H_j$. Definiere $\phi : S \to V(n,K)$ durch $\phi p := (\ldots p_i \ldots)$, $p_i = 0 \leftrightarrow i \in J$.) (Ingleton)

4. Ist das Polygonmatroid des Graphen  transversal?

→ 5. Zeige: Die Schnitte $O_k(FG_n)$ sind transversal.

6.* Verallgemeinere (VIII.4.10): Es sei $\vec{G}(E,K)$ gerichteter Graph, und H(E) Matroid auf E. Dann definiert $U = \{A \subseteq E:\ A$ ist korreliert mit einer unabhängigen Menge von $H(E)\}$ ein weiteres Matroid auf E. (Mason)

→ 7. Leite aus (VIII.1.24) folgenden dualen Satz im Sinne der Orthogonalität ab: Es seien G_1, G_2 Matroide auf der Eckenmenge E des Graphen $\vec{G}(E,K)$, $r_1(G_1) = r_2(G_2)$. Dann existiert eine Basis von G_1, welche korreliert ist zu einer Basis von $G_2 \leftrightarrow r_1^\perp(A \cup K(A)) + r_2(A) \geq |A|$ für alle $A \subseteq E$, wobei $K(A) := \{w:\ (v,w) \in K$ für ein $v \in A\}$, und $r_1^\perp$ die Rangfunktion des orthogonalen Matroides $G_1^\perp$ ist.

8. Führe die Details im Beweis von (VIII.4.12) aus.

9. Konstruiere nichtreguläre Transversalmatroide und ferner nicht-reguläre Korrelationsmatroide, welche nicht transversal sind.

10. Beweise (VIII.4.16).

→ 11. Es sei G(S) endliches Matroid. Zeige:

   a) $r(G) \leq 2 \Rightarrow G$ ist cotransversal.

   b) $r(G) = 3$, G Korrelationsmatroid $\Rightarrow$ G cotransversal.

   c) $r(G) = |S| - 3$, G Korrelationsmatroid $\Rightarrow$ G transversal.

   (Ingleton - Piff)

12. Zeige: Ein Matroid ist genau dann cotransversal, wenn die zugrunde-liegende Geometrie cotransversal ist.

13. Beweise im Detail (VIII.4.23).

→ 14. Übertrage die Korrespondenzsätze aus Abschnitt 2 auf die verall-gemeinerte Transversaltheorie. Z.B.: Es sei G(E,R) ein endlicher bipartiter Graph mit definierenden Eckenmengen S und U, (S;G) und (U;H) Familien von Matroiden. Angenommen $X \subseteq S$ ist partielle Trans-versale von G, welche mit einer gewissen Korrespondenz inzidiert, und analog $Y \subseteq U$ partielle Transversale von H, welche ebenfalls mit einer gewissen Korrespondenz inzidiert. Dann existieren X_0, Y_0 mit $X \subseteq X_0 \subseteq S$, $Y \subseteq Y_0 \subseteq U$, so daß X_0 partielle Transversale von G, Y_0 partielle Transversale von H ist und X_0, Y_0 in Korrespondenz sind.

$\rightarrow$ 15. Beweise (VIII.4.26).

16.* Wir studieren die allgemeine Situation: Es sei $\vec{G}(E,R)$ bipartiter Graph auf den definierenden Eckenmengen S und U, $H_1(S)$ und $H_2(U)$ Matroide, M eine Korrespondenz, mit $\mathrm{korr}_S(M) = A$, $\mathrm{korr}_U(M) = B$. Eine <u>zunehmende</u> <u>Kette</u> in bezug auf M ist eine Folge $\{a_0', b_1'\}$, $\{b_1, a_1\}$, $\{a_1', b_2'\}$, ..., $\{b_n, a_n\}$, $\{a_n', b_{n+1}'\}$, von $2n+1$ $(n \geq 0)$ verschiedenen Paaren, so daß

a) $\{a_i, b_i\} \in M$, $\qquad 1 \leq i \leq n$,

$\quad \{a_i', b_{i+1}'\} \in R - M$, $\qquad 0 \leq i \leq n$,

$\quad a_0' \in S - \bar{A}$, $b_{n+1}' \in U - \bar{B}$.

b) $a_i' \in \bar{A}$, $a_i' \notin \overline{A - \{a_1, \ldots, a_i\} \cup \{a_1', \ldots, a_{i+1}'\}}$, $i = 1, \ldots, n$.

$\quad b_i' \in \bar{B}$, $b_i' \notin \overline{B - \{b_1, \ldots, b_i\} \cup \{b_1', \ldots, b_{i+1}'\}}$, $i = 1, \ldots, n$.

Beweise: Eine Korrespondenz M ist von maximaler Mächtigkeit genau dann, wenn keine zunehmende Kette in bezug auf M existiert.
(Aigner - Dowling)

17. Folgere aus 16): Ist $A \subseteq S$ partielle Transversale, aber nicht von maximaler Mächtigkeit, so existiert eine partielle Transversale $A' \cup a \subseteq S$ mit $\bar{A}' = \bar{A}$. Leite daraus einen neuen Beweis von (VI.2.12) ab.

18. Fortsetzung von 16). Definiere den Defekt $\delta(A) := r_1(S) - r_1(S-A) - r_2(R(A))$ für $A \subseteq S$. A heißt <u>kritisch</u>, falls $\delta(A) = \max_{B \subseteq S} \delta(B)$.
Beweise:

a) Sind A_1, A_2 kritisch, so auch $A_1 \cap A_2$ und $A_1 \cup A_2$.

b) Ist A kritisch, dann auch $J(A) = S - (\overline{S - A})$.

$\rightarrow$ 19. In Fortsetzung von 18) beweise: Die Familie der kritischen offenen (= Komplement eines Unterraumes) Mengen in $H_1(S)$ bilden einen <u>dis</u>tributiven Teilverband des Verbandes aller offenen Mengen.
(Aigner - Dowling)

20. Betrachte den Spezialfall $S = U$, $H_1(S) = H_2(S) = G(S)$ und $R = Id$.
Folgere aus den bisherigen Resultaten: Die Separatoren einer Geometrie $G(S)$ bilden einen distributiven Teilverband von $L(S)$.

BEMERKUNGEN UND LITERATUR

Der Transversalsatz von Hall-König ist eines der fundamentalen Ergebnisse der Kombinatorik. Fundamental in seiner einfachen Formulierung, fundamental in seiner universellen Anwendbarkeit. Der Hall'sche Satz hat eine Existenzaussage zum Inhalt, und gerade diese Tatsache bürgt für seinen besonderen Stellenwert neben den vielen Anzahlsätzen, welche die Kombinatorik kennt. Vor allem seit dem Erscheinen des Übersichtsartikels [7] wurden zahlreiche schöne Ergebnisse erzielt, so daß die Transversaltheorie heute eines der aktivsten Teilgebiete der gesamten Kombinatorik darstellt. Der Leser konsultiere die umfassende Exposition [9].

1. C. Bruter ed., Théorie des Matroides. Springer Lecture Notes Vol. 211 (1970). (Enthält mehrere interessante Artikel zu Abschnitt 4)

2. R. Brualdi, On Families of Finite Independence Structures. Proc. London Math. Soc. 22 (1971). (Zur verallgemeinerten Transversaltheorie)

3. C. Greene - D. Kleitman, The Structure of Sperner k-Families. Advances of Math. 15 (1975). (Bringt interessante Verallgemeinerungen der Dilworth'schen Sätze auf k-Familien)

4. L. Harper - G.C. Rota, Matching Theory, an Introduction. Advances in Probability 1 (1971). (Bringt die Sätze von Hall, Dilworth und Sperner und eine Reihe interessanter Anwendungen)

5. A. Ingleton - M. Piff, Gammoids and Transversal Matroids. J. Comb. Theory 15 (1973). (Zu Abschnitt 4)

6. G. Katona, Sperner Type Theorems. Dept. of Stat. Univ. North Carolina Mimeo Series 600.17 (1969). (Zu Abschnitt 3)

7. L. Mirsky - H. Perfect, Systems of Representatives. J. Math. Anal. Appl. 15 (1966). (Übersichtsartikel über Abschnitt 2 und Teile von 1)

8. L. Mirsky - H. Perfect, Applications of the Notion of Independence to Problems of Combinatorial Analysis. J. Comb. Theory 2 (1967). (Zu Abschnitt 2)

9. L. Mirsky, Transversal Theory, Academic Press (1971). (Zum ganzen Kapitel)

10. R. Rado, Axiomatic Treatment of Rank in Infinite Sets. Canad. J. Math. 1 (1949). (Über das Auswahlprinzip und Anwendungen)

11. A. Renyi, Lectures on the Theory of Search. Dept. of Stat. Univ. North Carolina Mimeo Series 600.7 (1969). (Zu Abschnitt 3)

12. H. Ryser, Combinatorial Mathematics, Carus Monograph (1963). (Kap. 5 und 6 zu Abschnitt 2)

Symbolverzeichnis

Es wurde versucht, Symbole ähnlicher Bedeutung in Gruppen zusammenzufassen und durch die gleiche Schriftart zu kennzeichnen. Es werden
nachstehend die am häufigsten verwendeten Zeichen angeführt mit Ausnahme der Standardsymbole aus der Mengenlehre, die den üblichen Konventionen angepaßt sind.

1. Mengen

$\mathbb{N}$		natürlichen	
$\mathbb{N}_0$		natürlichen $\cup \{0\}$	
$\mathbb{Z}$	Menge der	ganzen	Zahlen
$\mathbb{Q}$		rationalen	
$\mathbb{R}$		reellen	
$\mathbb{C}$		komplexen	
$\mathbb{N}_n$	$\{1,\ldots,n\}$		
$\emptyset$	leere Menge		
$K[I]$	Polynomring über K mit Variablenmenge I		
2^S	Potenzmenge von S		

2. Matroide

$\mathbf{FG}_n$	Freies Matroid des Ranges n
$G(V(n,K))$	Vektorraummatroid des Ranges n über dem Körper K
$G(V(n,q))$	Vektorraummatroid des Ranges n über GF(q)
$\mathbf{PG}(n,K)$	Projektive Geometrie des Ranges n über K
$\mathbf{PG}(n,q)$	Projektive Geometrie des Ranges n über GF(q)
$\mathbf{PG}(\mathfrak{P},\mathfrak{G})$	Projektives Inzidenzsystem
$\mathbf{F}$	Fano Ebene
$\mathbf{AG}(n,K)$	Affine Geometrie des Ranges n über K
$\mathbf{AG}(n,q)$	Affine Geometrie des Ranges n über GF(q)
$G(\mathfrak{P},\mathfrak{K},\mathfrak{F})$	Inzidenzgeometrie
$P(G(E,S))$	Polygonmatroid des Graphen G(E,S)
$B(G(E,S))$	Bondmatroid des Graphen G(E,S)
$G(F(S,K))$	Funktionenraummatroid

$T(S,R,U)$	Transversalmatroid induziert durch $R \subseteq S \times U$
$T(U,R,H(S))$	Transversalmatroid induziert durch R und $H(S)$
$Kor(S,\vec{G},U)$	Korrelationsmatroid
$T(S;\mathfrak{A})$	Transversalmatroid induziert durch $(S;\mathfrak{A})$
$K(n)$	Kreis der Länge n
$O_k(G)$	Oberer Schnitt des Matroides G
$M(R)$	Matrixmatroid von R
B_{ij}	Verallgemeinerte Boole'sche Algebra

3. Verbände

$C(n)$	Kette der Länge n
$B(S)$	Boole'sche Algebra auf S
$B(n)$	Boole'sche Algebra des Ranges n
$L(V)$	Unterraumverband des Vektorraumes V
$L(n,K)$	Unterraumverband von K^n
$L(n,q)$	Unterraumverband von $GF(q)^n$
$A(V)$	Affiner Verband von V
$A(n,K)$	Affiner Verband von K^n
$A(n,q)$	Affiner Verband von $GF(q)^n$
$P(N)$	Partitionsverband von N
$P(n)$	Partitionsverband einer n-Menge

4. Mengenfamilien

$\mathfrak{B}$	Familie der Basen eines Matroides
$\mathfrak{C}$	Familie der Cokreise
$\mathfrak{K}$	Familie der Kreise
$\mathfrak{H}$	Familie der Copunkte
$\mathfrak{U}$	Familie der unabhängigen Mengen
$\mathfrak{M}$	Modularer Filter

5. Graphen

$G(E,K)$	Graph mit Eckenmenge E und Kantenmenge K
$\vec{G}(E,K)$	Gerichteter Graph mit Eckenmenge E und Kantenmenge K
$\vec{G}(q,s)$	Netzwerk mit Quelle q und Senke s
G^*	Dualer Graph
K_n	Vollständiger Graph auf n Ecken
$K_{m,n}$	Vollständiger bipartiter Graph auf m bzw. n Ecken
P	Petersen Graph
$\mathfrak{L}(E,S,R)$	Landkarte mit Eckenmenge E, Kantenmenge S, Regionen R
$\mathfrak{L}^*$	Duale Landkarte

$\mathfrak{C}(\vec{G},K)$	Corandmodul von $\vec{G}$ über K
$\mathfrak{Z}(\vec{G},K)$	Zyklenmodul von $\vec{G}$ über K
$St(v)$	Stern mit Zentrum v
$\gamma(v)$	Grad der Ecke v
$\kappa_{\vec{G}}$	Eckenzusammenhangszahl von $\vec{G}$
$\lambda_{\vec{G}}$	Kantenzusammenhangszahl von $\vec{G}$
$w(f)$	Wert des Flusses f
$c(X,Y)$	Kapazität des Schnittes (X,Y)

6. Mengensysteme

$T(S;\mathfrak{A})$	Mengensystem induziert durch die Familie $\mathfrak{A}$ auf S
$T(S;A_1,\ldots,A_n)$	Mengensystem induziert durch $A_1,\ldots,A_n$ auf S
$korr_S(M)$	Eckenmenge aus S inzident mit der Korrespondenz M
$(S;G)$	Familie von Matroiden auf S

7. Invarianten und Koeffizienten

μ	Möbiusfunktion
$\chi(G;\lambda)$	Charakteristisches Polynom des Matroides G
$\chi(L;x)$	Charakteristisches Polynom der Ordnung L
$t(G)$	Tutte Polynom von G
$\sigma(G)$	Rangerzeugende Funktion von G
$\beta(G)$	Beta-Invariante von G
$\chi(\mathfrak{L})$	Charakteristik der Landkarte L
$c(S)$	Kritischer Exponent von S in $V(n,K)$
$chrom(G)$	Chromatische Zahl des Graphen G
δ	Kroneckersymbol
$ch(G)$	Charakteristische Menge des Matroides G
$\|f\|$	Trägermenge der Funktion f
$\binom{n}{k}$	Binomialkoeffizient
$\binom{n}{k}_q$	Gauss'scher Koeffizient

8. Ordnungsbegriffe

$d(P)$	Dilworth Zahl der Ordnung P
$s(P)$	Sperner Zahl der Ordnung P
$\mathfrak{A}(P)$	Familie der Antiketten einer Ordnung P
N_k	k-tes Niveau
W_k	k-te Niveauzahl
$G_{k,k+1}$	Bipartiter Graph erzeugt von den Niveaux N_k,N_{k+1}
(S)	Sperner Eigenschaft
(U)	Unimodalitätseigenschaft

(K)	Korrespondenzeigenschaft
(SZ)	Symmetrische Zerlegbarkeit

9. Konventionen

$n,m,k,\ell,i,j,\ldots$	natürliche Zahlen
$A,B,S,T,\ldots$	Untermengen
$U,V,W,X,\ldots$	Unterräume
$\pi,\rho,\sigma,\tau,\ldots$	Partitionen
$f,g,h,k,\ldots$	Funktionen
$G,H,M,E,\ldots$	Matroide
$\mathfrak{A},\mathfrak{B},\mathfrak{C},\mathfrak{F},\ldots$	Mengenfamilien

Sachverzeichnis

Abgeschlossen   8

Abhängig   22

Abschluß   8

Abschlußoperator   8, 16ff

Achromatischer k-Block   187

Affin abhängig   64

Affiner Abschluß   160

Affiner Verband   12, 63f

Affines Matroid   137, 150

-, Geometrie   63ff, 137, 143

Antikette   7

Arborizität   77

Atom   7

Aufspannend   22

Ausfluß   176

Austauschaxiom   17

Austauschoperator   86ff

-, elementarer   86

Auswahlfunktion   55

-, globale   55

-, lokale   55

Basis   19, 25

Baum   5

Bedeckt (Matrix)   228

Bedeckt (Ordnung)   7

Benachbarte Ecken   2

β-Invariante   206ff

Binäres Matroid   143ff

-, Geometrie   143

Binomialkoeffizient   11

Bipartiter Graph   3, 150

Bipartites Matroid   150

Bipartition   149

Block eines Graphen   114

Blockzahl einer Partition   12

Bond   99

Bondmatroid   100, 170, 173f

Boolesche Algebra   11

Brücke (Graph)   5

Brücke (Matroid)   85, 194ff

Charakteristische Menge   122

Charakteristisches Polynom   135ff, 204

Chromatische Gruppen-Invariante   193

Chromatische Ring-Invariante   193, 202ff, 209

Chromatisches Polynom   141

Chromatische Zahl   6, 181f, 239

Clique Zahl   239

Coatom   7

Cobasis   92

Coebene   21

Cogerade   21

Cographisches Matroid   100

Cokreis   92

Cokreismatrix   157

Copunkt   7, 21, 29

Corand   172ff

-, elementarer   172

Corandmodul   172

Corand-Operator   171

Corang   10, 21

Coschlinge   93

Cotransversales Matroid   104, 301ff
Cozyklengruppe   148ff, 164
Cozyklus   148, 172

Darstellung   44, 120, 139
Defekt (Graph)   54, 228
Defekt (Transversale)   247
Definierende Eckenmengen   3
Dendroid   99
Desargues'sche Ebene   60, 130
Desargues'scher Block   52
Desargues'scher Satz   130, 140
Design   62, 130
Diagramm   7
Dilworthzahl   236
Dimension einer Kodierung   235
Distributiver Verband   235
Doppelstochastisch   260
Duale Landkarte   168
Dualer Graph   102
Dualitätsprinzip für Matroide   92
Durchschnitt   261

Ebene   21
Ebener Graph   101
Ebenes Matroid   103
Ecke   2
Eckendisjunkt   220
Eckenzusammenhangszahl   225
-, lokale   220
Einbettung eines Graphen   163
Einfluß   176
Einselement   7
Endecke   3
Endliche Basisbedingung   17, 31
Erbliche Eigenschaft   143
Erbliche Familie   143, 159
Erreichbar   5
Erweiterung   80
Erzeugnis   22

Euler Charakteristik   166
Eulerscher Graph   149
Eulersches Matroid   151
Extern aktiv   215

1-Faktor   264
1-faktorisierbar   264
h-Familie   244, 271
Fano Ebene   22, 121, 158
Färbung (Graph)   6, 181ff
Färbung (Landkarte)   181ff
Färbung (Matroid)   182ff
Filter   7
Finitäre Eigenschaft   143, 159
Finiter Charakter   256
Fläche   60
5-Fluß (Graph)   188
Fluß (Netzwerk)   177ff
-, elementarer   177
-, optimaler   178
-, positiver   177
-, zuverlässiger   178
Fluß (Ordnung)   275
-, normaler   276
Freie Ebene   129
Freies Matroid   19
-, Geometrie   19
Funktionenraum   45
-, kontrahierter   71
-, orthogonaler   97
-, reduzierter   71
Funktionenraummatroid   46ff

Galoisverbindung   9
Gammoid   58
Gauss'scher Koeffizient   12
Gerade   21
Geometrie   17
-, zugrundeliegende   18
Geometrischer Verband   37ff
Gerüst   165

Grad   3
Graph   2
-, bipartiter   3, 150
-, einfacher   3
-, k-fach zusammenhängender
    112, 225f
-, n-färbbarer   181
-, gerichteter   2
-, induzierter   3
-, komplementärer   239
-, k-regulärer   3
-, ungerichteter   2
-, voller   3
-, vollständig bipartiter   3
-, vollständiger   3
-, zusammenhängender   5
Graphisches Matroid   50ff, 163

Halbmodular   29
Halbmodularer Verband   37
Hall's Bedingung   246
Hall'scher Typ   218
Hauptfilter   7
Hauptideal   7
Hauptoperator   88
Hülle   45
Hülle-Kern-Abschluß   45
Hyperebene   21

Ideal   7
Intern aktiv   215
Intervall   7
Inzidenzgeometrie   61ff
Inzidenzgraph   4
Inzidenzmatrix   4
Irreduzibel (Landkarte)   166
Irreduzibel (Matroid)   80
Irreduzibel (Verband)   235
Isolierte Ecke   3
2-Isomorph   188

JD Kettenbedingung   10

Kante   2
Kantendisjunkt   220
Kantenfärbung   184
Kantengraph   184
-, gerichteter   222
Kantenzusammenhangszahl   220
-, lokale   220
Kapazität eines Schnittes   178
Kern   45
Kette   7
-, der Länge n   8
-, maximale   8
-, nicht weiter unterteilbare   8
0-Kette   171
1-Kette   171
Kettenprodukt   235
Kodierung   235
Kombinatorische Geometrie   17ff
Kombinatorische Prägeometrie   17ff
Komplement   41
Komplementierter Verband   41
Komplexität   203
Komponente (Graph)   5
Komponente (Matroid)   109
König'scher Typ   218
Konkordant   158
Konsistent orientiert   189
Kontraktion   68
Koordinatisierbar   44
Koordinatisierung   44
Koordinatisierungsmatrix   126, 153ff
Korreliert   57
Korrelationsmatroid   58, 301ff
-, striktes (volles)   301
Korrespondenz   226, 231, 245ff,
    285ff
-, lexikographische   286
-, volle   227
Korrespondenzeigenschaft   267
Kreis (Graph)   5
Kreis (Matroid)   22, 27
Kreismatrix   157

Kreismatroid 91

Kritischer Exponent 132ff, 151, 181f

Kroneckersymbol 1

Kurve 60

Landkarte 165

Lateinisches Quadrat 260

-, Rechteck 260

K-linear 44, 121ff

Lineare Klasse 90

Lineares Matroid 44ff

Linearer Verband 11

Linie einer Matrix 228

Logarithmisch konkav 282f

Matroid 17ff

-, endliches 17

-, einfaches 17

-, identisch selbstorthogonales 93

-, selbstorthogonales 93

-, zusammenhängendes 108

Matrixmatroid 65, 126

Maximales Element 7

n-Menge 1

Mengengruppe 145ff

Mengensystem 4, 245ff

Minimales Element 7

Minor 70

Möbiusfunktion 134, 204

Möbius Inversion 134

Modulare Gleichung 40

Modularer Filter 81ff

Modularer Verband 37

Modulares Matroid 129

-, Geometrie 129

Modulares Paar 81

Netzwerk 177

k-Niveau 10

Niveauzahl 10

Nullelement 7

Obstruktion 143, 158

Ordnung 6

-, inverse 7

-, kettenendliche 8

-, längenendliche 8

-, lineare 7

-, normale 276

-, totale 7

Orientierbares Matroid 157

Orientierung 173

Orthogonale Funktion 96

Orthogonale Mengengruppe 148

Orthogonales Matroid 92

Pappos'scher Satz 131, 140

Parallel (Graph) 3

Parallel (Matroid) 18

Partielle Transversale 36, 53, 245ff, 305ff

Partition 2

-, kanonische 9

k-Partition 2

Partitionsverband 12

Perfekter Graph 239

Permanente 260

Permutationsmatrix 259

Perspektivität 131

Petersen Graph 187

Plättbarer Graph 101, 163, 169ff, 183ff

Polygon 5, 50, 165

Polygonmatroid 49, 170, 173f

Positive Funktion 159

Primitive Funktion 158

Prinzipielles Matroid 88f

Prägeometrie 17ff

Produkt von Matroiden 74, 123

Produkt von Ordnungen 8

323

Projektive Ebene   59

-, Desargues'sche   60

-, Nichtdesargues'sche   60

Projektive Geometrie   18, 58ff

Projektives Inzidenzsystem   58

Punkt   21

Punktverband   37

Quelle   177

Quotient eines Abschlusses   8

Quotientenmatroid   69

Rad   10

Rado's Bedingung   246

Rand-Operator   171

Rang (Matroid)   21, 29

Rang (Ordnung)   10

Rangerzeugende Funktion   202, 210

Reduktion   68

Region   101, 165

Reguläres Matroid   44, 153ff

Relatives Komplement   41

Relativ komplementierter Verband   41

Repräsentierung eines Transversalmatroides   294

-, minimale   295

Rückwärtskante   179

Schlinge (Graph)   3

Schlinge (Matroid)   18, 85, 194ff

Schnitt (Matroid)   90

Schnitt (Netzwerk)   178

Schnittecke   188

Senke   177

Separator   107

-, trivialer   108

Sperner-Eigenschaft   266

Sperner h-Familie   292

Spernerzahl   266

Standardform   127, 152ff

Standardmatrix   127

Stern (Graph)   113, 150

Stern (Landkarte)   165

Stirlingzahlen 2. Art   290

Submodulare Funktion   31ff

T-Summe   193

Summe von Matroiden   75ff, 123, 306ff

Summe modulo 2   145

Summenfunktion   134

Symmetrische Differenz   145

Symmetrisches Mittel   261

Symmetrisch zerlegbar   267

System von gemeinsamen Repräsentanten   250

-, verschiedenen Repräsentanten   246

Teilordnung   6

Teilverband   10

Ternäres Matroid   158

T-Invariante   193, 206

Torus   167

Träger (Funktion)   97

Träger (Graph)   54, 227

Transversale   55, 245ff, 305ff

-, gemeinsame   250, 308

-, unabhängige   56, 246, 307

Transversalmatroid   36ff, 53ff, 296ff

Transversalsystem   245ff

Trennende Eckenmenge   112, 220f

Trennende Kantenmenge   99, 220f

-, minimale   99

Tutte-Grothendieck Gruppe   201

Tutte-Grothendieck Ring   ` 198ff

Tutte Polynom   197ff, 210ff

Überlagerungssystem   61

Unabhängig   19, 24

Unabhängig (Matrix)   228
Unimodal   267ff
Unimodulare Matrix   152
Unimodulares Matroid   152ff
Untergraph   3
-, induzierter   3
-, voller   3
Untermatroid   68
Unterordnung   6
Unterraum   17
Unterraumverband   17
Unterverband   10
Unvergleichbar   7

Vektorraummatroid   18
Verallgemeinerte Boolesche Algebra
    194
Verband   9
-, atomarer   37
-, inverser   10
-, vollständiger   10
Verfeinerung   12
Vergleichbar   7
Vergleichbarkeitsgraph   239

Wald   5
Weg   5
Wert eines Flusses   177

Zerlegungszahl   77
Zunehmende Kette   312
Zunehmender Weg   179
Zyklengruppe   148ff, 164, 169
Zyklenmodul   172
Zyklomatische Zahl   100
Zyklus (Graph)   172ff
-, elementarer   172
Zyklus (Matroid)   148, 172

J. Loeckx, **Algorithmentheorie.** 1976. DM 30,-

H. D. Lüke, **Signalübertragung.** Einführung in die Theorie der Nachrichtenübertragungstechnik. 1975. DM 29,80

H. Lüneburg, **Einführung in die Algebra.** 1973. DM 24,-

S. MacLane, **Kategorien.** 1972. DM 38,-

J. T. Oden/J. N. Reddy, **Variational Methods in Theoretical Mechanics.** 1976. DM 29,80

G. Owen, **Spieltheorie.** 1972. DM 36,-

J. C. Oxtoby, **Maß und Kategorie.** 1971. DM 24,-

H. Petermann, **Einführung in die Strömungsmaschinen.** 1974. DM 24,-

G. Preuss, **Allgemeine Topologie.** 2. Auflage 1975. DM 38,-

B. v. Querenburg, **Mengentheoretische Topologie.** 1973. DM 16,80

R. Richter/U. Schlieper/W. Friedmann, **Makroökonomik.** 2. Auflage 1975. DM 38,-

W. Rupprecht, **Netzwerksynthese.** 1972. DM 45,-

D. Seitzer, **Arbeitsspeicher für Digitalrechner.** 1975. DM 29,-

H. Späth, **Elektrische Maschinen.** 1973. DM 24,-

R. Uhrig, **Elastostatik und Elastokinetik in Matrizenschreibweise.** 1973. DM 31,-

R. Unbehauen, **Elektrische Netzwerke.** 1972. DM 43,-

H. Werner, **Praktische Mathematik I.** 2. Auflage. 1975. DM 19,80

H. Werner/R. Schaback, **Praktische Mathematik II.** 1972. DM 22,-

H. Wolf, **Lineare Systeme und Netzwerke.** 1971. DM 20,-

H. Wolf, **Nachrichtenübertragung.** 1974. DM 32,-

Preisänderungen vorbehalten

Springer-Verlag
Berlin
Heidelberg
New York